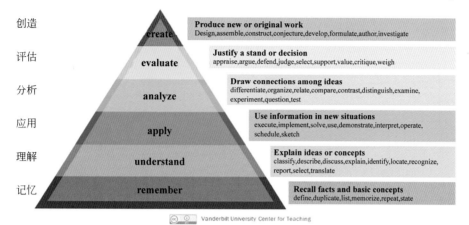

图 1　布鲁姆教育目标六等级(2001 年修订版

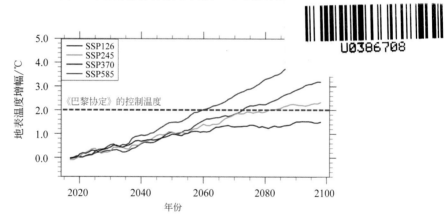

图 1.3　计算机模拟出的全球地表温度变化的四类场景

进一步移除散热器和其他填充物、遮挡物,可以看见更多部件。大家猜一猜BIOS电池是干什么用的?

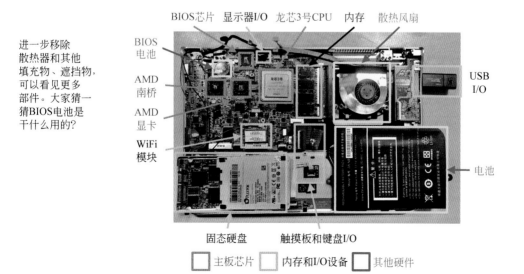

图 1.13　一台 2012 年的逸珑 8133 笔记本计算机硬件拆解(三)

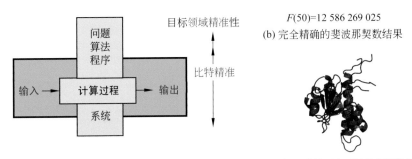

(a) 计算过程的领域精准与比特精准

F(50)=12 586 269 025
(b) 完全精确的斐波那契数结果

(c) 近似正确的蛋白质结构预测结果

图 1.21　计算机科学通过比特精准支持领域精准
(蛋白质结构图中,红色是预测结构,蓝色是真实结构,详情见 1.4.2 节)

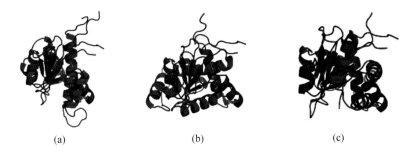

(a)　　　　　　　　(b)　　　　　　　　(c)

图 1.25　蛋白质结构预测三种方法的预测结构比较:蓝色是真实结构,红色是预测结构。
深度学习图像识别方法(a)明显好于共进化方法(b)和(c)

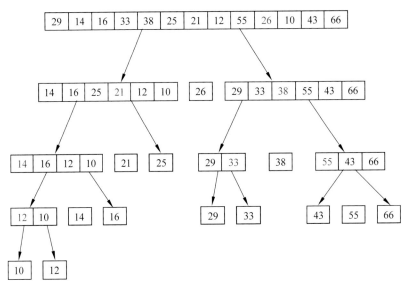

图 1.14　快速排序实例

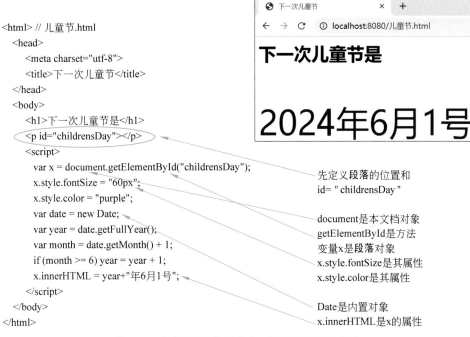

```
<html> // 儿童节.html
  <head>
    <meta charset="utf-8">
    <title>下一次儿童节</title>
  </head>
  <body>
    <h1>下一次儿童节是</h1>
    <p id="childrensDay"></p>
    <script>
      var x = document.getElementById("childrensDay");
      x.style.fontSize = "60px";
      x.style.color = "purple";
      var date = new Date;
      var year = date.getFullYear();
      var month = date.getMonth() + 1;
      if (month >= 6) year = year + 1;
      x.innerHTML = year+"年6月1号";
    </script>
  </body>
</html>
```

先定义**段落**的位置和
id="childrensDay"

document是本文档对象
getElementById是方法
变量x是**段落**对象
x.style.fontSize是其属性
x.style.color是其属性

Date是内置对象
x.innerHTML是x的属性

图 6.3 动态网页"儿童节.html"及其展示和解读

图 6.7 3 位老师的合著关系网：实体网（左）、英文网（右上）、中文网（右下）

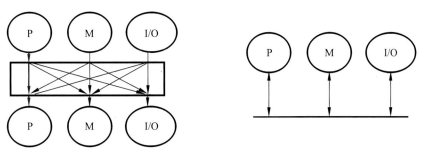

图 6.11 交叉开关（左）与总线（右）的对比

图 6.18　客户机上的 HTTP 请求包变成 WiFi 帧

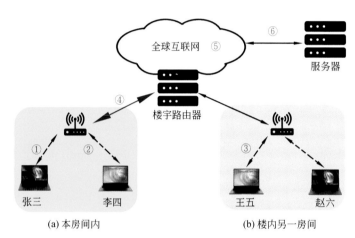

(a) 本房间内　　　　　(b) 楼内另一房间

图 6.21　影响张三用户体验的因素

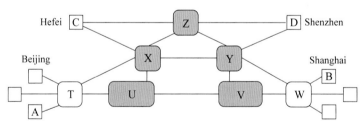

图 6.32　包含 5 个路由器 U、V、X、Y、Z 的网络示意

高德纳的算法定义

一个算法是一组有穷的规则,给出求解特定类型问题的操作序列,并具备下列 5 个特征。

(1) 有穷性。算法在有限的步骤之后必然要终止。

(2) 确定性。算法的每个步骤都必须精确地(严格地和无歧义地)定义。

(3) 输入。一个算法有零个或多个输入,在算法开始或中途给定。

(4) 输出。一个算法有一个或多个输出,输出是与输入有特定关系的数值。

(5) 可行性。一个算法的所有操作必须是充分基本的,原则上一个人能够用笔和纸在有限时间内精确地完成它们。

计算机科学导论

（第2版）

徐志伟 孙晓明 编著

清华大学出版社

北京

内 容 简 介

本书以计算思维为主线介绍计算机科学的入门知识,主要针对一年级本科生的"计算机科学导论""大学计算机基础""计算概论"课程。全书共 8 章,主要内容包括计算机科学概貌、程序的设计与执行、逻辑思维、算法思维、系统思维、网络思维、计算机学科展望、课程实验等。本书参考了计算思维的最新进展与ACM/IEEE-CS 发布的《计算课程体系规范》(CC2020),更加系统地聚焦如何通过计算思维认识世界、提出问题、解决问题,内容的组织更加注意循序渐进地培养读者的创造性学习能力。

本书适合作为高等院校计算机科学与技术及相关专业的本科生教材,也可以作为计算思维爱好者的参考书。

图书在版编目(CIP)数据

计算机科学导论/徐志伟,孙晓明编著. —2 版. —北京:清华大学出版社,2024.5
ISBN 978-7-302-66378-2

Ⅰ.①计… Ⅱ.①徐… ②孙… Ⅲ.①计算机科学 Ⅳ.①TP3

中国国家版本馆 CIP 数据核字(2024)第 107752 号

责任编辑:白立军
封面设计:刘 键
责任校对:郝美丽
责任印制:杨 艳

出版发行:清华大学出版社
 网 址:https://www.tup.com.cn,https://www.wqxuetang.com
 地 址:北京清华大学学研大厦 A 座 **邮 编:**100084
 社 总 机:010-83470000 **邮 购:**010-62786544
 投稿与读者服务:010-62776969,c-service@tup.tsinghua.edu.cn
 质量反馈:010-62772015,zhiliang@tup.tsinghua.edu.cn
 课件下载:https://www.tup.com.cn,010-83470236
印 装 者:三河市铭诚印务有限公司
经 销:全国新华书店
开 本:185mm×260mm **印 张:**21.25 **插 页:**2 **字 数:**524 千字
版 次:2018 年 3 月第 1 版 2024 年 6 月第 2 版 **印 次:**2024 年 6 月第 1 次印刷
定 价:69.80 元

产品编号:096570-01

献给我的母亲：教书育人四十余年的彭老师。

徐志伟

献给我的爱人 Tracy 和女儿 Lulu，感谢你们的支持！

孙晓明

前言   *foreword*

本书以计算思维为主线介绍计算机科学的入门知识,主要针对一年级本科生的"大学计算机基础""计算机科学导论""计算概论"课程。本书的撰写和修订过程考虑了全球发展趋势与中国的实际情况,具备下述4个特点。

(1) **强调计算思维**。本书试图突出计算机科学最本质的特征:计算机科学是研究计算过程的科学,计算过程是通过操作数字符号变换信息的过程。最本质的解决问题方法是计算思维,包括逻辑思维、算法思维、系统思维和网络思维。

(2) **强调基础知识**。本书并不追求覆盖众多新概念,而是突出计算机科学不过时的最基础的入门知识点,并将它们组织成对计算思维的10种理解:自动执行、正确性、通用性、构造性、复杂度、抽象化、模块化、无缝衔接、连通性、协议栈。

(3) **鼓励主动学习**。本书的设计鼓励学生主动学习,但教师讲解与课堂互动有利于揭示要点难点、提高学习效率。本书还提供了动手动脑的课程实验,对应于逻辑思维、算法思维、系统思维和网络思维4部分内容。

(4) **鼓励胜任力教育**。本书参考了ACM/IEEE-CS在2021年发布的《计算课程体系规范》(CC2020)。为了实践CC2020倡导的胜任力教育理念,本书实践了"高德纳测试",并花了不少篇幅讲解计算机领域的真实创新故事,让同学们了解前人如何通过计算思维认识世界、提出问题、解决问题。

一、致谢

本书的构思、写作、实践优化持续了10年,主要的难点是如何体现计算思维。作者要感谢北京大学李晓明教授,他多年来一直鼓励和敦促我们写一本计算机科学导论教科书。感谢时任美国国家科学基金会副主任的周以真(Jeannette Wing)博士,她多次与我们讨论了计算思维要点。感谢加州大学伯克利分校的Richard Karp教授,他多次与我们讨论计算透镜思想与计算过程要点。感谢中国科技大学陈国良教授与合肥工业大学李廉教授,以及教育部大学计算机基础课程教学指导委员会的老师们。这些老师花了很多精力在中国推动计算思维改革,为本书提供了很多同行经验。感谢北京大学的张铭教授向我们解读 ACM/IEEE-CS《计算课程体系规范》,她是 CC2020 的 15 位指导委员会成员之一。

特别感谢中国科学院大学的同学们,他们是本书的第一批读者,也是本书作为教科书的计算机科学导论课程的第一批实践者。感谢中国科学院计算技术研究所的博士生朝鲁、李春典、赵永威、李振营、俞子舒、李奉治、郭泓锐,他们担任了课程的助教并帮助撰写了课程实验内容。感谢中国科学院大学的李思悦、吕星宇、董可昕同学,他们为本书的创造性学习内容提供了案例。

本书引用了业界的大量素材,在此一并致谢。我们要感谢开源社区,尤其是 LAMP (Linux、Apache、MySQL、PHP/Perl/Python) 社区。感谢学术社区,尤其是 ACM、IEEE-CS、CCF。ACM (Association for Computing Machinery) 与 IEEE-CS (IEEE Computer Society) 是全球最大的计算机科学技术领域的国际学术社区。CCF(中国计算机学会)有 10 万多名会员,是全球第二大的计算机学会。它们的旗舰杂志分别是 *Communications of the ACM*、*IEEE Computer* 以及《中国计算机学会通讯》。

我们还要感谢众多的公司和机构,本书合理使用了它们的素材(例如公司名称、技术和产品名称、logo),这些名称和标志都是这些公司的知识产权。这些公司包括亚马逊、AMD、苹果、AT&T、百度、思科、Docker、Meta、通用电气、谷歌、红帽、华为、IBM、英特尔、联想、领英、龙芯、微软、甲骨文、曙光、腾讯、W3C、小米等。南京信息高铁研究院提供了算力资源。

特别致谢斯坦福大学计算机系荣休教授(Professor Emeritus)高德纳老师(Donald Knuth),他长期关心中国计算机教育。这位 85 岁高龄的码农今天还在科教一线精力充沛地工作,撰写教科书、设计算法、编程序、写论文。他在 2020 年再次强调:"我是否理解某项知识的终极测试,是看我能否向计算机讲解清楚。"本书将他的观点称为"高德纳测试",用于指导教学。

二、课程网站

本书包含课件、实验课件、部分习题答案、程序源码和其他教学工具,可扫描如下二维码查看。

配套资源信息

三、说明

书中标注有三个星号(***)的是进阶内容。

徐志伟　孙晓明

2024 年 2 月于北京中关村

学习目标和学习方法

我们使用"本课程"指称使用本书作为教科书或参考书的"计算机科学导论"或"大学计算机基础"课程。本课程面向所有专业的一年级本科生,以计算思维为主线,学习计算机科学的最基础的入门知识。那么,什么是计算思维?什么是计算机科学的最基础的入门知识?如何知道是否掌握了这些知识?

计算机科学不仅提供一种科技工具、一套知识体系,更重要的是提供了一种从信息变换角度有效地解决问题的思维方式,这就是作为计算机科学主线的计算思维[①]。计算思维也是计算机专业人士解决问题的思维方式,其要点是精准地描述计算过程,并使用计算过程认识世界,改造世界,定义问题,解决问题。

一、教学目标

本课程针对所有专业的一年级本科生,在一学期学完计算机科学导论,达成 3 个目标。

(1) 掌握基本词汇。掌握计算机科学的基本词汇,能够与计算机同行进行入门级的交流。例如,访问网站时输入的"http://cs101.ucas.edu.cn/中文"是什么意思?什么是计算机的"冯·诺依曼模型"?

(2) 理解基础知识点。能够用至少一个实例描述下列基本概念的要点:抽象计算机、真实计算机、计算机应用、数字符号、抽象、算法、作品、指数增长、计算的极限、智能。在此基础上,领悟对计算思维的 10 个理解。

(3) 提升胜任力。提升《计算课程体系规范》(CC2020)倡导的胜任力[②]。课程专门安排了让同学们融会贯通基础知识点、创造性实现个人作品的实验。

1. 基本词汇

(1) **数**(number)也称为**数值**(value)。计算机科学将所有事物表示为数并对其操作,从输入数值产生输出数值。

(2) **数位**(digit)是表示数值的基本数字。我们最熟悉的是十进制数位(decimal digit)。例如,十进制数 279 有三个十进制数位,分别是 2、7、9 三个数字,它们合起来代表二百七十九这个数值。

(3) **比特**(bit 或 binary digit)是二进制数位,即取值为 0 或 1 的数位。例如,二进制数 1110 有 4 比特,分别是 1、1、1、0。二进制数 1110 等价的十进制数是 14。

(4) **数字符号**(digital symbol)是可由一个或多个比特表示的记号,用于表示一个抽象或具体的事物。每个数字符号本质上都会表示为一个二进制数。

(5) **字**(word)。计算机处理数值的基本单位,所需比特数称为**字长**(word length)。例如,在 64 位计算机中,一次加法是 64 比特的加法。

[①] Wing J. Computational thinking[J]. Communications of ACM,2006,49 (3):33-35.

[②] ACM,IEEE-CS. Computing Curricula 2020:Paradigms for Global Computing Education. https://www.acm.org/binaries/content/assets/education/curricula-recommendations/cc2020.pdf.

（6）字节（byte）特指 8 比特构成的数字符号。

（7）字符（character）是一类特殊的数字符号，表示某种文明的文本（text）。本书重点关注两类字符集：表示英文文本的 ASCII 字符集，包含 A、b、7、$ 等字符；表示全球文本的 Unicode 字符集，包含 A、⊙、☺、中、￥等字符。

（8）算法（algorithm）是一组有穷的规则，给出求解问题的数字符号操作步骤序列。

（9）程序（program）是算法的编程语言表示，也就是说，程序是采用某种计算机语言表示的算法。代码（code）是指一部分程序，可大到包括整个程序。软件（software）包括程序及说明程序的文档。

（10）数据（data）是一组数字符号。当程序或数据被持续存储在计算机中时，它们被称为文件（file）。持续存储是指，当计算机断电后，文件不会丢失。

（11）数据类型（data type）是特定类型的数据在计算机中的表示及其操作规则。本书主要关注 5 种数据类型：布尔值、整数、字符、数组、切片。

（12）控制抽象（control abstraction）说明多个操作的顺序。本书主要关注 5 种控制抽象：运算优先级、串行顺序、条件判断、循环、函数调用（包括递归调用）。

（13）计算机（computer）包括抽象计算机（如图灵机）和真实计算机（如笔记本计算机）。

（14）系统（system）主要是指计算机（如笔记本计算机）。也用于指称计算机应用系统（如微信系统）、计算机的部件子系统或由多台计算机组成的计算机网络系统。

2. 基础知识点集合

美国科学院和工程院设立的"计算机科学基础问题委员会"在 2004 年撰写了《计算机科学基础报告》①，归纳了计算机科学的基础知识点集合，如下框所示。本课程以此报告为基础，添加了计算机领域概貌介绍和创新故事等内容。

《计算机科学基础报告》的基础知识点

计算机科学是研究计算机及其能干什么的一门学科。它研究"抽象计算机的能力与局限，真实计算机的构造与特征，以及用于求解问题的无数计算机应用"。

报告还总结了计算机科学具有的一些本质特点。

（1）计算机科学涉及符号及其操作。

（2）计算机科学关注多种抽象的创造和操作。

（3）计算机科学创造并研究算法。

（4）计算机科学创造各种人工制品，尤其是不受物理定律限制的作品。

（5）计算机科学利用并应对指数增长。

（6）计算机科学探索计算能力的基本极限。

（7）计算机科学关注与人类智能相关的复杂的、解析的、理性的活动。

---

① National Research Council Committee on Fundamentals of Computer Science. Computer Science：Reflections on the Field[M]. The National Academies Press，Washington D.C.，2004.

　　本课程设计的一个考虑是：针对大学所有专业的一年级本科生，包括没有任何计算机编程经验的学生，在一学期学完计算机科学导论。因此，不能简单地罗列讨论一个面面俱到的知识点集合，而应该系统地取舍和组织内容。

　　例如，本书使用了抽象栈（a stack of abstraction layers）概念（表1），帮助同学们融会贯通计算思维知识点。不只是停留在如何设计算法解决排序问题或斐波那契数列问题，而是贯穿从算法到电路实现的全栈，下沉到如何用高级语言程序和汇编语言指令实现循环，直到布尔电路层面。这使得同学们从单纯的计算机用户变成了计算机设计者，有利于提升技能到创造层次。这就像语文课要求同学们不只是能够读文章，还能够写文章。为了避免烦琐细节，组合电路和时序电路层面只考虑加法。掌握了做加法的原理，就可推广到做减法、乘法、除法，乃至实现各种组合电路和时序电路。

表1　抽象栈概念示意

数字符号		比特、字节、十进制数、十六进制数、整数、数组、BMP 图像
软件	算法	巧妙的信息变换方法。例如信息隐藏算法
	程序	算法的代码实现。例如信息隐藏算法的 hide.go 程序
	进程	运行时的程序。例如在 Linux 环境中的 hide 进程
	指令	程序的最小单位，计算机能够直接执行
硬件	指令流水线	每条指令都通过"取指—译码—执行"指令流水线得以自动执行。指令流水线由若干时钟周期组成
	时序电路	等同于自动机，说明每个时钟周期的操作。时序电路由组合电路与存储单元组成
	组合电路	实现二值逻辑表达式（布尔逻辑表达式）

3. 胜任力本位教育

　　ACM 与 IEEE-CS 在 2021 年联合发布了《计算课程体系规范》。它由全球 20 多个计算机学会（包括中国计算机学会）的专家共同制定。这个规范有两个当代特色值得重视。

　　（1）教育理念从知识本位教育（knowledge-based education）转向胜任力本位教育（competency-based education），其中：

胜任力　　　＝　　知识　　　＋　　技能　　＋　　品行

Competency　＝　Knowledge　＋　Skills　＋　Dispositions

　　（2）认知技能采纳了教育学中的布鲁姆教育目标六等级（Bloom's Taxonomy），即记忆、理解、应用、分析、评估和创造，如图1所示。

　　本课程倡导将布鲁姆教育目标从记忆等级提升到创造等级，品行方面鼓励想象力。

　　参考胜任力本位教育理念，本课程的教育目标还可归纳为表2所示。其中，期望同学们对基础知识点的掌握 50% 达到创造等级，25% 达到理解等级。品行不是简单的"如何做人"，而是鼓励计算思维的想象力、热情与责任心。在此基础上领悟对计算思维的 10 个理解。

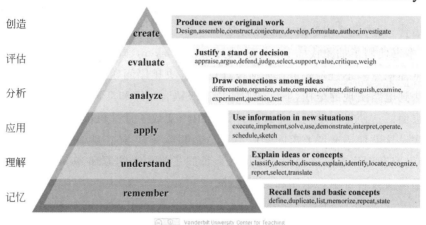

图 1　布鲁姆教育目标六等级(2001 年修订版)

表 2　本课程的教育目标

胜任力(Competency)	知识(Knowledge)	技能(Skills)	品行(Dispositions)
针对问题求解和创造性表达的胜任力	抽象计算机、真实计算机、计算机应用、数字符号、抽象、算法、人工制品、指数增长、计算能力的基本极限、人类智能相关的活动	50% 创造　(Create)　25% 理解　(Understand)　25% 记忆　(Remember)	想象力　(Imagination)　热情　(Passion)　责任心　(Responsibility)

二、教学方法

1. 知行合一的主动学习方法

本课程融合了当代计算机科学教育理念,提倡知行合一的主动学习方法。本书在阐述狭义的计算机科学知识之外,还用不少篇幅讲述创新故事,并通过动手动脑的课程实验,鼓励同学们创造性地学习。这种方法有利于提升同学们的学习主动性,有利于实践胜任力本位教育。这种主动学习方法不同于高中学习,对本科一年级同学具有一定挑战性,需要教学团队实践"有温度的"教学。本书的内容组织考虑了教学的主动性与温度。

通过知行合一的主动学习方式,同学们能够达到表 3 的学习目标。可以看出,它们覆盖了《计算机科学基础报告》的基本要点。

表 3　学完本书后同学们能够达到的学习目标

《计算机科学基础报告》的基本要点	知行合一的学习目标举例
抽象计算机	实现二进制串行加法器的图灵机
真实计算机	在笔记本计算机上编写执行简单程序解决问题

续表

《计算机科学基础报告》 的基本要点	知行合一的学习目标举例
计算机应用	信息隐藏应用程序
数字符号	从比特、字节、数、字符、图像到网页的各种数字符号；从加、减、乘、除到赋值语句的各种操作符号
抽象	布尔变量、整数、字符、数组、切片等数据抽象；顺序、条件判断、循环、函数调用、递归等控制抽象；组合电路、时序电路、指令流水线等硬件抽象；指令、进程、程序等软件抽象
算法	高德纳算法定义；分治算法、动态规划算法、快速排序算法
人工制品	动态网页个人作品
指数增长	"P与NP"的基本概念；摩尔定律
计算能力的基本极限	图灵可计算性，邱奇-图灵命题，停机问题；哥德尔不完备定理
人类智能相关的活动	布尔逻辑，演绎推理

2. 高德纳测试

在 2020 年 2 月的一次科技媒体访谈中，高德纳老师提出了一个终极测试。他说："我是否理解某项知识的终极测试，是看我能否向计算机讲解清楚。"为了避免断章取义，我们列出完整的英文原文段落：The ultimate test of whether I understand something is if I can explain it to a computer. I can say something to you and you'll nod your head，but I'm not sure that I explained it well. But the computer doesn't nod its head. It repeats back exactly what I tell it. In most of life，you can bluff，but not with computers.[①]

本书将他的观点称为高德纳测试(Knuth's Test)。这是将布鲁姆教育目标贯彻到计算机教育的一个绝妙测试，为同学们提供了一个实用的教育学工具，可用于检测自己是否掌握了某项知识或能力：看自己能否向计算机讲清楚。

如何向计算机讲清楚一项知识或能力呢？本质上是通过比特精准的计算过程。下面列出 3 种具体途径。

（1）**计算机程序**。将该项知识或能力具象为计算机程序，在计算机上正确地执行程序，提供典型的输入数据，返回期望的结果。例如，某位同学测试自己是否掌握"个人作品"相关知识和能力，一个途径是该同学开发一个动态网页，在计算机上运行起来，体现创造性表达。在此过程中，如果同学误解了网页相关的 HTML、CSS 或 JavaScript 知识，程序往往会出现期望之外的行为，计算机会报错。

（2）**思想实验**(thought experiment)。与计算机程序途径很像，只是"计算机"变成了同学自己的大脑(或"心")。同学自己通过"心算"，当然也可以辅之以纸和笔，在自己心中执行任意一个具体的计算过程。例如，测试是否掌握了"递归"概念，即递归函数调用，可在自己

---

① D'Agostino S. The Computer Scientist Who Can't Stop Telling Stories. Quanta Magazine，2020，(4). https://www.quantamagazine.org/computer-scientist-donald-knuth-cant-stop-telling-stories-20200416.

心中执行任意一个具体的递归计算过程,例如快速排序。这个途径的要点是,"心"必须装扮成一台计算机,每一步只能执行明确的步骤,响应明确的指令,使用精准的输入,产生精准的输出结果。

（3）结对实验（pairing experiment）。与计算机程序途径很像,只是"计算机"变成了另一个同学或助教。这个途径的要点是,另一个同学必须装扮成一台计算机,每一步只能执行明确的步骤。有时,一个同学也可以扮演这两个角色:本人和"另一个同学"。

高德纳测试可用于测试布鲁姆教育目标六等级的各个等级。下面列出对应"记忆""理解""创造"3个等级的教学建议和高德纳测试,并举例说明。注意,这些等级总地来讲是逐渐包含关系,高等级包含了低等级的教学要求。

（1）记忆等级:这是最低等级。针对每个概念或方法,每个同学能够较为精准地重述,并举一个教科书或课堂讲授提到过的实例说明。

高德纳测试例子:可通过习题、考题、实验重现该概念或方法,并通过比特精准的计算过程,测试出重现结果是否与正确答案契合。

（2）理解等级:针对每个概念或方法,每个同学能够较为精准地解释它,动手动脑阐述一个具体实例,并能够举一反三,应用到讲过的问题实例的变种。

高德纳测试例子:本书要求同学们使用图灵机实现加法器;在此过程中,同学们应该理解了使用图灵机求解问题的入门知识,从而能够自行实现本书没有阐述过的图灵机减法器。

（3）创造等级:掌握了课程相关的胜任力,即"知识＋技能＋品行",并能够应用到新场景,定义新问题,自学新知识,提出新观点,实现新作品。这里的关键是"新",是教科书或课堂讲授没有提到过的。

高德纳测试例子:本课程的个人作品实验体现了高德纳测试。同学们需要无中生有地创造、构思并设计作品,在计算机上实现为动态网页,分享给全班同学。同学们需要将 Go 语言编程知识迁移到网页设计的新场景中,自学个人作品需要的网页设计和编程的新知识。教学团队会介绍少量入门网页编程知识,并提供动态网页实例库和答疑帮助。

三、一年级本科生创造性学习实例

下面列举中国科学院大学的一年级本科生创造性学习的 3 个真实例子,进一步显示布鲁姆教育目标的"创造"等级和高德纳测试。这些实例都是同学们自己想象出来的。

【实例1】　吕星宇的"活体 U 盘"。

本课程的信息隐藏实验要求将一个英文文本文件隐藏到一个图像文件中。在完成信息隐藏实验的实践中,中国科学院大学计算机专业的吕星宇同学发现:中文文本文件也可以被隐藏和复原! 他的好奇心和探索导致他提出了一个"活体 U 盘"的想法。这已经属于"创造"等级的学习了。他的这个想法大体上可以使用思想实验的途径通过高德纳测试。

（1）吕星宇发给教师的邮件（部分内容）。

（接上封邮件）老师好,在您的启发下我突然又想到一个问题,就是生物的 DNA 是一串"嘌呤-嘧啶对",每个"嘌呤-嘧啶对"有 4 种不同的取法,如果分别标记成 0、1、2、3 的话,那么 DNA 就可以等效地用一串四进制数表示了,这样的话,也可以把这个大数隐藏到文件里面,这是不是对生物信息的隐藏? ……我是不是也可以把我想要隐藏的信息通过修改 DNA 中的"冗余片段"实现隐藏? 更进一步地,我让这个 DNA 控制发育成一个生命体,比如小白鼠,看起来它跟其他的小白鼠没什么不一样,但它却成了一个"活体U盘",时刻携带着一段有用的信息!甚至可以通过克隆这只小白鼠实现信息的克隆与传递。

也就是说,我既可以把一只小白鼠隐藏到《蒙娜丽莎》里面,也可以把《蒙娜丽莎》隐藏到小白鼠里面?

(2) 教师的回复(事实上,吕星宇的想法已经不限于DNA存储的范围)。

星宇,你提出了一个很妙的想法。已经有一些初步进展了,同行称为"DNA存储"。如你有兴趣,请搜索"DNA存储",或读一下《国家科学评论》的最新综述:

DNA Storage: Research Landscape and Future Prospects

https://doi.org/10.1093/nsr/nwaa007

【实例2】　李思悦的"猫猫指挥家"。

中国科学院大学物理专业的李思悦同学花了3天创建了个人作品"猫猫指挥家"(图2)。其中,大概50%的时间用于构思、设计,50%的时间用于编码。

李思悦仅用155行代码就实现了"猫猫指挥家"动态网页。3个可爱的小猫组成敲锣、打鼓、敲击三角铁的小乐队,玩家担任指挥,可单击某只小猫感受单独效果,也可输入一段由1、2、3组成的数字串乐谱演奏一段打击乐。她通过主动学习,掌握了必要的动态网页知识和创造性表达能力,达到了布鲁姆教育目标中的"创造"等级。这个作品显然可以采用程序运行途径通过高德纳测试。当然,创造性表达的程度涉及主观判断。

图2　李思悦同学的个人作品"猫猫指挥家"截图,课程网站有完整作品

【实例3】　董可昕的"绮"。

中国科学院大学生物专业的董可昕同学创造了个人作品"绮",一个人眼色彩辨别力测试小游戏(图3)。她用简洁的代码实现了动态网页,通过闯关游戏测试玩家的人眼色彩辨别力,体现了创造性表达。

"绮"是一个简洁、独立完整、有趣、有温度的个人作品。

(1) 简洁:整个动态网页"绮2.0"包含172行HTML/CSS/JavaScript代码,包括必要的重复代码。"绮3.0"包含215行代码,增加了三级难度功能。

(2) 自包含:整个动态网页软件是董可昕同学自己编写的,有一定深度。

(3)有趣：这是一个有趣的攻关小游戏,可在计算机和手机上玩,可能需调整风格。

(4)有温度：与用户交互有温度。例如：

① ……小鼹鼠……别气馁,再玩一次吧～

② 时间到啦! 60秒内您共通过15关,您的色彩辨别力大约相当于一只西伯利亚哈士奇……别气馁,再玩一次吧～

③ ……您的色彩辨别力和小海豹一样优秀! 再玩一次吧～

④ ……您的色彩辨别力和小蜻蜓一样敏锐～棒棒哒～再玩一次吧～

⑤ ……您的色彩辨别力如猫头鹰一样敏锐! 再玩一次吧～

⑥ ……明察秋毫! 您就是苍鹰本鹰! 再玩一次吧～

(5)有致谢：尽管整个动态网页软件是自己编写的,董可昕同学还是致谢了对她的创作工作有帮助的老师和同学,以及用到的一个网络背景资源。

(6)有记录：董可昕同学维护了一个《个人网页日记》。

教师也指出了可能改进的方向。作品展现的识别能力真的与自然契合吗？确实反映了小鼹鼠、哈士奇、……、苍鹰的眼力吗？作品是一个艺术品,创造性表达是重点,可以夸张或偏离。董可昕同学有兴趣、有时间的话,可考虑以作品为基础做本科研究工作,较为真实地反映自然,这样一来,作品就变成了一件有实用价值的软件,可以开源贡献给世界。

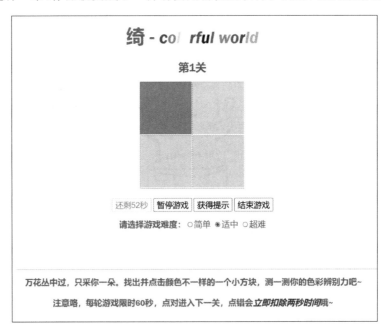

图3 董可昕同学的个人作品"绮 3.0"截图,课程网站有完整作品

目录

contents

chapter 1

计算机科学概貌

大自然做计算,人类社会做计算。

Nature computes. Human society computes.

——理查德·卡普(Richard Karp),2008

我是否理解某项知识的终极测试,是看我能否向计算机讲解清楚。

The ultimate test of whether I understand something is if I can explain it to a computer.

——高德纳(Donald Knuth),2020

天地间有物质、能量、信息。计算机科学研究信息变换过程(process of information transformation)[①]。同学们从中学物理就已经知道了物质与能量的运动过程。20 世纪中叶以来,人们已经越来越清晰地认识到,信息变换过程(也就是信息运动过程)与物质运动过程、能量运动过程同等重要。信息变换过程简称为计算过程。

计算机科学是研究计算过程的科学。计算过程是通过一系列步骤操纵数字符号变换信息的过程(a step-by-step process of digital symbol manipulation)。"操纵数字符号"也称为"操作数字符号"(digital symbol operation)。

计算过程涉及信息在时间、空间、语义层面的变化。一位同学登上长城,将自拍的人物照片用图像文件存档,第二天再打开观看,涉及时间的改变。把人物图片从长城传到海南岛家中给父母看,涉及空间的改变。用一个"老化软件"从人物图片计算出该同学十年后成熟的模样,是语义层面的改变。

计算思维强调计算过程的正确性、巧妙性、实用性。

1.1 计算机科学领域现状

计算机科学是研究计算过程的科学,涉及信息获取、信息存储、信息处理、信息传输、信息显示等环节。一个计算过程可以专注于某个环节,也可以覆盖多个环节。中国业界有时使用"计算机科学技术"指称计算机科学,以突出其技术内涵和技术影响。

早在 1703 年,莱布尼茨(Gottfried Leibniz)就发表了二进制算术的论文。1854 年,布

---

① Karp R M. Understanding science through the computational lens[J]. Journal of Computer Science and Technology,2011,26(4):569-577.

尔（George Boole）发表了《思维定律研究》专著，阐述了更为基础通用的二值逻辑。图灵（Alan Turing）在1936年发表论文，从数学角度定义了可计算性，并描述了后来称为图灵机的通用计算机模型。1946年，数字电子计算机埃尼阿克（ENIAC）投入使用，标志着现代自动执行计算机的出现。高德纳（Donald Knuth）的教科书《计算机程序设计的艺术》在1968年出版，涵盖了计算的数学基础、重要的数据结构、算法的定义、伪代码级到汇编语言级的算法描述、算法的分析与设计方法，标志着计算机学科的形成。

1. 无所不在的计算过程

计算过程，即信息变换过程，广泛存在于各个领域，包括数学、自然科学、社会科学，以及人类生产生活的方方面面。一个原因是因为计算过程能够带来新的理解和新的能力。下面三个例子分别展示了计算机科学为数学、自然科学、社会科学带来的新能力，即求不规则形状的面积、预测未来、查找相关事项的能力。

1）数学

一类常常遇到的数学问题是求形状的面积。在中小学数学，我们学到了如何求规则形状的面积。例如，图1.1(a)的面积是长方形面积与半圆形面积之和。长方形面积等于高度×宽度。半圆形面积等于$\pi \times (宽度/2)^2/2$。图1.1(b)中直线与曲线之间的面积可使用微积分知识得到。但是，即使学过高等数学的同学，也难以求出图1.1(c)中熊猫图像的面积。使用计算机科学知识，却很容易编写一个计算机程序，利用计算过程求出这类不规则形状的面积。教师讲解时，可使用课程网站中的利用蒙特卡洛模拟程序求解熊猫面积的例子。

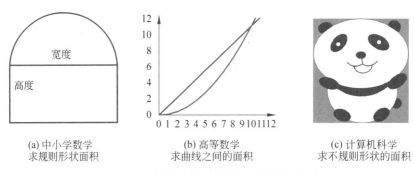

(a) 中小学数学
求规则形状面积

(b) 高等数学
求曲线之间的面积

(c) 计算机科学
求不规则形状的面积

图1.1　计算过程能够求出不规则形状的面积

2）自然科学

2022年12月5日，我们在北京观察到日出时间是早上7点20分。可使用这个事实以及其他客观数据（见图1.2），通过计算过程预测未来，求出喀什当天的日出时间。

（1）求特定纬线上的地球自转速度：北纬40度线上任意一点的自转速度是$(40000\text{km} \times 1000) \times \cos 40/(24 \times 3600\text{s}) = 355\text{m/s}$。

（2）求两点的经度之差。北京与喀什的经度之差是$116° - 76° = 40°$，即360经度的1/9。

（3）求两点的距离。北京与喀什的距离是$40000\text{km} \times \cos 40/9 = 3405\text{km}$。

（4）求两点的时差。北京与喀什的时差是$(3405\text{m} \times 1000)/355(\text{m/s}) = 9592\text{s}$，即2小时39分52秒。

（5）因此，当天喀什的日出时间是早上 7 点 20 分＋9592 秒，即早上 9 点 59 分 52 秒。

上述中学计算过程只有 5 步，每一步只需要简单的手工算术操作或 cosine 查表即可得出结果。最终预测值相当接近真实数值。中央气象台数据显示：2022 年 12 月 5 日喀什的日出时间是早上 9 点 59 分。

地球自转相关的若干事实和近似数值
- 可将地球近似地看成是一个球体，其赤道长度和子午线长度都是 40 000km。
- 地球 24 小时完成一圈自转。
- 北京的经纬度是东经 116°北纬 40°，喀什的经纬度是东经 76°北纬 40°。

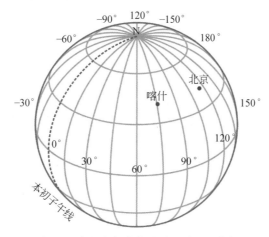

图 1.2　求北京与喀什的时差需要的数据

同样的原理可应用于预测更加复杂的现象。计算机科学赋予人们预测未来的能力，哪怕是一些极为复杂的现象，也可以通过强大的计算过程求出。例如，科学家们使用计算机预测出了几十年后的地球表面温度的平均值（简称地表温度）。

中国科学院大气物理研究所的朱江研究员介绍说，全球气候变化事关全人类的发展，全球科学家密切合作，研究各种共享社会经济路径（Shared Socioeconomic Pathway，SSP）及其对未来气候变化的影响。科学家们发展出了复杂的数学模型，再输入海量观测数据，通过超级计算机运算，就可以模拟出了地球的各种行为，如地表温度。

计算机数值模拟展示了四类可能场景（见图 1.3）。SSP126 是最好情况：世界各国团结一致，努力实施 2015 年联合国气候变化大会通过的《巴黎协定》规定的各项措施，将地表温度增幅控制在 2℃内，甚至低于 1.5℃。最糟糕的场景是 SSP585，各国延续现在的碳排放发展模式，不加任何限制。地表温度升高 2℃ 的时间将提早到 2060 年。SSP245 与 SSP370 是两种中间路径，较为可能真实地发生。

3）社会科学

在人类生产生活的各种社会活动中，人们常常需要搜索查找某个事项，即给定 n 个事项的集合 $\{a_1, a_2, \cdots, a_n\}$，快速方便地找到所需的事项 a_k。当 n 较大时，人们往往事先将这 n 个事项排好序，然后再查找。计算机科学提供了高效的大规模搜索（search）和排序

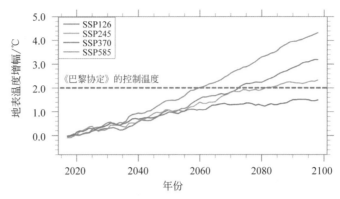

图 1.3　计算机模拟出的全球地表温度变化的四类场景

(sort)能力。

例如,《新华字典》包含 1 万多个单字($n=13000$)。由于编写字典的专家们已经将所有单字按照拼音顺序排序组织好了,已知读音查找任何一个单字,就变得很容易。第 4 章会告诉我们,只需要 $\log n$ 步,即翻看字典书页 $\log n$ 次,就可以找到所需单字。

大规模搜索的一个突出例子是万维网搜索。全球 50 亿网民每年向万维网搜索引擎提交几万亿次搜索请求,期望得到最相关的网页。搜索引擎的计算过程大体如下。

(1) 利用网页爬虫等工具,采集互联网中的数十亿网页,并建立索引后的网页库。

(2) 接受网民用户发来的搜索请求。

(3) 利用搜索请求的信息,从网页库中找到与请求相关的结果网页。

(4) 将结果网页按照相关性排序。

(5) 将结果网页的网址发回给用户,优先发回相关性最高的网页。

由于搜索请求的多样性,难以将包含数十亿网页的网页库按照统一的规则事先排好序,供后续请求查找。因此,万维网搜索相比查字典难得多,需要更加高级的计算过程。而且,每一次搜索都可能返回多个结果网页,这些结果网页需要排好序再呈现给用户。

从上述三个例子可导出计算过程的定义。在 1.3.3 节,我们将更加细致地定义计算过程,并讨论计算过程概念的演变进化。

【定义 1.1】　计算过程。

计算过程是操作数字符号的步骤序列。数字符号是由一个或多个比特表示的记号。换言之,一个计算过程是一系列步骤,每一个步骤都是对数据的操作。所谓数据,就是一组数字符号。

上述定义有一个简单的数学解释。当我们从计算过程视角观察世界求解问题时,总会用一些变量。在计算过程的每一步骤之前,这些变量具备特定的值;步骤执行之后,这些变量有了新的值。每一步骤是一次信息变换,将原有变量赋值变换为新的变量赋值。计算过程事实上是求解问题的计算系统的一步又一步的行为。每个时刻的变量赋值称为该系统或计算过程的状态(state)。计算过程就是从初始状态变换到最终状态的一系列步骤。

这个系统概念称为自动机(automaton)模型,有时也称为状态机(state machine)。它是计算机科学的一个基本模型。自动机的基本步骤是一次状态转移(state transition 或简称

transition)，即自动机从当前状态转移到下一状态。计算过程就是某个自动机的一系列状态转移，使得自动机从初始状态变换到最终状态。

图 1.4 给出了一个自动机及其上的一个计算过程，算出北京与喀什的时差。

这个计算过程有五个状态，标注为状态 Ⅰ 至 Ⅴ，其中状态 Ⅰ 是初始状态（初态），状态 Ⅴ 是最终状态（终态）。该自动机关注 7 个变量，即 E、B、K、S、L、D、T。其中，已知 E、B、K 的值在初态中已经给定，待求的是 T 的值，S、L、D 是中间变量。

第一次状态转移是步骤 1，它改变了自动机的初态，给变量 S 赋值 355m/s，使得自动机进入状态 Ⅱ。

该计算过程经历了 4 个状态转移（自动机状态的 4 次变化），即 4 个步骤。步骤 1、2、3、4 分别求出了变量 S、L、D、T 的值。这 4 步组成的状态转移序列 Ⅰ → Ⅱ → Ⅲ → Ⅳ → Ⅴ 构成了该计算过程，实现了"算出北京与喀什的时差"的目的。所需的结果包含在自动机的最终状态 Ⅴ 里，即北京与喀什的时差是 $T = 9592\text{s}$。

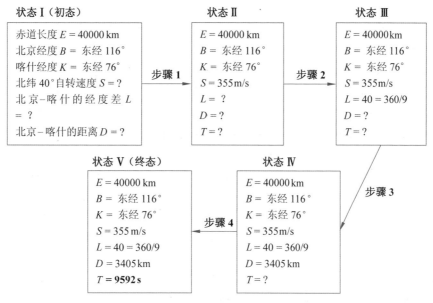

图 1.4　求出北京与喀什时差的自动机与计算过程

上述求时差的非常简单的计算过程蕴含着计算机科学的入门知识体系。让我们从这个例子看一看本课程的核心内容：计算思维强调计算过程的正确性、巧妙性、实用性。

第 2 章介绍如何表示和执行计算过程，包括给计算机下命令的 5 种方式：伪代码、高级语言程序、汇编语言程序、二进制程序（机器代码）、微操作。伪代码是给研究算法的人看的，计算机不能理解。计算机只能自动执行二进制程序。高级语言程序与汇编语言程序必须被翻译成机器代码，才能执行。最小单位的机器代码是一条指令。每条指令通过计算机硬件内部的一系列微操作实现。即使只学会编程入门知识，也能够表达远比"求时差"更加高级的计算过程。

第 3 章关注计算过程的正确性，其要点是比特精准，即计算过程的每一步的每一个比特都是正确的。介绍了命题逻辑、谓词逻辑和图灵机，这些都是体现比特精准的计算模型。本章还介绍了图灵机的通用性和局限性。图灵机能够求解任意可计算问题，但存在大量非图灵可计算问题。这些问题远比"求时差"问题更加广泛。

第4章关注计算过程的巧妙性。算法，就是规定巧妙的计算过程的方法。算法思维的巧妙性体现在对算法的巧妙定义、巧妙度量、巧妙设计方法、巧妙的应用方法。教师可变换"求时差"例子，展示算法思维的巧妙性。课件中给出一种方式。

第5章关注计算过程的实用性。就像20世纪之前的人类文明史展现的，如果计算过程不实用，计算只能在小范围小规模应用。系统思维利用"抽象"利器，使得当今世界数十亿人日常生活工作中，计算成为无所不在的现象。这些应用超出了"求时差"例子的直线计算过程，体现了循环递归等控制流，以及网络交互等消息流现象。

第6章研究运行在由多个节点组合而成的网络之上的网络计算过程，使得网络计算过程也变得正确、巧妙、实用。特别的，课程安排了"个人作品"实验，让同学们发挥自己的想象力和学习能力，构建体现创造性表达的动态网页。

2. 计算机科学的研究与人才培养

从研究和教育角度看，中国的高等教育体系将"计算机科学与技术"设为一级学科，包含3个二级学科："计算机系统结构""计算机软件与理论""计算机应用技术"。国际上的高等教育体系则主要提供"计算机科学"（computer science）的本科、硕士、博士学位教育，部分高校也提供"计算机工程"（computer engineering）、"信息系统"（information systems）、"网络信息安全"（cybersecurity）、"软件工程"（software engineering）、"人工智能"（artificial intelligence）、"信息技术"（information technology）的学位教育。欧洲一些大学使用 informatics 一词指称 computer science。

从人力资源角度看，从事计算机科学技术相关的知识和产品的研究、教育、构建、运维、应用服务的人员往往被称为信息技术从业人员，全球大概已有上亿信息技术从业人员。根据开源网站 GitHub（https://octoverse.github.com/）2021 年 11 月的报告，2021 年在 GitHub 平台上做贡献的全球软件开发者已超过 7300 万人，其中来自中国的开发者超过 755 万人，约占 1/10。

但是，专业人员人数要少得多。上亿信息技术从业人员中，具有计算机相关学科学士及以上文凭的称为信息技术专业人员（IT professionals）。IEEE Computer Society 前主席 David Grier 估计，全球信息技术专业人员在 300～1200 万人内。如果我们取一个较大的中间值，例如 700 万人，则信息技术专业人员仅占全球人口的 1‰。计算机科学与信息产业还是一个专业人才供不应求的领域。

计算机科学专业并不只是培养信息技术专业人员，计算机科学毕业生也并不只是程序员，尽管优秀的程序员一直是稀缺资源。哈佛大学做了一个有趣的长期调查，统计观察从 1984 年到 2018 年的计算机科学专业毕业生从事什么行业工作（https://cdn.cs50.net/guide/guide-22.pdf）。调查结果显示：

（1）计算机科学专业校友从事的工作覆盖 50 多个行业。

（2）校友从事的工作最多的大致分布在 4 个行业：教育、工程、信息技术、科研。

（3）校友从事的工作第二多的分布在 3 个行业：金融、工商、医疗健康。

（4）校友的工作职务最多的是 2 个头衔：教授（professor）和总裁（president）。

3. 计算机科学的产业和社会影响

信息技术从业人员与信息技术消费者一起所产生的生产活动称为信息产业（IT industry）。在 2021 年，中国的信息技术专业人员已接近百万人，信息技术从业人员超过千万人，并有近 10 亿信息技术消费者。中国已成为全球信息技术领域用户最多的国家。

从应用市场角度看，计算机科学推动了信息技术市场的飞速发展。衡量信息市场规模的一个指标是信息技术支出（IT spending），即每年支出购买计算机与网络的硬件、软件和服务的总金额。全球信息技术市场 1950 年仅为数百万美元，1960 年增长到数亿美元，2000 年达到了 1 万亿美元，2013 年超过了 2 万亿美元，60 年期间增长了数十万倍。

中国信息技术市场起步晚于发达国家，因此增长潜力也更大。2000 年，中国信息技术市场仅为 260 亿美元，按全国人口平均计算，人均信息技术支出只有 21 美元。2008 年，中国信息技术市场增长到了 1100 亿美元，人均信息技术支出提升到 89 美元。中国科学院在 2009 年发布了《中国至 2050 年信息科技发展路线图》战略研究报告，其中预测，中国信息技术市场将在 2040—2050 年达到每年 2 万亿美元的规模。

术语：信息技术、信息产品、信息服务

中国业界往往用信息技术一词指代"计算机科学技术与通信技术"，信息化一词指代这些技术的应用。国际上则有时采用信息技术（Information Technology，**IT**）特指"计算机科学技术"，采用一个更大的术语 Information and Communication Technology（**ICT**）指代"计算机科学技术与通信技术"。

在市场上，用户通过 3 种载体消费信息技术。这 3 种载体是硬件产品（如桌面计算机、智能手机）、软件产品（如操作系统软件、办公软件）、信息服务（如电子商务服务、互联网视频服务、微信服务）。

从社会影响角度看，计算机科学已经渗透到人们生产生活的方方面面。不论是学生、劳动者、企业、政府都直接或间接地关注计算机科学，从几岁的小朋友到百岁老人都在使用计算机科学的成果。越来越多的国家已经意识到，人类文明在经历了农业社会、工业社会的发展阶段之后，正在进入信息社会（information society）的新发展阶段。有学者将这 3 个发展阶段称为农业时代（the agricultural age）、工业时代（the industrial age）、信息时代（the information age）。

人类文明正在进入信息社会的一个迹象是，全球大部分人口每天都花了很多时间上网。根据国际电信联合会与 DataReportal 的统计数据，2021 年 1 月，全球互联网渗透率已经超过 53%，即全球人口的 53% 已成为互联网用户。其中，平均每个用户每天使用互联网接近 7 小时；巴西最高，超过 10 小时；中国和日本较低，也为 4～5 小时。

随着计算机科学应用对社会渗透的不断深入，一些新名词变得普遍流行。其中，"网络空间""信息空间""网络信息空间""赛博空间"都来自一个英文词：cyberspace。这是 20 世纪计算机科学创造的一个新事物。进入 21 世纪，人们进一步认识到，计算机科学事实上涉及人类社会（人）、信息空间（机）和物理世界（物）三者的整体，称为人机物三元世界（human-cyber-physical universe）。2021 年 5 月 28 日，习近平总书记在两院院士大会讲话指出：人类正在进入一个"人机物"三元融合的万物智能互联时代。

4. 解释计算机科学渗透性强的 4 个假说

为什么计算机科学渗透性强、影响面广？学者们提出了 4 个假说和解释。它们合起来说明：计算机科学可以影响人类生产生活众多领域、应该影响各领域、能够产生各种价值，而且间接价值要大得多。

（1）**数字无穷性**，即"乔姆斯基数字无穷性原理"（Chomsky's digital infinity principle），由美国语言学家诺姆·乔姆斯基（Noam Chomsky）提出，据称可追溯到伽利略。它说，任何人类语言的无穷含义都可以采用有限符号表示。因此，不论是哪个学科或应用领域的可能无穷多的问题和知识，都可用该领域的专业语言表述，从而都可以通过有限的数字符号集表示，由计算机科学处理。

（2）**计算透镜**，即"卡普计算透镜命题"（Karp's computational lens thesis），由美国计算机科学家理查德·卡普（Richard Karp）提出。它说，很多自然界和人类社会的过程也是计算过程。为什么呢？因为自然在做计算，人类社会也在做计算（Nature computes and Society computes）。这些过程传统上被看作是物理过程、化学过程、生物过程、经济过程、心理过程、社会过程，被自然科学和社会科学研究。但是，通过计算透镜，将它们看成是计算过程，用计算机科学研究，可以产生新视角、新方法、新价值。

（3）**黄金隐喻**，即"巴贝扬黄金隐喻"（Babayan's gold metaphor），由俄罗斯计算机科学家波瑞斯·巴贝扬（Boris Babayan）提出。它说，计算速度是像黄金一样的硬通货，可以换成任何其他东西，包括新的功能、更好的性能、更容易使用、更好的产品、成本更低的服务，等等。

（4）**蜜蜂隐喻**，即"布当蜜蜂隐喻"（Boutang's bees metaphor），由法国政治经济学家雅安·莫里耶·布当（Yann Moulier Boutang）提出。它说，信息技术就像蜜蜂一样，产生的两类价值，间接价值（授粉）比直接价值（蜂蜜）大得多。信息产业不光是产生直接价值（卖硬件、卖软件、卖服务），信息产业也为全球经济社会授粉，产生经济学的外部性（externality），提升其他领域的价值。布当估算了蜜蜂的两类价值。结论是，授粉的经济价值是蜂蜜的经济价值的 28～373 倍。类似地，2016 年全球数字经济为 11.5～24 万亿美元，远大于计算机科学的直接经济价值，即 2016 年的信息产业市场（3.4～4.3 万亿美元）。

1.2 计算机科学的发展脉络

现代计算机科学只有不到 100 年的历史。我们可将计算机科学发展历史大致定为 3 个阶段：近代、现代、当代。近代是指从 1703 年莱布尼茨发明二进制算术起至 1946 年埃尼阿克（ENIAC）电子数字计算机的诞生。现代是指 1936 年图灵机的提出至 1962 年世界上第一个计算机科学系在美国普度大学（Purdue University）建立。广义的现代是 1936 年至今。当代是指 1960 年至今。我们今天使用的很多计算机科学成果都是 20 世纪 60 年代提出的，如计算机体系结构、操作系统、高级语言、算法复杂度、个人计算机、平板电脑、计算机网络等。

计算机科学的发展离不开对一些长期的基础性问题的探索和价值追求。詹姆斯·格雷

(Jim Gray)在 1999 年的图灵奖获奖演说中指出,计算机科学的研究与应用发展历史有 3 个主要的脉络,我们将其归纳为 3 大基础问题,即巴贝奇问题(如何构造实用有效的计算机系统)、布什问题(如何使用计算机,人机之间有什么关系)以及图灵问题(如何构建智能应用)。这 3 个问题并不是孤立的,它们相互交叉、相互影响,但各自仍有自己的发展脉络。格雷认为,今后 50 年,计算机科学的发展将仍然围绕这 3 个问题,他还把它们细化为 12 个技术难题与研究目标[①]。

(1) 巴贝奇问题:如何构造实用有效的计算系统? 什么是实用有效的计算机? 这里的巴贝奇是 19 世纪剑桥大学教授查尔斯·巴贝奇(Charles Babbage),他提出了差分机和分析机概念,是计算机系统研究的先驱。

(2) 布什问题:如何有效地使用计算系统? 这包括如何将信息互连成为易于大众使用的知识库。这里的布什是 20 世纪麻省理工学院教授万尼瓦尔·布什(Vannevar Bush),他发明了微分分析机(一种模拟计算机),提出了 Memex 个人计算机概念,是后来的超链接概念与万维网技术的先驱。布什问题也可以表述为信息互联问题:两条(或多条)信息之间如何互联交互? 人(用户)与信息之间如何互联交互? 后者也就是计算机的使用模式问题。

(3) 图灵问题:如何通过计算产生智能? 这里的图灵是 20 世纪英国计算机科学家艾伦·图灵(Alan Turing),他提出了图灵机与图灵测试,是计算机科学理论的奠基人与人工智能先驱。

下面我们围绕上述 3 个问题,从计算思维角度,讨论计算机科学发展历史中的一些经典实例,获得一些对计算机科学领域发展脉络的直观认识。

1.2.1　巴贝奇问题——如何构建计算机

一类古老而又使用广泛的计算机是算盘,已有数千年的历史。即使到了 20 世纪,算盘还被广泛使用,不仅用于记账、会计,甚至也用于密码和核武器研究等国防计算。从计算思维角度看,算盘具备精准性,但不能实现多个操作步骤序列的自动执行。事实上,用算盘实现一个计算过程时,每一步都需要人工操作(手拨算珠)。

【实例 1.1】　巴贝奇分析机。

近代计算机发展的一个里程碑是巴贝奇分析机。大约在 1837 年,巴贝奇提出了称为分析机(analytic engine)的一种机械计算机的设计描述。巴贝奇分析机采用 40 个十进制位的数字符号,包括一个算术逻辑部件,一个能容纳 1000 个数字符号的存储器,支持条件跳转操作的控制器,以及穿孔卡等输入输出设备。尽管只是一台机械计算机的设计,又没有构建出来,分析机的两个特点使得它成为一个里程碑:它是历史上第一台**自动执行**的**通用**计算机。当针对某个计算过程配置好分析机后,该计算过程的步骤能够被自动执行。说它通用,是指人们后来证明:巴贝奇分析机是与**图灵机**等价的。

第 3 章将进一步讨论计算能力、图灵机等价等概念。第 5 章提供了更多的计算机发展里程碑实例。今天,全球已经装备了数十亿台计算机,它们大体上分为 3 类。

(1) 客户端计算机:我们最熟悉的计算机,因为它们直接被人使用。这些客户端计算

---

① Jim Gray 后来将他的讲演整理成了一篇文章,见 Jim Gray. What next?: A dozen information-technology research goals. Journal of ACM,2003,50(1):41-57。

机(client-side computer)包括各种桌面计算机、笔记本计算机、智能手机等。

（2）**服务端计算机**：在机房里边的计算机。用户通过客户端计算机间接地使用服务端计算机(server-side computer)，如各种服务器、超级计算机，如图 1.5 所示。

图 1.5　服务端计算机实例：曙光星云服务器

（3）**嵌入式计算机**：我们看不见的计算机。之所以看不见，是因为这些计算机是装在嵌入式系统里边。**嵌入式系统**是指内部含有计算机控制的系统，如数码相机、微波炉、收款机、电视机等，计算机是隐藏（或嵌入）在系统内部的。

【**实例 1.2**】　贝尔定律。

DEC VAX 小型机的设计者戈登·贝尔(Gordon Bell)从历史发展规律的角度提出了另一种计算机分类法。这个分类基于数十年的观察，称为贝尔定律：信息产业中的计算机设备按照 3 种方式发展，大约每十年会产生一种新的计算机类型。这 3 种方式是：①"不计成本地"发展能力最强的计算机；②保持价格不变，提升计算机能力；③保持能力不变，甚至适当减弱一些能力，但显著地降低价格，从而扩大市场。

从 1946 年第一台数字电子计算机诞生至今，市场上已经出现了大约 10 种计算机类型。

（1）多用户服务端计算机，放在机房里。

① 超级计算机(supercomputer)，计算速度最快的计算机。

② 大型机(mainframe)，如 IBM S/360 大型机。

③ 小型机(minicomputer)，如 DEC VAX 小型机。

④ 机群(cluster)，多个计算机互连而成的一套计算机系统。

（2）单用户客户端计算机，放在用户身边。

① 工作站(workstation)，如图形工作站。

② 个人计算机(personal computer)，简称 PC。

③ 便携式计算机(portable computer)，如笔记本计算机。

④ 个人专用终端(dedicated device)，如游戏机、计算器、数码相机等。

⑤ 智能手机(smart phone)，如苹果公司的 iPhone 和各种安卓平台智能手机。平板计算机(pad)也算在此类。

⑥ 可穿戴计算机(wearable computer)，如智能手环、智能手表等。

尽管世界上已经装备了数十亿台计算机，很快就达到人均一台的水平，业界普遍认为这才是开始。到了 2050 年，全球可能会装备上千亿台计算机，甚至上万亿台计算机。也就是说，大部分计算机还没有在市场上出现，正有待同学们发明出来。

1.2.2 布什问题——如何使用计算机

1945 年是计算机科学技术历史上的一个里程碑年。世界上第一台数字电子计算机埃尼阿克(ENIAC)研制成功。同样在 1945 年,万尼瓦尔·布什(Vannevar Bush)在美国著名刊物《亚特兰大月刊》发表了一篇题为 *As We May Think* 的文章,提出了影响深远的 Memex 个人计算机思想。1967 年,他又发表了题为 *Memex Revisited* 的文章,进一步阐述了他的思想。

【实例 1.3】 布什诘难。

布什提出 Memex 个人计算机思想,是为了解决一个人类文明发展的中心难题,我们称之为"布什诘难"或"孟德尔-布什诘难"。这里孟德尔是指遗传学奠基人格里哥·孟德尔(Gregor Mendel)。人类进步的一个基石是知识积累与传承,即产生并消化知识。"消化"包括对知识的存储、读懂、利用和扩展。布什诘难是:人类消化知识的能力远低于人类产生知识的能力,其重要原因是很难在知识库中找到所需答案。

布什举例说,1865 年孟德尔发表了重要的遗传学研究成果,即他通过多年豌豆实验发现的遗传规律,后来被称为孟德尔定律(包括显性原则、分离定律、自由组合定律)。但是,孟德尔的论文长期无人理睬,甚至无人知道。直到 30 年以后,才有懂行的人读懂了他的论文,并加以利用和发展,建立了遗传学这门重要的生物学子学科。

布什进一步强调说,到了 1965 年,一百年过去了,这个诘难依然存在。人类生产的大量知识都无人知道,更不用说消化利用了。很多知识几十年以后也没人知道,甚至最终彻底消失了。人们不断重复着重新发现、重新发明的工作,科学研究成果的利用率很低。

布什认为,存在布什诘难的根本原因,不是人们不想利用已有的知识,也不是缺乏知音用户(即懂行且感兴趣的同行读者),而是缺乏一种技术手段(更具体地说,缺乏一种个人计算机),让知音用户能够方便快捷地找到他需要的知识,并加以消化、利用、扩展。

【实例 1.4】 Memex 个人计算机思想。

为解决布什诘难,布什提出了一种个人计算机设想,他称之为 Memex。这种计算机是为个人用户(例如一位科学家)服务的,大约一个桌子大小,存放着该用户所需的所有知识。从个人用户角度看,Memex 个人计算机具有如下使用模式和组成特点。

(1) Memex 具备一个存储器,可以永久地存储用户一生所需的所有知识。知识的基本单位是一条研究成果记录,其形式可以是论文、图像、声音、视频、标注等。因此,存储器也可被称为知识库。

(2) Memex 具备输入输出设备,使得用户可以方便地操作存储器。重要的操作包括:选择操作,即从存储器的众多知识中选中感兴趣的一条知识;显示操作,将选中的知识在屏幕上显示出来;生产操作,产生一条知识记录并插入知识库。

(3) Memex 是一台交互式个人计算机,所有操作即刻完成。例如,选中一条记录,相应的知识在屏幕上即刻显示出来。

(4) 知识库的组织方式不仅有常见的索引模式(如今天的文件目录或数据库索引),最重要的组织方式是关联(association),即一条记录与另一条记录的关联关系。因此,在选择知识的过程中,不仅可以通过索引,更主要的是通过跟踪记录之间的关联关系找到所需的记录。今天,我们称这类技术为超链接技术,是万维网的核心技术。

【实例 1.5】 美国国防部高级研究计划局(DARPA)的 Memex 研究计划。

今天,我们已有多种技术来找到所需的知识和信息了,例如文件目录、数据库索引、数据库查询、搜索引擎、推荐、转发等。那么,布什诘难已经得到解决了吗?事实上,布什诘难并没有得到解决。例如,互联网搜索引擎已经普及使用了。但是,这些搜索引擎往往返回数万个结果,需要用户从这些数以万计的条目中进一步人工查找。而且,搜索引擎只能搜索到5%的互联网信息,其余95%的信息埋藏在所谓的"深网"(deep Web,又称为"暗网",即 dark Web)中,包括各种组织的内部业务网。相应地,常用搜索引擎能够搜索到的信息范围可被称为"浅网"。

2014 年,DARPA 启动了一个称为 Memex 的研究计划,其目的是开发出比现有搜索引擎更加先进的技术,能够按照用户的特定领域需求,搜索出相关的浅网信息和深网信息,并组合出所需要的结果知识。第一个目标应用是打击人口贩卖。2015 年,也就是布什发表Memex 思想 70 年之后,Memex 研究计划取得了暗网搜索引擎成果,并被用于帮助警方成功地破获一起发生在纽约市的绑架案件。

【实例 1.6】 使用模式。

布什问题关注计算机的使用模式。我们从布什的两篇 Memex 论文中可以归纳出一些要点。首先,一个使用模式不是凭空产生的,而是为了解决人类社会发展的某个本质问题。布什的 Memex 思想是为了解决孟德尔-布什诘难。

其次,使用模式关注下列问题。

(1)用户群:主要的目标用户群是什么? Memex 的用户群是个人用户,其首要的目标用户群是科学家个人用户。

(2)信息组织方式:信息的主要组织方式是什么? 在 Memex 中,信息的主要组织方式是知识记录以及记录间的关联。

(3)人机交互方式:用户与计算机之间的主要交互方式是什么?用户与 Memex 的主要交互方式是通过 I/O 设备即刻操作,包括跟踪记录之间的关联关系选择知识记录、将选中的知识在屏幕上显示、产生一条知识记录并插入知识库等。

因此,使用模式=用户群+信息组织方式+人机交互方式。

使用模式和网络思维密切相关。用户群往往意味着一个用户网络。信息组织方式也往往就是信息互联方式。人机交互方式是人和计算机之间的互联方式。因此,布什问题关注信息的广义互联问题。

【实例 1.7】 人机交互模式。

计算机的使用模式直接影响计算机市场。每一种使用模式的普及,都意味着新市场的诞生。同时,每一种使用模式都需要相应的技术支撑,包括硬件、软件、算法等方面的技术进步。使用模式的生命力也比较强,生命周期长。50 年以前诞生的使用模式,往往今天仍被使用着。以人机交互方式为例,历史上出现了下列使用模式,它们都还被使用着。

(1)批处理模式。用户将计算任务(包括计算程序与输入数据)提交给计算机。计算机花几秒、几小时、几天、甚至几个月执行计算任务。完成计算任务后,计算机将输出结果返回给用户。

(2)交互式计算模式。用户与计算机即刻交互。例如,用计算机生成一个 3000 个字符的文本文件,我们一边用键盘输入字符,一边就马上看到屏幕上的字符显示。并不是首先输入 3000 个字符,然后等待计算机处理,最后再一并输出全部字符。

(3) 个人计算模式。早期的计算机,不论采用批处理(batch)还是交互式(interactive)模式,都是被多人共享使用的。个人计算模式则让每个用户独占一台计算机,不受他人干扰。典型的例子是个人计算机(personal computer)。

(4) 图形用户界面使用模式。早期的计算机,包括个人计算机,仅仅支持字符界面(character interface)。现在很多计算机都支持图形用户界面(graphic user interface,GUI),大幅度扩展了计算机的应用面。

(5) 多媒体计算模式。再后面的计算机不仅支持图形,还支持图像(如照片)、声音、视频等,称为多媒体(multimedia)计算模式。

(6) 便携式计算模式。用户可以带着计算机(如笔记本计算机)到处走了。

(7) 互联网计算模式。用户可以通过客户端计算机上网了。开始主要是通过桌面计算机、笔记本计算机和工作站上网。一类特殊的互联网计算模式是云计算模式,即将大部分资源放在服务器端(云端)通过互联网使用,包括硬件资源、软件资源、数据资源。

(8) 移动互联网计算模式。这是我们今天熟知的通过智能手机以及后端的移动互联网,打开微信等应用的使用模式。

【实例 1.8】 倪光南发明联想式汉卡。

使用模式需要相应的技术支撑,汉字的输入与显示也是如此。1981 年 8 月,IBM 公司推出了个人计算机产品 IBM PC,风靡全球。IBM PC 采用了 4.77MHz 主频、16 位字长的英特尔 8088 处理器,16~256KB 内存,以及 DOS 操作系统。两年后的 IBM PC XT 将内存扩展到 256~640KB。这些 PC 的资源,即使全部用作汉字处理,也难以实现最简单的汉字交互式计算(即从键盘输入汉字编码,立即就在屏幕上看见相应的汉字)。这为个人计算机在中国的普及造成了巨大障碍。

中国科学院计算技术研究所的倪光南研究员从 1968 年就开始研究汉字显示器技术。1983 年,计算技术研究所推出了他主持研发的 LX-80 汉字图形微型机。随后,倪光南进行了将 LX-80 的成果通过扩展卡的方式移植到 IBM PC 的开发工作。1985 年,第一型联想式汉卡诞生并走向市场。它支持 20 多种中文字体,用汉卡硬件配上专用软件处理汉字,基本不占 PC 资源,实现了中文文字的交互式处理。它具备我们今天熟知的联想功能:用户打出一个“记”字,屏幕上会自动出现“记者”“记录”等联想出的词组。联想式汉卡中的“联想”,也是今天全球 PC 第一品牌联想集团的来源。随着计算机能力的提升,今天的个人计算机已经不需要专门的汉卡处理中文了。但是,使用加速卡处理特定任务的思路并没有过时。今天的计算机中,加速卡仍被用于图形处理、加密解密、压缩解压缩和机器学习等任务。

1.2.3　图灵问题——如何构建智能应用

图灵问题是指:计算机如何用聪明的方法解决各种应用问题,最好像人一样聪明。

计算机应用分为 3 大类。科学计算本质上是面向科学家的计算,主要用户是科学家和工程师,主要计算负载是求解方程,包括代数方程、常微分方程、偏微分方程。企业计算是面向企业的计算,主要用户是企业的员工、管理者、上下游合作伙伴和客户,主要计算负载是工作流、事务处理、数据分析、决策支持等。有时政府部门也被看成企业,电子政务(e-Government)是企业电子业务(e-Business)的一个特例。还有一类特殊的企业计算称为**嵌入式计算**，包括企业生产现场的计算机实时控制、工控系统、机器人等。**消费者计算**的主要用户是消费者个人(consumer)或家庭(household)，应用类别多，涵盖生活、娱乐、学习、工作等。

布什的 Memex 思想聚焦于科学研究领域的计算使用模式，这并不是一个偶然现象。在计算机科学技术的发展史中，科学计算往往是整个计算机科学技术领域的先锋。很多计算机科学技术的知识点首先在科学研究领域产生成长、得到实践检验，然后扩散到包括企业计算和消费者计算的整个信息技术产业。

这个现象被称为**滴漏效应**(trickle down effect)，即在科学研究高端领域产生的研究成果，会滴漏到更加量大面广的企业计算乃至消费者计算领域。这是因为科学研究领域对计算的需求比较大，对计算的投入也比较高，而且强调自由探索和受控试验，很多创新成果会首先在科学研究领域出现并得到验证。

进入 21 世纪，计算机科学技术领域出现了一个新的现象，称为**反向滴漏效应**(trickle up effect)，即创新成果首先在量大面广的个人消费者计算领域出现，然后扩散到企业计算与科学研究领域，如图 1.6 所示。以个人消费者为第一需求的计算机科学研究与应用称为**普惠计算**。

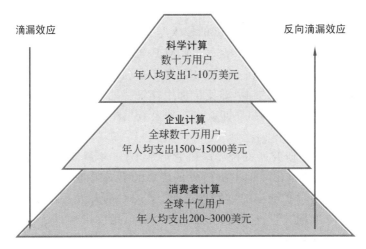

图 1.6　计算机科学技术应用的滴漏效应与反向滴漏效应示意图

（数据来源：Xu Z, Li G. Computing for the Masses [J]. Communications of the ACM, 2011,
54(10)：129-137. 徐志伟，李国杰. 普惠计算之十二要点. 集成技术，2012,(1)：20-25.)

现代计算机科学可从 1936 年艾伦·图灵发表抽象计算机模型论文算起。这种历史断代有一个重要的原因。用通俗的话来说，图灵提出了一种抽象计算机(后人称为图灵机)，它是**通用的**(general-purpose，或 universal)，能够支持各种计算应用，包括科学计算、企业计算、消费者计算任务。第 3 章详细讨论图灵机和通用性。

有一类计算应用特别吸引人们的好奇心和热情，那就是智能应用。用通俗的话来说，人们很想知道：计算机能够像人一样聪明吗？如果不能的话，计算机能够逼近人的智能吗？这类问题统称为图灵问题。研究图灵问题的领域称为**人工智能**(artificial intelligence，AI)或**机器智能**(machine intelligence)。近年来，人工智能蓬勃发展，已经融入科学计算、企业计算和消费者计算 3 大类应用。

【实例 1.9】 图灵测试。

什么是"智能"？拿什么客观的可度量的标准来判断"计算机像人一样聪明"？1950 年，图灵发表了题为"计算机与智能"的论文[①]，建议我们不应该如此提问题，并提出了图灵测试来判断机器智能。

图灵认为，"什么是智能""计算机有没有智能""计算机能否思考"这类问题很难没有歧义地确切定义，更不用说回答了。我们应该改变问题本身，使问题相对来讲更加精准。我们应该问：有没有客观的实验方法，回答"计算机与人能否被区分开？"这个问题。

为此，图灵设计了一个 3 人"模仿游戏"[②]：提问者（C）在一个房间中，向看不见的一个男人（A）和一个女人（B）通过电传设备提问并得到回答。提问者的目的是在一系列问答之后，正确地分辨出男女。A（B）在回答每个提问时，则尽量模仿 B（A），使得提问者误判。图灵测试则是在模仿游戏中用一台计算机取代女人（B）。如果计算机能够与提问者问答对话，使得提问者误判其为人，那么计算机通过了图灵测试。

图灵认为，在 50 年后（即到了 2000 年），计算机技术将会取得显著进步（计算机存储信息的能力将达到 10^9），使得在图灵测试中，普通提问者通过 5 分钟的问答，正确辨别计算机与人的概率将小于 70%，即不能区分人和计算机的概率大于 30%。

【实例 1.10】 中文屋实验。

图灵测试影响深远，学术界争议也至今不断。批评图灵测试的一个著名例子是美国哲学家约翰·希尔勒（John Searle）在 1980 年提出的中文屋（Chinese Room）心智实验。假设人工智能研究取得了很大进步，研究出了一台能够理解中文的计算机，即向计算机输入一段中文，计算机会输出相应的中文应答，其效果足以通过图灵测试。

那么，这台计算机真的理解中文吗？希尔勒将"计算机真的理解中文"这种能力称为强人工智能（strong AI），而将"计算机只是模仿理解中文"称为弱人工智能（weak AI）。

希尔勒随之做了如下推理。他本人是根本不懂中文的。但他可以将上述计算机的程序带到一个封闭房间中，然后手工地执行程序，接收中文输入并产生对应的中文输出，通过图灵测试。在这个实验中，希尔勒与计算机没有本质区别，都是一步一步执行程序而已。既然希尔勒不懂（不理解）中文，计算机也不理解中文，因此，即使计算机通过了图灵测试，它也不具备强人工智能的能力。

从 1950 年图灵测试论文发表算起，人工智能的研究和应用已经有了 70 余年的历史，取得了明显的进步，但仍有很大的增长空间。下面我们讨论几个智能应用实例。

【实例 1.11】 物体识别。

一类已经进入实用的智能应用是识别物体。例如，今天的数码相机一般都具备了人脸轮廓识别的功能，便于对准聚焦。图像识别也进入了实用阶段。一个典型的例子是用智能手机的相框对准一段中文标记图像，可以立即获得相应的英文翻译。微信应用中还有语音识别功能。我们说一段话，微信可以识别这段语音，并输出相应的文字记录。当然，今天的智能手机本身还做不到这点，需要智能手机将语音通过网络传送到后端的微信云计算系统，由那儿的语音识别系统完成智能处理，再将文字记录传回手机。

---

① Alan Turing. Computing Machinery and Intelligence[J]. Mind LIX，1950，(236)：433-460.

② 这也是为什么讲述图灵生平的 2014 年奥斯卡获奖影片被命名为《模仿游戏》。

【实例 1.12】　计算机在智力竞赛中超过人类。

计算机研究者发展计算机智能过程中的一类目标就是让计算机在智力竞技活动中超过人类。这方面最常见的例子是棋牌类活动。今天已有很多计算机程序下五子棋、中国象棋、国际象棋胜过一般水平的人类。1997 年 5 月,IBM 公司的"深蓝"计算机在国际象棋对弈中战胜了世界冠军卡斯帕罗夫。2016 年,谷歌公司的 AlphaGo 计算机系统在围棋比赛中战胜了世界冠军李世石。

2011 年 2 月,IBM 的"华生"(Watson)超级计算机在美国智力竞猜电视节目《危险边缘》中战胜了两位前冠军人类选手。《危险边缘》是知识性问题抢答节目,不同难度的题目得分不同。最后计算机"华生"累计得分最高获胜。

《危险边缘》的形式有点怪,每次题目抢答由主持人先给出答案,再由选手提出问题。例如,主持人给出"While Maltese borrows many words from Italian, it developed from a dialect of this Semitic language"(尽管马耳他语从意大利语中引入大量单词,但它是从这个闪米特语族的一个方言发展而来的)。正确的抢答是"What is Arabic?"(什么是阿拉伯语?)。这道题"华生"计算机抢答成功。

同样是语言类题目,"Dialects of this language include Wu, Yue & Hakka"(这个语言的方言包括吴语、粤语和客家话),正确抢答是"What is Chinese?"(什么是汉语?),"华生"计算机却答错了,它选择了"什么是广东话?"(What is Cantonese?)。

【实例 1.13】　无人驾驶汽车竞赛。

2004 年 3 月,DARPA 在美国西南部的莫哈维沙漠主办了第一届无人驾驶汽车竞赛,要求无人车自动驾驶跑完 240 千米越野路段。15 辆车参加了竞赛,但无一辆车跑完 240 千米。DARPA 认为竞赛还是部分成功的,因为它促进了研究。

2005 年 10 月,DARPA 在美国西南部的加州-内华达州边界主办了第二届无人驾驶汽车竞赛。这次竞赛要求无人车自动驾驶,在 10 小时内跑完 212 千米的沙漠地形越野路段。选择的小路很有挑战性,包括很陡的上坡下坡、3 个很窄的隧道、100 多个急弯。23 辆车参加了竞赛,斯坦福大学团队获得了冠军。他们的无人赛车在 6 小时 54 分钟跑完了全部 212 千米路程,平均时速超过每小时 30 千米。自动驾驶需要解决两个大难题:快速及时地识别出路况,以及快速及时地根据路况驾驶汽车。汽车前面看到的图像,哪些部分是"路"?哪些是"非路"?坡度多少?

2007 年 11 月,DARPA 在美国加州一个小镇废弃的空军基地主办了第三届无人驾驶汽车竞赛。这次竞赛称为 Urban Challenge,要求无人车在 6 小时内自动跑完 96 千米的城镇路段。难题包括遵守交通规则、避让其他车辆、并道转弯等。11 辆车参加了竞赛,卡内基梅隆大学团队获得了冠军。卡内基梅隆大学团队的无人赛车在 4 小时 10 分钟跑完了 96 千米路程,平均时速超过每小时 22 千米。

【实例 1.14】　中文到英文的"神翻译"。

过去 60 年来,机器翻译取得了很大进步。例如,当代搜索引擎获得的文字内容可以翻译成另一种语言,其结果在很大程度上用户基本看得懂。例如,百度翻译将"计算机科学导论"译为"Introduction to computer science",还是很恰当的。但是,机器翻译尚没有到值得信赖的地步,出现了一些"神翻译"笑话。例如,某著名银行将"对公服务"翻译成"To Male Service"。某著名城市的一条街名"美政路"被翻译成"The United States Government

Road"。某巨头公司的机器翻译产品将"美政路"翻译成"United States political road",更不靠谱。

【实例 1.15】　机器人写文章。

假如我们攻克了图灵问题,是不是就是一件大好事呢? 有没有副作用? 计算机足够聪明就一定好吗? 不见得。特别需要警惕的是,在某些情况下人们已经不知道是计算机在代替人干活。一类例子是:很多文章是计算机写的并公开发表出来,但读者并不知道作者是计算机。

《纽约时报》2011 年 9 月报道,有 20 多家媒体公司采用一个称为 Narrative Science 的计算机软件,从收集的数据素材中自动生成新闻报道文章,内容涵盖体育新闻、金融报道、房地产分析、社区动态、选举调查、市场研究报告,等等。这些文章有 3 个优点:一是生产快,可以在事件发生后(如某场体育赛事结束后)的不到 1 分钟内发表文章;二是文章读起来不生硬,很像人(记者)写的;三是便宜,一篇 500 字的文章仅收费 10 美元,远低于传统记者的成本。Narrative Science 技术的发明人是美国西北大学的两名教授 Kris Hammond 与 Larry Birnbaum。有人预测,20 年之内,将会出现某个计算机软件获得普利策新闻奖的事件。

但是,这些技术及其应用涉及一个伦理问题。是不是应该让读者知道这些文章是计算机写的呢? 媒体公司是否应该显式地标注文章作者是计算机软件? 这并不是一个无意义的伪问题,事实上已经在考验学术界了。2005 年,3 名麻省理工学院的研究生开发了一个称为 SCIgen 的计算机软件,能够自动生成虚假的"论文",而且被一个国际学术会议接受了。任何人都可以通过 SCIgen 网站在一分钟内生成一篇假论文。根据《自然》期刊 2014 年的一篇报道,SCIgen 已经生产了上百篇虚假论文并被一些学术期刊和国际会议发表(后被举报撤销了)。

1.2.4　计算机科学的 3 个奇妙之处

尽管只有 80 余年的历史,现代计算机科学技术已经渗透到了人类社会生产生活的各个方面。全球的计算机科学技术用户已有数十亿人。智能手机已有数百万个不同的应用程序。为什么计算机科学发展这么迅速? 渗透性这么强? 一个重要的原因是计算机科学具备 3 个奇妙之处:指数之妙、模拟之妙、虚拟之妙。

1. 指数之妙

计算机科学领域有别于其他学科的一个重要特征是利用并应对指数增长,即假设产业(问题、需求、技术能力)会指数增长,充满信心地、面向未来做研究和创新,而不是局限于今天的问题,被今天的技术和需求框框所限制住。这种研究方法也简称为生活在未来(living in the future)。这种方法有很多成功的例子,如操作系统、微机、图形界面、数据库、因特网的发明和普及使用。

指数之妙首先是指计算机科学技术领域的一个现象,即很多理论问题和实际问题的运算量随问题规模指数增长,为科学研究与技术开发带来令人激动的挑战。例如,蛋白质折叠是生物中的一种奇妙现象:蛋白质的一维氨基酸序列在数微秒到数毫秒的时间内折叠成为特定的三维结构,从而体现其特定功能。生物学家们借助计算机来模拟蛋白质折叠过程和结果。但是，人们并不知道蛋白质折叠过程是什么过程。如果用穷举的笨办法，所需的运算量大约是 3^n 次运算，n 是问题规模（一般情况 $n=300\sim600$）。注意 $3^{300}\approx10^{143}$，这是一个巨大的计算量。能否发明更妙的蛋白质折叠算法，将所需的运算量降低到 1.6^n、1.2^n 甚至 n^k（其中 k 是一个小的常数）？

指数之妙还指称计算机科学技术领域的另一个现象，即计算速度随时间指数增长。这方面有许多实际的历史证据。我们举几个例子。

【实例 1.16】 诺德豪斯定律（Nordhaus's law）。

美国经济学家威廉·诺德豪斯（William Nordhaus）从生产率历史学的角度收集了从 1800 年至 2006 年的数据，研究了 156 年来计算机速度的增长情况[①]。他的主要结论是：计算机速度增长趋势大体上可分为慢速增长（1850—1945）和快速增长（1946—2006）两个阶段，第二阶段启动了自动计算方式，使计算速度随时间指数增长。

1850 年以前主要是手工计算（manual computing），即人用笔和纸做计算，以及借助于算盘等工具做计算。随后市场上出现机械计算机和机电计算机等计算机产品和半自动计算方式，使得计算速度在第一阶段的 95 年间增长了数百倍。

快速增长阶段始于第二次世界大战后期的 1946 年左右，60 年间计算机速度增长了上千亿倍，平均每年大约增长 50%。一个主要原因是电子数字计算机埃尼阿克（ENIAC）的诞生，启动了自动计算方式，加上后文所讨论的摩尔定律等现象，使得自动计算方式得以不断改进，计算速度随时间指数增长。

【实例 1.17】 摩尔定律。

不仅是计算机整机系统，计算机的部件也有随时间指数改善的规律，其中最著名的是摩尔定律（Moore's law），由英特尔公司创始人戈登·摩尔（Gordon Moore）在 1976 年总结出来。摩尔定律说：一块半导体芯片上的晶体管数目大约每两年翻一番。

摩尔定律断言计算机的半导体芯片硬件的"性能价格比"会随时间以指数规律改善。摩尔定律是一种经验观察，并不是像牛顿定律一样的物理规律。它反映了市场需求，同时也是芯片厂商的响应。它有一种自我加强性：半导体芯片技术的研究开发工作本身，也不断用到它所产生的新型半导体芯片产品，从而进一步改进半导体芯片技术。人们甚至还提出了一种数学公式来反映这种自我加强性：如果一项技术的改进速率与该技术效能成正比，即用微分方程表示为 d **技术**$/$d$t=k\times$**技术**，该技术的效能将随时间指数性地改进，因为上述微分方程通过积分得到的解就是**技术**$=\mathrm{e}^{kt}$。

【实例 1.18】 光纤通信技术的指数增长趋势。

在光纤通信领域，我们也可以观察到类似摩尔定律的趋势。这个观察被称为科克定律（Keck's law），它说道：单根光纤的数据传输速率（bits per second，或 bps）随时间指数增长，大约每 10 年增长 100 倍。Donald Keck 观察了近 40 年的光纤数据传输的破纪录实验，表 1.1 显示了部分代表性结果。

---

① Nordhaus W. Two Centuries of Productivity Growth in Computing[J]. Journal of Economic History，2007，67(1)：128-159.

表 1.1　近 40 年光纤数据传输的破纪录实验(Hero Experiments)情况

时　　间	数据传输速率/(b/s)	数据传输速率
1975 年	4.50E+07	45Mb/s
1984 年	1.00E+09	1Gb/s
1993 年	1.53E+11	153Gb/s
2002 年	1.00E+13	10Tb/s
2013 年	8.18E+14	818Tb/s

（数据来源：Jeff Hecht. Great leaps of light. IEEE Spectrum，2016，53(2)：28-53. 特别感谢 Jeff Hecht 先生提供了 Donald Keck 的原始数据）

【实例 1.19】　巴贝扬黄金隐喻的意义。

计算速度随时间指数增长有什么意义呢？俄罗斯科学家波瑞斯·巴贝扬认为：计算速度是像黄金一样的硬通货，可以换成更好的产品、成本更低的服务，等等。因此，计算速度的指数增长意味着信息产业变化快，创新机会多，新的技术、产品、服务、市场、领头公司层出不穷。这也是为什么计算机领域强调"生活在未来"的一个重要原因。

计算速度随时间指数增长意味着市场格局几年间就可能改变，20 年的变化就更明显了。排名领先的公司甚至可能消失，20 年前尚不存在的公司可能会成长到名列前茅。这种现象在传统行业，例如汽车等制造业行业和航空等服务行业较为少见。

表 1.2 显示了全球市值最大的互联网公司排名。前 15 家公司的总市值从 1995 年的 168 亿美元增长到了 2015 年的 24 159 亿美元，20 年间增长了 144 倍。同时，这个互联网巨头俱乐部的组成也发生了显著变化。

表 1.2　全球市值最大的互联网公司(1995 年与 2015 年比较)

排名	1995 年数据 公司及国家	市值/亿美元	2015 年数据 公司及国家	市值/亿美元	2014 销售收入/亿美元
1	Netscape 美国	54	Apple 美国	7636	1998
2	Apple 美国	39	Google 美国	3734	660
3	Axel Springer 德国	23	阿里巴巴 中国	2328	114
4	RentPath 美国	16	Facebook 美国	2260	125
5	Web.com 美国	10	Amazon 美国	1991	890
6	PSINet 美国	7	腾讯 中国	1901	127
7	Netcom OnLine 美国	4	eBay 美国	725	179
8	IAC/Interactive 美国	3	百度 中国	716	79
9	Copart 美国	3	Priceline 美国	626	84
10	Wavo 美国	2	Salesforce 美国	492	54
11	iStar Internet 加拿大	2	京东 中国	477	185

续表

排名	1995 年数据		2015 年数据		
	公司及国家	市值/亿美元	公司及国家	市值/亿美元	2014 销售收入/亿美元
12	Firefox 美国	2	Yahoo! 美国	408	46
13	SCC 美国	1	Netflix 美国	377	55
14	Live Micro 美国	0.9	LinkedIn 美国	247	22
15	iLive 美国	0.6	Twitter 美国	240	14
合计		**168**		**24 159**	**4632**

（数据来源：KBCP Internet Trend 2015）

【实例 1.20】 库米定律（Koomy's law）。

斯坦福大学的乔纳森·库米（Jonathan Koomy）博士研究了自从 1945 年 ENIAC 诞生至 2010 年的计算机性能功耗比数据，发现了一个趋势：计算机性能功耗比随时间指数增长，大约 1.57 年翻一番[①]。库米采用的性能功耗比的计量单位是每度电执行的运算数。

但是，最近十余年的数据显示，库米定律，即计算机性能功耗比每 1.57 年翻一番，好像失效了。根据库米等人最新的研究[②]，计算机性能功耗比仍然随时间指数增长，但现在大约 2.7 年才翻一番。以前大约 10 年就会改善 100 倍，现在需要 18 年才会改善 100 倍。

中国科学院计算技术研究所研究了高性能计算机 70 年的发展历史，观察到类似的危机。高性能计算机行业面临一个从未出现过的历史性危机：自 1945 年第一台数字电子计算机 ENIAC 发明以来，在迄今 70 年的发展历史中，高性能计算机行业首次出现了一个不好的现象，计算机系统性能功耗比的提升大幅放慢，滞后于性能的提升速度。

图 1.7 显示了 70 年来世界最快的高性能计算机的计算速度（每秒执行的运算数）、性能功耗比（每度电执行的运算数）、系统功耗（瓦特）。在 2005 年以前，性能功耗比的改善速率基本上与计算速度的增长速率保持了同步。但在 2005 年以后，这个同步被打破了，性能功耗比的改善滞后于计算速度的增长。需要研究创新技术和应用，让性能功耗比回归到与计算速度同步增长的轨道。2015 年，中国科学院计算技术研究所学者发布了寒武纪深度学习处理器，针对图像识别等多层人工神经网络计算负载，能够将性能功耗比提升 1000 倍（见图 1.7 五角星所示）。这是让性能功耗比回归到与计算速度同步增长的一个研究进展。

2. 模拟之妙

计算机模拟（simulation）也称为仿真（simulation 或 emulation），是指使用计算机仿现实世界（物理世界和人类社会）中的真实系统随时间演变的过程或结果。计算机通过执行计算过程，求解表示真实系统的数学模型或其他模型，产生逼近真实的模拟结果。数十年的

---

① Koomey J，Berard S，Sanchez M，et al. Implications of Historical Trends in the Electrical Efficiency of Computing[J]. IEEE Annals of the History of Computing，2010，33(3)：46-54.

② Koomey J，Samuel N. Moore's Law Might Be Slowing Down，But Not Energy Efficiency[J]. IEEE Spectrum，2015.

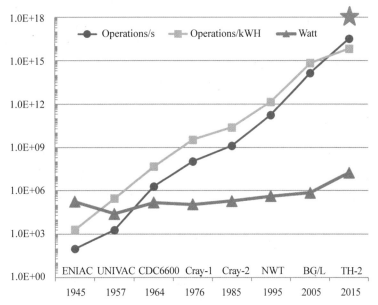

图 1.7　70 年来世界上最快的计算机的计算速度、性能功耗比、系统功耗变化趋势

（数据来源：Xu Z, Chi X, Xiao N. High-Performance Computing Environment: A Review of Twenty Years Experiments in China. National Science Review，2016. 特别感谢 Gordon Bell，Jonathan Koomey，Dag Spicer 与 Ed Thelen 博士提供了前 3 台计算机的功耗数据）

计算机应用历史表明，计算机可以模拟物理世界和人类社会当中的各种事物和过程，用较低的成本重现物理现象和社会现象，甚至让我们可以"看见"原来看不见的事物，做出原来做不到的事情。

这方面的例子很多，涵盖国民经济、社会发展、国防安全等领域。具体的例子包括经济分析、汽车碰撞、飞机设计、核武器仿真、新材料发现、基因测序、新药研制，等等。无怪乎物理学家将计算机称为当代的望远镜，化学家将计算机形容为高科技试管。

【实例 1.21】　汽车碰撞模拟。

出于安全考虑，每一款新的汽车在推向市场前，必须做各种碰撞实验，以保证汽车出事故时，能够避免或降低乘车人员损伤程度。以前碰撞实验采用真实的汽车做真实的碰撞，成本高、周期长。今天的汽车研制大量采用计算机模拟。首先通过计算机模拟碰撞实验，发现问题并改正，最后再用真实的汽车做碰撞实验。

【实例 1.22】　核武器模拟。

1996 年 9 月 10 日，第 50 届联合国大会通过了《全面禁止核试验条约》，要求缔约国不进行任何核武器试验爆炸。还有少数拥有核武器的国家没有签署。例如，印度表示，只有当美国提出了销毁其核武器库的明确进度表，印度才会签署该条约。美国拒绝了这个条件。不过，今天许多国家，包括美国和中国，已经不再进行核爆试验了。美国为了维护其核武器库的安全性和可靠性，提出并实施了一个"基于科学的核武器库管理计划"（Science Based Stockpile Stewardship Program），其中一个重要的手段就是用超级计算机做核武器模拟。

【实例 1.23】　从第一性原理重现宏观现象。

科学家们常常需要知道一些宏观现象是如何产生的。但是，人们又常常缺乏对这些现象的深刻理解，尚未总结出刻画该宏观现象的方程。在这种情况下，一种常用的科学方法是从物理学的第一性原理（如牛顿力学或量子力学）出发，通过计算机模拟，生成宏观现象。这使得人们能够看见原来看不见的物理过程。在本书课件中，我们会讨论一个实例，展示科学家们如何使用超级计算机模拟 90 亿个原子的运动，重现出一种称为 Kelvin-Helmholtz 不稳定性的宏观现象。

3. 虚拟之妙

计算的世界是人创造的，可由设计者定义并控制。这使得人们能够在计算的虚拟世界中，不仅重现现实世界，还可以创造出与现实世界平行、甚至现实世界没有的东西。这方面最突出的例子是电影特技与计算机游戏（包括今天的网络游戏、手机游戏）。我们祖先的神话传说，以及从前的科学幻想，正在通过计算世界变成现实。计算世界的这种虚拟性，使得一切全在设计者和创造者的掌控之中，是吸引很多年轻人加入计算机科学领域、成为创新者的重要原因。

在这个计算的虚拟世界中，很多现实世界的元素都可以被虚拟化，包括虚拟时间、虚拟空间、虚拟主体、虚拟物体、虚拟过程，甚至整个虚拟世界。正如《计算机科学基础报告》所讲的，计算机科学创造这些人工制品（artifacts），尤其是不受物理定律限制的作品。例如，虚拟时间意味着后发生的事件可以在更早时间出现。

【实例 1.24】 数字莫高窟。

人们已经可以逼真地重现千年以前的莫高窟精美塑像和壁画，并在此基础上构建各种虚拟事物，例如动态飘舞的飞天。

【实例 1.25】 远程呈现（telepresence）。

这是詹姆斯·格雷在 1999 年提出的至 2050 年计算机科学的 12 个研究目标之一。远程呈现技术尚未完全实现，其目标是使得用户可以"时移"（time shift）或"空移"（space shift）去观察甚至参与到某个远程活动中，获得逼真的体验。例如，中学生可以通过远程呈现技术参加神舟飞船的科学实验，小学生可以参加南极科考。

【实例 1.26】 虚拟现实。

与远程呈现相关的一大类技术是虚拟现实技术。今天，虚拟现实（virtual reality，VR）技术和增强现实（augmented reality，AR）技术正在蓬勃发展。各种智能头盔、智能眼镜、全息投影等设备已经出现。

1.3 计算思维的特征

1.3.1 离散化与数字化

在高等数学中，我们学习了"连续"（continuous）量及其反面"离散"（discrete）量这两种概念。实数集合是连续的：任意两个实数之间存在另一个实数。整数集合则是离散的：两个相邻的整数（例如 3 和 4）之间不存在另一个整数。自然科学与社会科学往往使用连续函数与连续数值，例如 $F(t)$，来描述某种物理对象或社会对象的行为。当然自然科学与社会科学也使用离散函数和离散数值。

计算机科学也关注连续函数和连续值,但计算过程往往专注于离散计算。如果计算对应的物理过程(或社会过程)$F(t)$是连续的,则用一个离散过程去逼近它。这需要在建模时将时间 t 离散化,也需要将数值 F 离散化。将时间 t 离散化往往对应于采用一系列计算步骤(steps)来逼近连续的时间。将数值 F 离散化也称为数字化。今天,人们往往使用数字化指称对时间、空间和其他数值的离散化。本课程不区分离散化与数字化。

【实例 1.27】 火炮弹道计算。

世界上第一台通用数字电子计算机是埃尼阿克,它是美国陆军为第二次世界大战中的火炮弹道计算设计的。火炮弹道的物理行为由图 1.8 所示第一个方程组(微分方程组)刻画,其中时间变量 t 没有显式地写出来,但事实上一阶导数 $x' = \mathrm{d}x/\mathrm{d}t$。第二个方程组(差分方程组)显示了弹道计算使用的计算方法。其中,时间 t 被采用差分(Δt)离散化了。模拟量 x 也被离散量 x_0 与 x_1 表示了。

同学们不用去深究上述微分方程和差分方程的细节。本实例的目的是说明,炮弹的飞行过程这种连续的物理过程可以被转换成为离散化、数字化的计算过程,即一个操作数字符号变换信息的过程。模拟量可以通过离散化用数字符号表示。

$$x'' = -E(x' - w_x) + 2\Omega \cos L \cdot \sin a y'$$
$$y'' = -E\ y' - g - 2\Omega \cos L \cdot \sin a x'$$
$$z'' = -E(z' - w_z) + 2\Omega \sin L x\ ' + 2\Omega \cos L \cdot \cos a y'$$

$$\bar{x}_1' = x_0' + x_0'' \Delta t$$
$$\bar{x}_1 = x_0 + x_0' \Delta t$$
$$x_1' = x_0' + (x_0'' + \bar{x}_1'') \frac{\Delta t}{2}$$
$$x_1 = x_o + (x_o' + \bar{x}_1') \frac{\Delta t}{2} + (x_0'' - \bar{x}_1'') \frac{(\Delta t)^2}{12}$$

图 1.8 火炮弹道计算的微分方程与计算方法实例

(资料来源:Harry L. Reed J. Firing table computations on the Eniac. Proceedings of the 1952 ACM National Meeting,103-106)

【实例 1.28】 气温的数字表示。

我们再用一个例子说明离散化(数字化)。北京市 2019 年从 1 月到 12 月的每月平均最高气温(指每月内每天最高气温的平均值)是自然界发生的现象,即一个模拟量,大体上可用图 1.9(a)的连续曲线表示。但是,北京市气象局发布气温正式报告时,使用的是数字化以后的气温数据简洁结果,这便于公众理解。对于 2019 年 1 月的气温数据,公众可能并不关心具体的实数数值是多少,甚至不关心"1 月的平均最高气温是 3.0157278℃"这么高的精度,"1 月的平均最高气温是 3℃"就足够好了。

因此,北京市气象局使用表 1.3 所示简洁的表格一目了然地报告 2019 年月平均最高气温数据,精度只需要到摄氏度个位就行了。报告给公众时,只需要十进制表示。这个气温表也显示了温度数据的二进制表示,使用 5 比特表示一个气温数,即气温的字长是 5。具体需要多少比特,以及如何实现模拟量与数字量之间的转换,即模数转换(analog-to-digital conversion)与数模转换(digital-to-analog conversion),需要根据具体业务需求决定。

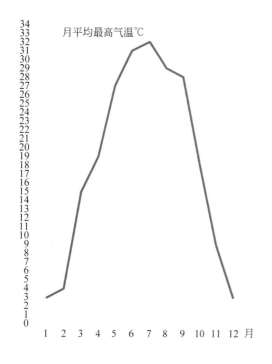

(a) 月平均最高气温曲线

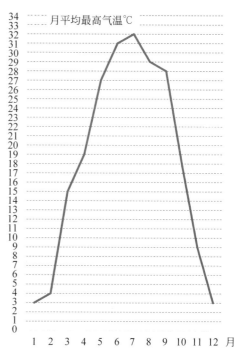

(b) 离散化：将气温数据范围切分成 34 等份

图 1.9   北京市 2019 年月平均最高气温数据

表 1.3   北京市 2019 年月平均最高气温数据的十进制与二进制表示

	月 份											
	1	2	3	4	5	6	7	8	9	10	11	12
十进制	3	4	15	19	27	31	32	29	28	18	9	3
二进制	00011	00100	01111	10011	11011	11111	?	11101	11100	10010	01001	00011

1.3.2   计算机的冯·诺依曼模型

计算过程都是在计算系统上执行的。本课程中,计算系统大体上就是计算机。广义的计算系统还包括计算机应用系统,例如微信平台。

今天的计算机绝大部分是存储程序计算机（stored program computer）,如图 1.10 所示。它将完成计算过程所需的指令序列（即程序（program））当作数据一样,事先存储在计算机的存储器中。计算机包含了 3 个子系统（处理器、存储器、输入输出设备）,计算机的互连电路将这 3 个子系统连为一体。计算机通过输入输出设备与人和外围环境交互。输入输出设备可以看作跨越计算机内外的设备,但还是计算机系统的一部分。

处理器（processor）又被称为中央处理器（Central Processing Unit,CPU）,主要包含运算器（Arithmetic Logic Unit,ALU）和控制器。处理器还包含一些寄存器,即特殊的存储器单元。其中,程序计数器（Program Counter,PC）用于存放下一条指令地址;指令寄存器

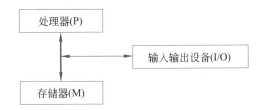

(a) 计算机简图：3个子系统连为一体形成计算机系统

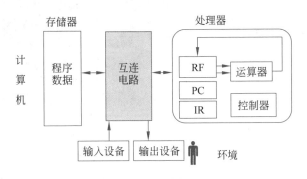

(b) 更加详细的刻画

图 1.10　存储程序计算机

(Instruction Register,IR)用于存放当前执行的指令；**通用寄存器堆**(Register File,RF)包含一组寄存器，用于存放各种运算数据。

有一类 I/O 设备，如硬盘和 U 盘，常常引起困惑。它们明明很像存储器，也是用于存放数据和程序的，为什么要将它们归类为 I/O 设备，而不是归类为存储器呢？为了消除这个困惑，业界又将存储器称为内存，硬盘和 U 盘等则称为外存。处理器可以用一条指令(load、store 等)访问内存并读写数据。访问外存一般则需要调用更高级的文件命令，例如打开文件、读取文件中特定区域数据、关闭文件，需要执行一串很多条指令。

这个模型也称为冯·诺依曼体系结构(von Neumann architecture)[①]。它有 5 个要点。

(1) **二进制表示**(binary representation)。使用二进制格式表示数据和程序。

(2) **三类部件**(P-M-I/O)。计算机包含处理器(processor)、存储器(memory)、输入输出设备(input/output devices，I/O devices)3 类部件，即 3 类子系统。

(3) **存储程序计算机**(stored program computer)。计算机包含一个统一的存储器，可存储数据与程序。

(4) **指令驱动**(instruction driven)的程序执行。计算机有一个指令集，程序是指令序列。计算机只能执行指令告诉它的操作。当没有指令执行时，计算机不能做任何操作，它的状态好像是冻结了一样。

———————————

① 尽管冯·诺依曼体系结构(又称为冯·诺依曼模型)已经成为计算机界的一个基本术语，但它是有争议的。一个重要的原因是，该术语来源于冯·诺依曼在 1945 年撰写的一份无作者名手稿 *First Draft of a Report on the EDVAC*，后来被美国陆军部官员填上了冯·诺依曼的名字作为唯一作者发布了。但是，该手稿中的很多思想，包括最核心的"存储程序"思想，并不是冯·诺依曼提出的。因此，国际上一些权威的计算机体系结构教科书不用"冯·诺依曼体系结构"，而采用"存储程序计算机体系结构"这样的词语。

（5）**串行执行**（sequential execution）。指令是一条一条串行执行的。当前指令执行完毕，才能执行下一条指令。

【**实例 1.29**】 拆解一台旧笔记本计算机硬件。

让我们拆开一台已使用了 11 年的退役笔记本计算机（图 1.11～图 1.13），看一看冯·诺依曼模型对应的计算机实物，特别是处理器、存储器、输入输出设备这些部件。

一台笔记本计算机的外观，运行麒麟桌面操作系统，一种Linux操作系统；内部装备了龙芯3A处理器。

图 1.11 一台 2012 年的逸珑 8133 笔记本计算机硬件拆解（一）

拆开后盖后，
已经可以看到主要部件，
包括中央处理器(CPU)、
存储器(内存条)、
固态硬盘(I/O设备)。
电池和散热风扇不出现
在冯·诺依曼模型中。
主板(motherboard)是
计算机中的主要电路板，
承载各种芯片和零部件。

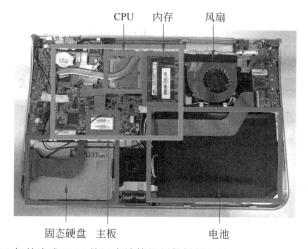

图 1.12 一台 2012 年的逸珑 8133 笔记本计算机硬件拆解（二）

1.3.3 计算机科学解题思路

计算机科学的基本解题思路如图 1.14 所示。我们称之为活力方法论（PEPS 方法论）。PEPS 是 Problem、Encoding、Computational Process、Computing System 的缩写。作为动词，英文的 PEPS 有"激励""鼓劲"的含义。作为名词，PEPS 意味着"活力"。

计算机科学解题的活力方法论（PEPS）的基本思路如下。解题者有两个空间，即目标领域（Target Domain）与信息空间（Cyberspace）。解题者从某个目标领域出发。给定该领域的某个待解问题（Problem），解题者（人）首先将该问题建模成为信息空间中的计算过程（Computational Process）。建模称为 Encoding 或 Modeling。在信息空间中，计算系统（Computing Systems）执行该计算过程，产生输出结果。解题者根据建模过程将输出结果映射回到目标领域，成为对待解问题的解答。如果对问题的解答不够好，解题者再分析原因

进一步移除
散热器和其他
填充物、遮挡物，
可以看见更多
部件。大家猜一
猜BIOS电池是
干什么用的？

BIOS芯片　显示器I/O　龙芯3号CPU　内存　散热风扇

BIOS
电池

AMD
南桥

AMD
显卡

WiFi
模块

USB
I/O

电池

固态硬盘　　触摸板和键盘I/O

□ 主板芯片　□ 内存和I/O设备　□ 其他硬件

图 1.13　一台 2012 年的逸珑 8133 笔记本计算机硬件拆解（三）

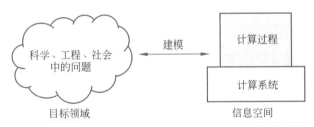

图 1.14　计算机科学的基本解题思路：PEPS（活力）方法论

并迭代改进。

　　计算系统往往是计算机，即满足冯·诺依曼 5 点模型的计算机。解题者往往使用算法或计算机程序表示计算过程。在使用计算机科学的活力方法论解题时，建模环节可包括下列映射过程的全部：

领域问题↔计算方法↔算法↔程序

　　在建模过程中，解题者往往不是一步到位地将领域问题映射成表达计算过程的程序，而是先提出一种**计算方法**，再将计算方法变成算法，最后再变换成为计算机程序。计算方法更靠近目标领域，贴近待解问题，并不需要满足高德纳老师关于算法的 5 要点定义（第 4 章）。例如，后文讲述的地球实验室创新故事中，曾庆存老师提出的用于数值天气预报的半隐式差分法，就是一种数值计算方法，并不完全满足高德纳算法的定义。

　　在真实解题场景中，有一个普遍现象值得注意：解题者可以是，但经常不是计算机科学专业毕业的人员。他们往往是目标领域的科技人员或业务人员，包括数理化、天地生、资源环境、工程学科、经管专业、社会科学、文学艺术等领域的工作者。解题者也可以是一个多学科团队，可能有的人负责定义待解问题，有的人负责计算方法，另有人负责算法，还有人负责程序。

1. 斐波那契兔子问题

我们用一个例子来较为详细地说明活力方法论。让我们重温一下著名的"斐波那契兔子问题"：有人在 2021 年 1 月送你一对刚诞生的兔子；一对兔子出生后，从第三个月开始就每月生一对小兔子。到了 n 月后，你家里有多少对兔子？

我们将这个问题更加具体地表述为下面 3 个越来越难的习题。

(1) 习题 1：到了 2021 年 12 月，你家里有多少对兔子？

(2) 习题 2：到了从 2021 年 1 月开始的第 24 个月呢？第 50 个月呢？

(3) 习题 3：到了从 2021 年 1 月开始的第 10 亿个月呢？

同学们可能在小学阶段就遇到过"斐波那契兔子问题"。小学算术足以解答习题 1，学过简单编程的中小学生可以解答习题 2。但是，一般要到大学阶段学了计算机科学导论相关知识之后，才能解答习题 3。

借助纸和笔的手工计算过程，很容易解答习题 1。我们用 $F(n)$ 标记第 n 个月家里的兔子一共有多少对，即第 n 个斐波那契数。表 1.4 记录了一个典型的手工计算过程，以及相应的思维过程。小学生也不难推出斐波那契数的数学定义，即当 $n>1$ 时，$F(n)=F(n-1)+F(n-2)$。

表 1.4　求解斐波那契兔子问题的手工计算过程

直觉思维过程表达	数学表达	
	n	$F(n)$
2021 年 0 月：0 对	0	$F(0)=0$
2021 年 1 月：1 对	1	$F(1)=1$
2021 年 2 月：还是 1 对，因为第一对兔子还未成年	2	$F(2)=1$
2021 年 3 月：2 对。除了 2 月的 1 对兔子外，第一对兔子在 2 月成年了，生了 1 对小兔子	3	$F(3)=1+1=2$
2021 年 4 月：3 对。除了 3 月的 2 对兔子外，2 月的 1 对兔子又生了 1 对小兔子	4	$F(4)=2+1=3$
2021 年 5 月：5 对。除了 4 月的 3 对兔子之外，3 月的 2 对各生了 1 对小兔子	5	$F(5)=F(4)+F(3)=5$
⋮	⋮	⋮
2021 年 12 月：144 对	12	$F(12)=F(11)+F(10)=144$

现在来看习题 2。小学生做习题 2 很可能会出错。重复 20 多遍机械的大数加法操作非常枯燥，容易出错，更不用说重复 50 遍了。而且，斐波那契数的数值增长很快。例如，$F(12)=144$，但 $F(24)=F(23)+F(22)=28657+17711=46\ 368$。也就是说，一年后家里有 144 对兔子，两年后家里有 4 万多对兔子！到了第 50 个月，家里的兔子数目更是会增长到惊人的 $F(50)=12\ 586\ 269\ 025$，即 4 年多一点时间里，兔子数目将超过 125 亿对。事实上，根据数学中的 Binet 公式，斐波那契数随着 n 指数增长：

$$F(n) = \frac{\varphi^n - (1-\varphi)^n}{\sqrt{5}}$$

式中，$\varphi = \dfrac{1+\sqrt{5}}{2} = 1.618\cdots$ 是称为黄金比例的实数。

解答习题 2 的最好办法是写一个正确的计算机程序，让计算机自动执行，求出 $F(20)$ 和 $F(50)$。同学们此时还没有学习编程。建议教师在课堂上对比运行 3 个用 Go 语言编写的计算机程序 fib.go、fib.dp.go 以及 fib.matrix.go，计算出斐波那契数 $F(n)$，其中 n 可大到 10 亿。这 3 个程序的执行行为和执行时间如表 1.5 所示。

表 1.5　使用 3 个 Go 程序计算斐波那契数 $F(n)$ 的执行时间(s)

n	fib.go	fib.dp.go	fib.matrix.go
50	725	0.059	0.000012
500	出错、极慢	出错	0.000022
5 000 000	出错、极慢	出错	4.13
1 000 000 000	出错、极慢	出错、很慢	187 160

2. 求第 10 亿个斐波那契数

同学们从小学就开始学习和实践计算过程，但主要是用纸和笔做的手工计算，即数学的人工计算过程。与之相比，计算机科学的计算过程有什么区别呢？如何体现计算思维强调的计算过程的正确性、巧妙性、实用性呢？

教师可使用事先准备好的 3 个 Go 程序例子，即 fib.go、fib.dp.go、fib.matrix.go，通过下面 6 个步骤，讲解 PEPS 方法论，并指出建模的双向性，即从目标领域到信息空间，又从信息空间回到目标领域。同时，还应指出计算机科学的解题思路往往通过迭代改进解决问题。在此过程中，用实例展现计算过程的正确性、巧妙性、实用性特征。

第一步：人在目标领域选定待解问题。本例的问题是数学领域的计算斐波那契数 $F(n)$ 问题，其中输入参数 n 可大到 10 亿，即 $n = 1\,000\,000\,000$。

第二步：人做建模工作，将该数学问题转换成信息空间中的一个计算过程。该计算过程通过下述算法的伪代码表示。

```
斐波那契数递归算法
打印 F(10)                    //n 与 F(n) 是自然数。先从 n=10 开始
    其中 F(n) 定义如下：
        if (n=0 or n=1) then F(n)=n else F(n)=F(n-1)+F(n-2)
```

第三步：人做编程工作，将该算法转换成一个计算机系统能处理的 Go 语言程序 fib.go，并在笔记本计算机上执行，得到正确的计算结果 $F(10)=55$。

第四步：逐渐增大 n，重复第三步，看问题是否得到解决。当 $n=50$ 时，fib.go 程序速度极慢的缺点已经显现出来。计算斐波那契数 $F(50)$ 要 700 多秒。通过分析，计算 $F(100)$ 需

要 37 万年。问题没有得到解决，进到第五步。

第五步：人将 fib.go 改进成为 fib.dp.go，在信息空间中改变计算过程，并在笔记本计算机上执行 fib.dp.go。程序 fib.dp.go 采用了一个巧妙的算法思想，即动态规划。计算 $F(50)$ 的速度一下子提升了 1 万多倍。但是，该程序在计算更大的斐波那契数时会出错。例如，计算 $F(5000000)$ 会输出一个负数：$F(5000000) = -2038371929568609723$。问题没有得到解决，进到第六步。

明明斐波那契数递归算法正确地反映了数学定义，实现动态规划算法的 fib.dp.go 程序也正确地实现了优化算法，为什么 fib.dp.go 程序还会出错呢？这就是系统思维需要考虑的实用性问题。其中一个出错原因是结果数值太大了，超出了计算机表示整数的字长（例如 64 比特），出现了溢出（overflow）错误。第六步需要纠正这些问题。

第六步：人将 fib.dp.go 改进成为 fib.matrix.go 并在笔记本计算机上执行。逐渐增大 n，重复执行，看问题是否得到解决。当 $n=5000000$（500 万）时，运行 fib.matrix.go 程序，大约 4s 计算出了正确结果。当 $n=1000000000$（10 亿）时，运行 fib.matrix.go 大约两天，产生正确结果。问题得到了解决。

第六步涉及两类改进。第一类是在信息空间中改变计算过程，不需要回到目标领域重新建模。具体做法是采用计算系统提供的 big.Int 数据类型去表示任意字长的整数，避免了溢出错误，保证了结果正确性。第二类改进需要回到目标领域，利用领域问题的特殊性质，重新建模。具体做法是利用斐波那契数列的下述数学矩阵性质，并采用 $\log n$（没有底数表示不同底数造成的区别被忽略）次矩阵平方的方式计算矩阵的 n 次方，从而将运算次数从 $O(n)$ 降为 $O(\log n)$：

$$\begin{bmatrix} 1 & 1 \\ 1 & 0 \end{bmatrix}^n = \begin{bmatrix} F(n+1) & F(n) \\ F(n) & F(n-1) \end{bmatrix}$$

计算 $\begin{bmatrix} 1 & 1 \\ 1 & 0 \end{bmatrix}^n$ 仅需要 $O(\log n)$ 次运算。

程序 fib.matrix.go 能够求解 $n=10$ 亿的斐波那契兔子问题。其重要原因是，作为计算系统的一部分，Go 编程语言为算法提供了任意字长整数、循环、文件等抽象，可用数十行代码实现高速算法。

3. 伪代码、高级语言程序、汇编语言程序、二进制程序

上面求解斐波那契数的计算过程展示了计算过程的核心含义：计算过程是步骤序列。每一步骤都是做同一类事情，即操作数字符号变换信息。每一个算法都是一组规则，规定求解某个问题的计算过程的步骤序列。我们将在第 4 章阐述高德纳对算法的 5 要点定义。算法往往使用伪代码（pseudocode）表示，便于算法设计者和使用者理解。使用伪代码陈述的算法往往需要人的劳动，编写成程序，才可能在计算机上执行。

程序（program）是用某种计算机语言实现的算法。设计编写计算机程序的人员称为程序设计人员、程序员、编程人员（programmer）。他们当中的高手有时也被称为黑客（hacker）或极客（geek）。这些高手的工作往往将算法设计和程序设计融合起来。

我们区分 3 类编程语言，由它们编写的程序的特点如图 1.15 所示。

程序设计人员常用的计算机语言往往是**高级语言**（high-level language），例如 C、Java、

易理解	**高级语言程序**	
难理解	**汇编语言程序**	
很难理解		**机器语言程序**
	不能直接执行	能直接执行

图 1.15　3 类编程语言编写程序的特点

Python、Go、FORTRAN。高级语言程序易理解,但不能在计算机上直接执行。这些语言编写的程序一般能在多种计算机上运行,但必须先由一个编译器(compiler)或者解释器(interpreter)将高级语言程序翻译成特定的机器语言程序。编译器是一个软件工具,它将某个高级语言程序的整体编译成机器语言程序,然后执行。解释器则可以只解释高级语言程序的某一部分,例如一条语句,并执行该条语句对应的机器语言程序。

最底层的程序设计语言叫机器语言。机器语言程序由一些 0 和 1 组成,可以被某种计算机直接理解执行,但人就很难理解。一个机器语言程序(machine-language program)也称为可执行程序(executable program)、二进制程序(binary program)或二进制代码(binary code)。一台计算机一般只有一个官方的机器语言①。机器语言上面一层叫汇编语言(assembly language)。一个汇编语言程序只能通过某种计算机的汇编器(assembler)软件工具翻译成机器语言程序之后,才能执行。一台计算机一般只有一个官方的汇编语言。人能够勉强理解汇编语言。

用汇编语言和高级语言编写的程序也被称为源码(source code)。一般来讲,编程人员必须要有源码才能理解和修改一个程序。很多软件厂家只提供二进制代码。自 1980 年以来,国际上流行一种趋势,即将程序软件的源码公开,提供全世界的编程人员共享,这称为"开放源码运动"。本课程使用的 Linux 操作系统、Go 语言编译器、VS Code 编辑器等程序都是开放源码软件。

我们也经常遇到两个与程序密切相关的名词:代码与软件。代码(code)是程序的一部分,可以小到一行程序,也可以大到包括全部程序。理解软件(software)的一个方式是下列公式:

$$软件=代码+文档$$

也就是说,软件包括两部分,即影响软件行为的程序本身(代码),以及帮助人理解程序但不影响程序行为的说明内容(称为文档,document 或 documentation)。

我们使用一个程序实例进一步展示高级语言、汇编语言、机器语言的区别。我们将在第 2 章介绍编程的具体入门知识,此处用不着理解程序的具体细节。

【实例 1.30】　计算斐波那契数 $F(10)$。

斐波那契数列的数学定义是:

$$F(0)=0,F(1)=1,F(n)=F(n-1)+F(n-2)$$

使用逻辑思维和算法思维,我们可得到如下算法。

---

① 　某些当代计算机装备了加速器芯片,例如图形处理器(GPU),它有另一套机器语言。

斐波那契数递归算法

打印 F(10)　　　　　　　　　//n 与 F(n) 是自然数
　　其中 F(n) 定义如下：
　　　　if (n=0 or n=1) **then** F(n)=n **else** F(n)=F(n-1)+F(n-2)

我们注意到：①该算法忠实地反映了数学定义，算法正确性有保障；②该算法说明了一个可行的手工计算过程，人能够一步一步地操作数字符号，最终得到正确输出结果 F(10)=55；③该算法使用伪代码（psedocode）表示，便于人理解，但不能在计算机上执行，甚至不能被编译器处理。这个例子说明，通过逻辑思维和算法思维设计出来的某个算法，尽管从纸面上看既正确又可行，但并不一定能在计算机上执行，更不用说实用了。

图 1.16 展示了程序 fib-10.go 如何实现上述算法，使得它能够在计算机上执行。我们约定 fib-10.go 就是当 n=10 时求解 F(n) 的程序 fib.go，即输出 F(10) 结果的 fib.go。注意："//"符号后面的内容是注释（comments），它们的目的是帮助人理解程序，但不影响程序的执行结果和行为。注释和伪代码都是文档（documentation）的例子。

```
Output F(10)                    // n and F(n) are natural numbers
where F(n) is defined as
  if (n=0 or n=1) then F(n)=n else F(n)=F(n-1)+F(n-2)
```

(a) 求 F(10) 的算法，从数学定义直接得到

```
package main                    // Program setup
import "fmt"
func main() {
   fmt.Println("F(10)=", fibonacci(10)) // Output F(10) after calling fibonacci(10)
}
func fibonacci(n int) int {     // Define fibonacci(n)
   if n == 0 || n == 1 {        // if n=0 OR n=1, (|| means OR)
      return n                  // then return n and exit
   }
   return fibonacci(n-1)+fibonacci(n-2) //Recursively call fibonacci twice
}
```

(b) 实现算法的 Go 程序 fib-10.go，编译后可在计算机上执行

```
> go build fib-10.go           // compile fib-10.go into fib-10
> ./fib-10                     // execute machine language program fib-10
F(10)= 55                      // displayed result
>
```

(c) 编译 fib-10.go 得到可执行代码 fib-10；执行 fib-10 得到输出结果

图 1.16　求解 F(10)：从算法到高级语言程序到可执行代码

本例中，fib-10.go 是高级语言程序。比较 fib-10.go 程序与求 F(10) 的算法，我们注意到高级语言程序与算法的相似之处与不同点。

首先，fib-10.go 程序与求 F(10) 的算法总体上是很相似的。这两者大体对应如下：

```
fmt.Println("F(10)=", fibonacci(10))

func fibonacci(n int) int {
    if n == 0 || n == 1 {
        return n
    }
    return fibonacci(n-1)+fibonacci(n-2)
}
```

```
Output F(10)

where F(n) is defined as
    if (n=0 or n=1)
    then F(n)=n
    else
        F(n)=F(n-1)+F(n-2)
```

其次,fib-10.go 程序增加了两类内容,使得计算机系统能够正确理解并执行程序。第一类是一些必要的准备工作(背景和上下文),如 package 和 import 语句。第二类是对斐波那契函数的更具体精准的描述。例如,func fibonacci(n int) int 语句告诉计算机系统:fibonacci 是一个函数,它接受一个整数 n 作为输入参数,并返回一个整数作为输出值。

教师可以在 Linux 命令行界面输入命令:

```
go tool compile -S fib-10.go > fib-10.asm   和   go build fib-10.go
```

使用 Go 编译器从高级语言程序 fib-10.go 生成对应的汇编语言程序 fib-10.asm 和机器语言程序 fib-10。

教师可进一步使用 cat 命令和 ls -l fib-10* 命令,显示并对比①高级语言程序 fib-10.go;②汇编语言程序 fib-10.asm;③机器语言程序 fib-10 这 3 个程序的内容和文件大小。下面分别显示了汇编语言程序 fib-10.asm 以及二进制可执行程序 fib-10 的一个片段。

```
...
MOVQ   (TLS), CX
CMPQ   SP, 16(CX)
JLS    181
SUBQ   $96, SP
...
```

```
01111111 01000101 01001100 01000110 00000010 00000001 00000001 00000000
00000000 00000000 00000000 00000000 00000000 00000000 00000000 00000000
00000010 00000000 00111110 00000000 00000001 00000000 00000000 00000000
01010000 11110101 01000100 00000000 00000000 00000000 00000000 00000000
01000000 00000000 00000000 00000000 00000000 00000000 00000000 00000000
11001000 00000001 00000000 00000000 00000000 00000000 00000000 00000000
00000000 00000000 00000000 00000000 01000000 00000000 00111000 00000000
00000111 00000000 01000000 00000000 00010111 00000000 00000011 00000000
...
```

可以看出,汇编语言程序包含一条条如 MOVQ、CMPQ、SUBQ 之类的汇编语言指令,相比由高级语言语句组成的 Go 程序要难懂得多,但勉强还能辨识:CMPQ 是一条做比较操作的指令,SUBQ 是一条做减法(subtract)的指令。至于二进制代码,人基本上看不懂。但是,在当今的数字电子计算机上能够直接执行的,只能是二进制程序,即一串比特,也就是二进制数位(binary digit,简写为 bit),取值只能是 0 或 1。

从代码大小角度看,高级语言程序往往比二进制程序(机器码、机器语言程序)要短小得多。汇编语言程序位于其中。上述 3 个程序 fib-10.go、fib-10.asm、fib-10 的大小分别是 391 字节、22 653 字节、2 011 793 字节。注意：每字节（byte）有 8 比特（bit）。

计算机指令（简称指令，instruction）是由计算机的处理器规定的最小编程单元。最小的计算机软件是一条指令。处理器的全体指令称为该处理器的指令集。一条高级语言语句往往对应多条指令。一条汇编语言指令往往对应一条机器语言指令。

本课程中，同学们会使用 Go 语言和 Web 编程语言编写数百行高级语言程序，还需编写十几行或几十行"汇编语言"程序，基本不需要掌握机器语言程序（二进制程序）。

在作为逻辑思维实践的图灵机实验中，同学们需要设计一个理论计算机，即加法图灵机，求两个数之和。该图灵机只有一条指令：查图灵机状态转移表，根据当前状态和当前字符值，设置当前字符、读写头、下一状态。状态转移表的难度是"汇编语言"级别的，比高级语言更加难懂。表 1.6 是图灵机状态转移表的一行实例。

表 1.6　图灵机状态转移表实例

状态转移表的一行实例	实例的含义
$<q_0,0,B,\rightarrow,q_1>$	如果当前状态为 q_0 且当前字符为 0，设置当前字符为 B，读写头右移，下一状态为 q_1

在系统思维实践中，同学们需要理解一个真实计算机，即下文的斐波那契计算机。该计算机的指令集包含 6 条指令。表 1.7 是斐波那契计算机指令的一个实例（实现比较操作的指令），分别用汇编语言和二进制语言（机器语言）表示。

表 1.7　斐波那契计算机指令实例

汇编语言表示	机器语言表示	指令实例的含义
CMP 51，R2	1000000011001110	如果 R2<51，将 FLAGS 寄存器设为"小于"

在作为算法思维和系统思维实践的班级快速排序实验中，同学们需要设计一个真实计算机，即"实现快速排序的班级计算机"，将按姓名排序的一组同学变换成为按身高排序。同学们需要设计这个由人组成的班级计算机，包括它的"汇编语言"指令集。相比数字电子计算机，这种"人计算机"可以直接执行其汇编语言程序（而不是只能执行二进制代码），它的汇编语言指令可以比电子计算机的汇编语言指令更加智能、高级、易懂。

4. 计算过程概念的进化

【定义 1.2】　计算过程。

计算过程是操作数字符号的步骤序列。也就是说，一个计算过程是一系列步骤，每一个步骤都是对数字符号（数据）的操作。本课程关注的步骤序列满足下述要求。

（1）有限个步骤。本课程重点考虑有限个步骤的计算过程。因此，计算过程有第一步和最后一步。执行时产生无限个步骤的计算过程一般都包含无穷循环错误。

（2）有限步骤。每一个步骤能够在有限时间完成。计算过程从第一步开始，逐步执行计算步骤序列，完成最后一步之后结束。

（3）每一步骤的行为：①定位当前操作与操作数；②执行操作；③定位下一步骤。操作数包括操作的输入数据和输出数据(操作结果)。操作与操作数可存放在内存地址或寄存器中。**定位**,就是确定操作和操作数在哪里。

我们用几个例子展示计算机发展史上计算过程概念的重要演变,即从最初的运算流,到添加控制流和消息流的变迁。**运算流**(operation flow)是运算步骤序列。**控制流**(control flow)增加了控制计算过程的多个步骤的执行顺序的功能。**消息流**(message flow)添加了多个计算过程之间传递消息的功能。

【**实例 1.31**】　求斐波那契数的直线程序(**运算流**)。

让我们回顾求斐波那契数的习题 2 和习题 3。使用计算机,求解习题 2 变得很简单。最直截了当的做法是编写如下程序**让计算机自动执行**。这个程序与手工计算过程几乎一模一样:给定初始值,一步一步地做了 22 次加法,最后显示结果 $F(24) = 46368$。

```
1   F[1] = 1
2   F[2] = 1
3   F[3] = F[2]+F[1]
4   F[4] = F[3]+F[2]
    ⋮
24  F[24] = F[23]+F[22]
25  打印出结果 F[24]
```

上述程序表示了**运算流**计算过程,又称为**直线程序**(straight-line program)。它体现计算机科学中最简单的计算过程。

(1) 一个计算过程是一个或多个步骤(step)组成的序列。

(2) 计算过程从第 1 步开始,执行完最后一个步骤(第 25 步)之后结束。

(3) 每个步骤包含一个明确的加、减、乘、除操作。每个操作都能在有限时间完成。

(4) 当前步骤的行为是:①定位当前操作与操作数;②执行操作;③定位下一步骤。定位当前操作很简单,就是当前步骤说明的加、减、乘、除操作。当前操作数就是当前步骤中指明的 1、F[1] 等。定位下一步骤也很简单:执行完毕当前步骤之后,计算机顺序执行下一个步骤。例如,执行完第 24 步后,执行第 25 步。

假如我们使用方框节点表示步骤,有向边表示步骤之间的顺序,求斐波那契数 $F(24)$ 的直线程序所体现的运算流计算过程如图 1.17 所示。

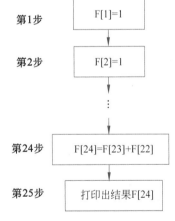

图 1.17　求斐波那契数 $F(24)$ 的直线程序计算过程简图,全图有 25 个方框节点

直线程序的优点是简单。但它有一个明显的缺点,就是程序的行数与问题规模 n 相关,n 越大程序行数越多。注意图 1.17 只是一个带省略号的简图,展开了的完整全图会包含 25 个方框节点,在一页里难以完整展示出来。如果我们需要知道 7 年后家里有多少对兔子,即计算 $F(84)$,直线程序就需要包含 85 行代码。一般而言,求斐波那契数 $F(n)$ 的直线程序需要包含 $n+1$ 行代码。这是一个很糟糕的性质。我们需要的程序应该是有限行数的,与问题规模无关,即与求斐波

那契数 $F(n)$ 中的 n 无关。

尽管直线程序有明显的缺点，但数千年来人们发明并真正使用的各种计算装置，包括算盘、帕斯卡加法机、莱布尼茨乘法机，以及 1947 年的哈佛马克 2 型机电计算机，都采用了直线程序的运算流计算过程思路，有些计算装置甚至将直线程序固化在硬件中了。本章"Ada 的故事"展示了史上第一个公开发表的计算机程序，本质上仍是一个运算流程序。

【实例 1.32】 让电子能够思考（控制流）。

运算流计算过程的思路直到 1946 年数字电子计算机发明之后才有了实质性变化。埃尼阿克数字电子计算机的发明者提出了一种创新理念：让电子能思考①。更具体地，数字电子计算机可以在每一步即时地做判断：根据当前操作结果自动决定下一操作步骤，并不一定是事先排好顺序的下一步骤。

简言之，以前的计算装置只有运算流功能，没有控制流功能。当代计算机实现了控制抽象，使得计算过程能够体现控制流功能，实现了程序行数与问题规模无关。

回到斐波那契兔子问题。让我们仔细审视一下上述求斐波那契数的直线程序，并回应下面几个难点。

（1）为什么求斐波那契数的直线程序的代码行数与问题规模相关？

（2）可以与问题规模无关吗？

（3）假如可以添加新抽象的话，如何改变直线程序，使得代码行数与问题规模无关？

（4）这个新抽象该是什么样子？

让我们重现分析一下求斐波那契数的直线程序，如图 1.18 所示。

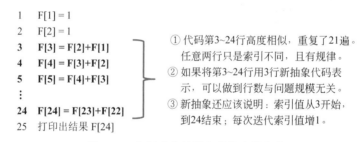

图 1.18   分析求斐波那契数的直线程序

这个分析直接提示我们，控制流应该包含循环抽象。采用了循环抽象的如下程序只需要 6 行代码，程序规模与问题规模无关。如果我们需要知道 7 年后家里有多少对兔子，即计算 $F(84)$，我们还是运行相似的 6 行代码，唯一的改变是将 i<25 改为 i<85。

```
1   F[1] = 1
2   F[2] = 1
3   for i := 3; i<25; i=i+1 {        //计算机根据 i<25 比较操作结果自动决定下一步骤
4       F[i] = F[i-1]+F[i-2]
5   }
6   打印出结果 F[i-1]                  //打印出结果 F[24]
```

①   McCartney S. ENIAC: The Triumphs and Tragedies of the World's First Computer[M]. Walker and Co., New York, 1999.

这个简洁的程序对应的计算过程可用图 1.19 展示。该计算过程只有 7 个步骤,即图 1.19 中的 7 个节点,包括菱形的条件判断节点。其中,新抽象是程序的第 3～5 行的循环抽象(loop,也称为 for loop),即图 1.19 虚框中的部分。其中,标粗线显示部分的每一次执行称为循环的一次迭代(iteration)。程序中的 for 循环首先将循环变量 i 赋初始值 3,然后执行 22 次迭代,因为条件判断 i<25 有 22 次结果为真。每次迭代都计算 F[i],并将 i 增 1。当 i 变成 25 时,条件判断 i<25 结果为假,程序不再迭代,而是退出循环,执行下一个步骤,即打印步骤,打印出结果 F[i−1]=F[25−1]=F[24]。

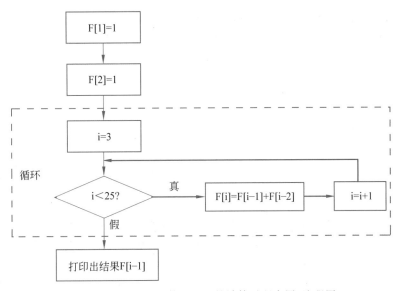

图 1.19 求斐波那契数 $F(24)$ 的计算过程全图(流程图)

【**实例 1.33**】 个人作品实验中的动态网页(消息流)。

20 世纪 70 年代以来,随着计算机网络以及并行分布式系统的诞生与发展,计算过程概念又得到了扩展,增加了体现网络思维、让多台计算机上的多个程序协同工作的消息流抽象。

例如,每个同学的个人作品将展示一个动态网页,涉及两台计算机上的两个程序,即同学笔记本计算机上的 Web 浏览器程序和课程平台中的 Web 服务器程序。除了执行包含各自的运算流和控制流的计算过程之外,浏览器程序与服务器程序还会彼此发送接收消息,产生消息流(图 1.20 虚线表示)。浏览器向服务器发送一个消息,请求某个网页。服务器收到该请求消息后,通过内部的运算流和控制流计算过程生成网页,然后发送一个包含网页内容的响应消息给浏览器。收到响应消息之后,浏览器执行内部的运算流和控制流计算过程,将该网页在屏幕上显示出来。

图 1.20 Web 浏览器和 Web 服务器通过消息流协同工作

1.3.4　对计算思维的 10 种理解

活力方法论(PEPS)的基本解题思路涉及计算思维的 4 种具体呈现：逻辑思维、算法思维、系统思维、网络思维。其中，逻辑思维重点关注计算过程的正确性，算法思维重点关注计算过程的巧妙性，系统思维重点关注计算过程的实用性。网络思维探究如何将逻辑思维、算法思维、系统思维推广到由多个节点组合而成的网络，使得网络计算过程也变得正确、巧妙、实用。

为了设计、分析和应用计算过程，特别是正确(correct)、巧妙(smart)、实用(practical)的计算过程，计算机科学发展出了丰富的知识体系。本书将计算机科学的入门知识组织成为对计算思维的 10 种理解。其中，最核心的是前 8 个理解，其英文缩写是 ACUEXAMS。将其拆成 **Acu-Exams**(敏锐审视)有利于记忆。

对计算思维的 10 种理解

理解 1：自动执行(Automatic execution)。计算机能够自动执行离散步骤的计算过程。

理解 2：正确性(Correctness)。计算机求解问题的正确性可比特精准地定义并分析。

理解 3：通用性(Universality)。计算机能够求解任意可计算问题。

理解 4：构造性(Effectiveness)。人们能够构造聪明的方法让计算机有效地解决问题。

理解 5：复杂度(CompleXity)。这些聪明的方法(称为算法)具备时间/空间复杂度。

理解 6：抽象化(Abstraction)。少数精心构造的计算抽象可产生万千应用系统。

理解 7：模块化(Modularization)。多个模块有条理地组合成为计算系统。

理解 8：无缝衔接(Seamless transition)。计算过程在计算系统中流畅地执行。

理解 9：连通性(Connectivity)。很多问题涉及用户/数据/算法的连接体，而非单体。

理解 10：协议栈(Protocol stack)。连接体的节点之间通过协议栈通信交互。

---

1. 什么是正确、巧妙、实用的计算过程

计算机科学关注正确、巧妙、实用的计算过程，更具体的含义有如下 5 点。

(1) 计算过程是指在计算机上自动执行的信息变换过程。

(2) 用算法、程序等描述计算过程。

(3) 正确性是指比特精准的正确性，即计算过程中每一个比特都是正确的。

(4) 巧妙性强调找到低时间复杂度和空间复杂度的算法，并开发相应的程序。

(5) 实用性是指计算系统能够为程序提供使用方便的抽象，将程序忠实地实现为计算机指令序列及硬件操作序列，以足够快的速度和较低的开销执行程序。

对计算思维的 10 个理解 Acu-Exams-CP 各有其强调和特点。逻辑思维重点关注正确

性和通用性（Acu-Exams-CP 中的 CU）。算法思维重点关注计算过程的巧妙性,体现为构造性和复杂度（Acu-Exams-CP 中的 EX）。系统思维重点关注计算过程的实用性,体现为抽象化、模块化和无缝衔接（Acu-Exams-CP 中的 AMS）。网络思维探究如何将逻辑思维、算法思维、系统思维推广到网络计算过程,体现为连通性与协议栈（Acu-Exams-CP 中的 CP）。

更需要强调的是,这 10 个理解是一个整体,它们合起来形成计算思维的交响乐,凸显计算思维区别于其他学科的特色。例如,数学、自然科学、社会科学各领域也强调正确性、通用性,它们也有各自的抽象。但是,计算机科学特别强调比特精准的、能够自动执行的正确性、通用性、抽象。

对计算思维的理解,可以通过"能够自动执行"得到更深刻的领悟。例如,通用性的含义"计算机能够求解任意可计算问题"实际上意味着"计算机能够通过自动执行计算过程,求解任意可计算问题"。计算机科学抽象是能够自动执行的抽象,而不是数学中的依赖人的智慧、需要人来执行的抽象。这与数学中依赖数学家的智慧与人工计算求解问题,虽然有联系,但却是不一样的。

计算思维是交响乐

《太玄经·差首》说:"帝由群雍,物差其容"。

一种思维方式(帝)往往是多个思想的和谐(群雍),在多样性(物差其容)中涌现出整体之美(帝),就像一首交响乐。它是由多个乐器按照一个乐谱和谐地演奏出来的动听的整体,每个乐器的演奏都发挥出独特的美妙,它们都在表达同一首音乐。

对计算思维,不同的学者有不同的理解、表达和着重点。下面是 4 个例子。

(1) 加州大学伯克利分校的 Richard Karp 教授长期倡导算法透镜(algorithmic lens),又称为计算透镜(computational lens)概念,强调通过算法思维的透镜观察世界、理解世界,将计算机科学融入自然科学和社会科学。

(2) 牛津大学的 Georg Gottlob 教授认为:"计算机科学是逻辑的继续"(computer science is the continuation of logic by other means)。

(3) 中国科学院深圳先进技术研究院的赵伟教授认为,计算机科学的发展方向是研究多个算法的交互。也就是说,算法网络是未来计算机科学的核心。

(4) 法国国家科学研究中心的 Joseph Sifakis 博士倡导,计算机科学的一个核心研究内容是计算系统。

本书吸取了这些学者的智慧,从逻辑思维、算法思维、系统思维、网络思维 4 个角度讨论计算思维。需要注意的是,这四者是一回事,是一个整体。计算思维并不是这四者的罗列,而是它们合奏形成的交响乐。

---

2. 什么是自动执行

计算过程的离散步骤序列自动执行。计算机科学首先解决的科技难题是将描述物理世界和数学世界的各种公式和方程离散化、数字化,并将连续时间变成离散的步骤,让求解这些公式和方程的计算过程能够变成程序,在计算机上自动执行。而不是像使用算盘那样,每一步都需要人工操作。根据诺德豪斯定律,自动执行有助于大幅度提升计算速度,降低计算成本。

解决自动执行难题的历史进程中有 3 个重要的里程碑：1703 年莱布尼茨发表了二进制算术论文，1837 年巴贝奇提出一种称为分析机（Analytic Engine）的机械计算机的设计，以及 1946 年 ENIAC 电子数字计算机问世。第 2 章介绍高级语言程序和汇编语言程序，及其在计算机上的自动执行。今天，自动执行难题只能说基本上解决了，还没有彻底解决。业务和技术的异构性、信息孤岛、信息物理系统、人机物三元融合等都为实现自动执行带来了新挑战。

狭义自动执行。我们说一个计算过程在计算系统中自动执行，如果从计算过程的第一个步骤到最后一个步骤的整个执行过程中，计算系统自动地执行所有步骤，不需要人工干预。用算盘计算斐波那契数 $F(10)$，不是狭义的自动执行的计算过程，因为执行计算过程的每一步，都需要人按照口诀操作算珠。本课程主要关注狭义自动执行。

广义自动执行。有些计算过程需要人参与，例如，不少计算过程可能需要人提供输入数据、鉴定和解释输出数据，甚至衔接到下一个计算过程。此时，如果要求计算过程自动执行，则意味着"人"事实上也是计算系统的一个零部件。人不能随意而为，反而必须按照系统的指令在有限时间内完成特定操作。用算盘计算斐波那契数 $F(10)$，就满足广义自动执行的计算过程定义。

【实例 1.34】 构建 ImageNet。

过去十年来，人工智能研究和应用取得了不少成果。在图像识别方向，深度学习技术显著提升了识别精度。在此研究中，人们需要一个基准测试集（一个知识本体），用于客观地判定图像识别精度。为此，普林斯顿大学的李飞飞和李凯教授的团队构建了 ImageNet 基准测试集，包含正确标注的数百万张图片。该团队通过 Amazon Mechanical Turk 云计算众包工具，雇佣全球数千普通老百姓人工标注几百万张图片（而不是让几个大学生标注），显著加速了"构建 ImageNet 知识本体"的计算过程，将原来估计 19 年才能完成的计算过程缩短到不到 3 年完成。这些人工标注操作（例如人工识别一张模糊图片，将其标记为"三角洲"），就是广义自动执行中"按照系统的指令在有限时间内完成特定操作"的例子。

3. 什么是比特精准的正确性

计算机科学强调比特精准（bit accuracy），即计算过程中每一个比特都是正确的。这到底是什么意思？最新的蛋白质结构预测方法的预测结果精度只有 50%～95%，不是 100%。但是，这样的非精准结果已经对生物学家和化学家有用了。它的计算过程是比特精准的吗？

任何目标领域的应用问题都有其精准性要求，称为领域精准性。很多数学领域的问题求解要求完全精准。例如，斐波那契数 $F(50) = 12\,586\,269\,025$ 是完全精准的。如果不要求完全精准（exact），我们也可以编写一个程序，使用 Binet 公式：

$$F(n) = \frac{\varphi^n - (1-\varphi)^n}{\sqrt{5}}, \text{其中 } \varphi = \frac{1+\sqrt{5}}{2} = 1.618\cdots$$

来计算 $F(50)$，并得到近似解 $12\,586\,269\,024.999\,998$。

计算机科学通过比特精准来支持各种各样的领域精准。它既采用布尔量和整数计算产生完全精准答案，又提供浮点计算产生满足各种精度要求的精确或非精确答案。它们的共同点是：计算过程的每一个比特是正确的，但结果精度可为完全精准、近似的或部分正确的,满足领域精准性要求就行。

当求解目标领域问题时,我们需通过建模产生算法,再根据算法产生程序,并通过程序在计算机系统上的执行产生计算过程,如图 1.21(a)所示。正确的计算过程有 4 点要求。

(1) 算法应尽量产生正确结果。这里的"正确"是指满足领域精准性要求。某些算法不强求精确答案,可以是近似解或部分正确解。图 1.21(b)是精确答案,图 1.21(c)是近似解。

(2) 程序应该正确地实现算法。这里的"正确"是指程序忠实地实现算法描述的计算过程,但可以有一些提高性能的优化微调。

(3) 输入数据是正确的,不然会出现"垃圾进-垃圾出"(garbage in, garbage out)。

(4) 系统执行是正确的,计算机忠实地自动执行程序。

比特精准的含义可更加细致地表达如下:计算过程中每一个步骤忠实地按照程序命令执行,每一个步骤的每一个比特按照程序命令的要求是正确的。

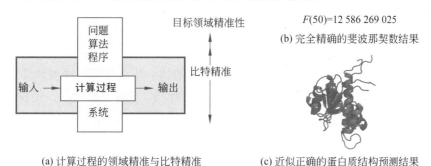

(a) 计算过程的领域精准与比特精准　　(c) 近似正确的蛋白质结构预测结果

图 1.21　计算机科学通过比特精准支持领域精准

(蛋白质结构图中,红色(见彩插)是预测结构,蓝色是真实结构,详情见 1.4.2 节)

【实例 1.35】　与数学精准的区别。

精准的反面是差错。简单地讲,计算机科学中的计算过程继承了数学计算过程的差错类别,并添加了两类新差错,即类型失配(type mismatch)和溢出(overflow)。

回顾一下数学精准。我们希望数学计算是精准的,即计算结果既正确又有足够精度(accurate and precise)。在应用中,我们有不同的领域精准性要求。牛顿第二定律 $F = ma$ 是精准的数学等式。对很多人类生活的日常问题来说,使用牛顿力学公式 $F = ma$ 且假设 10^{-6} m 精度就足够了。引力波探测则要求严格得多的精度,达到 5×10^{-23} m。

数学计算也不总是精准的,会出现 3 类差错(包括异常):① 缺乏良定义的异常操作,如除零操作 $X/0$;② 建模误差,即数学模型不完全符合真实场景,数学计算结果与真实结果有偏差;③ 舍入误差(roundoff error),例如使用比内公式计算斐波那契数 $F(100)$ 时,假设只算到 16 位有效数,则有 $F(100) = 3.542248481792618\mathrm{e}+20 = 354\,224\,848\,179\,261\,800\,000$,与精确结果 $F(100) = 354\,224\,848\,179\,261\,915\,075$ 相比,牺牲了 5 位有效数的精度。

计算机科学中的计算需要考虑的第一类新差错是类型失配(type mismatch)。例如,在数学计算中使用求圆周长公式 $C = 2\pi r$ 时,我们自然会将公式中的整数 2 当成是实数。但计算机中的计算则不能直接用整数乘以实数,这样会出错。必须先将整数 2 通过 float64() 类型转换操作转换成浮点数,才能与其他浮点数相乘。

```
two := 2                              two := 2
pi := 3.14159                         pi := 3.14159
r := 5.0                              r := 5.0
C := two * pi * r                     C :=float64(two) * pi * r
fmt.Println(C)                        fmt.Println(C)
```

第二类新差错是溢出(overflow)。例如,在使用 64 位整数类型计算斐波那契数时,有 $F(91)=4\ 660\ 046\ 610\ 375\ 530\ 309$(正确结果),$F(92)=7\ 540\ 113\ 804\ 746\ 346\ 429$(正确结果),但 $F(93)=-6\ 246\ 583\ 658\ 587\ 674\ 878$(错误结果)。因为 64 比特整数能表示的最大值是 $2^{63}-1=9\ 223\ 372\ 036\ 854\ 775\ 807$,而 $F(93)$ 的正确值 $12\ 200\ 160\ 415\ 121\ 876\ 738$ 太大了,一个 64 比特整数装不下,产生溢出。程序计算出 $12\ 200\ 160\ 415\ 121\ 876\ 738-2^{64}$,在 64 位整数类型表示下是一个负数 $-6\ 246\ 583\ 658\ 587\ 674\ 878$。

正确性与通用性密切相关。历史上,人们首先实现了一些数学方程的计算过程,保证它们能够正确地自动执行。然后,人们很自然地猜测:是不是所有的计算过程都能被计算机正确地自动执行? 存不存在某一种计算机,它能够正确地自动执行所有计算过程、解决所有计算问题? 通用性难题的一个重要里程碑发生在 1936 年,图灵从理论上提出了一种通用计算机,能够求解任意可计算问题。今天,通用性难题还没有得到彻底解决。例如,即使从理论上,我们仍然还没有针对如下问题的精确定义与答案:什么是互联网可计算的问题? 什么是物联网可计算的问题? 什么是众包模式(如人肉搜索)可计算的问题? 什么是人机物三元计算系统能够解决的问题? 天气预报问题是可计算的吗? 气候变化问题是可计算的吗? 蛋白质折叠问题是可计算的吗? 第 3 章重点讨论正确性与通用性。

4. 其他理解

算法思维对应第四、五个理解:构造性与复杂度。知道某个问题可计算还远远不够。一个问题可能通过多种计算过程得到解决。我们需要找到或构造出有效的方法(称为算法),能够花费较短的计算时间、使用较少的计算资源,通过执行比较聪明的计算过程来解决问题。第 4 章讨论算法,包括高德纳算法定义、算法复杂度、分治算法、P 与 NP 问题。

初学者较难理解构造性(Effectiveness)。建议从理解下列等式出发:

$$Effectiveness = Constructiveness + Finiteness$$

换言之,构造性是有限构造性。其中,Constructiveness 也翻译为构造性,强调计算机知道具体每一步如何操作。计算过程的每一步是有限的,整个计算过程的刻画也是有限的。不论是图灵机状态转移表或程序,行数都是有限的。

我们可以对比非构造性的过程,进一步理解计算思维的构造性概念。某些数学推理过程可能是无限的或非构造性的。例如,使用存在性证明或反证法,能够证明一些结果,但不知道如何一步一步地产生该结果。存在性证明或反证法,都不是构造性的。

系统思维对应第六、七、八个理解:抽象化、模块化、无缝衔接。抽象(abstraction)贯穿计算机科学的发展史,是计算机科学最重要的研究目标和研究对象,同时又是较难掌握的计算机科学的根本方法。

计算过程都是在计算系统上执行的。计算机科学并不是针对每一个问题、每一个计算过程设计一套计算系统,而是归纳出少数精心构造的计算抽象,有规律地组合起来形成一套抽象栈,支持万千应用系统。也就是说,计算机科学讲究尽量用一套通用抽象支持众多算法、众多具体应用需求。中国古人将此特征称为"以一耦万"。自动执行、逻辑思维、算法思维都涉及抽象。第 5 章从系统思维角度详细讨论计算抽象。

网络思维,对应第九、十个理解:连通性与协议栈。人们很早就注意到了,很多问题只用单点执行的算法不能解决。例如,互联网搜索问题(即搜索数以百万计的互联网网站的信息,找到相关答案),单点算法就不能解决。我们需要将多个节点的硬件、数据和算法连接起来、组成网络,才能解决这些问题。第 6 章讨论连通性与协议栈。

1.4　科学计算的创新故事

本书的一个特点是用不少篇幅讲述计算机科学及应用历史中的一些创新故事。这样做有 3 个目的。第一,让同学们了解计算机科学历史中的重要知识是如何创造出来的。第二,让同学们了解计算机科学的知识如何与科学需求、产业需求、社会需求互动。第三,让同学们通过读故事的方式潜移默化地得到熏陶,了解计算机领域的职业素养。本章讲述两个科学计算的创新故事。第一个故事涉及地球实验室,即使用计算模拟地球。第二个故事涉及人工智能的应用,使用深度学习技术准确地预测蛋白质的三维结构。

1.4.1　地球系统数值模拟的创新故事

中国科学院大气物理研究所的朱江研究员说,地球数值模拟就是把人类已经知道的各种定量的规律,以及很多没有定律但可以进行统计的关系,汇集到一起,建立一个数学模型;再将大量的各圈层的观测数据输入到数学模型里,通过超级计算机运算,从而模拟地球的各种行为,包括模拟大气圈、水圈、冰冻圈、岩石圈、生物圈的演变规律[1]。

地球系统数值模拟领域的一个先驱者是英国科学家路易斯 • 理查森(Lewis Richardson,1881—1953)。理查森 1903 年从剑桥大学自然科学专业毕业。在此后 10 年内,理查森从事了多项应用科学研究工作,并从这些应用中发展出一套求解微分方程的有限差分数值计算方法。1913 年,他被任命为苏格兰的一个地方气象站站长,并花了 3 年发展天气预报的数值计算方法。1916—1919 年,他离职到法国战场担任救护车司机。在战火纷飞的志愿者工作之余,他花了两年手工计算(使用纸、笔、计算尺),应用他的数值天气预报方法,完成了一个数值计算实验(trial)。

理查森在 1922 年发表了《通过数值过程预测天气》(*Weather Prediction by Numerical Process*)科学专著,提出使用有限差分数值计算方法,求解刻画天气行为的微分方程,从而预报天气。除了数值天气预报方法之外,这部著作还有 3 个学术贡献,这 3 个学术贡献产生了深远影响。

首先是理查森梦想(Richardson's Dream),即数值计算速度超过天气演变的速度(advance the computations faster than the weather advances)。今天,理查森梦想已经基本实现了。世界各国的气象局都在使用运行在电子计算机之上的数值天气预报系统,帮助人

---

① 本节素材来源于中国科学院地球物理研究所的朱江研究员,以及关于理查森梦想的专著 Lynch P. The emergence of numerical weather prediction:Richardson's dream[M]. Cambridge:Cambridge University Press,2006.特此感谢!

们反演过去、观测现在、预测未来。

其次是理查森实验。自然界的天气只能观测，不能做实验。理查森在著作中提出了计算实验的概念，并花了一整章详细报告了他在法国战场所做的数值计算实验。从 1910 年 5 月 20 日早上 7 点的欧洲网格观测数据出发，理查森实验从头计算了德国某地 6 小时之后的气压。理查森的计算实验结果误差很大：预测结果是 6 小时后气压上升 145hPa（百帕斯卡），实际气压数据基本不变（即气压实际上升或下降接近 0hPa）。理查森在专著中如实报告了这个错误的实验结果，并分析了原因、提出了未来改进的方向。

后人重现了理查森实验。得出的结论是：理查森的数值天气预报方法科学上是对的（scientifically sound），但一些重要细节考虑不周，造成了显著误差。例如，理查森没有考虑"快波噪声"。后人在理查森实验中过滤掉快波噪声后，计算预测结果变成了 6 小时后气压下降 0.9hPa，非常接近实际观察数据。

20 世纪 60 年代，中国科学院大气物理研究所的曾庆存发展出了一套用于数值天气预报的半隐式差分法（semi-implicit scheme），不仅有利于消除快波噪声的影响，还显著降低了计算量，使得数值天气预报速度更快。半隐式差分法的基本思想简洁而漂亮，体现了计算之美。为了求解微分方程 $dx/dt=f(x)$，人们发明了下述 3 类差分方法。

显式方法：$\dfrac{x^{n+1}-x^{n}}{\Delta t}=f(x^{n})$；第 n 次迭代的值 x^{n+1} 显式依赖于 x^{n}

隐式方法：$\dfrac{x^{n+1}-x^{n}}{\Delta t}=f(x^{n+1})$；第 n 次迭代的值 x^{n+1} 隐式依赖于 x^{n}

半隐式方法：$\dfrac{x^{n+1}-x^{n}}{\Delta t}=x^{n+1}+g(x^{n})$

半隐式方法对影响天气的主要运动（例如涡旋运动）采取显式时间差分格式，对影响时间步长和计算稳定性的快波则采取隐式时间差分格式，使不大重要的快波更快弥散。半隐式方法提出之后很快就投入了实用，至今还是数值天气预报的重要计算方法。

理查森的第三个贡献是提出了理查森天气预报工场（Richardson's Forecast Factory）。这是一个由 65 000 个预报员（人）组成的大规模并行计算机，试图预报 24 小时之后的全球天气情况。理查森提出的天气预报工场与今天的超级计算机有惊人的相似性，包含大规模数据文件库、大量并行工作的计算部件，以及通信操作和同步操作。

2021 年，中国研制的地球系统数值模拟装置（昵称"寰"）在北京怀柔科学城落成启用（图 1.22）。它由数值模式、数据库和资料同化、专用的超级计算机软硬件 3 大部分组成。地球系统数值模拟装置是当今世界重要的地球系统研究工具。"寰"的启用使得中国科学家可以"把地球搬进实验室，给地球做模拟实验"。一个重要应用是为中国在 2030 年前实现碳达峰、2060 年前实现碳中和提供科学计算数据和科学依据。该装置中的超级计算机是曙光硅立方系统，集成了数十万个处理器核，计算速度比理查森天气预报工场提升了万亿倍。

在数值模式和应用软件层面，"寰"装备了耦合 7 个分系统共 8 个分量模式的"中国科学院地球系统模式"（CAS-ESM），涵盖大气云量、海洋温度、海冰密集度、海洋生产力、气溶胶、植被覆盖度、蒸散发、土壤温度等。中国科学家们为此开发了 400 万行地球模拟程序代码。

1.4.2 蛋白质结构预测的创新故事

我们在讨论指数之妙时已经遇见过蛋白质折叠这种奇妙现象了：蛋白质在数微秒到数

图 1.22　地球系统数值模拟装置"寰"

毫秒内,从其一维氨基酸序列提供的信息出发,折叠成为特定的三维空间结构,进而体现其特定功能。蛋白质结构预测,是指科学家借助计算机来模拟蛋白质折叠过程或结果,从一维氨基酸序列预测出三维结构。

蛋白质结构预测的理论依据是生物学领域的安芬森法则(Anfinsen's dogma),由诺贝尔化学奖获得者克里斯蒂安·安芬森(Christian Anfinsen,1916—1995)等学者倡导而流行。这条法则也称为分子生物学的热力学假说(the thermodynamic hypothesis)。它说:①蛋白质折叠成为三维结构的必要信息已经编码在其一维氨基酸序列中;②蛋白质折叠成为最小能量的三维构象。

由于人们并不知道真实世界中蛋白质折叠过程是什么样的,因此并不能完全模拟自然。人们换了一种计算机模拟思路,不是追求在计算机中重现真实的蛋白质折叠过程,而是想了很多方法来产生正确的预测结果。

1994 年,马里兰大学的生物学教授 John Moult 等学者发起了蛋白质结构预测国际竞赛,即 CASP。这个面向全球的开放式竞赛每两年举行一次,可以看成是蛋白质结构预测领域的奥运会。图 1.23 展示了过去 28 年来的进步。

如果我们聚焦到针对最难预测蛋白质的进展,1994—2020 年的 CASP 竞赛体现的科技进步大体上可分为 3 个阶段。从 1994 年到 2014 年的 21 年间,人们发展了片段拼接、构象采样和共进化等技术,将预测精度提升了大约 17 个点。2016 年,许锦波团队提出了基于深度学习的结构预测方法。该方法在两年内把预测精度提升了大约 33 个点。2020 年,DeepMind 团队提出了更强大的深度学习预测方法,把预测精度又提升了大约 19 个点。

许锦波是如何提出效果如此明显的蛋白质结构预测方法,在 2016 年取得 CASP 冠军成绩呢?

1996 年,许锦波从中国科技大学毕业,到中国科学院计算技术研究所念硕士研究生。他在 1999 年获得硕士学位之后去加拿大滑铁卢大学攻读计算机科学博士学位,聚焦计算生物学研究,特别是蛋白质结构预测相关问题。在麻省理工学院完成博士后研究之后,许锦波任教于芝加哥丰田计算技术研究所,并在芝加哥大学兼职,开始全力投入蛋白质结构研究。

从系统思维角度看,许锦波的研究风格是全栈性(full-stack)。他的蛋白质结构研究包

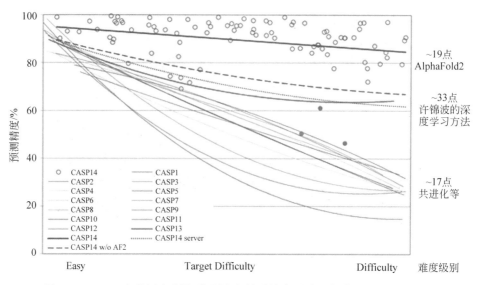

图 1.23　CASP 竞赛历史进展,特别注意针对最难预测蛋白质的进展(最右边)
横轴:目标蛋白的预测难度;纵轴:预测精度,100%＝预测完全正确

(图片来源:John Moult 教授团队维护的 CASP 网站 https://predictioncenter.org/)

括问题建模、算法设计与分析、软件开发,并将研究成果集成于一个称为 RaptorX 的计算服务器,供全球数万名科研工作者和企业用户使用。

　　2015 年,许锦波在多年积累之后有了一个新想法:将蛋白质结构预测问题看成是一个图像识别问题。更具体地说,将蛋白质折叠的原子距离计算问题转换为图像语义分割问题。其中的道理大致如下。

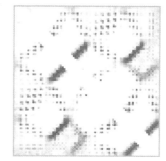

图 1.24　将蛋白质原子距离看作图像

　　(1) 蛋白质三维结构等同于其重要原子之间的距离矩阵,矩阵的元素是两个原子之间的距离值。

　　(2) 将这个蛋白质原子距离矩阵看作一个图像(图 1.24)。

　　(3) 使用深度学习方法(如 ResNet 残差神经网络模型),将 10 多万个已知蛋白质的图像作为训练集,获得深度学习推断模型。

　　(4) 这样一来,所有重要原子之间的距离可以经过深度学习推断同时获得,从而从氨基酸序列推断出三维结构。

　　图 1.25 是一个某种蛋白质的结构预测例子[①]。

　　2021 年,许锦波教授收到诺贝尔论坛组委会邀请,参加于 2022 年 5 月在斯德哥尔摩召开的 50 人论坛,探讨如何整合实验技术和计算技术,精确刻画人类三维蛋白质组。

---

　　①　Wang S,Sun S,Li Z,et al. Accurate De Novo Prediction of Protein Contact Map by Ultra-Deep Learning Model [J]. PLOS Computational Biology,2017,13(1):e1005324.

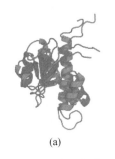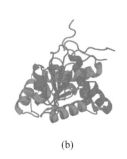

　　(a)　　　　　　　　　　(b)　　　　　　　　　　(c)

图 1.25　蛋白质结构预测三种方法的预测结构比较：蓝色是真实结构，红色是预测结构。深度学习图像识别方法(a)明显好于共进化方法(b)和(c)

1.5　习　　　题

1. 下述实例中，(　　　)不是数字符号。

　　A. 十进制整数 55　　　　　　　　　　　　B. 二进制数 1111110.1101

　　C. 等号＝　　　　　　　　　　　　　　　　D. 加号＋

　　E. 刻画火炮弹道运动的微分方程

2. 2020 年全球 ICT 用户数大约是(　　　)。

　　A. 数十亿人　　　　B. 数亿人　　　　　C. 数千万人　　　　　D. 数百万人

3. 2020 年全球 IT 专业人员人数大约是(　　　)。

　　A. 全球人口总数的万分之一　　　　　　B. 全球人口总数的千分之一

　　C. 全球人口总数的百分之一　　　　　　D. 全球人口总数的十分之一

4. 计算机科学追求计算过程的比特精准。比特精准是指(　　　)。

　　A. 计算过程的输入数据的每一比特都是正确的

　　B. 计算过程的输出结果的每一比特都是正确的

　　C. 计算过程的某个步骤的每一比特都是正确的

　　D. 计算过程的每一个步骤的每一比特按照程序命令都是正确的

5. 地球实验室创新故事中，曾庆存老师提出的半隐式差分法是(　　　)。

　　A. 一种数值计算方法　　　　　　　　　　B. 一种算法

　　C. 一个程序　　　　　　　　　　　　　　D. 一个刻画自然规律的数学公式

6. 针对如下计算过程，狭义自动执行的计算过程是(　　　)。

　　A. 人使用算盘做 34＋21＝55 的加法过程

　　B. 执行计算机程序输出 $F(10)=55$ 的计算过程

　　C. 心算 34＋21＝55 的加法过程

　　D. 用纸和笔做 34＋21＝55 的加法过程

7. 下面 4 个过程中，广义自动执行的计算过程是(　　　)。

　　A. 人使用算盘做 34＋21＝55 的加法过程

　　B. 心算 34＋21＝55 的加法过程

　　C. 课程实验 1 中，设计加法图灵机的整个过程

　　D. 课程实验 4 中，设计个人作品的整个过程

8. 下述实例中，(　　)涉及计算过程，即计算机算法过程。

　　A. 张三同学吹肥皂泡产生彩虹

　　B. 李四同学按照菜谱做出一盘麻婆豆腐

　　C. 王五同学使用智能手机拍出一张国科大校园晨景照片

　　D. 赵六同学数学推导出求斐波那契数的 Binet 公式：$F(n)=\dfrac{\varphi^{n}-(1-\varphi)^{n}}{\sqrt{5}}, \varphi=\dfrac{1+\sqrt{5}}{2}$

9. 下述关于算法、计算机程序、软件的断言中，只有(　　)是正确的。

　　A. 任何算法都是程序

　　B. 任何程序都是算法，因为程序是计算机语言表达的算法

　　C. 任何软件都是程序代码

　　D. 任何数学公式都是算法

10. 下述关于高级语言程序、汇编语言程序、机器语言程序的断言中，只有(　　)是正确的。

　　A. 与编译后得到的二进制代码文件相比，高级语言程序文件往往更大

　　B. 计算机硬件只能执行二进制代码

　　C. 每一个机器语言程序都对应于一个汇编语言程序，因此，二进制代码与汇编语言程序的易读性是一样的

　　D. 汇编语言程序又称为可执行代码

11. 计算机系统为算法和应用程序提供什么支持？不正确的选项是(　　)。

　　A. 硬件，如处理器芯片、计算机整机

　　B. 系统软件，如操作系统、编程语言

　　C. 系统抽象，如循环、递归、任意位整数等

　　D. 设计新算法和新程序的灵感

12. 考虑如下电子产品实例，在每行填入最合适的选项字母。

(1) 联想笔记本计算机(　　)。

(2) 曙光超级计算机(　　)。

(3) 苹果智能手机(　　)。

(4) 小米智能台灯(　　)。

　　A. 包含嵌入式计算机　　　　　　B. 是客户端计算机

　　C. 是服务端计算机　　　　　　　D. 与计算机无关

13. 诺德豪斯定律为什么在 1946 年左右出现拐点？为什么计算机的计算速度在 1946—2016 年出现指数增长，而之前的 1850—1945 年增长缓慢？(　　)

　　A. 1946 年以来，算法领域出现了大发展，人们发明了越来越快的算法

　　B. 1946 年数字电子计算机问世，开启了计算机自动执行计算过程的模式

　　C. 1946 年图灵发明了图灵机

　　D. 1946 年布什提出了 Memex

14. 库米定律好像是错的。它说计算机的性能功耗比每 1.57 年会翻一番，那么每十年会提高 81 倍。但是，过去十年智能手机的发展好像并不是如此。十年前，智能手机充满电

后的续航时间大约是一天。如果库米定律是对的话,那是不是说,十年后的今天,智能手机每 81 天才需要充一次电?请解释这个矛盾。

15. 下面(　　)不是计算机模拟。

A. 使用人工智能技术,计算某个蛋白质折叠成的三维结构

B. 使用计算机模仿现实世界中的某个真实系统随时间演变的过程或结果

C. 使用计算机实现虚拟世界,例如表现神话故事的动画

D. 使用计算机计算 1600—2020 年全球气温数据,假设近代工业革命没有发生

16. 表 1.3 中,6 月份的 32℃不能用 5 位二进制数表示。如何处理?请选出你认为最好的解决方法(　　)。注意:这是一道单选题,也是一道思考题。

A. 保持表 1.3 的规定,唯一改变是:5 位二进制数 11111 的解释是月平均温度 $\geqslant$ 31℃。如此一来,6 月份的 32℃对应的 5 位二进制数表示为 11111,其他月份温度值的二进制表示不变

B. 保持表 1.3 的规定,唯一改变是:5 位二进制数 00000 的解释是月平均温度 $\leqslant$ 0℃,且 11111 的解释是月平均温度 $\geqslant$ 31℃。如此一来,6 月份的 32℃对应的 5 位二进制数表示为 11111,其他月份温度值的二进制表示不变

C. 使用 6 位二进制数,表示 0℃～63℃的月平均温度。如此一来,1 月份的 3℃对应的 6 位二进制数表示为 000011,5 月份的 31℃对应的 6 位二进制数表示为 011111,6 月份的 32℃对应的 6 位二进制数表示为 100000

D. 保持表 1.3 的规定,并假设北京的月平均温度肯定是在[0,31]区间内

第 2 章

程序的设计与执行

程序是用某种计算机语言表述的算法。

Programs are algorithms expressed in some computer language.

——高德纳(Donald Knuth),1968

算法＋数据结构＝程序

Algorithms＋Data Structures＝Programs

——尼古拉斯·沃斯(Niklaus Wirth),1975

为了具体地理解"操作数字符号的计算过程",本章介绍两方面的入门知识,即人如何设计计算机程序,以及计算机如何执行程序。通过本章同学们会初步理解什么是运算流、控制流、消息流,以及如何通过函数抽象实现模块化,从而应对软件系统的复杂性。

学习本章之后,同学们应该初步掌握如下知识和技能。

(1)"操作数字符号的计算过程"涉及的基本概念,包括离散化与数字化、数字符号(特别是数和字符的表示)、计算机的冯·诺依曼模型、计算过程。

(2)编程入门。在计算机上编写、编译并执行简单的 Go 语言程序,涉及整数和字符操作、循环与数组、递归与切片。最复杂的编程任务是姓名编码程序和简版快速排序程序,每个编程任务只需编写 20 行左右的高级语言代码。

(3)计算机设计入门。设计一个简单的计算机,即斐波那契计算机,它的汇编语言指令集能够支持循环抽象,从而算出斐波那契数 $F(3)$。

2.1　如何表示数和字符

1. 符号与数字符号

符号是人类文明的载体。数字符号是当代文明的载体。我们用一些例子进一步说明什么是数字符号(digital symbol),重点讨论数和字符的表示。**数字**(digit)也称为**数位**,是某种离散计数方法中的基本数值,也是最简单的一类数字符号。例如,算术中"6＋9＝15"这个加法运算中,6、9、1、5 都是数字。

符号(symbol)是指代具体或抽象事物的特定记号,该事物的表现形式可以是文字、数值、图像、声音、数学公式,甚至创新念头等。字典中的文字是符号,二维码图像是符号,熄灯号声音也是符号。

　　数字符号就是能够用一个或多个数字的组合表示的符号。在"6+9=15"这个简单的加法运算中,6、9、1、5是数字符号,15、+、=也是数字符号。一段熄灯号声音原本是模拟量,但离散化后,可以表示成数字符号。一段声音本身不是数字符号。

　　人类文明历程中的一个里程碑就是**进位制计数法**的发明。它也称为位值计数法,英文是 positional notation,一个例子是我们熟知的小学算术中的十进制计数法。该方法设定个、十、百、千、万等位置(position),每个位置(简称位)可有值(value),即 0、1、2、3、4、5、6、7、8、9 十个数字。这样,任意一个数值可以通过一位或多位的数字表达出来。例如,15(十五)这个数值可以通过个位的 5 与十位的 1 两个十进制数字表达。

　　【实例 2.1】　非进位制的计数法。

　　历史上出现过非进位制的计数法,如罗马计数法。但是,与进位制计数法相比,罗马计数法使用起来很难(很难做加减乘除四则运算),今天的用途也就比较少了。仅仅是最简单的"6+9=15"加法运算,相应的罗马计数法运算"Ⅵ+Ⅸ=ⅩⅤ"就要难得多。"68+93=161""68×93=6324"就更难了。

　　历史上,人们尝试了表示数字符号的多种进位制体系,包括二进制、三进制、八进制、十进制、十六进制,等等。今天的计算机一般都采用二进制体系作为基础,表示各种数字符号。这有两个原因。第一,二进制体系是一种基本的、通用的体系,可用于表示所有的有限数字符号集。例如,我们常用的十进制符号 0、1、2、3、4、5、6、7、8、9 可用 4 位二进制符号(4 个比特)表示,即 0000、0001、0010、0011、0100、0101、0110、0111、1000、1001。第二,对二进制符号的操作可以直接对应到最基本的逻辑操作,即二值逻辑运算,也称为布尔逻辑运算。

2. 二进制、十进制、十六进制及其转换

　　【实例 2.2】　二进制与十进制的数制转换。

　　人们通常使用十进制数。计算机只能理解二进制数。因此,需要数制转换方法。我们先准备一张十进制与二进制的**数制对照表**(表 2.1),然后通过例题掌握转换方法。

表 2.1　十进制与二进制数制对照表

2^4	2^3	2^2	2^1	2^0	2^{-1}	2^{-2}	2^{-3}	2^{-4}	2^{-5}
10000.	1000.	100.	10.	1.	0.1	0.01	0.001	0.0001	0.00001
16	8	4	2	1	0.5	0.25	0.125	0.0625	0.03125

　　【实例 2.3】　$(110.101)_2 = (?)_{10}$。

　　解答:$(110.101)_2 = 1 \times 2^2 + 1 \times 2^1 + 0 \times 2^1 + 1 \times 2^{-1} + 0 \times 2^{-2} + 1 \times 2^{-3} = 4 + 2 + 0.5 + 0.125 = (6.625)_{10}$。

　　【实例 2.4】　$(6.625)_{10} = (?)_2$。

　　解答:很多同学有自己习惯的方法求解此题,应该继续采用。针对未接触过数制转换的同学,我们用一个例子来说明一种方法。

　　可用这同一种方法分别求出整数部分和分数部分。先求整数部分$(6)_{10} = (?)_2$。

　　初始设定:设初始余数 R 为 6。审视数制对照表。找到表中不超过 6 的最大十进制数所在列。此例中,该列是 4 所在列,不是 8 所在列。

转换方法：根据数制对照表，从左往右逐列做如下操作，直到余数变为0：试图从余数 R 减去该列的十进制数 D。够减的话，结果记为1并将新产生的余数 $R=R-D$ 记到括号里；不够减的话，结果记为0，记到括号里的余数不变。

第一步：$6-4=2$，够减，结果写为 1(2)。注意，新余数$=R-D=6-4=2$。

第二步：$2-2=0$，够减，结果写为 1(0)。注意，新余数$=R-D=2-2=0$。

由于余数为0，不用继续了。此例需要将小数点前的空缺数位都填上0。

再求分数部分 $(0.625)_{10}=(?)_2$。原理同上，只是初始余数改为0.625。结果如表 2.2 所示。

表 2.2　实例 2.4 数制转换

2^2	2^1	2^0	2^{-1}	2^{-2}	2^{-3}	2^{-4}	2^{-5}
4	2	1	0.5	0.25	0.125	0.0625	0.03125
1 (2)	1(0)	0	1 (.125)	0 (.125)	1 (0)		

因此，答案是 $(6.625)_{10}=(110.101)_2$。

【实例 2.5】　二进制与十六进制的数制转换。

我们常用二进制、十进制、十六进制 3 种数制表示各种数（对应表见表 2.3）。十进制值是人平常做算术熟悉的表示。二进制值与十六进制值是针对计算机的表示。要注意的是，我们熟悉的十进制的 10 个数字，即 0、1、2、…、8、9，用到十六进制就不够了。因此，十六进制引入了新的数字 A、B、C、D、E、F 指代十进制的 10、11、12、13、14、15。不然的话，$(63)_{10}=(3F)_{16}$ 会被误写为 $(63)_{10}=3(15)_{16}=(315)_{16}$。

十六进制值可从二进制值以如下简洁方式得到：将二进制值从右到左以 4 比特为单位分组，再将每个 4 比特组对应到相应的十六进制值。例如，二进制值 00111111 可分成两组 0011 1111，对应到 3 和 F。十六进制值是二进制值的一种简写，只需 1/4 的数位。例如，二进制值 00111111 需要 8 个数位，简写成十六进制值 3F 后，只需要两个数位。

表 2.3　二进制、十进制、十六进制数值对应表

二进制（Binary） $2^3 2^2 2^1 2^0$	十进制（Decimal） $10^1 10^0$	十六进制（Hexadecimal） 16^0
0000	0	0
0001	1	1
0010	2	2
0011	3	3
0100	4	4
0101	5	5
0110	6	6
0111	7	7
1000	8	8

二进制（Binary） $2^3\,2^2\,2^1\,2^0$	十进制（Decimal） $10^1\,10^0$	十六进制（Hexadecimal） 16^0
1001	9	9
1010	10	A
1011	11	B
1100	12	C
1101	13	D
1110	14	E
1111	15	F

3. 整数的二进制原码表示与补码表示

【实例 2.6】　整数的原码表示。

考虑 -127 到 127 的整数加法。我们应该如何表示这些整数呢？一个直截了当的方法是用最高的 1 位表示正负，0 为正，1 为负，其他 7 位表示绝对值。这称为整数的原码表示（sign-magnitude representation）。例如，63 = 00111111，64 = 01000000。（-63）= 10111111，（-64）= 11000000。那么，有

$$63+64=00111111+01000000=01111111=127$$
$$(-63)+(-64)=10111111+11000000=11111111=(-127)$$

但是，这种表示有两个缺点。第一，零（0）有两种表示，即 00000000 和 100000000。整数零这个数值最好只有唯一的表示，最直观的是 00000000。第二，当一个正整数与一个负整数相加时，我们会遇到麻烦。例如，63 + （-63）= 00111111 + 10111111 = 11111110 = （-126），明显错了。$X+(-X)=0$ 应该成立。

【实例 2.7】　整数的补码表示。

为了克服原码的上述两个缺点，人们发明了一种更加巧妙的整数表示方法，称为二进制补码表示（two's complement representation），能够避免上述错误。它有 3 个要点：①零的唯一二进制表示是全零 00000000；②正整数的二进制表示如原码表示不变；③负整数的二进制表示是其绝对值的补码，即逐位取非然后从最低一位加 1，即加 00000001。

采用补码，（-63）的正确表示是 63 逐位取非，然后从最低一位加 1，即

$$(-63)=00111111\,逐位取非+00000001=11000000+00000001=11000001$$

这样，63 + （-63）= 00111111 + 11000001 = 100000000 = 0，结果正确了（忽略溢出）。

注意：针对 n 比特补码数 x，公式 $-x=2^n-x$ 成立。

4. 英文字符表示

数之外的其他符号如何表示呢？

任意有限的符号集合可以通过一个或多个比特表示。一种基本的方法就是，使用 n 个比特表示具备多于 2^{n-1} 但不多于 2^n 个符号的集合，每个 n 位组合对应一个不同的符号。

【实例 2.8】 英文字符的 ASCII 编码。当代计算机使用 ASCII 码（American Standard Code for Information Interchange，美国信息交换标准代码）表示英文字符，如表 2.4 所示。

表 2.4　英文字符的 ASCII 编码表

$D_7D_6D_5D_4$ $D_3D_2D_1D_0$		0000 0x0	0001 0x1	0010 0x2	0011 0x3	0100 0x4	0101 0x5	0110 0x6	0111 0x7
0000	0x0	NUL	DLE	SP	0	@	P	`	p
0001	0x1	SOH	DC1	!	1	A	Q	a	q
0010	0x2	STX	DC2	"	2	B	R	b	r
0011	0x3	ETX	DC3	#	3	C	S	c	s
0100	0x4	EOT	DC4	$	4	D	T	d	t
0101	0x5	ENQ	NAK	%	5	E	U	e	u
0110	0x6	ACK	SYN	&.	6	F	V	f	v
0111	0x7	BEL	ETB	'	7	G	W	g	w
1000	0x8	BS	CAN	(	8	H	X	h	x
1001	0x9	HT	EM	)	9	I	Y	i	y
1010	0xA	LF	SUB	*	:	J	Z	j	z
1011	0xB	VT	ESC	+	;	K	[	k	{
1100	0xC	FF	FS	<	L	\	l		
1101	0xD	CR	GS	-	=	M	]	m	}
1110	0xE	SO	RS	.	>	N	^	n	~
1111	0xF	SI	US	/	?	O	_	o	DEL

每个字符用一字节（byte，8 比特，或 8 位）表示，其中的 7 位表示英文字符，剩余的 1 位（D_7）用于报错等功能。7 位字长有 128 个组合，可表示 128 个符号。这 128 个组合中的 33 个组合用于表示回车、换行等控制字符，另外 95 个组合用于表示可打印字符，即 26 个字母的大小写、10 个数字、各种标点符号（! @#＄%，.等）。

【实例 2.9】 英文字符的二进制、十进制、十六进制表示。给定任何英文字符，我们可以从 ASCII 编码表查出它的二进制值 $D_7D_6D_5D_4D_3D_2D_1D_0$，进而转换成对应的十进制和十六进制表示。例如，问号"?"对应的 8 比特二进制值是 $D_7D_6D_5D_4D_3D_2D_1D_0 = (00111111)_2$，其对应的十进制值是 $(63)_{10}$。我们将 00111111 分成两组 0011 1111。第一组 0011 对应 3，第二组 1111 对应 F。因此，问号"?"对应的十六进制值是 3F。在计算机代码中，3F 往往写成 0X3F，或 0x3f，甚至 0x3F。

【实例 2.10】 八卦的二值数字符号表示。

今天的计算机一般都通过二值数字符号表示各种所需的数字符号。二进制是最简单的进位制计数法，每位只可能有两个值：0 或 1。历史上最早的二值符号体系很可能是中国的先天八卦系统，共有 8 个符号，后人称为"乾"☰、"坤"☷、"坎"☵、"离"☲、"兑"☱、"艮"☶、"巽"☴、"震"☳。每个符号用 3 个二值符号（阴‑‑、阳—）表示。用今天的术语来说，一个二值符号对应一个二值位（binary digit，简称 bit，中文叫比特）。一个八卦符号需要 3 比特来表示。

先天八卦又称为伏羲八卦,据传是伏羲发明的。莱布尼茨在其 1703 年发表的论二进制算术的论文中,特别致敬了"伏羲的算术"。莱布尼茨还在论文中评论说:"大概一千多年前,中国人丢失了伏羲的八卦或者说线条符号的真正含义。他们为此撰写了大量注疏,但他们的理解其实差得很远,使得今天对八卦的正确解释只能来自欧洲人。"

【实例 2.11】《太玄经》三值符号体系。

历史上最早出现的三值数字符号体系很可能是西汉扬雄创造的《太玄经》系统。《太玄经》参考了《易经》。不同的是,《易经》包含六十四卦(64 个符号,称为"乾""坤""屯""蒙"等),而《太玄经》包含八十一首(81 个符号,称为"中""周""礥""闲"等)。每个太玄经符号有方、州、部、家 4 个位置,每个位置可取值一、二或三。例如,"遇"首𝌨的 4 个位置取值是二方二州三部一家。

《易经》《太玄经》中这些古老的符号仍然被保留在当今的汉字体系中。在全球信息技术领域通用的 Unicode 字符集标准中,八卦符号的 Unicode 编码是 2630～2637,《易经》六十四卦的 Unicode 编码是 4DC0～4DFF,而《太玄经》八十一首符号的 Unicode 编码是 1D300～1D35F。第 5 章会进一步介绍 Unicode 字符集。

2.2　初识计算机编程

计算思维与"编程"有什么关系? 非计算机专业的同学有必要学习编程吗?

计算思维的思想是时任美国国家科学基金会副主任的周以真教授在 2006 年正式提出的。她认为,计算思维就像语文、算术一样,是一种基本能力。到了 2050 年,世界上每一个年轻人都应该具备计算思维能力。计算思维不仅是编程。那么,是否每一个大学生都应该具备基本的编程能力? 答案是肯定的。语文并不只是读文章、写文章的能力,但当代青年必须具备基本的读写能力。同理,计算思维并不只是编程能力,但当代年轻人应该具备基本的读程序、写程序的能力。

中国很早就将计算机教育纳入了中小学教育,这得益于邓小平的名言:计算机教育要从娃娃抓起。英国教育部在 2013 年颁布了面向全国中小学生的"计算机程序设计教育国家课程体系"指导意见,要求编程课程应该教会中小学学生们(pupils)"使用两种编程语言,其中至少一种是文本语言(即非图形界面语言),解决一系列计算问题"。

本节介绍程序设计的入门知识,包含较多的抽象(编程概念),它们大体上可以由浅入深地归入下列 5 个类别。

(1) 命令和语句[①]。最简单的计算机程序是什么样子? 它是如何编译执行的?

(2) 数据类型。如何表示基本数据和复合数据及其操作? 它们在计算机中是如何表示的? 它们打印出来是什么样子? 如何定义(声明)变量和常量? 基本数据包括各种数和字符,复合数据包括数组与切片。

(3) 运算流。有了变量和常量声明语句,加上表达式和赋值语句,针对任意可计算问题,我们能够实现求解该问题的程序。但是,程序的代码行数可能与问题规模相关,违反程

---

① 在命令行界面中出现的一条代码(如 code hello.go)一般称为命令(command),在高级语言程序中出现的一条代码(如 fmt.Println("hello!"))一般称为语句(statement)。注意:函数定义语句 func main() {…}可能有多行文本。

序的有限性原则。

（4）简单控制流。再加上循环和条件判断抽象，针对任意可计算问题，我们能够实现求解该问题的有限代码行数的程序，代码行数与问题规模无关。

（5）模块化控制流。如何通过函数抽象实现模块化，能够编写较大的程序。其中，递归函数调用是一种独特的抽象。

2.2.1　编写第一个 Go 程序

学习编程遇到的第一个程序常常是一个"你好！"程序。在 Go 语言编程环境中，我们使用一个 hello.go 文件作为程序的载体。其中，.go 扩展部分表示这个文件是一个 Go 语言编写的高级语言程序。我们较为细致地过一遍编写、编译、执行该程序的过程。

1. 在计算机上运行第一个 Go 程序

打开计算机，进入 Linux 操作系统。应该看到类似下图的命令解释器界面，即外壳（shell）界面，俗称命令行界面。其中">"是命令行提示符，闪烁的"|"是光标。

```
>|
```

我们输入一个编辑器命令（记住命令之后要敲回车），启动 VS Code 编辑器工具，编写第一个 Go 语言程序 hello.go，并保存该 hello.go 文件。

```
>code hello.go
>
```

程序 hello.go 包含 4 条命令（称为语句）：

```
package main                    //用户开发的程序本身是一个程序包,记为主包
import "fmt"                     //导入名为 fmt 的程序包,导入包往往是他人编写的
func main() {                   //主包总有一个主函数
    fmt.Println("hello!")       //函数体调用 fmt 包的 Println 函数打印出 hello!
}                               //闭括号与相配对的开括号之间的语句形成函数体
```

我们在命令行界面执行 Go 编译器命令"go build hello.go"，将 Go 程序文件 hello.go 编译成为一个二进制可执行代码文件，名为 hello。随后，执行"./hello"命令，运行二进制程序 hello，打印出"hello！"。此处常见程序错误是，main()的括号打成了中文括号，造成编译出错。

```
>code hello.go              //编辑命令(edit)
>go build hello.go         //编译命令(compile)
>./hello                   //执行命令(execute)
hello!                     //结果输出
>                          //返回到命令行环境(shell)
>go run hello.go           //编译并执行 hello.go
hello!                     //结果输出
>                          //返回到命令行环境(shell)
```

　　上述两条命令"go build hello.go"与"./hello",可以合并成一条命令执行,以提高编程效率。此时,我们用 go run 替代了 go build,程序在编译后产生临时的一次性的二进制代码并立即自动执行,二进制可执行代码文件 hello 并不会持续地存放在计算机中。

　　我们逐条解释程序 hello.go 的 4 条语句。

```
1    package main                    //程序员开发的程序本身是一个程序包,记为主包
2    import "fmt"                     //导入名为 fmt 的程序包,导入包往往是他人编写的
3    func main() {                    //主包包含一个主函数
4        fmt.Println("hello!")        //函数体调用 fmt 包的 Println 函数打印出 hello!
5    }                                //闭括号与相配对的开括号之间的语句都是函数体
```

　　任何 Go 程序都属于某个程序包(package),简称包,会在程序第一行声明。同学们开发的 Go 程序本身是一个包,用 package main 声明为主包。

　　该程序还往往会用到别人事先写好的程序包,如本例中的 fmt。在使用之前必须导入(import)此包。因此,程序的第二行用 import "fmt" 导入了 fmt 包。如果我们打开 fmt 包查看细节,会发现大致如下的代码结构。

```
package fmt                          //本程序包的名称是 fmt,不是 main
…
func Println(…) …{…}                 //按默认格式打印
…
func Printf(…) …{…}                  //按程序指定的格式打印
…
func Scanf(…) …{…}                   //按程序指定的格式输入数据
…
```

　　在程序包 fmt 中,定义了若干函数,例如 Println 函数,它们的函数名是大写开头的,意味着可以被其他包的程序调用。调用导入包里的函数采用点号方式(**dot notation**),即包名＋点号＋该包中的函数调用,例如 fmt.Println(…)。因此,将 fmt.Println(…)写成 fmt.println(…)或 Println(…),都会导致编译出错。语句 fmt.println(…)出错,因为 p 应该大写。语句 Println(…)出错,因为少写了包名＋点号,即少写了 fmt.。

　　程序第 3～5 行声明一个主函数。开括号{与相配对的闭括号}之间的语句都是函数体。此例的函数体只有一条语句 fmt.Println("hello!")。当通过命令 go run hello.go 执行 Go 程序时,首先执行的是主函数的函数体的第一条语句。第 4 行调用 fmt 包的 Println 函数,采用 Go 语言系统提供的默认格式打印出 hello!,然后自动换行。

2. 字符串与字符的区别、打印语句、占位符、转义符

　　初学者要特别注意字符串与字符的区别。"hello!"是一个字符串(string),用双引号括起来。作为对比,'?'是一个字符(character),用单引号括起来。

　　如果调用 Printf 函数,则打印结果将遵循程序提供的占位符(也称为格式符)规定的格式。打印语句 fmt.Printf("hello! %d\n",63)和打印语句 fmt.Println("hello!",63)输出相同结果

```
hello! 63
```

但 fmt.Printf 使用了十进制占位符%d。打印语句 fmt.Printf("hello! %c%c\n"，63，'?')和打印语句 fmt.Println("hello!"，63，'?')输出了不同结果，分别是

```
hello! ??
```

和

```
hello! 63 63
```

因为 fmt.Printf 使用了**字符占位符**%c。语句 fmt.Println 按照默认格式打印出 3 项结果，然后自动回车。语句 fmt.Printf 则打印出一个字符串，并显式控制各项格式、空格与回车。

表 2.5 显示了 5 种常用的占位符，也称为格式动词（formatting verbs）。请注意：字符占位符%c 是基本占位符，其他占位符可通过字符占位符实现。在编程入门实验中，同学们将练习如何用%c 实现%d。

表 2.5　5 种占位符，分别表示二进制、字符、十进制、字符串、十六进制数字符号

占位符	含　　义	例　　子	
%b	Binary	fmt.Printf("%b",63)会打印出	111111
%c	Character	fmt.Printf("%c",63)会打印出	?
%d	Decimal	fmt.Printf("%d",63) 会打印出	63
%s	String	fmt.Printf("%s",string(63))会打印出	?
%x 或%X	Hexadecimal	fmt.Printf("%X",63)会打印出	3F

在打印字符串时，有些特殊字符需要通过转义符（escape value），即通过反斜线\转变符号含义，才能正确打印（表 2.6）。例如，双引号"已经被用于说明字符串了。要打印出"，需要在其前面加上反斜线\，即使用\"。要打印出换行效果，则需要使用换行键转义符\n。特别地，要打印出反斜线\，需要使用\\。

表 2.6　可能出现在字符串中的 4 种转义符

转义符	ASCII 码	含　　义	例　　子
\\	0x5C	反斜线 Backslash	fmt.Printf("\t Use \\\" to output %c\n",34) 或者 fmt.Printf("%c Use %c\" to output %c\n",9,0x5C,34) 都会打印出 　　Use \" to output " >
\t	0x09	制表符 Tab	
\n	0x0A	换行键 Newline	
\"	0x	双引号 Double quote	

2.2.2　初识数据类型

1. 基本数据类型

本书主要使用了 Go 语言的 4 种基本数据类型,即布尔类型(bool)、字节类型(byte)、整数类型(int)、无符号整数类型(uint64),以及数组(array)和切片(slice)两种复合数据类型。其中,8 比特无符号整数类型与字节类型是等价的。**字面量**(literals)是指直接出现在代码中的常量。表 2.7 对每个基本数据类型给出了一些字面量例子。

表 2.7　Go 语言的 4 种基本数据类型

数据类型(Type)	大小(Size)	字面量(Literals)	取值范围(Values)	操作(Operators)
bool	1b	true，false	true，false	&&，||，!
byte，uint8	8b	63，'?'	$[0, 255]$	+，−，*，/，%；
int	64b	−12345，0，69	$[-2^{63}, 2^{63}-1]$	++，−−； >>，<<；
uint64	64b	0，12345，43215	$[0, 2^{64}-1]$	&，|，^

布尔值大小仅为一比特(1 位),取值只能是 true 或者 false,操作可是逻辑操作与(&&)、或(\|\|)、非(!)。

字节(byte)类型等同于 8 位无正负号整数类型 uint8(uint8 是 8-bit unsigned integer 的简写)。它的取值范围是 $[0, 255]$,也可用于表示任意 ASCII 字符(如问号)。注意:$255 = 2^8 - 1$。十进制 $(0)_{10}$ 对应于二进制 $(00000000)_2$,十进制 $(255)_{10}$ 对应于二进制 $(11111111)_2$。

数据类型 uint64 与 uint8 很像,只是更长,是 64 位无正负号整数。最小的 uint64 值是 0,最大的 uint64 值是 $2^{64} - 1$。

数据类型 int 用于表示 64 位带正负号的整数,其中最左边的一个比特用于表示正负号。整数 0 表示为 00…00,即 64 比特全为 0。最小的 int 值是负整数 -2^{63},最大的 int 值是正整数 $2^{63} - 1$。为什么最小的 int 值不是负整数 $-(2^{63} - 1)$?这涉及前文所述的整数的补码表示,一种巧妙的数字符号表示方法。

除了通常的加减乘除外,整数或无符号整数还可以有下列操作(运算)。

(1) 增 1 操作(++)、减 1 操作(−−);例如,2++生成 3,2−−生成 1。

(2) 右移操作(>>)、左移操作(<<)。例如,2>>生成 1,2<<生成 4。

(3) 按位与操作(&)、按位或操作(\|)、按位异或操作(^)。

特别需要注意的是除法操作(/)和余数操作(%),**7/2=3,7%2=1**。也就是说,7 除以 2 得到整数 3 作为结果,并产生余数 1。**7/2≠3.5**,因为 3.5 不是整数。

2. 通过打印语句理解基本数据类型

【**实例 2.12**】　运行程序,理解基本数据类型。

理解字符和数的表示的最简便的方法是运行程序。下面的程序展示了一个字节变量通过各种运算之后产生的值,以及 ASCII 符号对应。注意占位符和转义符的使用效果。

```
package main                              //NumbersAndCharacters.go
import "fmt"
func main() {
    var X byte = 63                       //等价于 X:=byte(63)
    fmt.Println("X=",X, "-X=",-X, "X&1=",X&1, "X|1=",X|1, "X^1=", X^1)
    fmt.Printf("X=%d, -X=%d, X&1=%d, X|1=%d, X^1=%d\n",X,-X, X&1,X|1,X^1)
                                          //Decimal
    fmt.Printf("X=%b, -X=%b, X&1=%b, X|1=%b, X^1=%b\n",X,-X, X&1,X|1,X^1)
                                          //Binary
    fmt.Printf("X=%X, -X=%X, X&1=%X, X|1=%X, X^1=%X\n",X,-X,X&1,X|1,X^1)
                                          //Hex
    fmt.Printf("X=%c, -X=%c, X&1=%c, X|1=%c, X^1=%c\n",X,-X,X&1,X|1,X^1)
                                          //Character
}
```

注意：X＝63，－X 好像应该等于－63，但程序输出"－X＝193"。为什么不是负数？为什么是－X＝193 而不是－X＝191？教师需给出提示，加深同学们对基本数据类型的理解。

更值得注意的是，针对这个错误，程序没有报错！这意味着什么？在编程基础实验中，同学们将有机会回答这个问题。

```
>go run NumbersAndCharacters.go          // When X is uint8
X= 63 -X=193 X&1=1 X|1=63 X^1=62
X=63, -X=193, X&1=1, X|1=63, X^1=62
X=111111, -X=11000001, X&1=1, X|1=111111, X^1=111110
X=3F, -X=C1, X&1=1, X|1=3F, X^1=3E
X=?, -X=A, X&1=, X|1=?, X^1=>
>
```

有些同学可能觉得上面程序太复杂了，可以先考虑编译运行一个简化版。

```
package main                      //NumbersAndCharactersSimplified.go
import "fmt"
func main() {
    X := byte(63)                 //是 var X byte = 63 的简写
    fmt.Println("X=",X)           //使用系统默认的格式打印，并换行
    fmt.Printf("X=%d\n",X)        //%d 是十进制占位符，\n 是换行符
    fmt.Printf("X=%b\n",X)        //%b 是二进制占位符，\n 是换行符
    fmt.Printf("X=%X\n",X)        //%X 是十六进制占位符，\n 是换行符
    fmt.Printf("X=%c\n",X)        //%c 是字符占位符，\n 是换行符
}
```

简化版代码的编译执行输出见下框。其他操作（即-X，X&1，X|1，X^1）请同学们自行验算理解。打印语句 fmt.Println("X=",X) 使用系统默认的格式打印出 X＝63，并自动换行。

打印语句 fmt.Printf("X＝％d\n",X) 依照给出的占位符％d(即十进制格式)打印出 X＝63,并依照控制字符\n 产生换行。占位符的英文是 formatting verb。本语句应该打印 "X＝％d\n",即先打印出 X＝,最后打印出换行符,在这之间用％d 先占了一个位置,留给 X 的值(63)。

```
>go run NumbersAndCharactersSimplified.go     //When X is uint8
X=63                    //使用系统默认的格式打印输出,并主动换行
X=63                    //使用%d 占位符,表示 decimal;\n 是换行符
X=111111                //使用%b 占位符,表示 binary;忽略 00111111 前两个 0
X=3F                    //使用%X 占位符,表示 hexadicimal;0011 是 3,1111 是 F
X=?                     //使用%c 占位符,表示 character;00111111 是'?'的 ASCII 码
>
```

在使用语句 fmt.Println 或 fmt.Printf 时,我们经常使用"打印"这个词。但它不一定必须是在打印机上打印出输出结果,也可以输出到其他设备。在同学们使用笔记本计算机时,打印往往意味着在屏幕上显示。这涉及计算机的标准输入设备、标准输出设备、标准错误输出设备。它们是使用计算机编程时的默认输入输出设备。

(1) 标准输入(standard input)在代码中记为 stdin,通常是键盘。

(2) 标准输出(standard output)在代码中记为 stdout,通常是显示器。

(3) 标准错误输出(standard error)在代码中记为 stderr,通常是显示器。

请做如下练习:将程序 NumbersAndCharacters.go 中的 X ∶＝ byte(63)语句换成 X ∶＝ int(63)语句,得到下框输出。

```
>go run NumbersAndCharacters.go                    //When X is int
X=63 -X=-63 X&1=1 X|1=63 X^1=62
X=63, -X=-63, X&1=1, X|1=63, X^1=62
X=111111, -X=-111111, X&1=1, X|1=111111, X^1=111110
X=3F, -X=-3F, X&1=1, X|1=3F, X^1=3E
X=?, -X=◆, X&1=, X|1=?, X^1=>
>
```

将 X ∶＝ byte(63)语句换成 X ∶＝ uint64(63)语句,得到下框输出。注意:下面显示了－X 的 64 位的值,是二进制补码表示(标粗)。

```
>go run NumbersAndCharacters.go                    //When X is uint64
X=63 -X=18446744073709551553 X&1=1 X|1=63 X^1=62
X=63, -X=18446744073709551553, X&1=1, X|1=63, X^1=62
X=111111, -X=1111111111111111111111111111111111111111111111
1111111111111111000001, X&1=1, X|1=111111, X^1=111110
X=3F, -X=FFFFFFFFFFFFFFC1, X&1=1, X|1=3F, X^1=3E
X=?, -X=◆, X&1=, X|1=?, X^1=>
>
```

2.2.3 运算流与简单控制流

本节以计算斐波那契数 $F(n)$ 作为例子，请同学们写几个小程序，知行合一地初步理解运算流和控制流相关的编程概念，包括声明（declaration）、表达式（expression）、赋值（assignment）、数组（array）、切片（slice）、条件判断（conditional）、循环（loop）、函数（function）、递归（recursion）等。

计算斐波那契数 $F(50)$ 大体上有两个思路。所谓从底向上（bottom up）的思路，即先算 $F(2)$，再算 $F(3)$，…，最后算 $F(50)$。与之相对的是从顶向下（top down）思路，即先试求 $F(50)$；由于 $F(50)=F(49)+F(48)$，再试求 $F(49)$ 和 $F(48)$；…，最后求 $F(2)$。

1. 运算流程序

【实例 2.13】 计算斐波那契数 $F(50)$ 的直线程序。

斐波那契数列 $F(n)$ 的数学定义是：

$$F(0)=0, F(1)=1, F(n)=F(n-1)+F(n-2)$$

使用从底向上的思路，我们得到一个概念上简单易懂的 Go 程序。

```
package main              //fib.straight-line.go to compute F(50)
import "fmt"
func main() {
    var fib [51]int       //声明数组 fib，含 51 个整数元素 fib[0], fib[1], …, fib[50]
    fib[0] = 0            //赋值语句，将右边的值 0 赋予数组元素 fib[0]
    fib[1] = 1            //赋值语句，将右边的值 1 赋予数组元素 fib[1]
    fib[2] = fib[1] + fib[0]//赋值语句,将右边表达式 fib[1]+fib[0]的结果值赋予 fib[2]
    fib[3] = fib[2] + fib[1]
         …               //此处应插入计算 fib[4]到 fib[48]的多条赋值语句
    fib[49] = fib[48] + fib[47]
    fib[50] = fib[49] + fib[48]
    fmt.Println("F(50)=", fib[50])
}
```

这个例子体现了 4 个编程概念，即变量声明（declaration）、表达式（expression）、赋值（assignment）、数组（array）。编程概念是一种计算机科学的抽象。

(1) 变量声明语句 var fib [51]int 定义一个数组变量 fib。它在计算机内存中为变量 fib 开辟一块空间，包含 51 个元素 fib[0]，fib[1]，…，fib[50]，每个元素是 64 比特整数类型。我们也可以使用常量声明语句 const n = 50 声明一个常量 n，它的值是 50，在程序执行中常量值不变。如果数组只有一个元素，我们可以用更加简洁的声明语句 var fib int 定义一个整数变量 fib。当变量声明语句没有指定初始值时，默认变量的初始值是 0。数组声明语句 var fib [51]int 没有指定初始值，意味着 51 个数组元素 fib[0]，fib[1]，…，fib[50]的初始值都是 0。

(2) 表达式与数学中的表达式很像，由一个或多个操作数（operand）以及若干操作（operator，也称为 operation、运算、算子）组成，通过求值（evaluation）过程产生一个结果值。

例如,表达式 fib[1]+fib[0]的结果值是 fib[1]+fib[0]=1+0=1。

（3）赋值语句将等号符（=）右边的表达式的结果值赋予等号符左边的变量。例如,执行完赋值语句 fib[2]=fib[1]+fib[0]之前,数组元素 fib[2]的值是初始值 0;执行完赋值语句 fib[2]=fib[1]+fib[0]之后,数组元素 fib[2]的值变成了 1。

上述 fib.straight-line.go 程序称为直线程序（straight-line program）,即没有条件判断和跳转操作。它将要做的操作一条一条顺序列出,包含 51 条赋值语句。这种程序有明显的优点,即容易理解,但也有明显的缺点,即程序大小（代码行数）与问题规模 n 相关。如果问题规模 $n=10$ 亿,该程序就有 10 亿多条语句。直线程序只适用于问题规模很小的情况。

2. 简单控制流程序

一般而言,程序大小应该与问题规模无关。这称为计算机程序的有限性原则。

如何使得程序大小与问题规模无关呢？下述程序 fib.dp_for_n.go 利用了 Go 语言提供的 for 循环（for loop）控制流抽象,实现了计算斐波那契数的计算机程序的有限性。

【实例 2.14】　使用循环求斐波那契数 $F(50)$。

该程序只有 12 行代码,可以用于计算任意 $n>1$ 的斐波那契数 $F(n)$,只需将代码中的 50 替换成 n 的值。

```
package main                          //fib.dp_for_n.go, 用于计算 F(n)
import "fmt"
const n = 50                          //使用常量声明语句设置 n 的值
func main() {
    var fib [n+1]int                  //声明一个 51 个元素的整数数组 fib
    fib[0] = 0                        //初始化 fib[0]和 fib[1]
    fib[1] = 1
    for i := 2; i < n+1; i++ {        //for 循环:迭代计算 fib[i]
        fib[i] = fib[i-1] + fib[i-2]
    }
    fmt.Println("F(", n, ")=", fib[n])
}
```

其中,for 循环的含义是：当 $1<i<51$ 时,执行循环体 fib[i] = fib[i-1] + fib[i-2],然后 i 增 1,继续下一次迭代（iteration）。执行 for 循环的 3 行代码等同于执行下列 49 行直线程序代码：

```
fib[2] = fib[1] + fib[0]
fib[3] = fib[2] + fib[1]
    …      //此处应插入计算 fib[4]到 fib[48]的多条赋值语句
fib[49] = fib[48] + fib[47]
fib[50] = fib[49] + fib[48]
```

执行完 fib[50]=fib[49]+fib[48]之后,i 变成 51,不再满足条件 i<51,for 循环终止。程序接着顺序执行下一条语句 fmt.Println("F(", n, ")=", fib[n]),打印出 F(50)=12586269025。

假设我们修改 fib.dp_for_n.go 代码，将常量声明语句 const n=50 换成 const n=60，使用 go run fib.dp_for_n.go 编译执行，程序将会输出正确的结果 F(60)=1548008755920。

但是，假设我们将 const n=50 换成 const n=93，使用 go run fib.dp_for_n.go 编译执行，程序将会输出一个错误的负数结果 F(93)=−6246583658587674878。更糟糕的是，当我们将问题规模常量声明语句改为 const n=94 时，程序输出 F(94)=12935301461586671551，一个貌似正确实际错误的正整数。两种出错情况下，程序并不报错。

3. 程序的报错与查错、数据类型转换

这个例子显示了计算机科学中的一个公理：负责程序正确性的是人（程序设计者，又称为程序员、编程人员），计算机只能辅助。判定任意程序的正确性是一个不可计算问题。

【实例 2.15】 输入并检查问题规模 n。

上述 fib.dp_for_n.go 程序解决了程序的有限性问题，但又出现了两个新问题：①当改变问题规模 n 时，需要修改 Go 程序，并重新编译执行；②当 $n>92$ 时，程序会输出错误的结果，且并不告诉用户程序出错了。

我们通过改造 fib.dp_for_n.go 程序，试图解决这两个问题。新程序 fib.dp_for_N.go 运行起来之后，请用户输入问题规模 n 的值，并检查是否 $n>92$。如果用户输入的问题规模值 $n>92$，程序报错并退出；如果问题规模值 $n<93$，程序继续计算并打印出正确结果。

```
package main                          //fib.dp_for_N.go用于 F(N)
import "fmt"
var N int                             //N声明为一个整数变量，不再是常量了
func main() {
    fmt.Printf("Please enter a natural number between 0 and 92: ")
    fmt.Scanf("%d", &N)               //用户键入数据，放在整数变量 N 中
    if N < 93 {                       //N≤92，程序执行 then 分支，计算并打印正确结果
        a := 0                        //等价于 var a int = 0
        b := 1                        //等价于 var b int = 1
        for i := 1; i < N+1; i++ {    //i := 1 等价于 var i int = 1
            a = a + b                 //没有用数组了，两个整数变量足够了
            a, b = b, a               //一条赋值语句可以赋值给多个变量
        }
        fmt.Println("F(",N,")=", a)
    } else {                          //N>92，程序执行 else 分支，报错并退出
        fmt.Println("Wrong input. Program aborts.")
    }
}
```

与程序 fib.dp_for_n.go 相比，上述 fib.dp_for_N.go 程序有几个新特点，在它的程序注释中已经表明，下面再具体解释一遍。注意：程序引入了 if-then-else 条件判断控制抽象。

（1）声明语句 var N int 将 N 声明为一个整数变量，用于存放用户输入的整数，即斐波那契数 F(N)中的 N。

（2）程序运行时执行的第一条语句是一条打印语句，提醒用户输入一个自然数，数值为

0~92,即 fmt.Printf("Please enter a natural number between 0 and 92: ")。

（3）程序执行的第二条语句是输入语句 fmt.Scanf("%d"，&N)，等待用户用十进制格式从标准输入设备（键盘）键入一个整数（例如 50），再按回车键。然后，该行代码将输入值 50 放入变量 N 中。记号"&N"表示变量 N 的地址。

（4）第三条语句是一个条件判断语句（conditional statement），也称为 if-then-else 语句。它的含义是：如果条件 N < 93 为真，则执行 then 分支的代码；如果条件 N < 93 为假，则执行 else 分支的代码。其中，then 不显式地出现，条件 N < 93 之后的代码块{…}就是 then 分支代码。

（5）审视一下 fib.dp_for_n.go 程序，可以看出，没有必要使用数组 fib，因为每次迭代只需用到最近的两个元素 fib[i−1]＋fib[i−2]。只需用两个整数变量 a、b，就足以实现算法。这样做的额外好处是，程序占用的内存空间也与问题规模 N 无关了。

编译 fib.dp_for_N.go，执行二进制代码 fib.dp_for_N 6 次，得到下列结果。

```
> go build fib.dp_for_N.go
> ./fib.dp_for_N
Please enter a natural number between 0 and 92: 50      //用户键入整数 50 并按回车键
F( 50 )= 12586269025
> ./fib.dp_for_N
Please enter a natural number between 0 and 92: 60      //键入整数 60 并按回车键
F( 60 )= 1548008755920
> ./fib.dp_for_N
Please enter a natural number between 0 and 92: 93      //键入整数 93 并按回车键
Wrong input. Program aborts.
> ./fib.dp_for_N
Please enter a natural number between 0 and 92:         //不键入数直接按回车键
F( 0 )= 0
> ./fib.dp_for_N
Please enter a natural number between 0 and 92: -50     //键入负数−50 并按回车键
F( -50 )= 0
> ./fib.dp_for_N
Please enter a natural number between 0 and 92: 十       //键入中文字符'十'并按回车键
F( 0 )= 0
>
>
```

可以看出，程序员负起了部分责任，在程序中添加了检查输入数据 N 的条件判断语句，并指示程序在数据值超出规定范围时报错。但是，该程序检查不够完善，漏掉了后面 3 种出错情况，即"不键入数直接按回车键""键入负数""键入中文字符"。结果程序仍然执行了 then 分支代码，打印出自以为正确的结果，分别是 F(0)＝0、F(−50)＝0、F(0)＝0。程序员应该改写代码，完善检查，使得这后 3 种情况也显式报错。

【实例 2.16】 类型不匹配报错。

还有一类常见的错误是类型不匹配错误（type mismatch error）。最简单的表达式是一个常量或变量,即不含操作的一个操作数。复杂的表达式包含一个或多个操作。此时,相关的操作数必须具备相同数据类型,不然会出现类型不匹配错误。幸运的是,编译器会检查相关操作数的数据类型,类型不匹配时会报错。

让我们看一个简单的程序,它展示了所谓"凯撒加密"算法。事先规定好一个私钥(此例中为3)。给定一个明文字符串,将每一个字符与私钥做加法,产生密文字符串。此例中,明文字符串是"Hi!",对应的密文字符串是"Kl$"。

给出如下代码,编译器会报错,输出3个错误提醒,即 a+x,b+x,c+x 3个加法操作的操作数类型不匹配,出现了整数类型值+字节类型值的错误。但是,将实现凯撒加密的赋值语句"a, b, c = a+x, b+x, c+x"改为"a, b, c = a+byte(x), b+byte(x), c+byte(x)",程序就能顺利通过编译并正确执行。其中,新出现的 byte(x)称为**类型转换**(type casting)操作,它将表达式 x 的整数类型值转换成字节类型值,从而避免了类型不匹配错误。

```go
package main                              //验证类型不匹配和类型转换
import "fmt"
func main() {
    var a, b, c byte = 'H','i','!'        //明文字符串
    var x int = 3                         //用于凯撒加密的私钥是3
    fmt.Printf("%c%c%c\n",a,b,c)          //打印密文字符串
    a, b, c = a+x, b+x, c+x               //凯撒加密
    fmt.Printf("%c%c%c\n",a,b,c)          //打印密文字符串
}
```

2.2.4 初识模块化编程

有了声明、表达式、赋值、循环、条件判断这些语句,我们具备了**简单控制流能力**。这是强大的表达能力:针对任一可计算问题(即第3章中的任意图灵可计算问题),我们可以用这些语句编写一个有限行代码的程序求解该问题,而且代码行数与问题规模无关。

但是,这样的简单控制流能力有一个不足,就是难以编写和理解较大的程序。本课程涉及的大部分程序都不到20行。假如一个程序有200行、2000行、2万行、20万行,怎么设计、编写和理解这些较大的程序?本课程的个人作品实验,往届同学有不少人提交了超过200行的动态网页程序。我们需要更强的表达能力,用于驾驭较大的程序。这就是**模块化控制流能力**。运算流、简单控制流、模块化控制流这3个能力呈现包含关系:

运算流⊂简单控制流⊂模块化控制流

1. 简单 Go 程序的一般结构

想象一下,写一本书或者读一本书,假如没有章节段落的概念,是不是会难得多?

类似于章节段落的概念,在计算机科学中称为**模块**(module)。需要知道4类新抽象(编程概念),即**一般结构**、**程序包**(package)、**函数**(function)以及**代码块**(block)。

同学们编写的 Go 程序往往是一个主包程序,它的**一般结构**如下:①定义主包;②导入要用到的导入包;③声明自定义的常量和变量;④声明自定义的函数;⑤声明主函数。程

序执行时,总是首先调用主函数。因此,缺省的主函数调用语句不用出现。

```
package main                          //定义主包
import …                             //导入其他人写的包,如不调用则不出现
const …                              //声明常量,可不出现
var …                                //声明变量,可不出现
func …                               //声明程序员自定义的函数,可不出现
func main() {                         //声明主包中必须有的主函数
    …                                //主函数的函数体
}
main()                               //缺省的主函数调用,不出现
```

代码块是一对花括号括起来的一段代码{…},可含多条语句。下述 fib.dp4N.go 程序显式标出了 5 个代码块:即 fibonacci 函数体、for 循环体、main 函数体、if 真分支代码块、else 分支代码块。代码块可被看作是将多条语句组合成了一条整体语句。代码块可以嵌套(nest)。例如,fibonacci 函数体嵌套了 for 循环体。

通过程序的一般结构和函数抽象,我们将 fib.dp_for_N.go 程序改造为如图 2.1 所示 fib.dp4N.go 程序。这个新程序的整体结构,特别是主函数的函数体,变得更加清爽了。

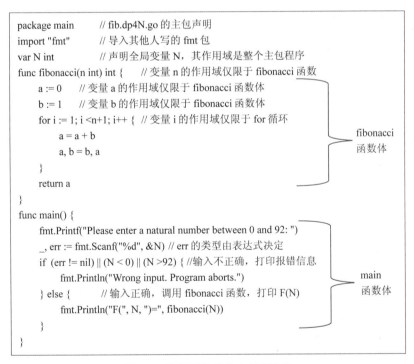

图 2.1　使用函数抽象实现模块化

程序 fib.dp4N.go 首先定义本程序文件是一个主包,然后导入他人已经写好的 fmt 程序包。其后,声明主函数要用到的全局变量 N 以及函数 fibonacci。最后声明主函数。

变量声明和函数声明可以出现在主函数声明之后。编译器会在扫描完全部程序文件内容后统一处理。例如,将 var N int 放在程序的最后一行,编译执行的结果不变。

导入语句 import "fmt" 的作用：将名为 fmt 的程序包中的内容放到主包中。这样一来，已经开发好了的程序就可以被直接重用。重用（reuse）是提高编程效率的重要方式。本程序使用了 fmt 包中的 3 个函数，即输出函数 fmt.Printf 与 fmt.Println 及输入函数 fmt.Scanf。开发这些函数涉及很多细节知识，超出了本课程的范围。供程序员群体重用的、他人已经开发调试好了的软件包，往往称为库（library）。库当中的函数，如 fmt.Printf、fmt.Println、fmt.Scanf 等，也称为库函数。库函数的声明，包括库函数的函数体，不用出现在主包程序中。

2. 关键字、作用域、全局变量、局部变量

程序代码包括编程语言定义的关键字（keyword，又称为保留字）。例如，Go 语言定义的关键字包括 package、import、var、const、func、if、else、return 等。常量、变量、函数声明不能使用关键字作为常量名、变量名或函数名。程序声明的常量、变量和函数都有其作用域（scope），即它们的有效作用范围。

变量声明语句 var N int 定义了一个全局变量（global variable）N，它的数据类型是整数，作用域是整个主包程序。函数声明语句 func fibonacci(n int) int {…} 以关键字 func 开始，fibonacci 是函数名。圆括号中的内容(n int)说明：函数的输入参数（parameter）是整数类型 n，它的作用域是整个 fibonacci 函数。圆括号(n int)后花括号前的 int 说明：fibonacci 函数的返回值（return value）是一个整数类型的数值。花括号括起来的内容（即代码块）{…}是 fibonacci 函数的函数体。因此，理解一个函数要理解它的 4 个部分：函数名、参数、返回值、函数体。前三者合起来称为该函数的签名（signature）。

函数 fibonacci 的函数体中出现了 4 个名字，即参数 n 和 a、b、i 3 个变量。其中，变量 a、b 的作用域仅限于 fibonacci 函数体，它们是局部变量（local variables）。变量 i 更加局部，它的作用域仅限于 for 循环。在 for 循环之外，变量 i 无意义。这与全局变量 N 形成鲜明对比，变量 N 在整个程序中都有意义。

函数 fibonacci 的函数体中还出现了返回语句 return a。它说明，函数体执行到此处结束，并返回 a 的值。

主函数的函数体包含 3 条语句。第一条语句是一条输出语句，它调用库函数 fmt.Printf 打印出一个字符串，用于提示用户输入数据：

```
Please enter a natural number between 0 and 92:
```

第二条语句是一条输入语句，它调用库函数 fmt.Scanf，等待用户输入数据并按回车键，然后将输入的数据值放入变量 N：

```
_, err := fmt.Scanf("%d", &N)
```

注意，与 fib.dp_for_N.go 程序中的输入语句 fmt.Scanf("%d", &N) 不同，为了后面 if-else 语句做更完善的错误检验，此条输入语句使用了赋值语句形式，将右边的函数调用产生的返回值也利用起来了。可以看出，调用 fmt.Scanf 函数产生了 3 个作用：①将正常返回值赋予一个特殊变量，我们以后不会用到，只需用下画线占位；②将错误返回值赋予变量 err，

err 为 nil 表示无差错;③将用户键入的输入数据值放入变量 N。

第三条语句是一条条件判断语句。与 fib.dp_for_N.go 程序的 if N<93{…}else{…}相比,此处的条件判断语句 if(err != nil)||(N < 0)||(N >92){…}else{…}更加完善,除了可检查出"输入数大于 92"的错误之外,还检查出了"不键入数直接按回车键""键入负数-50 并按回车键""键入中文字符'十'并按回车键"等错误。条件(err != nil)||(N < 0)||(N >92)表示 3 类出错条件之逻辑或,即 err != nil(输入不是整数)或 N < 0(输入负数)或 N >92。

编译 fib.dp4N.go,执行二进制代码 fib.dp4N 6 次,得到下列正确结果和报错结果。

```
> go build fib.dp4N.go
> ./fib.dp4N
Please enter a natural number between 0 and 92: 50        //用户键入整数 50 并按回车键
F( 50 )= 12586269025
> ./fib.dp4N
Please enter a natural number between 0 and 92: 60        //键入整数 60 并按回车键
F( 60 )= 1548008755920
> ./fib.dp4N
Please enter a natural number between 0 and 92: 93        //键入整数 93 并按回车键
Wrong input. Program aborts.
> ./fib.dp4N
Please enter a natural number between 0 and 92:           //不键入数,直接按回车键
Wrong input. Program aborts.
> ./fib.dp4N
Please enter a natural number between 0 and 92: -50       //键入负数-50 并按回车键
Wrong input. Program aborts.
> ./fib.dp4N
Please enter a natural number between 0 and 92: 十        //键入中文字符'十'并按回车键
Wrong input. Program aborts.
>
>
```

3. 递归: 函数调用自身

假设不准使用循环,只准使用函数,能够解决程序有限性问题吗? 事实上是可以的。但必须允许函数能够调用自身,这称为递归函数调用,简称递归(recursion)。递归抽象天然支持从顶向下(top down)解题法。

【实例 2.17】　使用递归抽象计算斐波那契数。

回忆一下从顶向下(top down)思路,即先求 $F(50)$,再求 $F(49)$,……,最后求 $F(2)$。这个思路指导我们设计一个概念上简单易懂的 Go 程序 fib4N.go,它采用了 Go 语言提供的递归抽象,要点是函数 fibonacci 在其函数体中调用自身。

```
1    package main                          //fib4N.go 用于计算 F(50)
2    import "fmt"
```

```
3    var N int                                  //全局变量 N,其作用域是整个主包程序
4    func main() {
5        fmt.Printf("Please enter a natural number between 0 and 92: ")
6        _, err := fmt.Scanf("%d", &N)          //err 的类型由表达式决定
7        if   err == nil && N >= 0 && N < 93 {  //输入正确,调用 fibonacci 并打印 F(N)
8            fmt.Println("F(", N, ")=", fibonacci(N))
9        } else {                               //输入不正确,打印报错信息
10           fmt.Println("Wrong input. Program aborts.")
11       }
12   }
13   func fibonacci(n int) int {                //参数 n 可以看成是特殊的局部变量
14       if n == 0 || n == 1 { return n }       //当 n 为 0 或 1 时,函数返回值为 n
15       return fibonacci(n-1)+fibonacci(n-2)   //否则,函数 fibonacci 调用自身
16   }
```

比较使用递归的 fib4N.go 程序与使用循环的 fib.dp4N.go 程序,我们有下列体会。

第一,使用递归的 fib4N.go 程序更加鲜明地保存了斐波那契数列的数学定义简洁性,即 $F(0)=0,F(1)=1,F(n)=F(n-1)+F(n-2)$。

第二,函数提供模块的信息隐藏能力。这两个程序都在主函数中使用了同样方式 fibonacci(N) 调用 fibonacci 函数。但是,它们的 fibonacci 函数体完全不同。也就是说,调用者看不见函数体的内部细节。写主函数时,不需要知道 fibonacci 函数的内部信息。这不仅降低了理解代码的复杂性,也可以使用不同的更好的函数体实现同样的功能。这个信息隐藏能力也在调用 fmt 包的各个函数,如 fmt.Printf,得到体现。

第三,fib4N.go 程序与使用循环的 fib.dp4N.go 程序的主函数本质上是一样的,区别只是 fib4N.go 程序的 if-else 语句换了一种写法。程序 fib.dp4N.go 的条件（err != nil）||（N < 0）||（N > 92）是输入不正确的条件,它为真,如果"输入不是整数"或"输入是负数"或"输入整数大于92"。程序 fib4N.go 的条件 err == nil && N >= 0 && N < 93 则是输入正确的条件,它为真,如果"输入是整数"与"输入大于或等于0"与"输入小于93"。

提醒:条件判断产生布尔值,两根竖线 || 是逻辑或操作,两个与号 && 是逻辑与操作;!=是"不等于",两个等号符==是"等于",>=是"大于或等于"。

4. 程序语言中的函数与数学函数的异同

Go 语言中的函数与数学中的函数很像。例如,fib4N.go 程序的 13～16 行定义了一个函数,其名称是 fibonacci,包括参数 n（数据类型为 int）和函数返回值（数据类型为 int）。记 N 为自然数集合。函数 fibonacci 用 Go 语言代码实现了数学函数 $F:$N→N,第 14～15 行是 fibonacci 的函数体,实现了斐波那契数学函数:

$$F(n)=\begin{cases}0 & n=0\\1 & n=1\\F(n-1)+F(n-2) & n>1\end{cases}$$

Go 语言中的函数与数学中的函数有两点重要的区别。第一,数学中的斐波那契函数 $F:$N→N是从自然数集合到自然数集合的映射,其中自然数集合N是无限集合,包括任意大

的自然数。但是，Go 代码中的函数 fibonacci 是从 64 位整数集合到 64 位整数集合的映射，其中 64 位整数集合（数据类型 int）是有限集合。这是为什么当 $n>92$ 时，它们会产生溢出错误的原因。我们不得不将输入 n 限制在 $n<93$。

第二，数学中的函数一般是所谓的"纯函数"，从给定参数值产生返回值，不干其他事。例如，数学中的斐波那契函数 F 只做一件事，即从 n 到 $F(n)$ 的映射。但是，Go 语言中的函数还可以干其他事，称为该函数产生的副作用（side effect）。一类重要的副作用就是计算机的输入输出操作。

例如，程序 fib4N.go 的 fibonacci 函数是一个纯函数，但 fmt.Println 函数就不是纯函数。程序 fib4N.go 的第 8 行代码 fmt.Println("F(", N, ")=", fibonacci(N)) 主要干了两件事：调用函数 fibonacci(N) 去计算 $F(N)$，以及打印出结果数据。后者（一种输出操作）就是 fmt.Println 函数的副作用。

5. 使用递归实现快速排序

当我们比较使用递归的 fib4N.go 程序与使用循环的 fib.dp4N.go 程序时，会发现使用递归的 fib4N.go 的计算速度要慢很多，当 N=60 时，已经慢得难以容忍。

使用递归或循环抽象，都可以解决求斐波那契数的程序有限性问题，但递归程序要慢很多。这是一个一般规律吗？不是的。下面请同学们编写一个 Go 程序实现简化的快速排序算法，它鲜明地体现了递归的强大表达能力，而且速度很快。仅用循环难以简洁地实现这个算法。同时，这个程序也介绍了切片（slice）抽象的必要性。

【实例 2.18】 简版快速排序算法 fastsort。

我们用一个例子说明简版快速排序算法 fastsort 的思路。

简版快排算法

（1）输入：8 元素数组 d = [8 3 6 7 2 1 4 5]，元素 d[0], d[1], ···, d[7] 都是整数。

（2）输出：8 元素数组 d = [1 2 3 4 5 6 7 8]，元素从小到大排序好了。

（3）步骤：调用 fastsort(d)，计算结束时 d 包含排好序的数据。其中，函数 fastsort(A) 的计算过程如下：

① 如果 A 只包含 0 个元素或 1 个元素，函数 fastsort(A) 直接结束。这是基线情况（base case）。

② 选择数组 A 的最后一个元素作为标杆元素（pivot）。

③ 调用划分操作 partition，将小于标杆元素的元素放入 lowerA 子数组（称为小数组）中，将大于标杆元素的元素放入 upperA 子数组（称为大数组）中。标杆元素紧跟小数组之后。

④ 递归调用 fastsort(lowerA)。

⑤ 递归调用 fastsort(upperA)。

图 2.2 显示了简版快排算法的执行示意。程序调用 fastsort(d)，其中整数数组 d 的初始值是 d=[8 3 6 7 2 1 4 5]。第一次执行 fastsort 函数体，程序选择最右边元素 5 作为标杆（粗体）；将数组划分为两个子数组，小数组 lowerA = [3 2 1 4] 中每个元素都比标杆值 5 小，大数组 upperA = [6 7 8] 中每个元素都比标杆值 5 大。然后，递归调用 fastsort 排序标杆元素左边的小数组 [3 2 1 4]，再递归调用 fastsort 排序标杆元素右边的大数组 [6 7 8]。

递归调用小数组 fastsort([3 2 1 4]) 时，程序选择最右边元素 4 作为标杆；将数组划分为两个子数组，小数组[3 2 1]中每个元素都比标杆值4小，大数组[]此时是空集。

以此类推，最后得到排好序的结果数组 d = [1 2 3 4 5 6 7 8]。

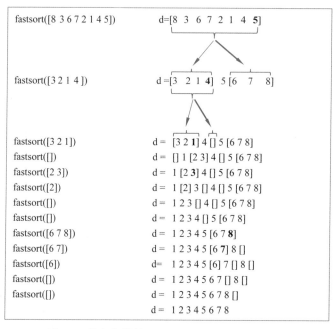

图 2.2　简版快排算法（fastsort）的计算过程示意

下面显示了一个实现简化版快速排序算法的 Go 程序 fastsort.go，它输出正确的排好序的数组值[1 2 3 4 5 6 7 8]。我们看到了一个新的编程概念：切片（slice），一种依赖于数组但更加灵活的数据类型。从入门角度，可以将切片理解为一种动态子数组。

声明语句 var d [8]int = [8]int {8,3,6,7,2,1,4,5}定义了一个8元素数组 d = [8 3 6 7 2 1 4 5]，其中每个元素的数据类型是整数，数组长度可用 Go 语言系统提供的函数 len(⋯)获得。数组长度 8 也是数组 d 的固有性质，len(d)恒等于8，不可改变。

声明语句 var s []int = d[0：8]定义的不是一个数组，而是一个切片 s，即指向数组 d 的某个特定部分（子数组）。该语句中，d[0：8]说明切片对应到数组 d 的哪个特定部分，用 0：8 表示该子数组的起始索引与（结束索引＋1）。此处，该切片恰好对应到整个数组 d，特定部分恰好是数组的全部。因此，起始索引是 0，（结束索引＋1）是 8。该切片涵盖了从索引 0 到索引 7 的全部 8 个数组元素，我们有 len(s)＝8，s[0]＝d[0]＝8，s[7]＝d[7]＝5。

切片比数组更加灵活。切片的长度、起始索引、结束索引都可以在程序中改变，形成新的切片。例如，在 fastsort.go 的 fastsort(s)语句之前加上一条 s＝d[1：5]语句，fastsort.go 将输出[2 3 6 7]。此时，切片 s 仍然指向 d 数组，但子数组的起始索引为 1、结束索引为 4、长度为 len(s)＝4，s[0]＝d[1]＝3，s[1]＝d[2]＝6，s[2]＝d[3]＝7，s[3]＝d[4]＝2。注意，此时 s[4]无定义，索引越界了。

切片天然地适合表达快排算法。当执行 lowerA, upperA ：＝ partition(A)语句时，两个子数组 lowerA 与 upperA 的长度、起始索引、结束索引都在动态变化，不能事先用数组声明。使用切片则可自然简洁地表达。

```
package main          //fastsort.go  此例用了8元素数组。改成800万个元素速度仍然很快
import "fmt"
var d [8]int = [8]int {8,3,6,7,2,1,4,5}    //定义数组d = [8 3 6 7 2 1 4 5]
var s []int = d[0:8]                        //定义切片s,指向子数组d[0:8]
func main() {
    fastsort(s)
    fmt.Println(s)
}
func fastsort(A []int) {                    //递归函数定义,参数是一个整数切片
    if len(A) < 2 {                         //判断是不是基础情况(base case)
        return                              //当切片A的长度小于2时,数组包含0或1个元素,返回
    }
    lowerA, upperA := partition(A)          //划分A并返回小、大两个子数组(切片)
    fastsort(lowerA)                        //递归排序小数组lowerA
    fastsort(upperA)                        //递归排序大数组upperA
}
func partition(A []int) ([]int, []int) {    //A的数组至少包含两个元素
    lower := 0                              //lower是小数组lowerA的长度,初始值为0
    for i:= 0; i<len(A); i++ {              //逐个扫描A的元素A[i]
        //插入你的代码:如果A[i]<标杆,A[i]与A[lower]交换并更新lower
    }
    A[lower], A[len(A)-1] = A[len(A)-1], A[lower]   //标杆应紧跟在lowerA之后
    return A[0:lower], A[lower+1:len(A)]    //返回两个整数切片lowerA和upperA
}
```

在编程实验中,同学们有机会进一步理解 fastsort 算法和切片的概念,完善 partition 函数,完成并验证 fastsort 程序。

快速排序算法的英文是 quicksort,简化版快速排序算法称为 fastsort。这个简版快排与快排基本一样,区别在 partition 函数体实现细节:快排算法 quicksort 随机选择输入切片数组 A 的任意一个元素作为标杆元素;而简版快排算法 fastsort 则选取 A 的最后一个元素 A[len(A)−1]作为标杆元素。最后一个元素所在的索引是 len(A)−1。

2.3 初识计算机设计

我们通过设计一个简单的计算机,称为斐波那契计算机,进一步了解计算机的基本组成与运作,以及如何实现 Go 语言的循环抽象。该计算机的功能需求很单纯,只实现下面 6 行 Go 代码的功能:

```
var fib [51]int
fib[0] = 0                              //初始化fib[0]和fib[1]
fib[1] = 1
for i := 2; i < 51; i++ {               //for循环:迭代计算fib[i]
```

```
        fib[i] = fib[i-1] + fib[i-2]
}
```

2.3.1　斐波那契计算机的硬件

斐波那契计算机(图2.3)是冯·诺依曼计算机的简化版,它基本具备冯·诺依曼体系结构的5个特点:①二进制表示;②处理器＋存储器;③存储程序;④指令驱动;⑤串行执行。唯一的区别是修改了冯·诺依曼体系结构的第2个特点处理器＋存储器＋I/O设备,忽略了输入输出设备,只包含处理器和存储器。

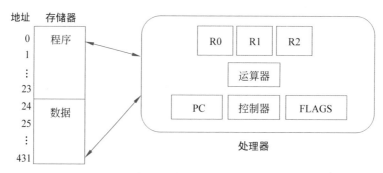

图2.3　斐波那契计算机

我们只关注程序设计人员(用户)能够看到的斐波那契计算机组成。它的处理器包含通常的运算器(ALU)和控制器。用户可以看见5个寄存器。

(1) 3个64位通用寄存器R0、R1、R2,每个寄存器存放64位数。

(2) 程序计数器PC(program counter),存放下一条指令的存储器地址。

(3) 状态寄存器FLAGS,存放指令执行的状态信息。我们只关心一个状态:比较操作(对应Go代码中的$i<51$)的结果是否是"小于"(即$<$)。

存储器存放程序和数据,具备下列特点。

(1) 线性地址空间(linear address space)。整个存储器是多个存储单元构成的一个线性阵列(或线性数组)。每个存储单元有一个唯一地址。地址空间是连续的线性地址,从地址0、地址1、……、直到最大地址(图2.3中最大地址是431)。

(2) 字节寻址(byte addressable)。每个存储器地址存放一字节,即8比特。如下文所示,斐波那契计算机的每条指令需要16比特,存放在连续的两个地址中。斐波那契计算机的每个数是64比特自然数,存放在连续的8个地址中。

2.3.2　斐波那契计算机的软件

假设我们已经设计了斐波那契计算机的指令集,如表2.8所示,包含6条指令。我们现在不用管这6条指令是如何得来的,第5章中有详细阐述。每条指令都是16比特,在存储器中占据相邻两个地址。每个数都是64比特(64位),在存储器中占据8个连续地址。下面使用指令实例简述这6条指令的含义。

指令"MOV 0,R1"将立即值0赋予寄存器R1。所谓立即值(immediate value),是指令中指明的值,很像 Go 程序中的字面量。"MOV 2，R1"将立即值 2 赋予寄存器 R1。这种指定立即值的方式称为立即寻址(immediate addressing)。

指令"MOV R1，M[R0]"将 R1 的 64 位值赋予 M[A],此处 M[A]即起始地址为 A 的 8 个连续存储器单元 M[A],M[A+1],…,M[A+7]。本例中,地址 A 是寄存器 R0 的值。这种用寄存器的值指明地址的方式称为**直接寻址**(direct addressing)。

指令"ADD M[R0+R2 * 8-16]，R1"将 M[R0+R2 * 8-16]的 64 位值累加到寄存器 R1。这里的寻址方式更加复杂,用于支持高级语言的数组和循环语句。

指令 INC R2 将寄存器 R2 的值增 1。比较指令"CMP 51，R2"和跳转指令 JL Loop 也用于支持高级语言的循环语句。

表 2.8　斐波那契计算机的指令集

指　　令	指 令 实 例	注释(R 的值和 M[A]的值都是 64 位数)
MOV 到寄存器	MOV 0, R1	将直接值 0 赋予寄存器 R1
MOV 到存储器	MOV R1, M[R0]	R1→M[A];将 R 的 64 位值写入 M[A],即起始地址为 A 的 8 个存储器单元;本例中 A=R0
ADD M[A],R	ADD M[R0+R2 * 8-16], R1	R+M[A]→R;将 M[A]的 64 位值累加到寄存器 R,本例中,地址 A= R0+R2 * 8-16
INC	INC R2	R2+1→R2;寄存器 R2 增 1
CMP	CMP 51, R2	如果 R2<51,将状态寄存器 FLAGS 设为<
JL	JL Loop	如果 FLAGS 是<(小于),Loop → PC;即跳转到标签为 Loop 的指令

人作为编译器,可以利用斐波那契计算机指令集,将如下左侧的 Go 代码翻译成右侧的汇编语言代码。它由 12 条指令构成,真实代码还需要停机指令 HALT。

```
fib[0] = 0                              MOV 0, R1
                                        MOV R1, M[R0]      //R0=24 initially
fib[1] = 1                              MOV 1, R1
                                        MOV R1, M[R0+8]
for i := 2; i < 51; i++ {               MOV 2, R2          //i:=2
    fib[i] = fib[i-1] + fib[i-2]  Loop: MOV 0, R1          //label Loop
                                        ADD M[R0+R2 * 8-16], R1
                                        ADD M[R0+R2 * 8-8], R1
                                        MOV R1, M[R0+R2 * 8-0]
                                        INC R2             //i++
                                        CMP 51, R2         //i < 51?
}                                       JL Loop            //if Yes, goto Loop
```

2.3.3　斐波那契计算机的状态转移

从上述汇编语言程序可以得到表 2.9 所示的斐波那契计算机的初始状态,包括寄存器内容和存储器内容。其中,存储器地址分为两段,即程序段和数据段。程序计数器 PC 的初始值是 0，即计算机执行的第一条指令位于存储器地址 0。由于每条指令占据 2 个存储器地址，12 条指令一共占据 24 个地址，即地址 0 到 23。数据段的起始地址是 24，结束地址是 431，依次存放 f[0] 至 fib[50] 共 51 个数，每个数是 64 比特，占据 8 个地址。

表 2.9　斐波那契计算机的初始状态

处理器内容		存储器内容		
寄存器	值	地址	指　　令	注　　释
FLAGS		0	MOV 0，R1	0→R1；每条指令占 2 个地址
PC	**0**	2	MOV R1，M[R0]	R1→M[R0]
R0	**24**	4	MOV 1，R1	1→R1
R1		6	MOV R1，M[R0+8]	R1→M[R0+8]
R2		8	MOV 2，R2	2→R2
		10 Loop	MOV 0，R1	0→R1；标签 Loop=10
		12	ADD M[R0+R2 * 8-16]，R1	R1+M[R0+R2 * 8-16] → R1
R0：基址寄存器 初始值=24		14	ADD M[R0+R2 * 8-8]，R1	R1+M[R0+R2 * 8-8] → R1
		16	MOV R1，M[R0+R2 * 8-0]	R1→ M[R0+R2 * 8-0]
R1：累加器 R2：索引寄存器		18	INC R2	R2+1→R2
		20	CMP 51，R2	如果 R2<51，'<'→FLAGS
地址 = 基址+ 索引 * 8+偏移量 (Address=base+ index * 8+offset)		22	JL Loop	如果 FLAGS='<'，Loop→PC
		24		fib[0]；每个数据占 8 个地址
		32		fib[1]
		40		fib[2]
fib[i-2]所在地址 =R0+R2 * 8-16		48		fib[3]
		...		...
		424		fib[50]

【实例 2.19】　累加操作（accumulation）。

斐波那契计算机的 Go 语言程序当中 for 循环语句的循环体只有一条赋值语句：fib[i] = fib[i−1] + fib[i−2]。注意：因为每个数是 64 位，即 8 字节，fib[i] 的地址是 M[24+i * 8]。当 i=2 时，实现赋值语句 fib[2] = fib[1] + fib[0] 可用如下指令序列：

```
MOV 0, R1;          MOVE 指令，0→R1，即将 R1 初始化为 0
ADD M[24], R1;      R1+M[24]→R1，即将 fib[0] 累加到 R1，使得 R1=0+fib[0]
ADD M[32], R1;      R1+M[32]→R1，即将 fib[1] 累加到 R1，使得 R1=fib[0]+fib[1]
MOV R1, M[40];      MOVE 指令，R1→M[40]，即将 fib[0]+fib[1] 赋予 fib[2]
```

一般地，实现赋值语句 fib[i] = fib[i−1] + fib[i−2] 可用如下指令序列，其中 R2 存放 i 的值：

```
MOV 0, R1
ADD M[R0+R2 * 8-16], R1
ADD M[R0+R2 * 8-8], R1
MOV R1, M[R0+R2 * 8-0]
```

【实例 2.20】　计算机如何支持 for 循环？

斐波那契计算机的一个重要特点是支持 Go 程序的 for 循环语句，即

```
for i := 2; i < 50+1; i++ {
    fib[i] = fib[i-1] + fib[i-2]
}
```

它通过比较指令、跳转指令（branching instruction，也称为 jump instruction）以及一种特殊的寻址模式（addressing mode）来实现循环语句。对应的汇编语言代码如下：

```
            MOV 2, R2              //索引寄存器 R2 的初始值设为 2,对应 i:=2
Loop        MOV 0, R1              //本条指令的标签为 Loop
            ADD M[R0+R2 * 8-16], R1
            ADD M[R0+R2 * 8-8], R1
            MOV R1, M[R0+R2 * 8-0]
            INC R2                 //INCREMENT 指令,对应 i++
            CMP 51, R2             //比较指令,i < 51? 下一条跳转指令使用其结果
            JL Loop                //JUMP to Loop if LESS THAN(小于则跳转)
```

这个特殊的寻址模式称为基址索引寻址模式（也称为基址索引偏移量寻址模式）。

地址　　＝　基址 ＋ 索引 * 比例因子 ＋ 偏移量

Address　＝　Base ＋ Index * Scale Factor ＋ Offset

在上述汇编语言代码中，R0 被用作基址寄存器，其初始值为 24 并保持不变，指向数据段的起始地址；R2 被用作索引寄存器，存放循环索引 i 的值，其初始值是 2；比例因子是 8，因为每个整数 fib[i] 占据 8 个字节地址；代码中指定了 3 个偏移量 0、−8、−16，对应 i、i−1、i−2。

在循环的第一次迭代时，指令"ADD M[R0+R2 * 8−16]，R1"的地址相关含义如下：基址索引偏移量寻址模式产生的地址是 R0＋R2 * 8−16＝24＋2 * 8−16＝24。因此，M[R0＋R2 * 8−16] 是 M[24]，指向 fib[0] 的起始地址。

指令 INC R2 将索引寄存器 R2 的值增 1，对应 i＝3。比较指令"CMP 51，R2"的结果是 R2＝3，即 i＜51，状态寄存器 FLAGS 的值设为'＜'（小于）。跳转指令 JL Loop 将程序计数器 PC 的值设为标签 Loop＝10，程序跳转到标签为 Loop 的指令，开始循环的第二次迭代。

在循环第二次迭代时，指令"ADD M[R0＋R2 * 8−16]，R1"中的基址索引偏移量寻址模式产生的地址是 R0＋R2 * 8−16＝24＋3 * 8−16＝32。因此，M[R0＋R2 * 8−16] 是 M[32]，指向 fib[1] 的起始地址。

上述循环一共执行 49 次迭代。到了第 50 次迭代时，比较指令"CMP 51，R2"的结果是 R2＝51，即 i＝51，状态寄存器 FLAGS 的值设为'＝'（等于）。跳转指令 JL Loop 不再跳转到标签为 Loop 的指令，而是顺序执行下一条指令。

斐波那契计算机的指令执行序列

给定了斐波那契计算机的初始状态,可以逐条执行汇编语言程序的指令,得到下面几页的计算机状态,展示了初始赋值语句和 for 循环的第一次迭代的详情。每一步对应一条指令的执行以及指令执行后的计算机状态。一般而言,执行一条指令会产生两个地方的状态变化:PC 的变化,以及某个寄存器或存储单元的变化。

第 1 步:0→R1。然后 PC←PC+2(指令执行完后,PC=2)(表 2.10)。

表 2.10   计算机状态(一)

处理器内容		存储器内容	
寄 存 器	值	地 址	指 令
FLAGS		0	MOV 0, R1
PC	**2**	2	MOV R1, M[R0]
R0	24	4	MOV 1, R1
R1	**0**	6	MOV R1, M[R0+8]
R2		8	MOV 2, R2
		10 Loop	MOV 0, R1
		12	ADD M[R0+R2*8-16], R1
		14	ADD M[R0+R2*8-8], R1
		16	MOV R1, M[R0+R2*8-0]
		18	INC R2
		20	CMP 51, R2
		22	JL Loop
		24	//fib[0]
		32	//fib[1]
		40	//fib[2]

第 2 步:R1→M[R0],即 0→M[24]。然后 PC←PC+2(指令执行完后,PC=4)(表 2.11)。

表 2.11   计算机状态(二)

处理器内容		存储器内容	
寄 存 器	值	地 址	指 令
FLAGS		0	MOV 0, R1
PC	**4**	2	MOV R1, M[R0]
R0	24	4	MOV 1, R1
R1	0	6	MOV R1, M[R0+8]

续表

处理器内容		存储器内容	
寄 存 器	值	地　　址	指　　　令
R2		8	MOV 2，R2
		10　　Loop	MOV 0，R1
		12	ADD M［R0＋R2＊8-16］，R1
		14	ADD M［R0＋R2＊8-8］，R1
		16	MOV R1，M［R0＋R2＊8-0］
		18	INC R2
		20	CMP 51，R2
		22	JL Loop
		24	**0**
		32	
		40	

第 3 步：1→R1。然后 PC←PC＋2(表 2.12)。

表 2.12　计算机状态(三)

处理器内容		存储器内容	
寄 存 器	值	地　　址	指　　　令
FLAGS		0	MOV 0，R1
PC	**6**	2	MOV R1，M［R0］
R0	24	4	MOV 1，R1
R1	**1**	6	MOV R1，M［R0＋8］
R2		8	MOV 2，R2
		10　　Loop	MOV 0，R1
		12	ADD M［R0＋R2＊8-16］，R1
		14	ADD M［R0＋R2＊8-8］，R1
		16	MOV R1，M［R0＋R2＊8-0］
		18	INC R2
		20	CMP 51，R2
		22	JL Loop
		24	0　　　//fib［0］
		32	//fib［1］
		40	//fib［2］

第 4 步：R1→M[R0+8]，即 1→M[32]。然后 PC←PC+2（表2.13）。

表 2.13　计算机状态（四）

处理器内容		存储器内容	
寄 存 器	值	地 址	指 令
FLAGS		0	MOV 0，R1
PC	**8**	2	MOV R1，M[R0]
R0	24	4	MOV 1，R1
R1	1	6	MOV R1，M[R0+8]
R2		8	MOV 2，R2
		10　Loop	MOV 0，R1
		12	ADD M[R0+R2 * 8-16]，R1
		14	ADD M[R0+R2 * 8-8]，R1
		16	MOV R1，M[R0+R2 * 8-0]
		18	INC R2
		20	CMP 51，R2
		22	JL Loop
		24	0 　　//fib[0]
		32	**1** 　　//fib[1]
		40	//fib[2]

第 5 步：2→R2。然后 PC←PC+2（表2.14）。

表 2.14　计算机状态（五）

处理器内容		存储器内容	
寄 存 器	值	地 址	指 令
FLAGS		0	MOV 0，R1
PC	**10**	2	MOV R1，M[R0]
R0	24	4	MOV 1，R1
R1	1	6	MOV R1，M[R0+8]
R2	**2**	8	MOV 2，R2
		10　Loop	MOV 0，R1
		12	ADD M[R0+R2 * 8-16]，R1
		14	ADD M[R0+R2 * 8-8]，R1
		16	MOV R1，M[R0+R2 * 8-0]

处理器内容		存储器内容	
寄 存 器	值	地　　址	指　　令
		18	INC R2
		20	CMP 51, R2
		22	JL Loop
		24	0　　//fib[0]
		32	1　　//fib[1]
		40	//fib[2]

第 6 步：0→R1。然后 PC←PC＋2(表 2.15)。

表 2.15　计算机状态(六)

处理器内容		存储器内容	
寄 存 器	值	地　　址	指　　令
FLAGS		0	MOV 0, R1
PC	**12**	2	MOV R1, M[R0]
R0	24	4	MOV 1, R1
R1	**0**	6	MOV R1, M[R0＋8]
R2	2	8	MOV 2, R2
		10　Loop	MOV 0, R1
		12	ADD M[R0＋R2＊8-16], R1
		14	ADD M[R0＋R2＊8-8], R1
		16	MOV R1, M[R0＋R2＊8-0]
		18	INC R2
		20	CMP 51, R2
		22	JL Loop
		24	0　　//fib[0]
		32	1　　//fib[1]
		40	//fib[2]

第 7 步：R1＋ M[R0＋R2＊8-16] → R1，即 0＋M[24]＝0→R1。然后 PC←PC＋2
(表 2.16)。

表 2.16　计算机状态（七）

处理器内容		存储器内容	
寄 存 器	值	地 址	指 令
FLAGS		0	MOV 0，R1
PC	**14**	2	MOV R1，M[R0]
R0	24	4	MOV 1，R1
R1	**0**	6	MOV R1，M[R0+8]
R2	2	8	MOV 2，R2
		10　　Loop	MOV 0，R1
		12	ADD M[R0+R2 * 8-16]，R1
		14	ADD M[R0+R2 * 8-8]，R1
		16	MOV R1，M[R0+R2 * 8-0]
		18	INC R2
		20	CMP 51，R2
		22	JL Loop
		24	0　　//fib[0]
		32	1　　//fib[1]
		40	//fib[2]

第 8 步：R1+ M[R0+R2 * 8-8] → R1，即 0+M[32]＝1→R1。然后 PC←PC＋2（表 2.17）。

表 2.17　计算机状态（八）

处理器内容		存储器内容	
寄 存 器	值	地 址	指 令
FLAGS		0	MOV 0，R1
PC	**16**	2	MOV R1，M[R0]
R0	24	4	MOV 1，R1
R1	**1**	6	MOV R1，M[R0+8]
R2	2	8	MOV 2，R2
		10　　Loop	MOV 0，R1
		12	ADD M[R0+R2 * 8-16]，R1
		14	ADD M[R0+R2 * 8-8]，R1
		16	MOV R1，M[R0+R2 * 8-0]
		18	INC R2
		20	CMP 51，R2
		22	JL Loop
		24	0　　//fib[0]
		32	1　　//fib[1]
		40	//fib[2]

第 9 步：R1→M[R0＋R2 * 8-0]，即 1→M[40]。然后 PC←PC＋2（表 2.18）。

表 2.18　计算机状态（九）

处理器内容		存储器内容	
寄 存 器	值	地　　址	指　　　令
FLAGS		0	MOV 0, R1
PC	**18**	2	MOV R1, M[R0]
R0	24	4	MOV 1, R1
R1	1	6	MOV R1, M[R0＋8]
R2	2	8	MOV 2, R2
		10　　Loop	MOV 0, R1
		12	ADD M[R0＋R2 * 8-16], R1
		14	ADD M[R0＋R2 * 8-8], R1
		16	MOV R1, M[R0＋R2 * 8-0]
		18	INC R2
		20	CMP 51, R2
		22	JL Loop
		24	0　　　//fib[0]
		32	1　　　//fib[1]
		40	**1**　　　//fib[2]

第 10 步：R2＋1→R2，即 2＋1→R2。然后 PC←PC＋2（表 2.19）。

表 2.19　计算机状态（十）

处理器内容		存储器内容	
寄 存 器	值	地　　址	指　　　令
FLAGS		0	MOV 0, R1
PC	**20**	2	MOV R1, M[R0]
R0	24	4	MOV 1, R1
R1	1	6	MOV R1, M[R0＋8]
R2	**3**	8	MOV 2, R2
		10　　Loop	MOV 0, R1
		12	ADD M[R0＋R2 * 8-16], R1
		14	ADD M[R0＋R2 * 8-8], R1
		16	MOV R1, M[R0＋R2 * 8-0]

续表

处理器内容		存储器内容	
寄　存　器	值	地　　址	指　　　令
		18	INC R2
		20	CMP 51，R2
		22	JL Loop
		24	0　　//fib[0]
		32	1　　//fib[1]
		40	1　　//fib[2]

第 11 步：比较 R2 与 51，比较结果"<"→FLAGS。然后 PC←PC＋2（表 2.20）。

表 2.20　计算机状态（十一）

处理器内容		存储器内容	
寄　存　器	值	地　　址	指　　　令
FLAGS	<	0	MOV 0，R1
PC	**22**	2	MOV R1，M[R0]
R0	24	4	MOV 1，R1
R1	1	6	MOV R1，M[R0＋8]
R2	3	8	MOV 2，R2
		10　Loop	MOV 0，R1
		12	ADD M[R0＋R2 * 8-16]，R1
		14	ADD M[R0＋R2 * 8-8]，R1
		16	MOV R1，M[R0＋R2 * 8-0]
		18	INC R2
		20	CMP 51，R2
		22	JL Loop
		24	0　　//fib[0]
		32	1　　//fib[1]
		40	1　　//fib[2]

第 12 步：如果 FLAGS 是<，PC←Loop。FLAGS 是<，Loop＝10，因此 PC←10
（表 2.21）。

表 2.21　计算机状态(十二)

处理器内容		存储器内容	
寄　存　器	值	地　　址	指　　令
FLAGS	<	0	MOV 0, R1
PC	**10**	2	MOV R1, M[R0]
R0	24	4	MOV 1, R1
R1	1	6	MOV R1, M[R0+8]
R2	3	8	MOV 2, R2
		10　　Loop	MOV 0, R1
		12	ADD M[R0+R2 * 8-16], R1
		14	ADD M[R0+R2 * 8-8], R1
		16	MOV R1, M[R0+R2 * 8-0]
		18	INC R2
		20	CMP 51, R2
		22	JL Loop
		24	0　　　//fib[0]
		32	1　　　//fib[1]
		40	1　　　//fib[2]

2.4　计算机程序的创新故事

　　本章讲述两个创新故事,都与计算机程序或"编程"相关。第一个故事涉及公开发表的史上第一个计算机程序。第二个故事展示了计算机抽象的强大表达能力。全球各国社会对计算机程序设计(俗称"编程")有不少误解,中国社会甚至造出了"码农"这样的略带贬义的自嘲名词称呼程序员。通过讲述 Ada 和 Hoare 两位前辈的真实创新故事,本节让同学们能够初步回答一个重要的问题:什么是编程的本质? 同时,初步了解 Ada 的重要观点:计算机科学追求真善美,编程实现"诗一般的科学"。

2.4.1　Ada 的故事:第一个计算机程序

　　计算机科学的 3 大基础问题之一是巴贝奇问题,即如何构造实用有效的计算机系统。1822 年,查尔斯·巴贝奇(Charles Babbage)构思了一台称为差分机的机械计算机,能够计算多项式。大约在 1837 年,巴贝奇首次提出了一种机械计算机的设计描述,称为分析机。巴贝奇分析机是历史上第一台与图灵机等价的通用计算机。

　　那么,第一个计算机程序是什么样子呢? 它是怎么产生的呢?

　　埃达·拜伦(Ada Byron,1815—1852),又名埃达·洛芙莱斯(Ada Lovelace),出生于

1815年，是英国浪漫派诗人拜伦的女儿。她出生后几个月父母就离异了，埃达由母亲养育。父亲拜伦1816年离开英国后再未回国，后来参加了希腊民族解放运动，1824年病逝于希腊。因此，埃达从未见过自己的父亲。历史研究者们后来发现，父亲拜伦一直记挂着女儿。对比《计算课程体系规范》的胜任力教育理念三要素，关于品行（dispositions），拜伦最关心埃达是否具有想象力（imagination）与热情（passion）。

埃达的母亲安娜贝拉·米尔班克是个数学迷，培养女儿从小就学习数学和科学。由于当时的英国不准女生念大学，埃达的母亲给她找了很好的家庭教师。英国数学家玛丽·萨默维尔和奥古斯都·德摩根（我们在后文讨论布尔逻辑时会遇到德摩根定律）都教过埃达。

1833年，经萨默维尔老师介绍，17岁的埃达结识了巴贝奇，并被差分机深深吸引，称它为"众机之宝"（the gem of all mechanisms）。英国计算机学会今天还主办着一个名为 *The Gem of All Mechanisms* 的网络直播节目。埃达长期与巴贝奇保持通信，参与了分析机设计工作。埃达继承了拜伦的想象力与热情特质，追求"诗一般的科学"（poetic science）[①]。埃达对计算机的兴趣持续了一生，最大贡献发生在1842—1843年。

1840年秋天，巴贝奇在意大利都灵召开的一次科学家会议上做报告，公开了分析机的设计。参会者中有一位都灵大学教授路易吉·梅纳布雷亚（后任意大利首相），他详细记录了巴贝奇的报告，并在两年后用法文发表了一篇关于巴贝奇分析机报告的详细摘要文章。1842年秋天，因发明自动电报机著名的英国科学家查尔斯·惠斯登找到了埃达，请她将梅纳布雷亚的法文作品翻译成英文。此时，26岁的埃达已经结婚，成为洛芙莱斯伯爵夫人，并已经是3个孩子的母亲。十年后，埃达因宫颈癌去世。她和父亲拜伦一样在36岁早逝，但在27岁那一年，埃达为世界贡献了一篇不朽的著作，即对梅纳布雷亚法文文章的英文翻译与译者注记。

1843年初，埃达完成了梅纳布雷亚法文文章的英文翻译稿，并告诉了巴贝奇。巴贝奇回信问她：你非常熟悉分析机，为什么不自己写一篇原创的文章呢？埃达说，她从来就没有想到写原创文章。巴贝奇建议她，可以在英文译文中增加一些译者注记。

埃达采纳了巴贝奇的建议，开始全力以赴撰写这篇带注记的翻译文章，并随时与巴贝奇交流，甚至是激烈的思想碰撞。他们有时每天交换多次信件，必要时还面对面讨论。最忙的时候，埃达每天工作18个小时。

1843年8月，埃达的英文文章在科学期刊 *Scientific Memoirs* 发表。今天在互联网上很容易找到埃达文章的全文：Sketch of the Analytical Engine Invented by Charles Babbage, by Luigi Federico Menabrea, with Notes by Ada A. Lovelace。法文原文的英文翻译有15页图文，而埃达的注记（Notes by the Translator）有45页图文，是翻译的3倍。梅纳布雷亚1855年专门撰文致敬埃达，认为埃达的注记 were absolutely remarkable and revealed an author of wisdom outside the commonplace。

埃达的注记包含了她对分析机的解释和学术观点，既体现了科学的品味、深刻的学术思想，又展示了典型实例的最基础的具体细节。中国古人对这种研究方法有一个简洁描述："志大心小"。

---

① Isaacson W. The innovators：How a group of inventors, hackers, geniuses and geeks created the digital revolution[M]. New York：Simon and Schuster, 2014.

埃达的科学品味体现了她对"诗一般的科学"的追求。她认为,就像织布机能够编织出各种美妙的鲜花和树叶图样一样,分析机能够编织出各种美妙的科学事物,包括各种代数模式(algebraic patterns)。分析机编织各种实体和心智事物的操作,其中操作是能够改变两个或多个事物之间关系的过程(⋯ by the word *operation*,we mean *any process which alters the mutual relation of two or more things*,be this relation of what kind it may.)。

埃达的科学品味揭示了"编程"的真正含义。品味也可称为境界,如王国维老师在《人间词话》中提出的关于事业和学问的三境界。程序员(programmer)也不只是社会上略带贬义的"码农",而是追求真善美、编织各种美妙事物的劳动者。

埃达的最鲜明的学术思想是:计算(computation)不只是做算术运算(calculation,即一系列加、减、乘、除运算),而是符号操作(symbol manipulation)。因此,分析机不是简单的运算器(calculating machine),而是通用的操作符号的机器。

最引人注目的具体细节是,埃达的注记发表了计算机科学史上的第一个计算机程序[1],尽管这个程序有错误,也没有在真实计算机上运行起来。埃达的本意是通过计算伯努利数列的具体例子,展示出巴贝奇的分析机能够计算隐式函数(implicit function)。

Ada 发表的第一个计算机程序试图计算出伯努利数列,即下面公式中 B_n 的值:

$$\frac{x}{e^x} = \sum_{n \geq 0} B_n \frac{x^n}{n!}$$

表 2.22 是埃达程序的简写版,它计算伯努利数列 B_1、B_3、B_5、B_7,即当 $n=7$ 时,计算奇次下标的伯努利数列 B_1、B_3、B_5、B_7。程序开始时,变量的初始值是 V1=1,V2=2,V3=n=7。

表 2.22　第一个计算机程序简写

运算号	运算	运算变量	结果变量	部分含义注释
1	×	V2,V3	V4,V5,V6	V2×V3 → V4,V5,V6
2	−	V4,V1	V4	V4−V1 → V4
3	+	V5,V1	V5	V5+V1 → V5
4	÷	V5,V4	V11	V5÷V4 → V11
5	÷	V11,V2	V11	V11÷V2 → V11
6	−	V13,V11	V13	V13−V11 → V13
7	−	V3,V1	V10	V3−V1 → V10
⋮				
23	−	V10,V1	V10	V10-V1 → V10
Here follows a repetition of Operations 13 to 23				
24	+	V13,V24	V24	V13+V24 → V24;计算出了 B_7 放在 V24
25	+	V1,V3	V3	V1+V3 → V3

我们不需要理解每条指令的含义,重点是看到埃达程序的两个特点。

---

[1]　Kim E E,Toole B A. Ada and the first computer[J]. Scientific American,1999,280(5):76-81.

第一,该程序已经比较像今天计算机的汇编语言程序了。运算号今天称为指令标签（instruction label）。运算称为指令的操作码（opcode）。运算变量和结果变量称为操作数（operands）。第一条指令的含义是将运算变量 V2 与 V3 相乘,并将乘积值赋予结果变量 V4、V5、V6。使用今天的记号,第二条指令大致上是"SUBTRACT V4，V1，V4"或"SUB V4，V1，V4",即将 V4 减去 V1 的差值赋予 V4。

第二,埃达程序主要体现了运算流功能,即一个运算步骤序列。尽管巴贝奇的分析机具备控制流功能,埃达的注记也表述了控制流和子程序的思想,但这些在埃达的伯努利数列程序中并没有得到精准鲜明的体现。事实上,该程序总共包含 36 行指令,包括 11 行重复的指令（Here follows a repetition of Operations 13 to 23）。巴贝奇的分析机,包括埃达的注记,并没有当代计算机的指令集概念。

埃达的注记对计算机科学产生了深远的影响,今天人们还以各种方式纪念她。美国国防部在 1980 年将其资助开发的计算机语言命名为 Ada。英国计算机学会每年颁发洛芙莱斯奖章（Lovelace Medal）。英国的新护照包含巴贝奇和埃达的画像。

2.4.2　霍尔悖论：快速排序程序为什么难以理解

系统思维使得计算过程变得实用。易用性是实用的一个具体体现。程序设计语言是计算机系统的重要组成部分。高级语言提供更接近用户的抽象,使得程序设计和理解变得更加容易。我们通过一个具体实例（称为霍尔悖论）,阐述高级语言如何通过支持递归抽象,使得表述某些类别的算法和计算过程变得更加容易。

【实例 2.21】　霍尔悖论。

排序（sorting）是计算机科学中很常见的一类问题。在他的图灵奖获奖报告中[1],托尼·霍尔（Tony Hoare）讲述了他发明快速排序算法（quicksort）的故事,表明了程序设计语言支持递归抽象的重要性。

1959 年,托尼·霍尔在国立莫斯科大学当访问学生期间产生了快速排序思想。1960 年,他加入了伦敦的一家计算机公司（Elliott Brothers）当程序员。公司给他安排的第一项工作是在 Elliott 803 计算机上用机器语言实现一个称为希尔排序（Shell sort）的排序算法。霍尔很快完成了希尔排序程序,并告诉他的上司（也是他的导师）,他发明了一种新的排序算法,比希尔排序速度更快。但是,霍尔很难向导师讲清楚他的新算法。

1961 年,霍尔在学术期刊上发表了这个称为快速排序（quicksort）的新算法[2],只有 8 行伪代码,加上说明也才占了半页纸。其中子程序（procedure）相当于 Go 语言中的函数。

这就是霍尔悖论:一方面,1960 年霍尔已经在 Elliott 803 计算机上编写程序实现了快速排序算法,但很难向导师讲清楚;另一方面,1961 年发表的快速排序算法非常简洁,全世界的程序员,包括他的导师,都很容易读懂这个算法。

为什么?

这一年发生了什么?

① 　Hoare. The emperor's old clothes[J]. Comm ACM,1981,24（2）：75-83.

② 　Hoare. Algorithm 64：Quicksort[J]. Comm ACM,1961,4（7）：321.

霍尔的快速排序算法

```
procedure    quicksort (A, M, N);
             array A; integer M, N;
begin        integer I, J
             if M < N then begin    partition (A, M, N, I, J);
                                    quicksort (A, M, J);
                                    quicksort (A, I, N)
                           end
end          quicksort
```

　　子程序 partition 的含义是：在数组 A[M,M+1,…,N−1,N]中任选一个元素作为标杆元素(pivot)，形成左右两个新的子数组；比标杆小的元素放在左数组 A[M,M+1,…,J−1,J]中，比标杆大的元素放在右数组 A[I,I+1,…,N−1,N]中。

　　答案：1961 年高级程序设计语言 Algol 60 问世，它支持递归调用子程序。在上述例子中，快速排序算法之所以容易表达，是因为子程序 quicksort（A，M，N）的代码里，包含了两行对 quicksort 子程序的递归调用语句：

```
quicksort (A, M, J);
quicksort (A, I, N)
```

　　计算机系统支持递归抽象，即递归调用子程序，使得表达算法更加容易。而原来的计算机系统不支持递归抽象，难以表达清楚本质上需要递归调用子程序的快速排序算法。同学们可以试一下，在不准使用递归的情况下，如何表示快速排序算法，以体会霍尔悖论。本书的班级快速排序实验，其难点就是要求同学们在系统没有提供递归抽象的前提下，实现递归抽象，从而实现快速排序算法。

2.5　习　　题

1. 十进制数 125.8125 的二进制表示是(　　　)。
   A. 1111110.0111　　　　　　　　　　B. 1111110.1101
   C. 1111101.0111　　　　　　　　　　D. 1111101.1101
2. 十进制负数−12 的二进制补码表示是(　　　)。
   A. 00001100　　　　B. 10001100　　　　C. 01110100　　　　D. 11110100
3. 考虑 8 比特(8 位)数的两种表示，在每行填入正确选择的字母。
   (1) 最小的无符号数是(　　　)。
   (2) 最大的无符号数是(　　　)。
   (3) 最小的二进制补码数是(　　　)。
   (4) 最大的二进制补码数是(　　　)。
   　　A. 00000000　　　B. 01111111　　　C. 10000000　　　D. 11111111
4. 考虑 8 比特数的两种表示，在每行填入正确选择的字母。

（1）最小的无符号数对应的十进制数是（　　）。

（2）最大的无符号数对应的十进制数是（　　）。

（3）最小的二进制补码数对应的十进制数是（　　）。

（4）最大的二进制补码数对应的十进制数是（　　）。

  A．−128   B．0   C．127   D．255

5. 什么时候 8 位无符号数运算会产生溢出错误？（　　）

  A．当运算结果的数值小于−127   B．当运算结果的数值小于 0

  C．当运算结果的数值大于 127   D．当运算结果的数值大于 255

6. 什么时候 8 位二进制补码数运算会产生溢出错误？（　　）

  A．当运算结果的数值小于−127   B．当运算结果的数值小于 0

  C．当运算结果的数值大于 127   D．当运算结果的数值大于−128

7. 下列语句（　　）可以正确打印出 ASCII 问号字符'?'。

  A．fmt.Printf("%c", ?)   B．fmt.Printf("%c", '?')

  C．fmt.Printf("%b", 63)   D．fmt.Printf("%c", '63')

  E．fmt.Printf("%d", 63)

8. 英文字符的 ASCII 码可以使用二进制、十进制、十六进制来表示。在每行填入正确选择的字母。

（1）$(00000000)_2$ 是字符（　　）的 ASCII 码。

（2）$(5A)_{16}$ 是字符（　　）的 ASCII 码。

（3）$(48)_{10}$ 是字符（　　）的 ASCII 码。

（4）0x20 是字符（　　）的 ASCII 码。

  A．NUL   B．SP   C．Z   D．0

9. 第 9～14 题锻炼初学者理解 Go 语言中循环语句的能力。请人工执行程序，得出答案。其后可以在计算机上验算结果。下列 Go 程序对比学生姓名字符串与学科字符串，打印出相同字符出现次数。程序输出数字（　　）。请填入一个小于 9 的整数。

```go
package main
import "fmt"
func main() {
    var name string = "Alan Turing"
    var cs string = "Computer Science"
    sum := 0
    for i := 0; i < 11; i++ {
        for j := 0; j < 16; j++ {
            if name[i]==cs[j] {sum++}
        }
    }
    fmt.Printf("%d\n", sum)
}
```

10. 将第 9 题程序中的学生姓名字符串"Alan Turing"改为"Gordon Moore"。程序的输出为（　　）。

A. 屏幕上将显示标准错误输出信息,包含"index out of range"等运行时错误信息

B. 屏幕上将显示标准错误输出信息,包含编译出错信息

C. 屏幕上将显示标准输出信息,即相同字符出现的次数

D. 屏幕上将显示标准输入信息

11. 将第 9 题程序中的学科名字符串"Computer Science"改为"Physics",程序还能在计算机上正确执行吗? 请填入"是"或"否"。(　　　)

12. (***)上述 3 个程序不符合良好编程习惯。可修改为符合良好编程习惯的下述程序。

```go
package main
import "fmt"
const  studentName     = "Alan Turing"
const  disciplineName  = "Computer Science"
func main() {
    sum := 0
    for i := 0; i < len(studentName); i++ {
        for j := 0; j < len(disciplineName); j++ {
            if studentName[i] == disciplineName[j] { sum++     }
        }
    }
    fmt.Printf("%d\n", sum)
}
```

新程序做的改进有(　　　)。(可多选)

A. 使用了描述性名称 studentName(学生名)与 disciplineName(学科名),而不是旧程序中的非描述性名称 name 和 cs

B. 将代码中的两个变量声明语句改为常量声明语句(const 代表 constant)。这样更恰当,因为 studentName 和 disciplineName 在程序执行中不改变其数值,它们是常量

C. 使用 i < len(studentName)代替 i < 11,j < len(disciplineName)代替 j < 16,消除了 11 和 16 这两个魔数(magic number)

D. 主函数中的代码不依赖于常量 studentName 和 disciplineName 的具体数值。这样,当我们修改学生名(例如改成"Gordon Moore")或修改学科名(例如改成"Environment Science")时,只需在主函数前一个地方修改,程序仍能正确执行。但是,旧程序可能会出错

E. 新代码没有改进,它更啰唆、更长了

13. 在第 12 题符合良好编程习惯的新程序中,将学生姓名字符串"Alan Turing"改为"Gordon Moore"。程序将产生的输出是(　　　)。

A. 屏幕上将显示标准错误输出信息,包含"index out of range"等运行时错误信息

B. 屏幕上将显示标准错误输出信息,包含编译出错信息

C. 屏幕上将显示标准输出信息,即相同字符出现的次数

D. 屏幕上将显示标准输入信息

14. 在第12题符合良好编程习惯的新程序中，将学科名字符串"Computer Science"改为"Physics"。程序还能在计算机上正确执行吗？请填入"是"或"否"。（   ）

15. 手工执行下列程序语句，理解它们的含义。其后可以在计算机上验算结果。

```
var X byte = 62
fmt.Println("X=",X, "\t-X=",-X, "\tX&1=",X&1, "\tX|1=",X|1, "\tX^1=", X^1)
```

执行完这两条语句后屏幕上显示的结果是（   ）。

    A. X= 62　−X= 194 X&1= 0 X|1= 63 X^1= 63

    B. X= 62　−X= 194　X&1= 0　X|1= 63　X^1= 63

    C. X= 62　−X=−62　X&1= 0　X|1= 63　X^1= 63

    D. X= 62　−X=−62　X&1= 0　X|1= 62　X^1= 62

16. 计算机使用基址索引偏移量寻址模式，即基址、索引、比例因子、偏移量，算出数组元素 A[i]的存储器地址。假设数组 A 的每个元素是 64 位（8 字节）整数、基址寄存器的值是 base＝200、i＝3。下面断言正确的是（   ）。

    A. A[3]的存储器地址是 224，因为 address＝base＋index * 8＋offset＝200＋3 * 8＋0＝224

    B. A[3]的存储器地址是 224，因为 address＝base＋index＋offset＝200＋3＋8＝211

    C. A[3]的存储器地址是 267，因为 address＝base＋index＋offset＝200＋3＋64＝267

    D. A[3]的存储器地址是 392，因为 address＝base＋index * 64＋offset＝200＋3 * 64＋0＝392

17. 计算机使用基址索引偏移量寻址模式，即基址、索引、比例因子、偏移量，算出数组元素 A[i]的存储器地址。假设数组 A 的每个元素是 32 位（4 字节）整数、基址寄存器的值是 base＝200、i＝3。下面断言正确的是（   ）。

    A. A[3]的存储器地址是 212，因为 address＝base＋index * 4＋offset＝200＋3 * 4＋0＝212

    B. A[3]的存储器地址是 207，因为 address＝base＋index＋offset＝200＋3＋4＝207

    C. A[3]的存储器地址是 234，因为 address＝base＋index＋offset＝200＋3＋32＝234

    D. A[3]的存储器地址是 228，因为 address＝base＋index * 8＋offset＝200＋3 * 8＋4＝228

18. 斐波那契计算机使用基址索引偏移量寻址模式，即基址、索引、比例因子、偏移量，算出数组元素 fib[i]的存储器地址。假设数组 A 的每个元素是 64 位（8 字节）整数、R0 是基址寄存器、R2 是索引寄存器、fib[i]的起始地址是 R0＋R2 * 8。下面断言正确的是（   ）。

    A. 数据单元 fib[i−1]的起始地址是 R0＋R2 * 8−8

    B. 数据单元 fib[i−2]的起始地址是 R0＋R2 * 8−8

    C. 数据单元 fib[i−1]的起始地址是 R0＋R2 * 8−16

    D. 数据单元 fib[i−2]的起始地址是 R0＋R2 * 8−16

19. 假设斐波那契计算机的部分状态如表 2.23 所示。

表 2.23 斐波那契计算机的部分状态

处理器内容					存储器内容			
FLAGS	PC	R0	R1	R2	M[24]	M[32]	M[40]	M[48]
<	0	24	6	3	2	1	2	3

分别执行完下述一条指令后,会产生哪个状态改变? 请在每行填入正确选择的字母。

(1) MOV 0, R1 产生状态变化( )

(2) MOV R1, M[R0+R2 * 8+8] 产生状态变化( )

(3) ADD M[R0+R2 * 8-16], R1 产生状态变化( )

(4) INC R2 产生状态变化( )

(5) CMP 51, R2 产生状态变化( )

  A. FLAGS='<' B. M[56]=6   C. R1=0

  D. R1=7   E. R2=4

20. 假设斐波那契计算机的部分状态如表 2.23 所示。

分别执行完下述一条指令后,会产生哪个状态改变? 请在每行填入正确选择的字母。

(1) MOV 0, R1 产生状态变化( )

(2) MOV R1, M[R0+R2 * 8+8] 产生状态变化( )

(3) ADD M[R0+R2 * 8-16], R1 产生状态变化( )

(4) INC R2 产生状态变化( )

(5) CMP 51, R2 产生状态变化( )

(6) JL10 产生状态变化( )

  A. PC=1   B. PC=2   C. PC=4

  D. PC=6   E. PC=8   F. PC=10

21. 2.3 节显示了斐波那契计算机从第 1 步到第 12 步的状态变换。第 14 步应该执行( )条指令。

  A. MOV 2, R2   B. MOV 0, R1

  C. ADD M[R0+R2 * 8-16], R1 D. ADD M[R0+R2 * 8-8], R1

  E. MOV R1, M[R0+R2 * 8-0] F. INC R2

  G. CMP 51, R2   H. JL Loop

22. 文件名 fib.go 中的 go 称为文件扩展名(filename extension),用于表示文件的类型。下述每个扩展名表示什么类型的文件? 请在每行填入正确选择的字母。

(1) go 表示( )。

(2) pdf 表示( )。

(3) txt 表示( )。

  A. Go 语言程序文件

  B. 可移植文档格式文件

  C. 文本文件

chapter 3

逻 辑 思 维

计算机科学是逻辑的继续,只是换了载体。

Computer Science is the continuation of Logic by other means.

——乔治·戈特洛布(Georg Gottlob),2011

第 1 章讲述了计算机科学的发展概貌。我们看到,自 ENIAC 数字电子计算机发明以来,计算机的能力(计算速度)进入了随时间指数增长的轨道。历史发展还验证了巴贝扬断言:计算速度是像黄金一样的硬通货,可以兑换成其他产品和服务。计算能力的指数增长使得计算机、计算机科学、计算思维日益渗透到人类社会生产生活的各个方面,产生了许许多多的使用模式和计算机应用。它们都是通过运行在计算机上的计算过程体现的。

但是,我们尚未讨论计算机科学的一个根本问题:计算过程可以用来解决什么问题?

这个问题还可以有多个变种与细化。

(1) 计算过程可以用来解决哪些问题? 这些问题称为可计算问题。

(2) 存不存在计算过程不可解的问题?

(3) 存不存在一种通用的计算机? 什么是通用计算机? 通用是何含义?

我们可以将计算过程理解为在计算机上通过操作数字符号变换信息的过程。操作数字符号的最基本的理论模型是布尔逻辑,需要考虑系统状态时的基本理论模型是图灵机。本章将讨论布尔逻辑和图灵机,并对上述问题给出明确的回答。

(1) 计算过程可以用来解决图灵可计算问题。

(2) 存在任何计算过程都不可解的问题。

(3) 存在通用计算机,即任何合理定义的计算机都可被该通用计算机模拟。

逻辑思维是一种普遍的能力和思维方式,在其他学科也有体现,尤其在数学中体现最为明显。计算机科学的逻辑思维有别于其他科学的逻辑思维,强调比特精准以及能够机械地自动执行的特点。

3.1 布 尔 逻 辑

3.1.1 命题逻辑

我们先用一个实例直观地了解命题逻辑,随后再讨论它的基本概念,包括命题、连接词、真值表、基本性质、范式,以及布尔函数和布尔表达式。

【实例 3.1】 探险者难题。

一位探险者在奥斯仙境旅行,他想要去翡翠城,但路上必须经过说谎国。说谎国的人永远说谎话,而诚实国的人永远讲真话。一天探险者走到了一个岔路口,两条路分别通向诚实国和说谎国,他不知道哪一条路是去往说谎国的路。正在他犹豫不决的时候,路上来了两个人,已知其中一人来自诚实国,另一人来自说谎国。探险者需要问这两个人哪一条是去往说谎国的路,请问他应该如何进行询问?

为了体现逻辑的作用,这里我们提出如下要求:探险者只能问一次问题,而且问题的答案只能是"是"或者"否"。

解答:为了叙述方便,我们将这两个人分别称为 A 和 B,两条路分别记为 s 和 t。探险者的一种提问方法如下:提问 A,"你对于'你来自诚实国'和'路 s 通往说谎国'这两个问题的回答是相同的吗?"若 A 回答"是",则应该走 s 这条路;若 A 回答"否",则应该走 t 这条路。

上面的提问方式的表述有一些复杂,下面我们给上述解答一个简单的证明,希望能从中体现出逻辑的作用。其中会用到一些逻辑的符号和推理规则,其含义在后面的章节中会做具体介绍,暂时不能完全看懂也没有关系。

我们用 $A=1$ 表示 A 来自诚实国,$A=0$ 表示 A 来自说谎国。同理,用 $B=1$ 表示 B 来自诚实国,$B=0$ 表示 B 来自说谎国。用 $s=1$ 表示路 s 通往说谎国,路 $s=0$ 通往诚实国(即另一条路 t 通往说谎国)。

注意,无论探险者问 A 或者 B:"你来自诚实国吗?",回答总是"是",无论他们真正来自哪个国家。但是,如果问 A:$A \oplus s=$? 其结果是,无论 A 的值是 1 或 0,其回答总是 $\neg s$(s 的非)。这里的 $A \oplus s$ 表示 A 与 s 的异或,即 A 与 s 的值是否相等:若相等,$A \oplus s$ 的值为 0,否则值为 1。这里我们使用了如下性质:$1 \oplus s = \neg s$,$0 \oplus s = s$,另外要注意到在 $A=0$ 时他将说谎。

因此,如果 $A \oplus s=0$,即 A 回答"是",或者说"你来自诚实国"和"路 s 通往说谎国"这两个问题的回答相同,那么说明 $s=1$,因此应该走 s 这条路。相反,如果 A 回答"否",则应该走 t 这条路。

1. 命题

命题分为简单命题和复合命题。"今天下雨""$x^2 \geqslant 0$""π 是超越数"都是简单命题。"$y<3$,并且 $y>0$""a 是素数,或者 $a \equiv 1 \pmod 4$"都是复合命题。

计算机科学使用布尔逻辑(Boolean logic)表征命题逻辑(proposition logic),在布尔逻辑中只有两个值:"真(True,T)"和"假(False,F)"。在布尔逻辑中我们假定所有的命题,或者为真命题,或者为假命题,用 1 表示"真",0 表示"假"。

2. 连接词

简单命题可以通过连接词组合成复合命题,常见的连接词有与、或、非、蕴含、异或等。

(1) 合取符号 $\wedge$,即"与"(conjunction, and):$x \wedge y=1$ 当且仅当 $x=y=1$,也就是说只要 x 和 y 中有一个为假,那么 $x \wedge y$ 为假。例如:$x^2<1$ 的解,$x>-1$ 并且 $x<1$(即 $-1<x<1$)可以记作 $(x>-1) \wedge (x<1)$。

(2) 析取符号 $\vee$,即"或"(disjunction, or):$x \vee y=0$ 当且仅当 $x=y=0$,也就是说只要

x 和 y 中有一个为真,那么 $x \vee y$ 为真。例如: $x^2 \geqslant 1$ 的解, $x \leqslant -1$ 或者 $x \geqslant 1$ 可以记作 $(x \leqslant -1) \vee (x \geqslant 1)$。

(3) 非符号 $\neg$(negation,not): $\neg x = 0$ 当且仅当 $x = 1$,即非 x 为假当且仅当 x 为真。通常我们也用 $\bar{x}$ 表示命题 x 的非,例如: $\overline{x \vee y} = \neg(x \vee y)$。由于布尔逻辑中只有 0 和 1 两个值,因此 $\neg(\neg x) = x$,即否定之否定即为肯定。

(4) 蕴含符号 $\rightarrow$(implication): $x \rightarrow y = 1$ 当且仅当 $x = 0$ 或者 $y = 1$,即前提为假或者结论为真。这里要特别注意,当前提为假的时候,不管结论是否正确,此命题都是真命题。一个例子:山无陵,江水为竭,冬雷震震,夏雨雪,天地合,乃敢与君绝。

(5) 异或符号 $\oplus$(exclusive or): $x \oplus y = 1$ 当且仅当 $x \neq y$,即异或能用来判断 x 与 y 是否相等。如果把 x 和 y 都当作数值来看,那么 $x \oplus y = x + y \pmod 2$。需要特别注意 $1 \oplus 1 = 0$,因此异或常被用来做取补的运算。

3. 真值表

对于每一个布尔函数,可以将所有变量的全部可能取值以及所对应的最终函数值都列在一个表里,每一行对应所有变量的一种取值,此即一个布尔函数的真值表。表 3.1 列出了合取、析取、蕴含以及异或的操作真值表。

表 3.1　合取、析取、蕴含、异或操作的真值表

x	y	$x \wedge y$	$x \vee y$	$x \rightarrow y$	$x \oplus y$
0	0	0	0	1	0
0	1	0	1	1	1
1	0	0	1	0	1
1	1	1	1	1	0

4. 布尔逻辑的若干基本性质

下面列出了关于合取、析取、非、异或操作的一些基本性质,我们在此略去这些性质的证明过程,请读者利用真值表自行验证。

(1) 交换律: $x \wedge y = y \wedge x$, $x \vee y = y \vee x$, $x \oplus y = y \oplus x$。

(2) 结合律: $x \wedge (y \wedge z) = (x \wedge y) \wedge z$, $x \vee (y \vee z) = (x \vee y) \vee z$, $x \oplus (y \oplus z) = (x \oplus y) \oplus z$。

(3) 分配律: $x \wedge (y \vee z) = (x \wedge y) \vee (x \wedge z)$, $x \vee (y \wedge z) = (x \vee y) \wedge (x \vee z)$。

(4) 幺元律: $x \vee 0 = x$, $x \wedge 1 = x$, $x \oplus 0 = x$。0 是 $\vee$ 和 $\oplus$ 的幺元,1 是 $\wedge$ 的幺元。针对异或操作,有 $x \oplus 1 = \bar{x}$,1 不是 $\oplus$ 的幺元。

(5) 极元律: $x \wedge 0 = 0$, $x \vee 1 = 1$。0 是 $\wedge$ 的极元,1 是 $\vee$ 的极元。

(6) 幂等律: $x \vee x = x$, $x \wedge x = x$。

(7) 吸收律: $x \vee (x \wedge y) = x$, $x \wedge (x \vee y) = x$。

(8) 互补律: $x \wedge \bar{x} = 0$, $x \vee \bar{x} = 1$。

(9) 双重否定律: $\bar{\bar{x}} = x$,即 $\neg(\neg x) = x$。

(10) De Morgan 律(德摩根定律): $\overline{x \wedge y} = \bar{x} \vee \bar{y}, \overline{x \vee y} = \bar{x} \wedge \bar{y}$。

借助德摩根定律,我们可以推出 $x \wedge y = \overline{\bar{x} \vee \bar{y}}$,以及 $x \vee y = \overline{\bar{x} \wedge \bar{y}}$,因此我们可以将一个命题中的所有"与"都去掉,替换成为"或"和"非"。同样,我们可以把一个命题中所有的"或"去掉,而替换成"与"和"非"。例如:$x \wedge (y \vee z) = \overline{\bar{x} \vee \overline{(y \vee z)}}$。

对于"蕴含"和"异或",我们也可以将它们表示成关于"与""或""非"的命题,进而可以只用"与"和"非"(或者"或"和"非")来表示,得到下列性质。

(11) $x \rightarrow y = \bar{x} \vee y$。

(12) $x \oplus y = (\bar{x} \wedge y) \vee (x \wedge \bar{y}), x \oplus y = (x \vee y) \wedge (\bar{x} \vee \bar{y})$。

5. 析取范式和合取范式

对于一些更加复杂的命题,例如 $(x \oplus y) \rightarrow z$,我们是否能够也将其写成只包含"与""或""非"的命题呢?给定任意的复合命题,能否写成只包含"与""或""非"的命题呢?答案是肯定的! 一种方式是反复借助上述基本性质进行展开。另外一种重要的方法是借助真值表来进行展开。让我们先用一个例子说明。表 3.2 是 $(x \oplus y) \rightarrow z$ 的真值表。

表 3.2　$(x \oplus y) \rightarrow z$ 的真值表

x	y	z	$(x \oplus y) \rightarrow z$
0	0	0	1
0	0	1	1
0	1	0	0
0	1	1	1
1	0	0	0
1	0	1	1
1	1	0	1
1	1	1	1

从表 3.2 中可以看出,当 (x, y, z) 的取值分别是 $(0,0,0)$,$(0,0,1)$,$(0,1,1)$,$(1,0,1)$,$(1,1,0)$,$(1,1,1)$ 时,命题 $(x \oplus y) \rightarrow z$ 的取值为真。对于 $(0,0,0)$,我们可以用一个由"与"和"非"连接的命题 $\bar{x} \wedge \bar{y} \wedge \bar{z}$ 与之对应,命题 $\bar{x} \wedge \bar{y} \wedge \bar{z}$ 为真当且仅当 (x, y, z) 的取值为 $(0, 0, 0)$。对于其他 5 项,我们同样可以写出相应的由"与"和"非"连接的命题:$\bar{x} \wedge \bar{y} \wedge z$,$\bar{x} \wedge y \wedge z, x \wedge \bar{y} \wedge z, x \wedge y \wedge \bar{z}$ 和 $x \wedge y \wedge z$。最后我们将这 6 个命题用"或"连接如下:

$$(\bar{x} \wedge \bar{y} \wedge \bar{z}) \vee (\bar{x} \wedge \bar{y} \wedge z) \vee (\bar{x} \wedge y \wedge z) \vee (x \wedge \bar{y} \wedge z) \vee (x \wedge y \wedge \bar{z}) \vee (x \wedge y \wedge z)$$

这就给出了 $(x \oplus y) \rightarrow z$ 的表示,或者说,上述由"或"连接起来的"与""非"式的真值表就是表 3.2。这里的道理是因为:上述式子是若干个命题的析取连接("或")在一起。根据"或"的性质,上式值为"真"当且仅当其中至少某一个子命题为"真"。而每一个子命题都是若干命题变元(或者它们的"非")的合取("与"),其值为真当且仅当 (x, y, z) 取我们要的某一个值。所以

$$(x \oplus y) \rightarrow z = (\bar{x} \wedge \bar{y} \wedge \bar{z}) \vee (\bar{x} \wedge \bar{y} \wedge z) \vee (\bar{x} \wedge y \wedge z) \vee (x \wedge \bar{y} \wedge z) \vee (x \wedge y \wedge \bar{z}) \vee (x \wedge y \wedge z)$$

上述这种通过将真值表中的每一个取值为 1 的行对应到一个"与"（合取）连接式，最后用"或"（析取）将所有各行对应的命题连接起来的表示，称为这一命题的"**析取范式**"。

【定理 3.1】　析取范式。

任何一个有 n 个变元的命题 $F(x_1,x_2,\cdots,x_n)$，一定可以表示成如下析取范式：

$$F(x_1,x_2,\cdots,x_n)=Q_1 \vee Q_2 \vee \cdots \vee Q_m$$

其中，每一个 Q_i 都是这 n 个变元或其"非"的合取（"与"）连接式，即 $Q_i=l_1 \wedge l_2 \wedge \cdots \wedge l_n$，其中 $l_j=x_j$ 或者 $\bar{x}_j$。 ■

整个析取范式的长度 m 是命题 F 的真值表中函数值为 1 的行数，每一个 Q_i 恰好对应其中一行，在 Q_i 中每一个变量都会出现，如果这一行中对应的变量 x_j 取值是 1，则 $l_j=x_j$，如果对应的 x_j 取值是 0，则 $l_j=\bar{x}_j$。

读到这里善于思考的读者自然会问一个问题：如果我们从真值表里的 0 出发，我们是否也能够写出 $(x \oplus y) \rightarrow z$ 的表示？这个问题的答案也是肯定的。我们可以为值为 0 的两行 $(0,1,0)$ 和 $(1,0,0)$ 写出其用"或"连接的表示：$x \vee \bar{y} \vee z$ 和 $\bar{x} \vee y \vee z$，注意这里写的方式和之前是有区别的。最后使用"与"将两项连接起来，即

$$(x \oplus y) \rightarrow z = (x \vee \bar{y} \vee z) \wedge (\bar{x} \vee y \vee z)$$

对于这样一个表示，我们称之为 $(x \oplus y) \rightarrow z$ 的**合取范式**。

【定理 3.2】　合取范式。

任何一个有 n 个变元的命题 $F(x_1,x_2,\cdots,x_n)$，一定可以表示成如下合取范式：

$$F(x_1,x_2,\cdots,x_n)=Q_1 \wedge Q_2 \wedge \cdots \wedge Q_m$$

其中，每一个 Q_i 都是这 n 个变元或其"非"的析取（"或"）连接式，即 $Q_i=l_1 \vee l_2 \vee \cdots \vee l_n$，$l_j=x_j$ 或者 $\bar{x}_j$。 ■

整个合取范式的长度 m 是 F 的真值表中值为 0 的行数，每一个 Q_i 对应其中一行，在 Q_i 中每一个变量都会出现，如果这一行中对应的变量 x_j 取值是 0，则 $l_j=x_j$，如果对应的 x_j 取值是 1，则 $l_j=\bar{x}_j$。

【实例 3.2】　试分别写出 $x \rightarrow (y \oplus z)$ 的合取范式和析取范式。

解：首先写出 $x \rightarrow (y \oplus z)$ 的真值表如表 3.3 所示。

表 3.3　$x \rightarrow (y \oplus z)$ 的真值表

x	y	z	$x \rightarrow (y \oplus z)$
0	0	0	1
0	0	1	1
0	1	0	1
0	1	1	1
1	0	0	0
1	0	1	1
1	1	0	1
1	1	1	0

分别根据真值表中 0 的行和 1 的行,可以写出相应的合取范式和析取范式如下:

$$x \rightarrow (y \oplus z) = (\bar{x} \vee y \vee z) \wedge (\bar{x} \vee \bar{y} \vee \bar{z})$$

$$x \rightarrow (y \oplus z) = (\bar{x} \wedge \bar{y} \wedge \bar{z}) \vee (\bar{x} \wedge \bar{y} \wedge z) \vee (\bar{x} \wedge y \wedge \bar{z}) \vee$$
$$(\bar{x} \wedge y \wedge z) \vee (x \wedge \bar{y} \wedge z) \vee (x \wedge y \wedge \bar{z})$$

6. 布尔函数与布尔表达式

任意命题事实上定义了一个布尔函数,从给定的 n 个变量值,映射到特定函数值。

【定义 3.1】　布尔函数。

一个 n 变量的布尔函数是一个数学函数 $f: \{0,1\}^n \rightarrow \{0,1\}$,函数映射 f 由其真值表确定。

命题 $x \rightarrow (y \oplus z)$ 定义了一个 3 变量布尔函数,它的函数映射 f 由上述真值表确定,或等价地表达为下述函数定义

$$f(x,y,z) = \begin{cases} 0 & x=1, y=0, z=0 \\ 0 & x=1, y=1, z=1 \\ 1 & \text{其他组合} \end{cases}$$

【实例 3.3】　n 个变量的布尔函数一共有多少个?

让我们从简单的情形开始。

零个变元的布尔函数(常函数)有 1 和 0,一共 2 个,即函数值恒等于 1 或恒等于 0 两个。

一个变元的布尔函数有:1、0、x 和 $\bar{x}$,一共 4 个。

二个变元的布尔函数有:1、0、x、$\bar{x}$、y、$\bar{y}$、$x \wedge y$、$x \vee y$、$x \oplus y$、$\cdots$

这样一个一个地去数很容易遗漏,下面从另一个角度来看这个问题。考虑函数的真值表,二元函数真值表一共有 $2^2 = 4$ 行,每一行的值可以是 0,也可以是 1,一共两种选择。因此根据乘法原理,所有不同的可能性有 $2^4 = 16$ 种,即不同的布尔函数有 16 个。如果我们要一一列出所有的这些函数,可以通过真值表的方式,也可以通过写出它们的合取(析取)范式的形式。

仿照上面的推理,我们可以从 2 元布尔函数推广到一般的 n 元布尔函数:n 元布尔函数的真值表一共有 2^n 行,每一行对应的函数取值可以有 0 和 1 两种,因此不同的布尔函数一共有 2^{2^n} 个。

上述刻画布尔函数的方式是一种枚举方式,将每一种输入组合对应的输出组合一一枚举列出。这种方式的优点是完备,不会漏掉任一个映射。它的明显缺点是烦琐,当输入变量 n 较大时很花时间。另一个不太明显的缺点是,枚举定义没有揭示函数的特点。采用布尔表达式刻画布尔函数,常常可以避免这两个缺点。事实上我们在描述命题时,已经用了这种方式。例如,奇偶函数 $y = x_1 \oplus x_2 \oplus \cdots \oplus x_n$ 很容易用布尔表达式表示。

【定义 3.2】　布尔表达式。

0、1 称为布尔常量。只能取值 0 或 1 的变量 $x_1, x_2, \cdots, x_n$ 称为布尔变量。用逻辑连接词连接布尔常量或逻辑变量形成的表达式称为 n 变量布尔表达式,简称布尔表达式。

逻辑连接词也称为逻辑运算或逻辑算子。常见的逻辑连接词是逻辑与(即合取 $\wedge$,也可写作逻辑乘 ·)、逻辑或(即析取 $\vee$,也可写作逻辑加 +)、逻辑非($\neg$,也可将 $\neg x$ 记为 $\bar{x}$)、异或($\oplus$)、蕴含($\rightarrow$)。

例如，$(\bar{x} \vee y \vee z) \wedge (\bar{x} \vee \bar{y} \vee \bar{z})$ 就是一个 3 变量布尔表达式，采用了与、或、非 3 种运算。它也可被记为 $(\bar{x} + y + z) \cdot (\bar{x} + \bar{y} + \bar{z})$。

要注意的是，布尔函数有唯一性，即每一个布尔函数都有唯一的真值表；但是，同一个布尔函数可用多个不同的布尔表达式表示。例如，$x \rightarrow (y \oplus z)$、$(\bar{x} \vee y \vee z) \wedge (\bar{x} \vee \bar{y} \vee \bar{z})$ 是两个不同的布尔表达式，但它们都表示同样的布尔函数，对应同样的真值表，我们说两个布尔表达式是等价的。反之，$x \rightarrow (y \oplus z)$、$(y \oplus z) \rightarrow x$ 这两个不同的布尔表达式则不是等价的，因为它们不对应于相同的真值表。

【实例 3.4】 n 个变量的互不等价的布尔表达式一共有多少个？

有 2^{2^n} 个。

【实例 3.5】 假如不考虑是否等价，n 个变量的布尔表达式一共有多少个？

有无穷多个。

【实例 3.6】 列出 2 个变量的互不等价的布尔表达式。

我们提出一条思路，完整答案留作练习。

2 个变量的互不等价的布尔表达式一共有 $2^{2^2} = 16$ 个。写出每一个的真值表，再根据真值表写出析取范式。

通过布尔逻辑的 12 条基本性质，我们可以从一个布尔表达式得到另一个等价的布尔表达式。这往往相当于中小学数学中的化简操作。

【实例 3.7】 列出 2 个变量的互不等价的布尔表达式，采用最简表达式形式。

2 个变量的等价布尔表达式一共有 $2^{2^2} = 16$ 个。按照逻辑连接词的个数从小到大逐级覆盖互不等价的布尔表达式。每一步可先写出一个布尔表达式，再根据布尔逻辑的 12 条基本性质试图化简，从而写出最简表达式。记 2 变量布尔函数为 $y = f(x_1, x_2)$。

第一步：逻辑连接词的个数为 0 的表达式。列出所有布尔常量和布尔变量。得到 4 个布尔表达式：0、1、x_1、x_2。它们对应的真值表列举如图 3.1 所示。

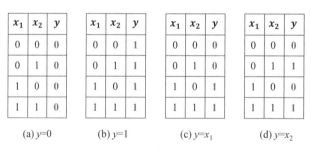

x_1	x_2	y
0	0	0
0	1	0
1	0	0
1	1	0

(a) $y=0$

x_1	x_2	y
0	0	1
0	1	1
1	0	1
1	1	1

(b) $y=1$

x_1	x_2	y
0	0	0
0	1	0
1	0	1
1	1	1

(c) $y=x_1$

x_1	x_2	y
0	0	0
0	1	1
1	0	0
1	1	1

(d) $y=x_2$

图 3.1 逻辑连接词个数为 0 表达式的真值表

第二步：逻辑连接词的个数为 1 的表达式。将一个连接词作用于一个或多个布尔常量和布尔变量，得到下述新的 7 个布尔表达式，即 y 等于 $\bar{x}_1$、$\bar{x}_2$、$x_1 + x_2$、$x_1 \cdot x_2$、$x_1 \oplus x_2$、$x_1 \rightarrow x_2$、$x_2 \rightarrow x_1$。它们对应的真值表列举如图 3.2 所示。

第三步：逻辑连接词的个数为 2 的表达式。我们已经得到 $4 + 7 = 11$ 个最简表达式了。还剩下 5 个最简表达式，每个包含 2 个连接词。作为练习，请同学们写出剩余的 5 个最简布尔表达式。可能在第三步就完成了，也可能还需要更多步。

命题往往对应单输出布尔函数，简称布尔函数。简单的扩展可得到多输出布尔函数。

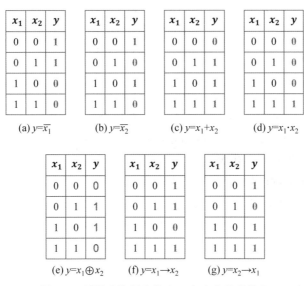

x_1	x_2	y
0	0	1
0	1	1
1	0	0
1	1	0

(a) $y=\overline{x_1}$

x_1	x_2	y
0	0	1
0	1	0
1	0	1
1	1	0

(b) $y=\overline{x_2}$

x_1	x_2	y
0	0	0
0	1	1
1	0	1
1	1	1

(c) $y=x_1+x_2$

x_1	x_2	y
0	0	0
0	1	0
1	0	0
1	1	1

(d) $y=x_1 \cdot x_2$

x_1	x_2	y
0	0	0
0	1	1
1	0	1
1	1	0

(e) $y=x_1 \oplus x_2$

x_1	x_2	y
0	0	1
0	1	1
1	0	0
1	1	1

(f) $y=x_1 \rightarrow x_2$

x_1	x_2	y
0	0	1
0	1	0
1	0	1
1	1	1

(g) $y=x_2 \rightarrow x_1$

图 3.2 逻辑连接词个数为 1 表达式的真值表

【定义 3.3】 n 个输入 m 个输出的布尔函数。

一个 n 输入 m 输出的布尔函数是一个数学函数 $f:\{0,1\}^n \rightarrow \{0,1\}^m$，函数映射 f 由其真值表确定。

【实例 3.8】 全加器的真值表与布尔函数。

全加器是二进制加法的基本单元,其真值表如表 3.4 所示。给定 3 个输入变量的值,全加器产生对应的 2 个输出值。3 个输入变量 X、Y、C_{in} 分别代表 2 个本位输入和进位输入,2 个输出变量 Z、C_{out} 分别代表本位输出和进位输出。

表 3.4 全加器的真值表

X	Y	C_{in}	Z	C_{out}
0	0	0	0	0
0	0	1	1	0
0	1	0	1	0
0	1	1	0	1
1	0	0	1	0
1	0	1	0	1
1	1	0	0	1
1	1	1	1	1

全加器是一个 3 输入 2 输出的布尔函数 $f:\{0,1\}^3 \rightarrow \{0,1\}^2$，函数映射 f 是

$$f(X,Y,C_{in})=\begin{cases}(0,0) & X=0,Y=0,C_{in}=0\\(0,1) & X=0,Y=1,C_{in}=1\\(0,1) & X=1,Y=0,C_{in}=1\\(0,1) & X=1,Y=1,C_{in}=0\\(1,1) & X=1,Y=1,C_{in}=1\\(1,0) & 其他组合\end{cases}$$

【实例3.9】 n个输入m个输出的布尔函数一共有多少个？留作练习。

【实例3.10】 全加器的布尔表达式。

全加器有2个输出，可用2个布尔表达式刻画。假设3个输入变量X、Y、C_{in}分别代表2个本位输入和进位输入，2个输出变量Z、C_{out}分别代表2个本位输出和进位输出。那么，全加器的2个布尔表达式是$Z=X\oplus Y\oplus C_{in}$以及$C_{out}=(X\cdot Y)+(X\oplus Y)\cdot C_{in}$。

可以看出，这种布尔表达式刻画比真值表枚举更加简洁，且体现了全加器的特点。

7. 布尔逻辑的应用

布尔逻辑主要关注针对布尔常数和布尔变量的逻辑运算。在应用中，往往体现为针对单个比特的运算。我们做几个练习，通过动手动脑进一步理解布尔逻辑。

【实例3.11】 比特、字节与整数的异同。

理解比特、字节类型与整数类型的最简途径是编写运行一个短小程序。我们特别注意Go语言的按位与运算 &、按位或运算 |、按位异或运算 ^。

给定下列Numbers.go程序，先心算或手算一下输出结果是什么，然后再运行程序验证。

```
package main                           //Numbers.go
import "fmt"
func main() {
    X := byte(63)                      //可将此行换成 X := 63,理解整数类型
    fmt.Printf("2+X=%d; 2-X=%d; X/2=%d; X%%2=%d\n",2+X,2-X,X/2,X%2)
    fmt.Printf("X>>1=%d; X<<1=%d; ",X>>1,X<<1)
    fmt.Printf("X&1=%d; X|1=%d; X^1=%d\n",X&1,X|1,X^1)
    fmt.Printf("X>>1=%08b; X<<1=%08b; ",X>>1,X<<1)
    fmt.Printf("X&1=%08b; X|1=%08b; X^1=%08b\n",X&1,X|1,X^1)
    X++
    fmt.Printf("X++ =%d\n",X)
    X--
    fmt.Printf("X-- =%d\n",X)
}
```

上述程序呈现了字节变量的算术逻辑运算。有两处需要注意的细节。第一，求余运算的字符'%'已经被用于标记%d等占位符了，如何打印出表示求余运算的'%'字符？答案是使用%%。这是第一个打印语句出现了X%%2的原因。第二，如果一个字节类型的表达式值超过了[0，255]，即产生了溢出，系统会报错吗？不会报错！避免错误是程序员的责任。

程序 Numbers.go 的输出结果如下：

```
> go run Numbers.go
2+X=65; 2-X=195; X/2=31; X%2=1
X>>1=31; X<<1=126; X&1=1; X|1=63; X^1=62
X>>1=00011111; X<<1=01111110; X&1=00000001; X|1=00111111; X^1=00111110
X++ = 64
X-- = 63
>
```

注意几个结果：①错误结果 2－X＝195，产生溢出但没有报错；②正确结果 X/2＝31，而不是 31.5；③X 右移 1 位相当于 X 除以 2(X＞＞1＝31)；④X 左移 1 位相当于 X 乘以 2(X＜＜1＝126)；⑤按位与 X & 1 ＝ 00111111 & 00000001 ＝ 00000001 ＝ 1；⑥按位或 X ｜ 1 ＝ 00111111 ｜ 00000001 ＝ 00111111；⑦按位异或 X ^ 1 ＝ 00111111 ^ 00000001 ＝ 00111110。

【实例 3.12】 奇偶值。

一个数的奇偶值是看它有奇数个还是偶数个 1 比特。如有偶数个，奇偶值为 0；如有奇数个，则奇偶值为 1。下列 Go 程序 parity.go 计算出 $parityValue = X_0 \oplus X_1 \oplus X_2 \cdots \oplus X_{63}$，给定 64 比特整数 $X = (X_{63}X_{62} \cdots X_0)_2$。注意，按位异或运算在 Go 语言中的符号是 ^。

```
package main                               //parity.go
import "fmt"
func parity(X int) int {
   parityValue := 0
   for i := 0; i<64; i++ {                 //X is a 64-bit integer
      parityValue ^= X & 1                 //parityValue = parityValue ^ (X & 1)
      X = X >> 1                           //shift X right one bit
   }
   return parityValue
}
func main() {
   a := 63
   fmt.Println(parity(a))                  //63 = 00111111,有 6 个 1,即偶数个 1,奇偶值为 0
   a = 127
   fmt.Println(parity(a))                  //127 = 01111111,有 7 个 1,即奇数个 1,奇偶值为 1
}
```

程序的执行结果如下。

```
> go run parity.go
0
1
>
```

上述程序中，parityValue ^= X & 1 语句是 parityValue = parityValue ^ (X & 1) 语句

的简写。其中，& 是按位与运算，^是按位异或运算。如 $X = (X_{63}X_{62}\cdots X_0)_2$ 且 $Y = (Y_{63}X_{62}\cdots Y_0)_2$，有 $X\&Y=(X_{63}\land Y_{63},X_{62}\land Y_{62},\cdots,X_0\land Y_0)_2$ 且 $X^\wedge Y=(X_{63}\oplus Y_{63},X_{62}\oplus Y_{62},\cdots,X_0\oplus Y_0)_2$。表达式 X & 1 保持最右 1 比特不变，将其他比特清零，即 $X\&1=(00\cdots00X_0)_2$。表达式 $X \gg 1$ 将 X 右移 1 比特，即 $X \gg 1=(0X_{63}X_{62}\cdots X_2X_1)$。

【实例 3.13】 奇偶校验。

奇偶值可用作奇偶校验，即根据奇偶值报错。例如，ASCII 码只需要 7 比特 $D_6D_5D_4D_3D_2D_1D_0$，多出来的最高比特 D_7 可用作奇偶校验比特（parity bit）。大写字母 A 的 7 比特码是 $D_6D_5D_4D_3D_2D_1D_0=1000001$。假设规定奇偶值为 0，我们有

$$D_7\oplus D_6\oplus D_5\oplus D_4\oplus D_3\oplus D_2\oplus D_1\oplus D_0=0$$
$$D_7\oplus 1\oplus 0\oplus 0\oplus 0\oplus 0\oplus 0\oplus 1=0$$

得到 $D_7=0$。A 加了奇偶校验比特之后的 8 比特码是 $D_7D_6D_5D_4D_3D_2D_1D_0=01000001$。假设硬件出错，使得某个比特翻转了，即 0 变成 1 或 1 变成 0，奇偶校验可报错。例如，假如 D_6 变成了 0，则有 $0\oplus 0\oplus 0\oplus 0\oplus 0\oplus 0\oplus 0\oplus 1=1$，奇偶值是 1，奇偶校验报错。

【实例 3.14】 三模块冗余容错。

上述奇偶校验只能针对单比特故障报错。它不能指出是哪个比特错了，更不能纠错。

能够自动纠错的系统称为容错系统（fault tolerant system）。一种常用的容错技术是三模块冗余（triple modular redundancy，TMR）技术，如图 3.3 所示。

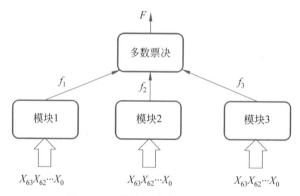

图 3.3　三模块冗余容错技术示意

假设我们已经设计了一个系统 $Y=f(X_{63},X_{62},\cdots,X_0)$，想得到一个容错系统 F。一个简单的方法是将 f 复制成 3 份（3 个模块，其输出记为 f_1、f_2、f_3），并将 f_1、f_2、f_3 连到一个多数票决模块（majority voting module），即可得到容错系统 F。多数票决模块的功能是：输出 $F=f_1$、f_2、f_3 的多数，即如果 f_1、f_2、f_3 的 2 个或 3 个为 0，则 $F=0$；反之 $F=1$。这个系统可以容忍模块 1、模块 2、模块 3 任一出错。

【实例 3.15】 汉明码。

三模块冗余技术需要将一个系统视为模块完整复制成 3 份，大大增加了成本。有些技术不需要完整复制整个系统。汉明码（Hamming code）就是比三模块冗余成本低得多的容错技术，由图灵奖得主理查德·汉明（Richard Hamming）教授发明。

考虑单比特纠错的场景，汉明码的主要思想如下。假设一个系统产生 m 个数据比特（data bits），其中某个比特可能出错。我们添加 k 个奇偶校验比特（parity bits），形成总共

$m+k$ 个比特的码字(codeword)。校验比特的巧妙设计,使得码字的任何比特出错,总会让 k 个校验比特形成的值指向码字中出错比特的位置。

由于码字一共有 $m+k$ 个比特,加上未出错的 1 种情况,总共需要区分 $m+k+1$ 种情况。因此,校验比特的个数 k 必须满足 $2^k \geqslant m+k+1$。当 $m=4$ 时,$k=3$,冗余度 $(m+k)/m=7/4=1.75$,即需要 75% 的额外比特用作校验。当 $m=64$ 时,$k=7$,冗余度降低到 $(m+k)/m=71/64=1.1094$,即需要 10.94% 的额外比特。当 $m=512$ 时,$k=10$,冗余度仅为 $71/64=1.0195$,即仅需要 1.95% 的额外比特。

让我们仔细看看当 $m=4$ 与 $k=3$ 的情况,如表 3.5 所示。4 个数据比特记为 $D_3 D_2 D_1 D_0$,3 个奇偶校验比特记为 $P_2 P_1 P_0$。注意码字中 7 个比特 $D_3 D_2 D_1 P_2 D_0 P_1 P_0$ 的特定位置。

表 3.5　汉明码校验比特的编码原理示意

码字比特	D_3	D_2	D_1	P_2	D_0	P_1	P_0
位置	7	6	5	4	3	2	1
二进制	111	110	101	100	011	010	001
P_0	√		√		√		√
P_1	√	√			√	√	
P_2	√	√	√	√			

表 3.5 中,3 个奇偶校验比特 $P_2 P_1 P_0$ 按照下列汉明码规则求出。

(1) 校验比特 P_0 对应其位置的二进制表示最低位(最右位)为 1 的比特。有 4 个位置的二进制表示末位为 1,即 001、011、101、111,对应的比特是 P_0、D_0、D_1、D_3。这 4 个比特的奇偶校验值应为 0,即 $P_0 \oplus D_0 \oplus D_1 \oplus D_3$。换言之,$P_0 = D_0 \oplus D_1 \oplus D_3$。

(2) 校验比特 P_1 对应其位置的二进制表示中间一位为 1 的比特。这 4 个位置是 010、011、110、111,对应的比特是 P_1、D_0、D_2、D_3。因此,$P_1 = D_0 \oplus D_2 \oplus D_3$。

(3) 校验比特 P_2 对应其位置的二进制表示最高位为 1 的比特。这 4 个位置是 100、101、110、111,对应的比特是 P_2、D_1、D_2、D_3。因此,$P_2 = D_1 \oplus D_2 \oplus D_3$。

可以验证,当码字 $D_3 D_2 D_1 P_2 D_0 P_1 P_0$ 的任何单个比特出错时,3 个校验比特的值将指向出错比特的位置。

例如,给定数据比特 $D_3 D_2 D_1 D_0 = 1101$,我们有

$$P_0 = D_0 \oplus D_1 \oplus D_3 = 1 \oplus 0 \oplus 1 = 0$$
$$P_1 = D_0 \oplus D_2 \oplus D_3 = 1 \oplus 1 \oplus 1 = 1$$
$$P_2 = D_1 \oplus D_2 \oplus D_3 = 0 \oplus 1 \oplus 1 = 0$$

即,正确的原始码字是 $D_3 D_2 D_1 P_2 D_0 P_1 P_0 = 1100110$。

当 D_1(码字位置 5)出错,有错的数据比特 $D'_3 D'_2 D'_1 D'_0 = 1111$,我们从 $D'_3 D'_2 D'_1 D'_0$ 计算新的 3 个校验比特:

$$P''_0 = D'_0 \oplus D'_1 \oplus D'_3 = 1 \oplus 1 \oplus 1 = 1$$
$$P''_1 = D'_0 \oplus D'_2 \oplus D'_3 = 1 \oplus 1 \oplus 1 = 1$$
$$P''_2 = D'_1 \oplus D'_2 \oplus D'_3 = 1 \oplus 1 \oplus 1 = 1$$

由于只考虑单比特纠错情况，当 D_1 出错时，码字的其他比特是正确的。因此，可能有错的码字 $D'_3 D'_2 D'_1 P'_2 D'_0 P'_1 P'_0$ 中的校验比特 $P'_2 P'_1 P'_0$ 应与原来的校验比特一样，即 $P'_2 P'_1 P'_0 = P_2 P_1 P_0 = 010$。对新校验比特 $P''_2 P''_1 P''_0$ 与可能出错的校验比特 $P'_2 P'_1 P'_0$ 做按位异或操作，得出 3 个症状比特（syndrome bits）$S_2 S_1 S_0$：

$$S_0 = P''_0 \oplus P'_0 = 1 \oplus 0 = 1$$
$$S_1 = P''_1 \oplus P'_1 = 1 \oplus 1 = 0$$
$$S_2 = P''_2 \oplus P'_2 = 1 \oplus 0 = 1$$

因此，$S_2 S_1 S_0 = 101 = 5$，即第 5 号位置出错。系统只需翻转第 5 号比特即可纠错。

小结一下，汉明码的单比特纠错过程有下述主要事件。

（1）给定数据比特 $D_3 D_2 D_1 D_0$，按照汉明码规则计算出 3 个校验比特 $P_2 P_1 P_0$，形成原始码字 $D_3 D_2 D_1 P_2 D_0 P_1 P_0$。

（2）原始码字的任何单个比特可能出错，即任何数据比特或任何校验比特可能出错，形成可能有错码字 $D'_3 D'_2 D'_1 P'_2 D'_0 P'_1 P'_0$，其中包括可能有错数据比特 $D'_3 D'_2 D'_1 D'_0$，以及可能有错校验比特 $P'_2 P'_1 P'_0$。

（3）按照汉明码规则从可能有错数据比特 $D'_3 D'_2 D'_1 D'_0$ 计算出 3 个新校验比特 $P''_2 P''_1 P''_0$。

（4）从新校验比特 $P''_2 P''_1 P''_0$ 与可能有错的校验比特 $P'_2 P'_1 P'_0$ 得出 3 个症状比特 $S_2 S_1 S_0$。当 $S_2 S_1 S_0 = 000$ 时，系统没有出错；当 $S_2 S_1 S_0 \neq 000$ 时，$S_2 S_1 S_0$ 指向出错比特的位置。例如，当 $S_2 S_1 S_0 = 101 = 5$ 时，第 5 号位置（即数据比特 D_1）出错；当 $S_2 S_1 S_0 = 100 = 4$ 时，第 4 号位置（即校验比特 P_2）出错。

上述 (7,4) 汉明码在计算机内存中广泛使用，也称为 ECC 校验码，其中 ECC 是 Error Correction Code 的缩写。

添加了 ECC 模块的内存纠错原理如图 3.4 所示，可分 3 种情况。

情况 1：内存没有错误，则图 3.4 5 个步骤行为如下。

① 将 4 个数据比特 $D_3 D_2 D_1 D_0$ 写入内存，同时算出校验比特 $P_2 P_1 P_0$ 并写入内存。例如，假设数据比特 $D_3 D_2 D_1 D_0 = 1101$，则校验比特 $P_2 P_1 P_0 = 010$。因此，原始码字为 $D_3 D_2 D_1 P_2 D_0 P_1 P_0 = 1100110$。

② 若干时间后，从内存读出可能有错码字 $D'_3 D'_2 D'_1 P'_2 D'_0 P'_1 P'_0$。内存没有错误，因此可能有错码字等于原始码字，即 $D'_3 D'_2 D'_1 P'_2 D'_0 P'_1 P'_0 = D_3 D_2 D_1 P_2 D_0 P_1 P_0 = 1100110$。

③ 算出新校验比特 $P''_2 P''_1 P''_0 = 010$。

④ 算出症状比特 $S_2 S_1 S_0 = 000$。

⑤ 因为 $S_2 S_1 S_0 = 000$，无须翻转任何码字比特。内存读出数据比特 1101。

情况 2：内存的某个数据比特出错，则图 3.4 5 个步骤行为如下。

① 同情况 1。

② 从内存读出可能有错码字 $D'_3 D'_2 D'_1 P'_2 D'_0 P'_1 P'_0$。假设第 5 号位置 (D_1) 出错，则有错码字 $D'_3 D'_2 D'_1 P'_2 D'_0 P'_1 P'_0 = D_3 D_2 D'_1 P_2 D_0 P_1 P_0 = 1110110$。

③ 算出新校验比特 $P''_2 P''_1 P''_0 = 111$。

④ 算出症状比特 $S_2 S_1 S_0 = 101$。

⑤ 由于 $S_2S_1S_0 \neq 000$，翻转 $S_2S_1S_0 = 101$ 指向第 5 号位置的码字比特（D'_1）。翻转 $D'_1 = 1$ 后得到 $D_1 = 0$。因此，内存读出正确的数据比特 1101。

情况 3：内存的某个校验比特出错，则图 3.4 5 个步骤行为如下。

① 同情况 1。

② 从内存读出可能有错码字 $D'_3D'_2D'_1P'_2D'_0P'_1P'_0$。假设第 4 号位置（$P_2$）出错，则有错码字 $D'_3D'_2D'_1P'_2D'_0P'_1P'_0 = D_3D_2D_1P'_2D_0P_1P_0 = 1101110$。

③ 算出新校验比特 $P''_2P''_1P''_0 = P_2P_1P_0 = 010$。

④ 算出症状比特 $S_2S_1S_0 = 100$。

⑤ 由于 $S_2S_1S_0 \neq 000$，翻转 $S_2S_1S_0 = 100$ 指向位置（4）的码字比特（P'_2）。因此，我们依然看到内存读出正确的数据比特 1101。

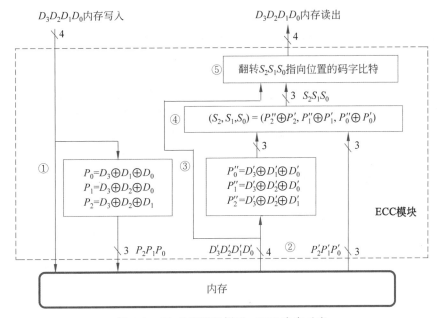

图 3.4 （7,4）汉明码例子：ECC 内存示意

【实例 3.16】 在程序中使用掩码操作一字节的特定比特。

如何操作一字节中的特定比特？使用掩码（mask）是一种常见方式。

让我们看一个具体例子：用字符'K'的每两比特替换掉数组 A 的相应比特。

假设我们想在字节数组 A = [0xD1, 0xC9, 0xDA, 0xDA] 中隐藏 ASCII 字符'K' = 75 = 01001011。一个做法是用'K'的每两比特替换掉目标字节的最低两比特。Go 代码如下。

```
package main              //replace.go
import "fmt"
func main() {
  A := [4]byte{0xD1,0xC9,0xDA,0xDA}
  fmt.Printf("Before: \tA = [%b %b %b %b]\n",A[0],A[1],A[2],A[3])
  data := byte('K')
  for i := 0; i < len(A); i++ {
```

```
        v := data & 0x3        //retain last 2 bits of 'K'   使用掩码 0x3
        A[i] = A[i] & 0xFC      //clear last 2 bits of A[i]   使用掩码 0xFC
        A[i] = A[i] | v         //set last 2 bits of A[i] with those of 'K'
        data = data >> 2        //repeat with the next 2 bits of 'K'
    }
    fmt.Printf("After: \t\tA = [%b %b %b %b]\n",A[0],A[1],A[2],A[3])
}
```

程序执行结果如下。注意，字符'K' = 75 = 01001011。其中，'K'的 11 两比特藏在
A[0]，10 两比特藏在 A[1]，00 两比特藏在 A[2]，01 两比特藏在 A[3]。

```
> go run replace.go
Before:     A = [11010001 11001001 11011010 11011010]
After:      A = [11010011 11001010 11011000 11011001]
>
```

该程序采用了制表符\t，使得两行输出对齐，便于比较替换前后数组 A 的二进制值。
可以看出，每个数组元素只改变了最右 2 比特。我们聚焦 for 循环，只考虑 i=0，其他 i 值是
类似的。当 i=0 时，data='K'=01001011 且 A[i]=A[0]= 11010001。循环体的执行细节
如下。

循环体的第一条语句采用了掩码 3，即 0x3= 00000011。按位与的结果是，变量 data 的
最右 2 比特保留下来，其他比特清零。

```
v := data & 0x3             //v= 01001011 & 00000011 = 00000011
                            //保留 'K'的最右 2 比特
```

循环体的第二条语句采用了掩码 0xFC，即 0xFC = 11111100。按位与的结果是，变量
A[0] = 11010001 的左边 6 个比特保留下来，最右 2 比特清零，A[0]= 11010000。

```
A[i] = A[i] & 0xFC          //A[i]=11010001 & 11111100 = 11010000
                            //将 A[i] 的最右 2 比特清零，左边 6 比特不变
```

第三条语句采用按位或，将两个掩码操作结果拼起来，即将 A[0] 保留下来的左边 6 比
特，与'K'保留下来的最右 2 比特，拼在一起。这就实现了"将'K'最右 2 比特替换 A[0]的相应
比特"的操作。

```
A[i] = A[i] | v             //A[i]=11010000  |  00000011 = 11010011
                            //用 'K'最右 2 比特替换 A[0]的相应比特
```

3.1.2 谓词逻辑

谓词逻辑（predicative logic）也称为一阶逻辑（first-order logic）。它拓展了命题逻辑。
与简单命题逻辑相比，谓词逻辑还额外包含了断言和量化。

所谓断言是一个会传回"真"或"假"的函数。考虑下列句子："苏格拉底是哲学家""柏拉图是哲学家"。在命题逻辑里,上述两句被视为两个不相关的命题,分别记为 p 及 q。在一阶逻辑里,上述两句可以使用断言以更加相似的方法来表示:如果用 $\mathrm{Phil}(x)$ 表示 x 是哲学家,那么,若 a 代表苏格拉底,则 $\mathrm{Phil}(a)$ 为第一个命题 p;若 b 代表柏拉图,则 $\mathrm{Phil}(b)$ 为第二个命题 q。

所谓量化通过量词来体现。在自然语言中我们常常会使用"所有""某些"等量词,在谓词逻辑中有两个量词,分别是全称量词 $\forall$ 和存在量词 $\exists$。前者等同于"每一个""所有""一切"等,后者等同于"存在着""至少有一个"。

【实例 3.17】　任何一个自然数,要么它本身为偶数,要么加 1 后为偶数。

$\forall n[\mathrm{Even}(n) \vee \mathrm{Even}(n+1)]$,其中断言 $\mathrm{Even}(n)$ 表示 n 是偶数。

【实例 3.18】　存在末 4 位是 9999 的素数。

$\exists n[\mathrm{Prime}(n) \wedge (n \equiv 9999(\mathrm{mod}\,10^4))]$,其中断言 $\mathrm{Prime}(n)$ 表示 n 是素数。

一个命题中可以存在多个量词。有多个量词的命题中,量词的顺序将可能表达完全不同的含义,因此不能随意修改量词的顺序。请看下面的例子,其中第一个是真命题,第二个是假命题。

【实例 3.19】　对于任意 x,都存在 y,使得 $y=x+1$。

$\forall x, \exists y(y=x+1)$。

【实例 3.20】　存在一个 y,对于任意的 x,都有 $y=x+1$。

$\exists y, \forall x(y=x+1)$。

量词的范围。我们可以为每个量词后面的变量指定一个特定的取值范围,这个范围被称为这个变量的论域或量化范围。

【实例 3.21】　任意有理数都可以写成两个整数的商。

$\forall x \in \mathbb{Q}, \exists p,q \in \mathbb{Z}\left[x=\dfrac{p}{q}\right]$($\mathbb{Q}$、$\mathbb{Z}$ 分别代表有理数集合和整数集合,下同)。

其中,变量 x 的论域为有理数,p 和 q 的论域为整数。

【实例 3.22】　存在无穷多个素数。

$\forall n \in \mathbb{N}, \exists m \in \mathbb{N}, \forall p,q \in \mathbb{N}, p,q>1[(m>n) \wedge (m \neq pq)]$($\mathbb{N}$ 代表自然数集合,下同)。

解释:这里用 m 表示所论述的素数。一个自然数是素数意味它不能写成两个大于 1 的自然数的乘积。因此,在表达式中,将其写为任意两个大于 1 的自然数 p 和 q 的乘积都不等于 m。为了表达出这样的 m 有无穷多个,我们引入一个中间变量 n,不论 n 有多大,总是有比它更大的素数 m 存在。

【实例 3.23】　对于 $n>2$,丢番图方程 $x^n+y^n=z^n$ 不存在非平凡整数解。

$\forall a,b,c,n \in \mathbf{Z}[(abc \neq 0) \wedge (n>2) \rightarrow (a^n+b^n \neq c^n)]$。

解释:丢番图方程的平凡解是指 x、y、z 中有一个变量为 0 的整数解,对于这里讨论的费马方程 $x^n+y^n=z^n$ 这类解总是存在的,例如 $x=0, y=z$,因此我们更关心一个丢番图方程是否存在非平凡的整数解。"不存在"等价于"任意……都不",上述式子用"任意 a、b、c 都不"来替代"不存在 a、b、c",上式中我们用 $abc \neq 0$ 来表示 a、b、c 都不等于 0。

上述例子中我们使用了如下性质。

性质：$\neg(\exists x F(x)) = \forall x \neg F(x)$，$\neg(\forall x F(x)) = \exists x \neg F(x)$。

【实例 3.24】 存在无穷多对孪生素数。

$$\forall n \in \mathbb{N}, \exists m \in \mathbb{N}, \forall p, q \in \mathbb{N}[(m>n) \wedge ((p,q>1) \rightarrow (pq \neq m) \wedge (pq \neq m+2))]。$$

解释：孪生素数是指差为 2 的两个素数。在上式中，对于任意两个大于 1 的正整数 p 和 q，m 和 $m+2$ 都不能表示成它们的乘积，也就是说 m 和 $m+2$ 是一对孪生素数。而对于任意大的 n，总是存在比它大的 m，保证 m 和 $m+2$ 是一对孪生素数，这样就刻画了孪生素数有无穷多对。注：此猜想被称为"孪生素数猜想"。

【实例 3.25】 对于任何一个正整数 n，如果是奇数则乘 3 并加 1，如果是偶数则除于 2，重复此过程最终总可以得到 1。

$$\forall n, \exists m, [f^{(m)}(n)=1]，其中 f(n)= \begin{cases} 3n+1, & n \equiv 1 (\bmod\ 2) \\ \dfrac{n}{2}, & n \equiv 0 (\bmod\ 2) \end{cases}$$

解释：这里 $f^{(m)}(n)$ 表示将 f 复合作用在 n 上 m 次，即 $f(f(\cdots f(n) \cdots))$。这个猜想被称之为"角谷猜想"，或者"奇偶归一猜想""$3n+1$ 猜想"等，目前这个猜想还未被解决。

3.2 图灵机模型

3.2.1 定理机器证明与吴方法

机器证明，又称数学机械化，要求在证明过程中，每前进一步之后，都有一个确定的规则来选择下一步，沿着这一路径前进，最终到达需要的结论。通过这样方式，人们希望回避开那些技巧性极强的数学证明，用现代计算机强大的计算能力来取而代之。

机器证明的思想可以回溯到 17 世纪法国数学家笛卡儿(Rene Descartes, 1596—1650)。笛卡儿曾经有过一个伟大的设想："一切问题都可以化为数学问题，一切数学问题都可以化为代数问题，一切代数问题都可以化为代数方程的求解问题。"笛卡儿并没有只停留在空想，他所创立的解析几何，建立了空间形式和数量关系之间的桥梁，实现了初等几何问题的代数化求解。

20 世纪初希尔伯特(David Hilbert, 1862—1943)更明确地提出了公理系统的机械化判定问题：给定一个公理系统，是否存在一种机械的方法(即现在所谓的算法)，可以验证每一个命题是否为真？在下面章节我们将会看到，希尔伯特的要求太高了。哥德尔不完备性定理指出：能对所有的命题进行机械化判定的方法是不存在的。

虽然希望使用一个算法来对所有的命题进行判定是做不到了，但是针对一些特定领域的具体的问题，使用机械化的方法仍然是可行的。例如，吴文俊先生提出的以多项式组零点集为基本点的消元方法(吴方法)可以应用于大量几何定理的机器证明。

图论中著名的四色定理断言：任何平面图都可以 4 染色，使得任何相邻的顶点都不同色。四色定理最早由格斯里(Francis Guthrie, 1831—1899)在 1852 年提出，这个问题困扰了数学家一百多年，最终在 1976 年由阿佩尔(Kenneth Appel)和哈肯(Wolfgang Haken)利用计算机所证明。他们证明的思路是这样的：如果在一张平面图中出现了某种特定的结构，那么他们就可以把这一个局部用一个更小的结构替代(即对原图进行约简)，同时保持 4

染色性质的不变。也就是说,如果新的图能够被 4 染色,那么原来大的图也可以被 4 染色。例如,一个度不大于 3 的顶点就可以被去掉,因为它不会影响整张图是否可以被 4 染色。阿佩尔和哈肯证明,一共有 1936 张互相不可约简的平面图,对于其他任何一张平面图,总可以通过不停地约简图中特定的结构,最终到达这 1936 张图中的某一张。最后他们借助计算机的帮助,经过超过 1000 小时的计算,终于验证了所有这 1936 张图都可以被 4 染色,进而证明了四色定理。四色定理是第一个用计算机辅助证明的数学定理。

3.2.2　有穷自动机

在介绍图灵机之前,让我们从一个简单的自动售卖机开始:一台自动售卖机可以售卖多种商品,可以接受多种币值的纸币或者硬币,同时还可以找零。为了简化问题,我们假设自动售卖机只卖两种商品——可乐和饼干,可乐的价格是 5 元 1 听,饼干的价格是 10 元一包,假设售卖机只能接受 5 元和 10 元的纸币,同时任何时刻售卖机内部剩余的金额最多不超过 10 元。

让我们用一种数学化的语言来描述自动售卖机的工作原理,我们用一些状态来表示自动售卖机的状态。首先售卖机有一个初始状态,我们将其记作 q_0。如果此时用户塞入一张 5 元的纸币,售卖机将进入一个新的状态,为了区分该状态与 q_0 的区别,我们将这一个状态记作 q_1。如果在状态 q_1 下用户选择购买一听可乐,那么售卖机将吐出一听可乐,并回到状态 q_0。另一方面,如果在 q_1 状态下用户再塞入 5 元,那么售卖机内一共有 10 元,从而进入另外一个状态 q_2,现在用户可能会选择购买可乐(或者饼干),那么售卖机将吐出可乐(或者饼干),并根据剩余的金额进入相应的状态 q_1(或者 q_0)。在任何状态下,如果用户选择“终止交易”,则售卖机会退回剩余金额,并回到 q_0 状态。

相比于上面的状态转移规则,状态转移图(图 3.5)更加清晰并简洁描述了售卖机的功能。

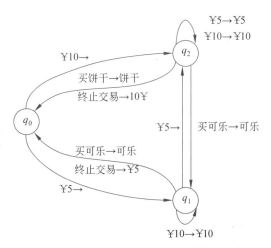

图 3.5　售卖机的状态转移图

其中,箭头(→)前面表示售卖机的输入,箭头后面表示售卖机的动作。例如,在 q_2 到 q_1 的路径上的“买可乐→可乐”表示如果售卖机在 q_2 状态,用户选择购买可乐,则售卖机跳

到 q_1 状态并吐出一听可乐。

自动售卖机所对应的计算模型被称为"有穷自动机"，也称为有限状态自动机（finite state automata）。这一计算模型基本上可以看作和我们计算机的 CPU 对应，但它的一个重要不足是该模型没有计算机的"内存"，也就是说没有存储器，只能通过自动机的状态来做存储。

3.2.3 图灵机

在前面的章节中我们通过介绍布尔逻辑和一阶逻辑，使得大家对逻辑有了初步的了解，我们看到所有的数学问题、所有的计算和证明推导过程都可以使用逻辑的语言来精确地描述，我们也看到了使用"机器"可以自动地来证明一些数学定理，我们也提到了希尔伯特的"公理系统机械化判定的思想"，到底希尔伯特心目中的通用的"机器"是什么样子？1936 年图灵给出了他的回答——图灵机。

图灵机既有处理器（CPU）也有存储器（内存）。下面我们严格定义图灵机。

【定义 3.4】 图灵机。

图灵机是一个七元组：$\{Q, \Sigma, \Gamma, \delta, q_0, q_{\text{accept}}, q_{\text{reject}}\}$，其中，$Q$、$\Sigma$、$\Gamma$ 都是有限集合。

（1）状态集合：Q。

（2）输入字母表：Σ。

（3）带字母表：Γ，其中 $B \in \Gamma$，B 是空白字符（Blank）的记号。

（4）转移函数：$\delta : (Q - \{q_{\text{accept}}, q_{\text{reject}}\}) \times \Sigma \rightarrow Q \times \Gamma \times \{\rightarrow, \leftarrow\}$。

（5）起始状态：$q_0 \in Q$。

（6）接受状态：q_{accept}。

（7）拒绝状态：q_{reject}。

图灵机（单带）是这样完成计算任务的：给定一个写有输入的右端无限长纸带，图灵机从纸带上输入的最左端出发，从初始状态开始，按照转移函数进行状态转移以及左右移动和写操作，最终进入接受状态或者拒绝状态。

也可以用状态转移图来描述图灵机（下面的讨论中，我们都用状态转移图来描述图灵机）。

【实例 3.26】 判定一个 0-1 字符串中包含 1 的个数是奇数还是偶数。

分析：可以用两个状态来区分当前已经读过的串中 1 的个数是奇数还是偶数，如图 3.6 所示。

其中，q_{even} 表示目前读到了偶数个 1；q_{odd} 表示目前读到了奇数个 1。自动机初始状态为 q_{even}。任意状态下，读到 1 就会跳到另一个状态。

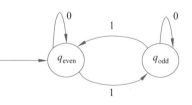

图 3.6 状态转移图：已经读过的串中 1 的个数是奇数还是偶数

【实例 3.27】 给定字符串 $1^m 0^n$，判断 m 是否等于 n，如果 $m = n$ 输出 Yes，否则输出 No。

分析：最容易想到的方法是先统计 1 和 0 的个数，然后再比较。但是图灵机只有有限的存储（控制器中的状态），不可能只使用内部状态来记录下字符串中所有的 1 或者 0（事实上可以证明，如果只用内部状态做记录，即不能对纸带

扬帆起航

清华大学出版社
TSINGHUA UNIVERSITY PRESS

May all your wishes come true

如果知识是通向未来的大门，
我们愿意为你打造一把打开这扇门的钥匙！

https://www.shuimushuhui.com/

图书详情 | 配套资源 | 课程视频 | 会议资讯 | 图书出版

进行写操作的话,图灵机是不可能完成这个任务的)。所以如果想统计字符串中 1 和 0 的个数,可以开辟纸带上某个空白的地方做计数器。但是这样的图灵机的状态转移图画出来太复杂。

方案 1:一种不需要统计 1 和 0 的个数,直接来判断 1 的个数和 0 的个数是否相同的方法。具体的做法是:将 0 和 1 进行配对(即建立一个 1-1 对应),如果能够完全配对,则 0 和 1 一样多,否则不一样多。图灵机的设计如图 3.7 所示。

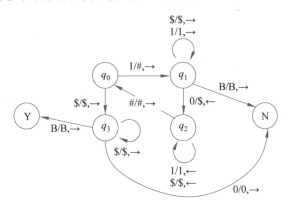

图 3.7 方案 1 图灵机状态转移图

图灵机读写头初始在纸带的最左端,然后往右移动,如果读到 1,置为 ♯,然后继续往右移动直到读到 0,替换为 \$,或者没有读到 0,这时就可以断定 1 的个数和 0 的个数不相等,输出 No(N)。然后读写头再回到纸带的左端重复上述过程,直到最后如果纸带上只剩下 1 或者 0,则输出 No(N),如果纸带上既没有 0 也没有 1,那么输出 Yes(Y)。

不难看出,如果输入的字符串为 1^n0^n,图灵机的运行步数为 $O(n^2)$。

方案 2:采用二分法的思想,将判断"$m=n$?"转化为比较 m 和 n 在二进制下的每一比特是否都相等。这里有一个问题,如何才能够得到 m 和 n 在二进制表示下的某一位是什么?图 3.8 给出了一个巧妙的方法,它不需要把 m 和 n 先算出来,就可以给出每一位。具

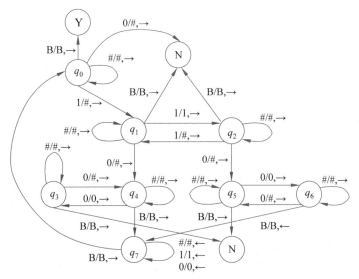

图 3.8 方案 2 图灵机状态转移图

体的实现采取如下方法。首先我们比较 m 和 n 的奇偶性是否相同，如果相同，那么我们将 m 和 n 都除以 2，得到 $\lfloor m/2 \rfloor$ 和 $\lfloor n/2 \rfloor$，再对其奇偶性进行比较，一直运行下去，直到两个数都变为 0，这时我们输出 Yes(Y)，或者两个数的奇偶性不同，我们输出 No(N)。更进一步，我们可以将奇偶性检查以及对 m 和 n 的减半操作合并起来，从而减少图灵机运行步数。

图灵机每隔一个 1 就将一个 1 置为 ♯，同理每隔一个 0 就将一个 0 置为 ♯，这样在检查奇偶性的同时，把 m 和 n 也都减半。不难看出，在所有情况下，图灵机都只需要来回跑 $O(\log n)$ 次，所以总的运行步数是 $O(n \log n)$ 的。所以方案 2 比方案 1 要快，那么存不存在比方案 2 还快的算法呢？事实上可以证明在单带图灵机的设定下，方案 2 是最快的。

【实例 3.28】 判定回文的图灵机。

一个字符串是回文(palindrome)，即它正读和反读相同。例如，苏轼的诗句"柳庭风静人眠昼，昼眠人静风庭柳"是回文，数字串 1991 也是回文。但 1992 则不是回文，因为 $1992 \neq 2991$。

一个自然界的回文例子存在于 CRISPR，即"规律性重复短回文序列簇"(Clustered Regularly Interspaced Short Palindromic Repeats)。它是一类 DNA 序列，是 2020 年诺贝尔化学奖成果 CRISPR-Cas9 基因编辑技术的基础。在无乳链球菌中发现的 CRISPR 的特色回文碱基对序列是

GTTTTGGAAC CATTCGAAACAGCACA GCTCTAAAAC

CAAAATCTCG GTAAGCTTTGTCGTGT CAAGGTTTTG

教师可进一步解读 CRISPR 的特色回文图示，可从德国马普学会(Max-Planck-Gesellschaft)网站获取。

可以证明，有穷自动机不能判定回文，但图灵机可以判定回文。

【定义 3.5】 回文图灵机。

我们仅考虑 0-1 字符串。识别回文的图灵机，简称为回文图灵机，可通过如下七元组 $\{Q, \Sigma, \Gamma, \delta, q_0, q_{\text{accept}}, q_{\text{reject}}\}$ 定义。

(1) 状态集合 $Q = \{q_0, q_{\text{accept}}, q_{\text{reject}}, q_{\text{Seen0}}, q_{\text{Seen1}}, q_{\text{Want0}}, q_{\text{Want1}}, q_{\text{Back}}, q_{\text{BackErase}}\}$。

(2) 输入字母表：$\Sigma = \{0, 1\}$。

(3) 带字母表：$\Gamma = \{0, 1, B\}$，其中 B 是空白字符。

(4) 转移函数：$\delta: (Q - \{q_{\text{accept}}, q_{\text{reject}}, \}) \times \Sigma \rightarrow Q \times \Gamma \times \{\rightarrow, \leftarrow\}$，具体定义见后。

(5) 起始状态：$q_0 \in Q$。

(6) 接受状态：$q_{\text{accept}} \in Q$。

(7) 拒绝状态：$q_{\text{reject}} \in Q$。

图 3.9 显示了回文自动机判定不同字符串的初始状态和终止状态例子。

假设由 0 或 1 组成的输入字符串已经在纸带上了。纸带上的其他格子包含空白字符 B。图 3.9 显示，当输入字符串不是回文时（例如 01），图灵机终止在拒绝状态 q_{reject}，纸带上输出 0；当输入字符串是回文时（例如 101），图灵机终止在接受状态 q_{accept}，纸带上输出 1。

表 3.6 以状态转移表的形式，给出了回文图灵机的状态转移函数 δ。注意：回文图灵机的状态转移表一共有 $3 \times 7 = 21$ 行。

图灵机是一种抽象计算机，它只有一条"汇编语言"指令，即查状态转移表，根据当前状态和读写头在纸带当前格子读到的符号，做 3 个操作：在当前格子写入一个符号、读写头左

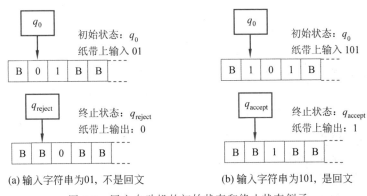

(a) 输入字符串为01，不是回文　　　　(b) 输入字符串为101，是回文

图 3.9　回文自动机的初始状态和终止状态例子

移或右移、进入下一状态。

表 3.6　回文图灵机的状态转移表

行	当前状态	读到符号	写入符号	读写头移动	下一状态
1	q_0	0	B	→	q_{Seen0}
2	q_0	1	B	→	q_{Seen1}
3	q_0	B	1	←	**q_{accept}**
4	q_{Seen0}	0	0	→	q_{Seen0}
5	q_{Seen0}	1	1	→	q_{Seen0}
6	q_{Seen0}	B	B	←	q_{Want0}
7	q_{Seen1}	0	0	→	q_{Seen1}
8	q_{Seen1}	1	1	→	q_{Seen1}
9	q_{Seen1}	B	B	←	q_{Want1}
10	q_{Want0}	0	B	←	q_{Back}
11	q_{Want0}	1	B	←	$q_{BackErase}$
12	q_{Want0}	B	1	←	**q_{accept}**
13	q_{Want1}	0	B	←	$q_{BackErase}$
14	q_{Want1}	1	B	←	q_{Back}
15	q_{Want1}	B	1	←	**q_{accept}**
16	q_{Back}	0	0	←	q_{Back}
17	q_{Back}	1	1	←	q_{Back}
18	q_{Back}	B	B	→	q_0
19	$q_{BackErase}$	0	B	←	$q_{BackErase}$
20	$q_{BackErase}$	1	B	←	$q_{BackErase}$
21	$q_{BackErase}$	B	0	←	**q_{reject}**

回文图灵机的工作原理如下。

（1）给定输入字符串，执行下列迭代步骤。

① 如果字符串的第一个字符与最后一个字符相同，删除这两个字符（将它们的纸带格子写为空白字符），然后开始下一次迭代。

② 如果字符串的第一个字符与最后一个字符不相同，删除整个字符串，然后输出 0 并进入终止状态 q_{reject}。

（2）直到所有输入字符串的符号都被删除了，然后输出 1 并进入终止状态 q_{accept}。

我们用两个例子来仔细看看识别它是否是回文的计算过程。当输入字符串是 01 时，这个计算过程一共需要 5 个步骤，最后得出不是回文的结果。

图灵机的初始状态：纸带包含 B01B，图灵机位于起始状态 q_0，读写头指向字符 **0** 所在格子。

第一步，从上述状态转移表可以看出，此时第 1 行 $<q_0,0,B,\rightarrow,q_{Seen0}>$ 激活，读写头在当前格子写入 B，读写头右移，状态转移到 q_{Seen0}。纸带状态成为 BB1B。

第二步，此时第 5 行 $<q_{Seen0},1,1,\rightarrow,q_{Seen0}>$ 激活，读写头在当前格子写入 1，读写头右移，转态转移到 q_{Seen0}。纸带状态成为 BB1**B**。

第三步，此时第 6 行 $<q_{Seen0},B,B,\leftarrow,q_{Want0}>$ 激活，读写头在当前格子写入 B，读写头左移，转态转移到 q_{Want0}。纸带状态成为 BB1B。

第四步，此时第 11 行 $<q_{Want0},1,B,\leftarrow,q_{BackErase}>$ 激活，读写头在当前格子写入 B，读写头左移，转态转移到 $q_{BackErase}$。纸带状态成为 B**B**BB。

第五步，此时第 21 行 $<q_{BackErase},B,0,\leftarrow,q_{reject}>$ 激活，读写头在当前格子写入 0，读写头左移，转态转移到 q_{reject}。纸带状态成为 B**0**BB。计算过程结束。

表 3.7 展示了这 5 步的状态转移以及变换前后的纸带状况。

表 3.7　字符串 01 的状态转移

步骤	变换前的纸带	变换：状态转移	变换后的纸带
1	B01B	#1：$<q_0,0,B,\rightarrow,q_{Seen0}>$	BB1B
2	BB1B	#5：$<q_{Seen0},1,1,\rightarrow,q_{Seen0}>$	BB1**B**
3	BB1**B**	#6：$<q_{Seen0},B,B,\leftarrow,q_{Want0}>$	BB1B
4	BB1B	#11：$<q_{Want0},1,B,\leftarrow,q_{BackErase}>$	B**B**BB
5	B**B**BB	#21：$<q_{BackErase},B,0,\leftarrow,q_{reject}>$	B**0**BB

给定输入字符串 101，表 3.8 展示的 10 步计算过程判定 101 是一个回文。

表 3.8　字符串 101 的状态转移

步骤	变 换 前	变换：状态转移	变 换 后
1	B**101**B	$<\#2,q_0,1,B,\rightarrow,q_{Seen1}>$	BB01B
2	BB01B	$<\#7,q_{Seen1},0,0,\rightarrow,q_{Seen1}>$	BB0**1**B
3	BB0**1**B	$<\#8,q_{Seen1},1,1,\rightarrow,q_{Seen1}>$	BB01**B**

续表

步骤	变　换　前	变换：状态转移	变　换　后
4	BB01**B**	$<\sharp 9, q_{Seen1}, B, B, \leftarrow, q_{Want1}>$	BB01B
5	BB01B	$<\sharp 14, q_{Want1}, 1, B, \leftarrow, q_{Back}>$	BB0BB
6	BB0BB	$<\sharp 16, q_{Back}, 0, 0, \leftarrow, q_{Back}>$	BB0BB
7	BB0BB	$<\sharp 18, q_{Back}, B, B, \rightarrow, q_0>$	BB0BB
8	BB0BB	$<\sharp 1, q_0, 0, B, \rightarrow, q_{Seen0}>$	BBBBB
9	BBBBB	$<\sharp 6, q_{Seen0}, B, B, \leftarrow, q_{Want0}>$	BBBBB
10	BBBBB	$<\sharp 12, q_{Want0}, B, 1, \leftarrow, q_{accept}>$	BB1BB

3.2.4　邱奇-图灵论题

在 3.2.3 节介绍了图灵机模型，以及图灵机如何进行计算。图灵机虽然看上去有一点怪，而且似乎和日常使用的台式机、笔记本计算机等也看不出有什么联系，但是事实上现代计算机就是按照图灵机的原理来工作的，而且人们普遍相信，任何计算都可以由图灵机来完成。这个论断称为**邱奇-图灵论题**。

在谈论这一论题之前，让我们先回顾一下计算的历史。什么是计算？什么是算法？虽然这一概念直到 20 世纪才从数学上给出精确的定义，但是其思想却可以追溯到两千年前。例如，古希腊的欧几里得(Euclid，约公元前 330—前 275 年)在《几何原本》中提出了计算两个正整数的最大公约数的"辗转相除法"，其中就包含了算法的递归思想。中国古代的《孙子算经》中关于"韩信点兵"问题的解法，事实上给出了一般的线性同余方程的求解算法。

1900 年，在巴黎举行的国际数学家大会上，希尔伯特提出了 23 个数学问题，即著名的**希尔伯特 23 问题**，这些问题对 20 世纪数学的研究和发展产生了深远的影响。其中第十个问题是有关于算法的。

希尔伯特第十问题：设计一个算法来判定丢番图方程是否存在整数解。

丢番图(Diophantus，约公元 201—285 年)方程，即整系数多项式方程，例如 $x^3 + y^3 = z^3, x^4 + y^4 + z^4 = w^4$。从对问题的描述可以看出，希尔伯特非常希望得到一个肯定的答案(或者说他默认了这样的算法是存在的，人们的任务只是如何找到它)。但是很可惜，希尔伯特这一问题的答案是否定的，1970 年 Yuri Matiyasevich 在 Julia Robinson、Martin Davis 和 Hilary Putnam 工作的基础上解决了希尔伯特第十问题，证明了不存在一个算法可以判定一个丢番图方程是否存在整数解。这就是马季亚谢维奇定理(DPRM 定理)。

要想对某一个特定问题给出一个算法，虽然同样非常困难，但是至少其解答是构造性的，我们只需要构造出一个解法即可。然而要证明不存在一个算法解决"丢番图问题"，则需要说明所有可能的各种方法都是不成功的。显然不可能穷尽所有的组合，因此需要对算法有一个清晰明确的定义，而非仅仅停留在直观认识。

前文中我们已经提到，在 1928 年希尔伯特更加明确地提出了其关于公理系统的机械化判定问题(Entscheidungsproblem)：一阶逻辑是否是可判定的？或者说，能否给出一个有效算法来判定一个一阶逻辑命题是否为真？

1936 年，邱奇（Alonzo Church，1903—1995）和图灵（Alan Turing，1912—1954）分别独立证明了一般性的判定算法是不存在的，从而否定了希尔伯特的设想。邱奇提出了一种叫作 λ 演算的符号系统来定义有效计算，图灵所使用的则是我们已经介绍过的图灵机，可以证明这两种定义在计算能力上是等价的，而且很好地吻合了人们的直观认识。另外，图灵还定义了**通用图灵机**，它可以高效地模拟其他任何图灵机。在邱奇和图灵之后，学者们又提出了很多种不同的计算模型，例如 Post 模型、Minsky 机器等，都被证明是和图灵机等价的，图灵机开始被人们广泛接受。

邱奇-图灵论题（Church-Turing Hypothesis）
任何人类用纸和笔所能做的计算与图灵机所能做的计算等价。

存不存在比图灵机计算能力更强的计算模型？"邱奇-图灵论题"断言，任何一个函数可以被人类用纸和笔计算，当且仅当它可以被一台图灵机计算（或者说存在算法）。也就是说，可以用图灵机计算的问题刻画了人类所有"可计算"的问题。

邱奇-图灵论题还有一些其他的变种，例如物理邱奇-图灵论题断言："任何物理上可计算的函数都是图灵可计算的"。在计算复杂性理论出现之后，学者们又提出了更强的邱奇-图灵论题：任何人类所能做的计算都可以被图灵机有效的模拟。这里"有效"的意思是指"多项式时间"规约，通常人们认为只有复杂度是多项式时间（或者更低）的计算才是可以有效实现的。邱奇-图灵论题是否正确目前仍不清楚，一些新的物理理论，例如量子力学、弦论、量子引力等是否可以给我们提供更加强大的计算能力尚无定论。

3.2.5　悖论与不完备定理

【实例 3.29】　理发师悖论。

在萨维尔村有一位理发师，他的手艺很高，村里人都找他理发。他挂出一则告示："我只给村里所有那些不给自己理发的人理发。"一天村里来了一位智者，他看到了理发师的告示后便去问理发师："你给不给自己理发？"理发师突然发现自己竟然无法回答这个问题。因为如果理发师不给自己理发，那么他就属于告示中所描述的那一类人，因此按照他自己的规则，他应该给自己理发，从而导致了矛盾。反之，如果理发师给他自己理发，那么他就不属于告示中描述的人群，根据告示所言，他只给村中不给自己理发的人理发，所以他不能给自己理发，也导致了矛盾。因此，无论这个理发师是否给自己理发，都不能排除内在的矛盾。这就是著名的**理发师悖论**。

所谓悖论，是指一种能够导致自相矛盾的命题。也就是说，从命题 B 出发，经过正确的逻辑推理后，能够得出一个与前提矛盾的结论 $\neg B$；反之，从命题 $\neg B$ 出发，也可以推出结论 B。那么，命题 B 就称为悖论。显然此时 $\neg B$ 也是一个悖论。

理发师悖论是更为一般性的**罗素悖论**的一个通俗描述，罗素悖论的叙述如下：设集合 R 由所有"x 不属于 x"的集合组成，也就是说"$R = \{x : x \notin x\}$"。那么 R 是否属于 R 呢？如前所述，这个命题"正确"和"错误"之间是互相可以推出来的。

罗素悖论一提出就在当时的数学界引起了极大震动，人们开始对数学产生怀疑。为了解决对于数学的可靠性的种种质疑,希尔伯特在 1928 年提出了他的宏伟计划:建立一组公理体系,使一切数学命题都可以在这一个体系中经过有限个步骤来推定其真伪。希尔伯特所设想的体系需要能回答下面几方面的问题。

(1) 是否具有**完备性**? 也就是说,面对那些正确的数学陈述,我们应该能够在这一体系中给出一个证明。

(2) 是否具有**一致性**? 也就是说,这个体系是无矛盾的,不会出现某个数学陈述又对又不对的结论。

(3) 是否是**可判定的**? 也就是说,能够找到一种方法,仅仅通过"机械化"的推演,就能判定一个数学命题是对是错。

然而在 1931 年,希尔伯特计划提出不到 3 年,哥德尔(Kurt Godel,1906—1978)就对上述问题给出了否定的回答,也就是**哥德尔不完备性定理**。

【定理 3.3】 哥德尔不完备性定理一。

任何一个包含初等数论(也称为皮亚诺算术)的数学系统都不可能同时拥有完备性和一致性。也就是说,存在一些初等数论的命题,它们是真的,但我们却无法在这个体系里面来证明它。有学者提出"哥德巴赫猜想"有可能就是这样的情况。

【定理 3.4】 哥德尔不完备性定理二。

任何包含了初等数论的数学系统,如果它是一致的(不矛盾的),那么它的一致性不能在它自身内部来证明。也就是说,初等数论这一体系中是否存在着悖论,不能够仅依靠这一体系来解决。

哥德尔不完备性定理否定了希尔伯特的宏伟计划。它告诉我们,真与可证是两个不同的事情,可证的断言一定是真的,但真的断言不一定可证;想要保证一个系统中没有悖论,仅在系统内部是解决不了的。

3.3　计算逻辑的创新故事

本节讲述对计算逻辑做出奠基性贡献的两位先辈的故事,他们是布尔逻辑发明人乔治·布尔,以及图灵机的发明人艾伦·图灵。逻辑的本质是界定"正确"与"错误"。

3.3.1　布尔的故事

乔治·布尔(George Boole)生于 1815 年的英格兰。他从小就很喜欢学习,但他家里很穷,没有钱供他上学。从 16 岁开始,布尔成为一家六口的经济支柱。他一边在学校当助教,一边自学。到了 19 岁,布尔自己开了一个学校教书。

贫困的生活没有泯灭布尔追求真理的热情。他在工作之余继续自学,并开始做创造性的工作,撰写了多篇数学论文。《剑桥数学杂志》的主编并没有歧视这位从未完成过正规学校训练的年轻人,他帮助布尔改进论文,在杂志上发表,并且鼓励布尔进入剑桥大学攻读数学。可是,布尔的家境实在太贫寒了,他不得不放弃上大学的梦。布尔只完成了正规的小学教育,连初中文凭都没有,更没有受过高等学位教育。他唯一获得的学位是多年后都柏林大学和牛津大学授予他的荣誉博士学位。

布尔十余年的自学和研究使他成为了一名优秀的数学家。他在《剑桥数学杂志》《伦敦皇家学会会刊》等著名学术刊物上发表了一系列有影响的论文。到了 1848 年,布尔 33 岁的时候,爱尔兰的柯克女王大学聘他担任数学讲座教授。这对布尔来说是一个绝好的机会。他不但可以大大拓展和加深自己的数学知识,而且有了更好的条件从事科学研究。6 年后,他发表了题为《思维定律研究》的重要专著。

布尔很早就洞察到了,符号和它所代表的数值是可以分开的两个东西。符号以及符号之间的关系有自身的规律。基于这个观察,布尔提出了一套用于研究人类思维规律的符号逻辑系统,后人称为"布尔代数"或"布尔逻辑"。

布尔代数是一个二值逻辑系统,包含如下几个基本概念。

(1) 两个特殊符号 1(表示真)和 0(表示假),这是两个具有恒定值的符号,称为布尔常数。

(2) n 个一般符号 $x_1,x_2,\cdots,x_n$。这些符号也叫布尔变量。

(3) 3 个算子+("或")、·("与")、-("非")。其中"或"和"与"算子是二元算子,"非"是一元算子。有时也将"+"称为"逻辑和"或者"逻辑加"运算,"·"称为"逻辑积"或者"逻辑乘"运算。

(4) 表示算子先后次序的括号"("和")"。

布尔表达式即是由上述元素递归组合而成的符号序列。所有表达式,就构成了布尔代数的元素空间。一个布尔表达式所代表的数学函数,称为布尔函数。

布尔代数包含了代数系统的共同性质,以及一些特殊的性质,比如 $1+1=1$,这与我们熟知的 $1+1=2$ 大不相同。详细的 12 条性质见 3.1.1 节。

利用布尔逻辑能够回答一些基础问题:如何判定两个布尔表达式是否相等? 一共有多少个不相等的布尔表达式? 如何优化一个布尔表达式?

这些问题不仅具有深刻的理论意义,在实际应用中也是十分重要的。例如,布尔表达式在今天的计算机中对应于一段程序或一个半导体电路。如果有办法判定两个电路在布尔逻辑的定义上相等,就可以用具有更好性质的电路代替另一个电路。"更好的性质"包括速度更快、功耗更省、成本更低等。

对第一个问题:"如何判定两个布尔表达式是否相等?"理论上有多种方法来回答。一个重要的方法是使用范式概念。一个布尔函数可以用很多个布尔表达式来表示,它们都是相等的。其中有一种表达式是标准表达式,称为范式。这样,给定任意两个布尔表达式,可以使用布尔逻辑的公理把它们转换成范式,然后看这两个范式是不是一模一样的。如果是,则这两个布尔表达式是相等的,否则是不相等的。

布尔代数的范式定理。任何一个布尔表达式可以被等价地变换成下面的唯一表达式:它是若干积的和,而在每一个积中,x_i 或 $\bar{x}_i$ 刚好出现一次(常量 0 是 0 个积的和)。

从这个定理可以得出许多推论。下面两个推论很有趣。

推论 1。具有 n 个变量的布尔代数刚好有 2^{2^n} 个不同的布尔函数。例如,具有 1 个变量的布尔代数刚好有 $2^{2^1}=4$ 个不同的布尔函数,它们是 x、$\bar{x}$、1、0(注:$x+\bar{x}=1,x\cdot\bar{x}=0$)。它们的范式分别是 x、$\bar{x}$、$x+\bar{x}$、$x\cdot\bar{x}$。

推论 2。任何布尔函数都可以用三级门来实现。

这个推论可直接从范式定理推出。例如,表达式 $x_1\cdot\bar{x}_2+\bar{x}_1\cdot x_2$ 对应的三级门电路如图 3.10 所示。

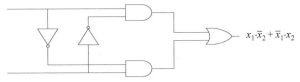

图 3.10　$x_1 \cdot \bar{x}_2 + \bar{x}_1 \cdot x_2$ 对应的三级门电路(输入为 x_1、x_2)

它的三级门分别是一级非门、一级与门和一级或门。这个推论的意思是,如果不考虑其他因素的话,计算任何一个布尔函数的时间最多是 3 个门延时。如果一个计算问题可以用布尔函数表示的话(这样的问题有很多种,例如算术运算和矩阵运算),则理论上,只需要三级门的时间就可以算完它。

布尔代数已成为今天计算机电路的理论基础。但是,布尔代数也有不足之处。下面是一个例子。

【实例 3.30】　说谎者悖论。

据说古时候西方有一个说谎岛,岛上居民所说的每一句话都是假的。有一天,岛上居民张三说了一句话:"张三说的是假话。"试问这句话本身是真还是假?

上面的例子叫"说谎者悖论",它还有更简单的表示:

Y="Y 是假的"

如果 Y 确实是假的,那么"Y 是假的"这句话就是真的了。如果 Y 确实是真的,那么"Y是假的"这句话就是假的。换言之,不论 Y 是真还是假,我们马上能推出相反的结论。

Y 的值将在 0 和 1 之间振荡,不会稳定到 0 或者 1。

布尔代数似乎遇到问题了,它好像不能解决悖论这种有矛盾的命题。仔细分析一下,我们可以发现,这类悖论涉及"自我引用"或"自我影响",即输出端影响输入端。在数字电路中,这种自我引用表现为反馈循环电路,即从电路的一点出发,我们可以沿着一条线路转一圈又回到该点。

出现了问题常常是好事,它给予人们创新的机会。像说谎者悖论或反馈循环电路这样的问题的出现,引起人们思考:"能不能利用反馈循环电路构造更强大的功能呢?"

果不其然,人们发现,布尔函数只有运算或处理能力,没有记忆能力。但是,如果引入反馈循环电路,记忆能力也能实现。请看如图 3.11 所示电路。

信号 Q 现在可以表示记忆。如果我们把下一时刻 Q 的值叫作"新 Q",则它的布尔函数是:新 $Q = x \cdot Q + \bar{x} \cdot y$。

图 3.11　含有反馈循环的
一个逻辑电路

也就是说,当 $x=1$ 时,新 Q 保持了 Q 的内容;而当 $x=0$ 时,新 Q 就是 y 的值。这样,如果我们想"记住"Q 的值,只需将 x 设为 1。而如果想把 Q 设成一个新的值,只需将 x 设为 0。利用这种原理,人们可以实现计算机所需的存储功能。今天计算机的存储部件,例如寄存器,有很多是利用上述原理实现的。

3.3.2　图灵的故事

　　艾伦·图灵（Alan Turing）1912年生于英国伦敦。他从小就爱钻研问题。图灵的朋友们后来回忆，他是个很特别的学生。他热爱科学和数学，常常浸入它们的研究，忘记了身边的其他事。但是，他对拉丁文、英文等专业却毫无兴趣。图灵所上的中学是一所信奉"全面教育、平衡教育"的学校，他的老师们常常为图灵的偏科行为头痛。图灵的学习和研究还有两个特点。他喜欢采用第一原理研究法，凡事从头做起，而不是借鉴他人已经创造的成果。他也特别喜欢理论结合实践，用手头已有的设备亲自动手建造实验装置，完成具体的科学实验。

　　1931年，图灵进了剑桥的国王学院学习数学。四年的大学学习给他打下了坚实的数学基础。他的大学论文是关于概率的。图灵在不知道前人类似工作的情况下，重新发现和证明了概率论中的一个重要结果：中央极限定理。

　　从1934年开始，图灵转向了数理逻辑的研究。不久之后，他撰写了一篇有关可计算性问题的论文，提出了一种通用计算机的概念。这种理论计算机模型后来被世人称为"图灵机"。图灵的这项工作受到了学术界同行的注意。1936年，他应邀到美国普林斯顿大学攻读博士学位。图灵在阿隆佐·邱奇（Alonzo Church）的指导下，在两年时间里完成了博士论文。博士毕业之后，图灵回到了英国参加密码破译机和其他计算机的研究工作。据报道，图灵的工作在第二次世界大战中为英国政府发挥了实际作用，他的设计至今仍是保密的。

　　图灵的两项工作对计算机科学影响深远。第一项是他发明的图灵机模型，第二项是他在1950年提出的"图灵测试"。图灵认为计算机是一个很有力的工具，而且具有一定的"机器智能"，在很多方面不亚于人的智能。图灵测试可以用来测量计算机智能如何接近人的智能。

　　图灵测试很容易做：在一间屋子里放一台计算机，另一间屋子里有一个人。这两个被测试者都通过键盘和屏幕与外界通信。测试者（人）在屋子外面，通过一个计算机终端（就像今天的微机一样）同时向这两个被测试者提问题。测试者只能通过屏幕上的显示来得到被测试者的应答。如果测试者没有办法区分哪个是计算机，哪个是人，则我们就说该台计算机通过了图灵测试，即我们人类已经无法从外部区分人和计算机。今天，国际上每年还举行图灵测试的比赛。据说，在30%以上的情形里，人类测试者已经无法将参赛计算机与人区分开。

　　用现代的术语来表达，我们很容易定义图灵机。一个图灵机由3部分组成：一个是处理器，一个是内存，一个是程序。在图灵机工作开始的时候，我们假设输入数据和程序已经写入内存中。图灵机根据输入数据和程序开始执行操作。它可能过了一段时间就停机了，这时输出数据（结果）已被写到了内存中，计算圆满结束。它也可能永远不停机。图灵机与一般计算机的根本区别是：图灵机的内存可以是无限容量的，图灵机可以运算任意长的一段时间。

　　图灵猜测，凡是任何计算机能够解决的问题，都可以用图灵机计算出来。因此，他提出的理论计算机模型称为通用计算机。这个猜测后来与他博士论文导师的工作一起，发展成为计算机科学最基础的一个假设，即邱奇-图灵假说（Church-Turing Hypothesis）：任何合理的抽象计算机都等价于图灵机，最多执行时间有一个多项式的差别。这个假说也被称为

邱奇-图灵论题。

难道世界上还有计算机不能解决的问题吗？有的。其中重要的一类称为"停机问题"。停机问题的一种简单表述是：给出任意一个图灵机，判断它是否会停机。我们找不到一个图灵机程序，用来断定任意图灵机是否停机。因此，人们把停机问题这类东西称为不可计算问题。这类问题的特征是：无论用多大的内存、运算多长的时间，也不可能解决它。

为了纪念图灵的杰出贡献，国际计算机组织 ACM 设立了图灵奖，它是国际计算机科学领域最有影响的科技奖。为纪念图灵的 100 周年诞辰，2011 年好莱坞启动了关于图灵生平的电影制作，并在 2014 年推出了奥斯卡获奖影片《模仿游戏》(*The Imitation Game*)。图灵的母校普林斯顿大学在 2012 年 5 月组织了 3 天的图灵百年纪念学术活动。20 位来自学术界和工业界的专家做了学术报告，向图灵致敬。他们大部分是图灵奖获得者。其中一个报告是 Richard Karp 教授做的关于计算透镜和计算思维的报告。报告视频可从图灵百年纪念活动网站获得。

3.4 习 题

1. 命题公式 $P \to (Q \lor P)$ 的真值是(　　)。

　A. 0　　　　　　　　　　　　B. 1

　C. 可能为 0，也可能为 1　　　　D. 同时是 0 和 1

2. 设命题 G：$(\neg P) \to (\neg Q \land R)$，则使 G 取真值为 1 的 P、Q、R 赋值分别是(　　)。

　A. 0，1，0　　　B. 0，1，1　　　C. 0，0，0　　　D. 1，1，0

3. 命题公式 $\neg(P \to Q)$ 的析取范式是(　　)。

　A. $P \land \neg Q$　　　B. $\neg P \land Q$　　　C. $\neg P \lor Q$　　　D. $P \lor \neg Q$

4. 下列公式(　　)为**永真式**，即在各种赋值下取值均为真的命题公式。$A \leftrightarrow B$ 定义为 $(A \to B) \land (B \to A)$。

　A. $\neg P \land \neg Q \leftrightarrow P \lor Q$

　B. $(Q \to (P \lor Q)) \leftrightarrow (\neg Q \land (P \lor Q))$

　C. $(P \to (\neg Q \to P)) \leftrightarrow (\neg P \to (P \to Q))$

　D. $(\neg P \lor (P \land Q)) \leftrightarrow Q$

5. 判断下面 3 个人说真话的是(　　)。

甲：如果乙说的是真话，那么丙说的是真话。

乙：如果丙说的是真话，那么甲说的是真话。

丙：我们说的都是假话。

　A. 甲　　　　　B. 乙　　　　　C. 丙　　　　　D. 甲、乙

6. 用 P 表示语句"我可能会建一所学校"，用 Q 表示语句"我有足够的钱"。用 f 表示语句"我可能会建一所学校，仅当我有足够的钱"。f 的所有正确的符号化是(　　)。

　A. $Q \to P$　　　B. $P \to Q$　　　C. $P \leftrightarrow Q$　　　D. $\neg P \lor \neg Q$

7. 设 $C(x)$ 代表命题"x 是国家级运动员"，$G(x)$ 代表"x 是健壮的"，则命题"没有一个国家级运动员不是健壮的"可符号化为(　　)。

　A. $\neg \forall x(C(x) \land \neg G(x))$　　　B. $\neg \forall x(C(x) \to \neg G(x))$

　　C. $\neg \exists x(C(x) \to \neg G(x))$　　　　　　　　D. $\neg \exists x(C(x) \wedge \neg G(x))$

8. 下列式子成立的是（　　　）。

　　A. $\neg(x \oplus y) = (\neg x) \oplus (\neg y)$　　　　　　B. $(x \oplus y) \vee z = (x \vee z) \oplus (y \vee z)$

　　C. $(x \oplus y) \wedge z = (x \wedge z) \oplus (y \wedge z)$　　　　D. $(x \vee y) \oplus z = (x \oplus z) \vee (y \oplus z)$

9. 下列式子与 $(x \wedge y) \vee (y \wedge z) \vee (x \wedge w)$ 相等的是（　　　）。

　　A. $(x \vee y) \wedge (x \vee z) \wedge (x \vee w)$　　　　B. $(x \vee y) \wedge (y \vee z) \wedge (y \vee w)$

　　C. $(x \vee y) \wedge (x \vee z) \wedge (z \vee w)$　　　　D. $(x \vee y) \wedge (x \vee z) \wedge (y \vee w)$

10. $P(x)$ 表示" x 掌握 Go"，$Q(x)$ 表示" x 学习了计算机科学导论课程"，$R(x)$ 表示" x 可以在明年的计算机科学导论课程中担任助教"。f 表示语句"学习了计算机科学导论课程的人可以掌握 Go"，g 表示语句"一些掌握了 Go 的人可以在明年的计算机科学导论课程中担任助教"。如何用谓词逻辑公式表示 f 和 g？（　　　）

　　A. $f：\forall x(Q(x) \wedge P(x))；g：\exists x(P(x) \to R(x))$

　　B. $f：\forall x(Q(x) \to P(x))；g：\exists x(P(x) \to R(x))$

　　C. $f：\forall x(Q(x) \to P(x))；g：\exists x(P(x) \wedge R(x))$

　　D. $f：\forall x(Q(x) \wedge P(x))；g：\exists x(P(x) \wedge R(x))$

11. 假设以下两个前提是正确的，结论是否正确？为什么？

前提1：参加了计算机科学导论课程的学生能够掌握 Go。

前提2：一些掌握了 Go 的学生能够在明年的计算机科学导论课程中担任助教。

　　结论：一些参加了计算机科学导论课程的学生可以在明年的计算机科学导论课程中担任助教。

12. (***) 3 个变量的布尔函数一共有 $2^8 = 256$ 个，其中单调不减的函数有（　　　）个。

　　A. 16　　　　　　B. 20　　　　　　　C. 60　　　　　　　D. 128

13. N 个输入一个输出的真值表一共有（　　　）行。

　　A. N　　　　　　B. $\log N$　　　　　C. 2^N

14. 一个图灵机的执行可能停在计算过程的中间吗？即没有进入接受状态或拒绝状态，但又不能转移到下一状态。正确的陈述是（　　　）。

　　A. 不会。图灵机停机，当且仅当它进入接受状态或拒绝状态，不会停在任何其他状态。这是因为转移函数 δ，考虑到了所有可能情况，即考虑到了状态集 $Q - \{q_{\text{accept}}, q_{\text{reject}}\}$ 与纸带字符集 Σ 所有可能的组合

　　B. 会的。当读写头看到一个不认识的符号时，图灵机不知道该做什么，会停在计算过程的中间

　　C. 会的。当图灵机进入某一个状态 S，而且 S 既不是接受状态又不是拒绝状态还没有下一状态，图灵机会停在计算过程的中间

　　D. 会的。图灵机的状态转移表是有限的（只有有限行）。但是，图灵机建模的计算过程可能有无穷多种状态转移。因此，某些状态转移不在状态转移表之中

15. 回文图灵机的状态转移表刚好是 $7 \times 3 = 21$ 行，即有 21 个状态转换，是因为（　　　）。

　　A. 转移函数 δ 的定义域是 $Q \times \Sigma$，而 $|Q| = 7$ 且 $|\Sigma| = 3$，它们的组合刚好是 $7 \times 3 = 21$

B. 转移函数 δ 的定义域是 $(Q-\{q_{accept},q_{reject}\})\times\Sigma$,而 $|Q-\{q_{accept},q_{reject}\}|=7$ 且 $|\Sigma|=3$,它们的组合刚好是 $7\times3=21$

C. 转移函数 δ 的值域是 $Q\times\Sigma$,而 $|Q|=7$ 且 $|\Sigma|=3$,它们的组合刚好是 $7\times3=21$

D. 转移函数 δ 的值域是 $(Q-\{q_{accept},q_{reject}\})\times\Sigma$,而 $|Q-\{q_{accept},q_{reject}\}|=7$ 且 $|\Sigma|=3$,它们的组合刚好是 $7\times3=21$

下面是一些思考题,用于启发并拓展同学们的思维。不建议教师提供"标准答案"。

16. 全加器是单比特加法器,即一个 3 输入 2 输出的布尔函数,如图 3.12 所示。它有 5 个单比特变量,分别是①两个本位输入变量 X 与 Y;②一个进位输入变量 C_{in};③一个本位结果输出变量 Z;④一个进位输出变量 C_{out}。例如,当 $X=0,Y=1,C_{in}=1$ 时,有 $Z=0,C_{out}=1$。

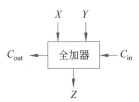

图 3.12 全加器的 5 个单比特变量

(a)(分析)请根据题意纠正并补全表 3.9,构造出全加器的真值表。

表 3.9 全加器的真值表

X	Y	C_{in}	Z	C_{out}
0	0	0	0	0
0	1	1	1	0

(b)(设计)请补全下列公式,推导出全加器的两个输出变量 Z 与 C_{out} 的布尔表达式。

$$Z=(X\oplus \qquad\qquad)$$
$$C_{out}=(X\wedge \qquad\qquad)$$

17. 双路复用器是根据控制输入 S 选择一路输入作为输出的布尔函数,如图 3.13 所示。它包含 4 个单比特变量,分别是①两个数据输入变量 X 与 Y;②一个控制输入变量 S;③一个结果输出变量 Z。当 $S=0$ 时,$Z=X$;当 $S=1$ 时,$Z=Y$。

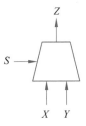

图 3.13 双路复用器的 4 个变量:S、X、Y 是布尔函数输入,Z 是布尔函数输出

（a）（分析）请根据题意补全表 3.10，构造出双路复用器的真值表。

表 3.10　双路复用器的真值表

X	Y	S	Z
0	0	0	0
0	0	1	0

（b）（设计）请补全下列公式，推导出双路复用器的输出变量 Z 的布尔表达式。

$$Z = (S \wedge)$$

18. 如果一个问题被证明是图灵机不可计算的，是否就应该放弃？

19. 科学研究中会遇到图灵不可计算问题吗？如果遇见怎么办？给出一个实例。

20. 人类的生产生活中会遇到图灵机不可计算的问题吗？如果遇见怎么办？给出一个实例。

21. 哥德尔不完备定理说明，包含算术（Arithmetic）的任何数学理论都是不完备的。那么，我们在小学学的算术、中学学的数学与几何、大学学的高等数学，都是错的吗？判断的理由是什么？

22. 从计算机科学（计算思维）角度看，什么是真理？这种真理与数学、物理学中的真理有区别吗？如果有，是什么区别？

23. 可不可能出现一个断言，从数学看是正确的，但从计算机科学角度看是错误的？

24. 可不可能出现一个断言，从计算机科学看是正确的，但从物理学角度看是错误的？

chapter 4

算 法 思 维

在每一个大程序中,永远有一个小程序挣扎着表达自己。

Inside every large program is a small program struggling to get out.

——托尼·霍尔(Tony Hoare),1970

第 3 章讲述了计算过程的正确性与图灵机的通用性。假设我们已知一个问题是可计算的,可能存在许多不同的计算过程去解决该问题。算法思维的目的是找出求解该问题的巧妙的计算过程,使得计算的时间更短、使用的计算资源更少。不同的计算过程所体现的方法称为算法。

4.1 什么是算法

我们从计算机领域内的一个经典问题——排序问题——开始。排序是计算机内经常进行的一种操作,其目的是将一组“无序”的记录序列按照大小关系调整为“有序”的记录序列。为了简单起见,我们假设:要排序的记录都是正整数;这些正整数的个数是已知的;这些正整数各不相同;我们要把这些正整数按从小到大排序。

为了求解排序问题,人们发明了各种各样的算法,例如冒泡排序、选择排序、快速排序、归并排序、堆排序等。在本节里以冒泡排序算法为例介绍一下算法是如何运行的,在后续的章节中还会介绍更复杂的快速排序算法。冒泡排序的原理是:每次将相邻的数字两两进行比较,按照小的排在左边、大的排在右边进行交换。这样经过一轮从左到右的比较/交换之后,最大的数字被交换到了序列最后的位置,然后再从头开始进行两两比较交换,直到比较到倒数第二个数时结束,以此类推。

【实例 4.1】 冒泡排序实例。

假设原始待排序的数组为 6,2,4,1,5,9。冒泡排序的计算过程如下。

第一轮排序(外循环):

  第 1 次比较 6 和 2,6 > 2,交换

  交换前状态 6,2,4,1,5,9 → 交换后状态 2,6,4,1,5,9

  第 2 次比较 6 和 4,6 > 4,交换

  交换前状态 2,6,4,1,5,9 → 交换后状态 2,4,6,1,5,9

  第 3 次比较 6 和 1,6 > 1,交换

　　　　　　交换前状态 2，4，6，1，5，9　　　→　　　交换后状态 2，4，1，6，5，9

　　　　　　第 4 次比较 6 和 5，6＞5，交换

　　　　　　交换前状态 2，4，1，6，5，9　　　→　　　交换后状态 2，4，1，5，6，9

　　　　　　第 5 次比较 6 和 9，6＜9，不交换

　　　　第二轮排序（外循环）：

　　　　　　第 1 次比较 2 和 4，2＜4，不交换

　　　　　　第 2 次比较 4 和 1，4＞1，交换

　　　　　　交换前状态 2，4，1，5，6，9　　　→　　　交换后状态 2，1，4，5，6，9

　　　　　　第 3 次比较 4 和 5，4＜5，不交换

　　　　　　第 4 次比较 5 和 6，5＜6，不交换

　　　　第三轮排序（外循环）：

　　　　　　第 1 次比较 2 和 1，2＞1，交换

　　　　　　交换前状态 2，1，4，5，6，9　　　→　　　交换后状态 1，2，4，5，6，9

　　　　　　第 2 次比较 2 和 4，2＜4，不交换

　　　　　　第 3 次比较 4 和 5，4＜5，不交换

　　　　第四轮排序（外循环）：无交换

　　　　第五轮排序（外循环）：无交换

　　　　排序完毕，输出最终结果 1 2 4 5 6 9。

　　“冒泡排序”这个名字的由来是因为大的数字会经由交换慢慢“浮”到数列的顶端，就像气泡从水底冒上来一样。现在我们来给出算法的形式化描述。

　　【定义 4.1】　高德纳算法定义。

　　一般地，可以采用来自高德纳（Donald Knuth）教授的如下算法定义[1]。一个算法是一组有穷的规则，它给出求解特定类型问题的操作序列，并具备下列 5 个特征。

　　（1）有穷性：算法在有限步骤之后必然要终止。

　　（2）确定性：算法的每个步骤都必须精确地（严格地和无歧义地）定义。

　　（3）输入：一个算法有零个或多个输入，在算法开始或中途给定。

　　（4）输出：一个算法有一个或多个输出。

　　（5）可行性：一个算法的所有操作必须是充分基本的，原则上一个人能够用笔和纸在有限时间内精确地完成它们。

　　以冒泡排序为例，“一组有穷的规则”可由输入、输出、步骤组成，描述如下。

　　冒泡排序算法

　　（1）输入：待排序的数组 A，数组 A 的长度 n。

　　（2）输出：排好序的数组 A。

　　（3）算法描述：

```
for i = 1 to n-1
    for j = 1 to n-i
```

　　①　高德纳.计算机程序设计艺术第 1 卷 基本算法（第 3 版）.苏运霖，译.北京：国防工业出版社，2002.

```
    if A[j]>A[j+1]
        exchange A[j] with A[j+1]
```

上述冒泡排序的算法描述定义了一组规则,给出了特定类型问题(即排序问题)的操作序列。算法的伪代码从标题行起一共包含 8 行,确实是有穷的规则,这组规则具备算法的 5 大特征。

第一,有穷性。分析可知,冒泡排序的外层循环需执行 $n-1$ 次;对于确定的 i,内层循环需执行 $(n-i)$ 次。因此,算法在 $\sum_{i=1}^{n-1}(n-i)=n(n-1)/2$ 步内必然终止。

第二,确定性。冒泡排序算法每一条指令的含义都很明确。

第三,输入有两个,一个是待排序的数组 A,一个是数组的长度 n。

第四,输出有一个,即排好序的数组 A。

第五,可行性。冒泡排序的基本操作——比较和交换——都是充分基本的。人们用笔和纸可以精确实现这些操作。

4.2　算法思维的要点

除了高德纳算法定义之外,算法思维还涉及算法范式(algorithmic paradigm)及算法复杂度分析。算法范式就是算法设计技术。本书讨论 4 种算法范式。最常见的是分治算法范式。

4.2.1　分治算法范式

分治(divide and conquer)算法的基本思路如下:将求解一个大的问题规约成求解一个或者多个规模较小的子问题,然后递归进行求解,最后将子问题的结果进行综合,给出原问题的答案。

1. 单因素优选法

让我们从单因素优选法的例子出发。考虑定义在区间 $[a,b]$ 上的单变量函数 f,假设 f 满足如下单峰条件: f 先(严格)单调增,后(严格)单调减①。如何最快地找出使得 f 取最大值的点 x。注:这里假设 $f(x)$ 是现实中的一个非常复杂的函数,不能够简单地通过使用求导等数学分析的方法来找出函数的极值点,唯一允许的操作是对某个指定的输入 x,计算 $f(x)$ 的值。我们的目标是使用最少的查询次数,即最少的对 f 的调用次数,找出使 $f(x)$ 最大的 x(在一定的精度范围内)。在生产实践中经常会遇到类似问题,例如如何通过调整碳的配比来调节钢材的强度。

如图 4.1 所示,如果从定义域的一侧出发开始搜索(例如从 a 开始),那么在最坏的情况下,可能需要一直检查到定义域的另一侧(即 b 点)才能确定函数的最大值点(考虑一个特殊函数 $f(x)=x$,在区间 $[a,b]$ 上单调增,最大值点在 $x=b$ 取得)。与刚才这种从一边开始

---

① 这里也包括只严格单调增的函数和只严格单调减的函数。

搜索相比，一个非常自然的想法是从中间开始搜索。

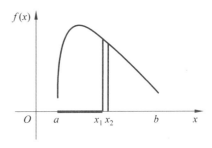

这样的好处是：如图 4.1 所示，如果我们选取两个非常靠近 $\frac{a+b}{2}$ 的点 x_1 和 x_2，并且查询 $f(x_1)$ 和 $f(x_2)$ 的函数值，分几种情况。

（1）如果 $f(x_1) > f(x_2)$（如图 4.1 所示），那么根据函数先单调增后单调减的性质可以知道函数的最大值在区间 $[a, x_2]$ 内取得，因此我们可以舍去区间 $[x_2, b]$。

图 4.1　单因素优选法

（2）如果 $f(x_1) < f(x_2)$，与（1）的情况类似，我们可以确定函数的最大值在区间 $[x_1, b]$ 上取得，因此可以舍去区间 $[a, x_1]$。

（3）如果 $f(x_1) = f(x_2)$，那么函数 f 的最大值一定在区间 $[x_1, x_2]$ 内出现，因此可以舍去区间 $[a, x_1]$ 和 $[x_2, b]$。

无论上述哪一种情况，都将所要搜索的区间从 $[a, b]$ 缩小了一半，而对于新的搜索区间（$[a, x_1]$ 或 $[x_2, b]$ 或 $[x_1, x_2]$），函数 f 在此区间上仍旧满足先单调增、后单调减的性质，因此可以递归地调用这一算法继续搜索函数的最大值点。

下面将上述问题描述成一个计算机的问题，并定量地给出上述算法的效率或算法复杂度。通常为了便于计算机进行处理，需要对连续的问题进行离散化。假设将区间 $[a, b]$ 离散化成 n 个点（例如 $n = 10000$，将 $[a, b]$ 等间距地分成 10000 份，第 i 个点 $x_i = a + \frac{i(b-a)}{10000}$），将函数 f 用一个数组 A 来表示：$A[1], A[2], \cdots, A[n]$。这样我们的问题可以描述成如下搜索问题。

输入：数组 $A[1], A[2], \cdots, A[n]$，满足存在 $1 \leqslant i \leqslant n$，使得 $A[1] < A[2] < \cdots < A[i]$，并且 $A[i] > A[i+1] > \cdots > A[n]$。

输出：i 以及 $A[i]$。

上面所描述的算法可以严格地形式化成图 4.2 所示的算法。

算法一：利用二等分找最大值

输入：$A[1], A[2], \cdots, A[n]$

输出：数列中的最大值及相应下标

1.　$begin \leftarrow 1,\ end \leftarrow n$
2.　**While** $end - begin > 1$ **do**
3.　　　$x_1 \leftarrow \lfloor \frac{begin+end}{2} \rfloor,\ x_2 \leftarrow x_1 + 1$
4.　　　**If** $A[x_1] < A[x_2]$ **then**
5.　　$begin \leftarrow x_2$
6.　　**Else**
7.　　$end \leftarrow x_1$
8.　**If** $A[begin] < A[end]$ **then**
9.　　**Return** $A[end], end$
10.　**Else**
11.　　**Return** $A[begin], begin$

图 4.2　算法一：利用二等分找最大值

下面来看一下这个算法的效率。我们习惯用 $T(n)$ 来表示一个算法在输入数据规模为 n 的情况下需要的运行时间(需要的操作步骤数),通常 $T(n)$ 是一个单调增函数。在算法的第一步我们需要查询两个点的函数值 $f(x_1)$、$f(x_2)$,算法的开销是 2。在算法的第二步我们把一个原来输入规模为 n 的问题归约(Reduction)(与规约不一样,归约的英文是 reduction,规约的英文是 specification)到了一个输入规模是 $\left[\dfrac{n}{2}\right]$(这里 $[x]$ 是取整函数,表示不超过 x 的最大整数)或者 $\left(n-\left[\dfrac{n}{2}\right]\right)$ 的子问题,该子问题的设定与原问题完全相同,只是规模比原问题小了。因此如果递归地调用算法一,所需要的查询次数是 $T\left[\dfrac{n}{2}\right]$ 或者 $T\left(n-\left[\dfrac{n}{2}\right]\right)$,综合这两步,就可以得到:

$$T(n)\leqslant\max\left\{T\left(\left[\dfrac{n}{2}\right]\right),T\left(n-\left[\dfrac{n}{2}\right]\right)\right\}+2$$

对于取整函数,我们有如下简单事实: $n=\left[\dfrac{n}{2}\right]+\left[\dfrac{n+1}{2}\right]$,因此 $n-\left[\dfrac{n}{2}\right]=\left[\dfrac{n+1}{2}\right]$,故上式可以简化为

$$T(n)\leqslant T\left(\left[\dfrac{n+1}{2}\right]\right)+2$$

这里隐含地使用了函数 $T(*)$ 是一个单调不减函数这一性质。另外知道初始值 $T(1)=1$。下面来看如何求解这样一个递推式。

由于算法中涉及取整函数,为了简化对算法的分析,这里首先假定 n 是一个 2 的方幂,即 $n=2^m$,之后我们会给出对于一般情况下的分析。

$$T(2^m)\leqslant T(2^{m-1})+2$$

如果把式子左边的 2^m 换成 2^{m-1},将会得到

$$T(2^{m-1})\leqslant T(2^{m-2})+2$$

综合两式可以得到

$$T(2^m)\leqslant T(2^{m-2})+4$$

以此类推,如果继续对 $T(2^{m-2})$ 使用递推公式,将得到

$$T(2^m)\leqslant T(2^{m-2})+4\leqslant T(2^{m-3})+6\leqslant T(2^{m-4})+8\leqslant\cdots\leqslant T(1)+2m$$

最后利用初始条件 $T(1)=1$,得到 $T(2^m)\leqslant 2m+1$,即 $T(n)\leqslant 2\log n+1$。[①]

与之形成鲜明对比的是,如果从 $A[1]$ 开始一个一个来看,最坏的情况下(最大值出现在 $A[n]$)我们需要查询 n 个元素,两者之间的差别达到了指数量级。

对于 n 不是 2 的方幂情况的分析如下。

假设 n 的二进制表示为 $n=(b_m b_{m-1}\cdots b_0)_2$,也就是说

$$n=b_m\times 2^m+b_{m-1}\times 2^{m-1}+\cdots+b_1\times 2^m+b_0$$

并且假设从 b_0 开始第一个 0 出现在 b_l,也就是说 $(b_l b_{l-2}\cdots b_0)_2=(011\cdots 1)$(这里 l 可以是 0,即一个 1 也没有,也可以是 $m+1$,即 b_i 全都是 1)。根据递推公式,我们得到

---

① 这里及之后出现的所有 log,如果不加特别说明都是以 2 为底。

$$T((b_m b_{m-1} \cdots b_0)_2) \leqslant T((b_m b_{m-1} \cdots b_{l+1} 10 \cdots 0)_2) + 2 \leqslant \cdots \leqslant T((b_m b_{m-1} \cdots b_{l+1} 1)_2) + 2l$$

类似地，可以再将 $(b_m b_{m-1} \cdots b_{l+1} 1)_2$ 末尾最长的连续的一段 1 取出来，仿照上面进行处理。注意到 $b_m = 1$，最终将得到一个全由 1 构成的数，设其长度为 k，由上述推理应有

$$T(n) = T((b_m b_{m-1} \cdots b_0)_2) \leqslant T((11 \cdots 1)_2) + 2(m - k + 1)$$

而

$$T((11 \cdots 1)_2) \leqslant T((10 \cdots 0)_2) + 2 \leqslant \cdots \leqslant T(1) + 2k$$

代入上式可得

$$T(n) = T((b_m b_{m-1} \cdots b_0)_2) \leqslant 2m + 3$$

综合两方面，对 $T(n)$ 我们可以给出如下精确的表达式：

$$T(n) \leqslant 2 \lceil \log n \rceil + 1$$

可以看到，n 为 2 的方幂与 n 不为 2 的方幂的情况下，算法的最终效率差别至多是常数量级的，并没有特别实质上的差别。因此，在今后进行算法分析时，将根据问题的需要假定 n 具有某些特定的形式，如 2 的方幂、完全平方数或者 3 的倍数等。

让我们再回顾一下上面的算法，我们每次通过付出两次的查询，使得区间的长度缩小一半。是否有可能进一步改进这一算法？每次缩小一半似乎已经是最经济的了，因为如果分成两部分，总有一部分的长度会不小于一半。那么每一轮所用的两次查询是否可以减少？这是有可能的，如果我们能够复用之前已经得到的查询结果！

下面给出上述问题的另外一个更加高效的算法。算法二的思想和算法一基本相同，其关键区别在于分点的选取上。我们的算法和分析中将频繁地用到 $\frac{\sqrt{5}-1}{2} \approx 0.618$ 这一常数，为了书写方便设 $\alpha = \frac{\sqrt{5}-1}{2}$。算法二如图 4.3 所示。

算法二：利用黄金分割找最大值

输入：$A[1], A[2], \cdots, A[n]$

输出：数列中的最大值及相应下标

1.　$begin \leftarrow 1$，$end \leftarrow n$
2.　**While** $end - begin > 1$ **do**
3.　　$x_1 \leftarrow \lfloor \alpha \cdot begin + (1-\alpha) \cdot end \rfloor$
4.　　$x_2 \leftarrow \lfloor (1-\alpha) \cdot begin + \alpha \cdot end \rfloor$
5.　　**If** $A[x_1] \leqslant A[x_2]$ **then**
6.　　　$begin \leftarrow x_1$
7.　　**Else**
8.　　　$end \leftarrow x_2$
9.　**If** $A[begin] < A[end]$ **then**
10.　　**Return** $A[end], end$
11.　**Else**
12.　　**Return** $A[begin], begin$

图 4.3　算法二：利用黄金分割找最大值

下面分析一下算法二的效率。如前所述，在分析中我们忽略掉所有取整符号。通过查询 $x_1 = (1-\alpha)n$ 和 $x_2 = \alpha n$，将问题归约到 $A[1, \cdots, \alpha n]$ 或者 $A[(1-\alpha)n, \cdots, n]$ 上面的一个

子问题。无论是哪一种情况,新的子问题的规模都是 αn。但是注意到对新的子问题,我们需要查询的两个点的其中一个已经知道了! 以 $A[1,\cdots,\alpha n]$ 为例,按照算法的步骤,需要查询的两个分点分别是 $y_1=\alpha n$,$y_2=\alpha^2 n$。注意到 α 是方程 $x^2+x-1=0$ 的一个根,因此 $\alpha^2=1-\alpha$,所以 $y_2=x_1$,也就是说,不需要再查询 y_2 点的值了,因为我们已经知道 x_1 点的值。同样,对于子问题 $A[(1-\alpha)n,\cdots,n]$,可以知道算法所需要的第一个分点恰好就是 x_2。因此无论哪一种情况,都只需要再查询一个新的点,故而得到如下递推关系:

$$\begin{cases} T(n)=T(\alpha n)+1 \\ T(1)=1 \end{cases}$$

仿照之前的方法可以求得

$$T(n)=T(\alpha n)+1=T(\alpha^2 n)+2=T(\alpha^3 n)+3=\cdots=T(1)+\log_{1/\alpha}n=\log_{(1+\alpha)}n+1$$

对比两个算法可以看出,算法二的效率要比算法一高(因为 $2\log_2 n=\log_{\sqrt{2}}n>\log_{(1+\alpha)}n$)。所以要解决同一个问题,如果采用不同的方法来设计算法,其运行效率是不同的。我们总是希望能够设计出最优的算法(效率最高的算法)来解决问题。

2. n 位数乘法

输入:$X=x_n x_{n-1}\cdots x_1$,$Y=y_n y_{n-1}\cdots y_1$。

输出:$Z=X\times Y=XY$。

计算两个数相乘是我们经常要碰到的问题,如图 4.4 所示给出了如何计算两个 3 位数相乘,即 123×321。对两个 n 位数来说(想象 n 非常大,例如 $n=10^{12}$),如果采用类似的方式来计算,一共需要 n^2 次乘法,以及大约 n^2 次加法。下面来看一下分治办法能否减少计算的总次数。

```
    123
  ×321
    123
   246
  369
39483
```

图 4.4 计算 123×321

将输入 X 和 Y 分别写成长度相等的两段:

$$X=X_1\times10^{n/2}+X_2, \qquad Y=Y_1\times10^{n/2}+Y_2$$

其中,X_1、X_2、Y_1、Y_2 的长度都是 $n/2$。我们要计算的式子为

$$Z=XY=X_1 Y_1\times10^n+(X_1 Y_2+X_2 Y_1)\times10^{n/2}+X_2 Y_2$$

如果简单地递归调用这一算法,分别去计算 $X_1 Y_1$,$X_1 Y_2$,$X_2 Y_1$,$X_2 Y_2$,那么一共需要做 4 次两个 $n/2$ 位数相乘,另外还需要至多 3 次 n 位数加法,所以得到

$$\begin{cases} T(n)=4T(n/2)+3n \\ T(1)=1 \end{cases}$$

不难求出这个递推关系的解,$T(n)=O(n^2)$,即没有比之前平凡的算法有任何实质的提高。

下面来看另外一个算法,它的核心想法是:我们需要的是 $X_1 Y_2+X_2 Y_1$,而并非 $X_1 Y_2$ 和 $X_2 Y_1$,注意到

$$X_1 Y_1+X_1 Y_2+X_2 Y_1+X_2 Y_2=(X_1+X_2)(Y_1+Y_2)$$

因此可以通过计算 $X_1 Y_1$,$X_2 Y_2$,$(X_1+X_2)(Y_1+Y_2)$,再利用

$$X_1 Y_2+X_2 Y_1=(X_1+X_2)(Y_1+Y_2)-X_1 Y_1-X_2 Y_2$$

来得到 $X_1 Y_2+X_2 Y_1$。采用这种方法一共需要计算 3 次两个 $n/2$ 位数相乘,另外我们需要计算 X_1+X_2,Y_1+Y_2,$(X_1+X_2)(Y_1+Y_2)-X_1 Y_1-X_2 Y_2$,以及

$$Z=X_1 Y_1\times10^n+(X_1 Y_2+X_2 Y_1)\times10^{n/2}+X_2 Y_2$$

共计 4 次 n 位数加减法及 2 次 $n/2$ 位数加法，至多 $6n$ 次运算①，所以我们得到

$$\begin{cases} T(n)=3T(n/2)+6n \\ T(1)=1 \end{cases}$$

通过求解这一递推关系可以得到 $T(n)=cn^{\log 3}+O(n)\sim n^{1.59}$，比 n^2 的算法有了大幅度改进。由此可以看到，在使用分治的思想设计算法时，非常重要的一点是使得递归调用的子问题数目尽可能少。

思考题：如果将两个数各分成 3 段（三分法），是否有可能比二分法更快？

3. 标记算法复杂度的 O 记号、o 记号、Ω 记号、Θ 记号

在前面的例子中，我们在分析算法复杂度的过程中使用了所谓的"大 O"记号，如 $T(n)=O(n^2)$，以便忽略掉小项。下面我们严格定义渐近记号（asymptotic notations）。

【定义 4.2】 O 记号（big-O notation）。

假设 f 和 g 都是从非负整数映射到非负整数的函数，如果 f 和 g 满足：存在一个常数 $c>0$，使得对于任意的 n，$f(n)\leqslant c*g(n)$，那么我们称 $f(n)=O(g(n))$。 ▪

例如，$10n+8=O(n)$，$10^{10}n^2+n=O(n^2)$，$10^{10}n^{1.999}-n^{1.5}=O(n^2)$。即 $O()$ 记号反映了函数随着 n 的增长其增长的速度快慢，而忽略掉之间可能存在的常数倍的差异。

【定义 4.3】 o 记号。

假设 f 和 g 都是从非负整数映射到非负整数的函数，如果 f 和 g 满足：$\lim\limits_{n\to\infty}\dfrac{f(n)}{g(n)}=0$，那么我们称 $f(n)=o(g(n))$。 ▪

例如，$10n=o(n^2)$，$10^{10}n^2=o(n^3)$，$10^{10}n^{1000}=o(1.1^n)$。

【定义 4.4】 Ω 记号。

假设 f 和 g 都是从非负整数映射到非负整数的函数，如果 f 和 g 满足：存在一个常数 $c>0$，使得对于任意的 n，$f(n)\geqslant c\times g(n)$，那么我们称 $f(n)=\Omega(g(n))$。 ▪

例如，$0.1n-8=\Omega(n)$，$n^2-10^6n^{1.9}=\Omega(n^2)$，$10^{-10}n^{2.00001}=\Omega(n^2)$。

【定义 4.5】 Θ 记号。

假设 f 和 g 都是从非负整数映射到非负整数的函数，如果 f 和 g 满足：$f(n)=O(g(n))$，并且 $f(n)=\Omega(g(n))$，那么我们称 $f(n)=\Theta(g(n))$。 ▪

例如，$10n-8=\Theta(n)$，$10^{-10}n^2+10^{10}n^{1.999}=\Theta(n^2)$。可以看出，$f(n)=\Theta(g(n))$ 中的 $g(n)$ 往往可以通过删除 $f(n)$ 中的较小项和最大项的常数获得。

之前关于两个 n 位数乘法的算法复杂度可以写成 $T(n)=\Theta(n^{\log 3})$。有时候我们在递推关系中也会使用 $O()$、$\Theta()$ 等记号，例如：$T(n)=3T(n/2)+O(n)$，它所表示的意思是存在一个常数 $c>0$，使得 $T(n)\leqslant 3T(n/2)+cn$。事实上对于这一递推式（以及初始值 $T(1)$），求解的结果都是 $T(n)=O(n^{\log 3})$，只是 $O()$ 记号里面的常数可能有所不同。

当理解这 4 种渐近记号时，有 3 条注意事项。

第一，最容易理解的关系是 Θ。给定 f，我们往往通过两个操作即可得到相应的 g：

---

① 这里我们只是给出一个上界，并未精确估计加法的次数，之所以这样做是因为，在 $T(n)=3T(n/2)+6n$ 中我们会看到，起关键作用的是前面的 3，而不是这里的 6。

①去掉 f 的所有低阶项,仅保留最高阶项;②去掉最高阶项的常数。例如,假设 k 是一个常数,给定 $f(n)=3k^n+9n^4+9687\log n+3984674$。当问题规模 n 足够大时,最高阶项是 $3k^n$。去掉常数 3,我们有 $f(n)=\Theta(k^n)$。

第二,这 4 个记号大体上标记了 4 种渐近的上下界。

(1) $f(n)=O(g(n))$ 表示 $g(n)$ 是 $f(n)$ 的渐近上界,即当问题规模 n 足够大时,$f(n)\leqslant g(n)$。

(2) $f(n)=o(g(n))$ 表示 $g(n)$ 是 $f(n)$ 的渐近严格上界,即当问题规模 n 足够大时,$f(n)<g(n)$。

(3) $f(n)=\Omega(g(n))$ 表示 $g(n)$ 是 $f(n)$ 的渐近下界,即当问题规模 n 足够大时,$f(n)\geqslant g(n)$。

(4) $f(n)=\Theta(g(n))$ 表示 $g(n)$ 与 $f(n)$ 渐近等阶,即当问题规模 n 足够大时,$f(n)=g(n)$。

第三,渐近记号中的等号不是通常数学的等号,这里 $A=B$ 不意味着 $B=A$。等号是单向的。例如,使用所谓的大 O 记号,$n^2=O(n^3)$ 成立,$n^2=O(n^4)$ 也成立。但是,我们不能让大 O 记号出现在等号的左边,也不能推出 $O(n^3)=n^2=O(n^4)$。

4. 矩阵乘法

关于两个数乘法的一个自然推广是两个矩阵的乘法。

输入:两个 $n\times n$ 的方阵 $\boldsymbol{A}=[a_{i,j}]$ 和 $\boldsymbol{B}=[b_{i,j}]$。

输出:$\boldsymbol{C}=\boldsymbol{AB}$。

根据定义:
$$c_{i,j}=a_{i,1}b_{1,j}+a_{i,2}b_{2,j}+\cdots+a_{i,n}b_{n,j}$$

如果采用最朴素的方法来计算每一个 $c_{i,j}$,一共需要 $O(n^3)$ 次乘法,以及 $O(n^3)$ 次加法。如果采用分块递归的方法,首先将 $\boldsymbol{A}$、$\boldsymbol{B}$ 和 $\boldsymbol{C}$ 分成 4 个 $n/2\times n/2$ 的子矩阵:
$$\boldsymbol{A}=\begin{bmatrix}\boldsymbol{A}_{1,1}&\boldsymbol{A}_{1,2}\\\boldsymbol{A}_{2,1}&\boldsymbol{A}_{2,2}\end{bmatrix},\boldsymbol{B}=\begin{bmatrix}\boldsymbol{B}_{1,1}&\boldsymbol{B}_{1,2}\\\boldsymbol{B}_{2,1}&\boldsymbol{B}_{2,2}\end{bmatrix},\boldsymbol{C}=\begin{bmatrix}\boldsymbol{C}_{1,1}&\boldsymbol{C}_{1,2}\\\boldsymbol{C}_{2,1}&\boldsymbol{C}_{2,2}\end{bmatrix}$$
则
$$\boldsymbol{C}_{1,1}=\boldsymbol{A}_{1,1}\boldsymbol{B}_{1,1}+\boldsymbol{A}_{1,2}\boldsymbol{B}_{2,1}$$
$$\boldsymbol{C}_{1,2}=\boldsymbol{A}_{1,1}\boldsymbol{B}_{1,2}+\boldsymbol{A}_{1,2}\boldsymbol{B}_{2,2}$$
$$\boldsymbol{C}_{2,1}=\boldsymbol{A}_{2,1}\boldsymbol{B}_{1,1}+\boldsymbol{A}_{2,2}\boldsymbol{B}_{2,1}$$
$$\boldsymbol{C}_{2,2}=\boldsymbol{A}_{2,1}\boldsymbol{B}_{1,2}+\boldsymbol{A}_{2,2}\boldsymbol{B}_{2,2}$$

如果直接按照上面的式子递归的去计算 $\boldsymbol{C}_{1,1},\boldsymbol{C}_{1,2},\boldsymbol{C}_{2,1},\boldsymbol{C}_{2,2}$,则一共需要调用 8 次 $n/2\times n/2$ 子矩阵相乘:$\boldsymbol{A}_{1,1}\boldsymbol{B}_{1,1},\boldsymbol{A}_{1,2}\boldsymbol{B}_{2,1},\boldsymbol{A}_{1,1}\boldsymbol{B}_{1,2},\boldsymbol{A}_{1,2}\boldsymbol{B}_{2,2},\boldsymbol{A}_{2,1}\boldsymbol{B}_{1,1},\boldsymbol{A}_{2,2}\boldsymbol{B}_{2,1},\boldsymbol{A}_{2,1}\boldsymbol{B}_{1,2},\boldsymbol{A}_{2,2}\boldsymbol{B}_{2,2}$,另外还需要计算 4 次 $n/2\times n/2$ 矩阵相加,所得到的递归形式为
$$T(n)=8T\left(\frac{n}{2}\right)+n^2$$
初值 $T(1)=1$,求解这一递推式得到最终的复杂度仍旧是 $T(n)=O(n^3)$。

借鉴之前关于 n 位数乘法的思想,我们需要通过适当的加减运算来减少对 $n/2\times n/2$ 子矩阵乘法的调用次数。下面的这一解法属于 Volker Strassen(1936—   )。

定义如下 7 个矩阵：

$$M_1 = (A_{1,2} - A_{2,2})(B_{2,1} + B_{2,2})$$
$$M_2 = (A_{1,1} + A_{2,2})(B_{1,1} + B_{2,2})$$
$$M_3 = (A_{1,1} - A_{2,1})(B_{1,1} + B_{1,2})$$
$$M_4 = (A_{1,1} + A_{1,2})B_{2,2}$$
$$M_5 = A_{1,1}(B_{1,2} - B_{2,2})$$
$$M_6 = A_{2,2}(B_{2,1} - B_{1,1})$$
$$M_7 = (A_{2,1} + A_{2,2})B_{1,1}$$

首先通过 7 次 $n/2 \times n/2$ 子矩阵乘法和若干次矩阵加减法，我们可以计算出 $M_1, M_2, \cdots,$ M_7。而我们所需要计算的 $C_{1,1}$、$C_{1,2}$、$C_{2,1}$、$C_{2,2}$ 都可以使用 $M_1, M_2, \cdots, M_7$ 的加减表示出来，具体的计算过程如下：

$$C_{1,1} = M_1 + M_2 - M_4 + M_6$$
$$C_{1,2} = M_4 + M_5$$
$$C_{2,1} = M_6 + M_7$$
$$C_{2,2} = M_2 - M_3 + M_5 - M_7$$

这样就可以完成整个矩阵乘法的计算。

下面来看一下 Strassen 算法的效率如何。首先 Strassen 算法一共需要调用 7 次子矩阵乘法，此外算法还需要进行若干次 $n/2 \times n/2$ 规模矩阵的加法，因此有如下递归式：

$$T(n) = 7T\left(\frac{n}{2}\right) + O(n^2)$$

这里没有精确地去统计计算加法所需要的总次数，而是用 $O()$ 记号隐藏了其中的常数，事实上这一常数并不会影响最终求解出来的 $T(n)$ 的数量级，即无论这一常数大小是多少，解出来都是 $T(n) = O(n^{\log 7}) \approx O(n^{2.81})$。

Strassen 在 1969 年提出的上述算法是关于矩阵乘法首个能够突破 $O(n^3)$ 量级的算法，之后矩阵乘法的复杂性上界不断被改进：1978 年 Pan 提出的算法复杂度为 $O(n^{2.796})$，1979 年 Bini 等提出的算法复杂度为 $O(n^{2.78})$，1981 年 Schönhage 提出的算法将复杂度提升到 $O(n^{2.548})$，1982 年 Romani 改进到 $O(n^{2.517})$，1986 年 Strassen 再次改进到 $O(n^{2.479})$。目前最好的矩阵相乘算法由 Coppersmith 和 Winograd 在 1987 年提出，最初提出时算法的时间复杂度为 $O(n^{2.376})$，最近经过 Stothers、Williams、Le Gall 等学者对原算法分析过程的不断改进，算法复杂度下降为 $O(n^{2.3729})$。能否有接近 $O(n^2)$ 复杂度的矩阵乘法算法是算法领域一个重要的未解问题。

4.2.2　其他算法范式

在 4.2.1 节中我们着重介绍了称为"分治"的算法设计技术(也称为算法范式或算法范型，algorithmic paradigm)，以及如何进行算法复杂度的分析。在本节中将介绍另外 3 种算法范式。

(1)"动态规划"范式(dynamic programming paradigm)，以求解斐波那契数为例。它去除了冗余计算，将斐波那契递归算法的指数复杂度降为线性复杂度。

（2）"贪心"范式（greedy paradigm），以稳定匹配问题为例。与分治算法不同，这类算法所给出的解的正确性是需要证明的。

（3）"随机"范式（randomization paradigm），以快速排序为例。它所使用的算法不是确定性的，而是一种随机算法，即算法在运行过程中会掷一些硬币，给出掷出硬币是正面还是反面决定运行的步骤。

1. 动态规划算法

让我们重新审视 1.3.3 节中的斐波那契数计算程序 fib.go。现在已知该程序的时间复杂度是 $O(2^N)$。当问题规模 N 变大时，速度会很慢。当 $N=50$ 时，速度慢已经很明显了。具体的原因是什么呢？我们先仔细分析调试一下当 $N=4$ 时的程序行为。将 fib-4.go 改写如下。

```
package main                              //fib-4.go
import "fmt"
const N = 4
func main() {
    fmt.Println(F(N))
}
func F(n int) int {
    fmt.Println("F(", n, ")")            //新加的打印语句,输出调试信息
    if n == 0 || n == 1 {
        return n
    }
    return F(n-1)+F(n-2)
}
```

注意，我们添加了一条打印语句用于调试，打印出调用函数 F 的信息，以便发现速度慢的原因。执行 fib-4.go 程序，得到下面输出。

```
> go run fib-4.go
F( 4 )
F( 3 )
F( 2 )
F( 1 )
F( 0 )
F( 1 )
F( 2 )
F( 1 )
F( 0 )
3
>
```

可以看出，fib-4.go 程序执行了 4 次重复冗余的函数调用，即上面的粗体显示的 4 次调用 F(1)、F(2)、F(1)、F(0)。事实上，冗余调用次数随 N 的增大急剧上升。同学们可试试

$N=6$、$N=10$、$N=20$ 的情况，即运行 fib-6.go、fib-10.go、fib-20.go，以便获得直观的感性认识。当 $N=6$ 时，冗余调用次数已经变成 18 次。

为什么会出现冗余调用呢？主要的原因是在用分治策略将问题分解成子问题时，上述程序的多个子问题并不是独立的，而是有交叉的子问题。例如，将 $F(n)$ 分解为 $F(n-1)$ 和 $F(n-2)$ 两个子问题时，$F(n-1)$ 又包含 $F(n-2)$ 和 $F(n-3)$ 两个子问题，与 $F(n-2)$ 交叉。

一个很自然的优化，是将已经计算过的函数调用结果存在记事本或备忘录上。后来的函数调用直接使用备忘录结果，不必重复计算。这种技术称为备忘录法（memoization，即备忘录 memo 的动词化）。

备忘录法是动态规划范式最简单的技巧。学术界和产业界在说起动态规划时，往往会包含备忘录法。也有学者认为应该区分备忘录法（memoization）与动态规划（dynamic programming）。真正的动态规划范式还有更高级的技巧。本课程不做这个区分。

采用备忘录法改造上述 fib-4.go，得到下述动态规划程序 fib.dp-4.go。注意，新程序添加了一个备忘录数组 memo，其中 memo[i]存放 F(i)的值；memo[i]等于 -1，表示尚未计算出 F(i)的结果。新程序还添加了一条打印语句

```
fmt.Println("Immediate Return: F(",n,")=",memo[n])
```

以便标记函数调用 F(n)直接使用备忘录结果 memo[n]，不必重复计算。

```
package main                              //fib.dp-4.go
import "fmt"
const N = 4
var memo [N+1]int                         //声明备忘录数组 memo，其中 memo[i]存放 F(i)的值
func main() {
    for i := 0; i <= N; i++ {
        memo[i] = -1                      //memo[i]初始值为-1，表示尚未计算出 F(i)的结果
    }
    fmt.Println(F(N))                     //计算 F(N)的结果并打印出来
}
func F(n int) int {
    fmt.Println("F(", n, ")")
    if memo[n] != -1 {                    //如果已经计算了 F(n)，函数立即返回
    fmt.Println("Immediate Return: F(",n,")=",memo[n])
        return memo[n]
    }                                     //反之，则计算 F(n)，存放在 memo[n]中并返回
    if n == 0 || n == 1 {
        memo[n] = n
        return memo[n]
    }
    memo[n] = F(n-1) + F(n-2)
    return memo[n]
}
```

如果我们分析 fib.go 与 fib.dp.go,可以看出动态规划将 fib.go 程序的指数复杂度降为 fib.dp.go 程序的线性复杂度。注意:fib-4.go 是将常数 N 设为 4 的程序 fib.go。建议同学们再次对比运行 fib-50.go 与 fib.dp-50.go 两个程序,感受动态规划带来的显著性能提升。

2. 稳定匹配问题的 Gale-Shapley 算法

让我们来看一个在经济学中的例子。2012 年诺贝尔经济学奖授予了数理经济学家 Alvin Roth 和 Lloyd Shapley 教授,以表彰他们在"稳定分配理论及其市场设计实践"方面所做出的杰出贡献,我们就从 Shapley 和稳定分配开始。

考虑如下场景:假设 n 名男生 $M_1, M_2, \cdots, M_n$ 和 n 名女生 $W_1, W_2, \cdots, W_n$ 一起参加一个舞会,他们每一个人都希望能够找到合适的舞伴翩翩起舞。对于每一名女生 W_i,根据自己的标准,对这 n 名男生有一个排序,排序靠前的男生表示 W_i 更加希望与该名男生共舞。同样的对于每一名男生 M_j,也会对所有 n 名女生有一个排序。假设舞会开始的时候他们任意地组成了 n 对舞伴,开始跳第一支舞。在这个过程中,如果存在着一对男生 M_i 和女生 W_j,他们彼此不是对方的舞伴,但是他们每一个人都觉得对方比自己当前的舞伴更好,那么在下一支曲子开始时,他们就会选择对方作为自己的舞伴,而更换掉当前的舞伴。我们称这样的一对(女生,男生)为一个不稳定对,如果一个匹配中存在着一对不稳定对,我们就称这样一个匹配是不稳定的,反之我们就称这样一个匹配是稳定的。现在的问题是,这 n 名女生与这 n 名男生是否可以一起形成 n 对稳定的舞伴?

这个问题被称作稳定匹配问题,下面我们给出这一问题更加严格的数学描述。

我们可以用两个 $n \times n$ 的矩阵来表示我们的输入:矩阵 W 代表女生的偏好矩阵,其中每一行都是 $\{1, 2, \cdots, n\}$ 的一个排列,第 i 行表示女生 W_i 对所有男生的排序;M 表示男生的偏好矩阵,第 i 行表示男生 M_i 对所有女生的排序。如图 4.5 给出了一个例子。

W_1	M_2	M_1	M_3
W_2	M_1	M_2	M_3
W_3	M_2	M_3	M_1

M_1	W_2	W_1	W_3
M_2	W_1	W_2	W_3
M_3	W_3	W_1	W_2

(a) 女生偏好矩阵　　　　　　(b) 男生偏好矩阵

图 4.5　稳定匹配问题的两个矩阵(W:Woman;M:Man)

问题:是否存在一个男生和女生之间的匹配 $\{(W_{i_1}, M_{j_1}), (W_{i_2}, M_{j_2}), \cdots, (W_{i_n}, M_{j_n})\}$,这里 $\{i_1, i_2, \cdots, i_n\}$ 和 $\{j_1, j_2, \cdots, j_n\}$ 是 $\{1, 2, \cdots, n\}$ 的两个排列,满足不存在一对 (W_{i_k}, M_{j_l}),使得 $k \neq l$,并且在 W_{i_k} 的排序中 M_{j_l} 要比 M_{j_k} 更靠前;同时在 M_{j_l} 的排序里面,W_{i_k} 的排序要比 W_{i_l} 更靠前。

图 4.6 给出的例子中,$\{(W_1, M_1), (W_2, M_2), (W_3, M_3)\}$ 就是一个不稳定的匹配,因为如果考察女生 W_1 和男生 M_2,W_1 当前的舞伴是 M_1,但是在 W_1 的排序中,M_2 排得更靠前。同时对于男生 M_2 当前的舞伴 W_2,W_1 也比她排序更靠前。可以验证,这样一个匹配 $\{(W_1, M_2), (W_2, M_1), (W_3, M_3)\}$ 就是一

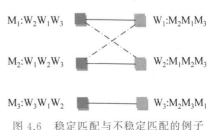

图 4.6　稳定匹配与不稳定匹配的例子

个稳定的匹配。注意要出现不稳定的男生女生对，必须双方都觉得对方更好，如果只有一方觉得对方好，这并不构成不稳定的对，例如在这里的 M_3 和 W_3，虽然对 W_3 来说 M_2 更好，但是对 M_2 来说，他的舞伴 W_2 要比 W_3 好，因此他不会同意更换舞伴，也就是说 $\{(W_1, M_2)$，(W_2, M_1)，$(W_3, M_3)\}$ 不是一个不稳定的匹配。

这一问题在经济学中有着重要的应用，数理经济学家 Gale 和 Shapley 最早提出并研究了这一问题，他们证明了不管每一名男生、女生的偏好排序是什么样的，稳定的匹配总是存在的，而且事实上他们给出了一个算法来求出这样的一个匹配，这一算法今天被称为 Gale-Shapley 算法，描述如下。

算法分成若干轮进行，开始时算法把每一名女生都标记为"自由的"。在第一轮中每一位男生从自己的偏好队列中选取排在第一位的女生，并向该女生提出共舞的邀请。如果一名女生原来是"自由的"，但是在这一轮中收到了至少一名男生的邀请，则将她的标记从"自由的"改成"不自由的"。如果没有任何一名女生是"自由的"，由于男生与女生的数量相同，因此此时每一名女生恰好收到一名男生的邀请，所有这些邀请构成一个完美匹配。那么她们接受这一邀请，算法输出这一匹配并结束。只要还有"自由的"女生，算法就执行下面的步骤。

由于有一些女生是"自由的"，即没有任何邀请，那么一定有女生收到了多于一名男生的邀请。对于每一名收到多于一名男生邀请的女生，她将选择所有邀请她的男生中在她自己的偏好排序中排位最高的一位作为她当前计划共舞的对象，同时她将拒绝掉所有其他的邀请。如果她的标记是"自由的"，则将此标记改成"不自由的"。

对所有那些遭到女生拒绝的男生，他们将从自己的偏好队列中选取尚未被自己邀请过的、排位最高女生，并向其发出邀请，不管其当前是否有计划共舞的对象。算法重新检查是否存在"自由的"女生，如果有"自由的"女生，则重复上述步骤。

下面如图 4.7 所示 5 个人的例子来看一下 Gale-Shapley 算法是如何运行的。图 4.7 中男生用数字 1～5 来表示，女生用大写字母 A～E 来表示。在图的左边，男生数字旁边的字母串表示该男生对所有女生喜好程度的排名。在图的右边，女生字母旁边数字串表示对男生喜好程度排名。两边的排名都是从喜欢到不喜欢来排列。

第一步，男生 1 向女生 C 提出共舞的邀请，由于女生 C 是自由的，所以她接受了男生 1 的邀请，如图 4.8 所示。

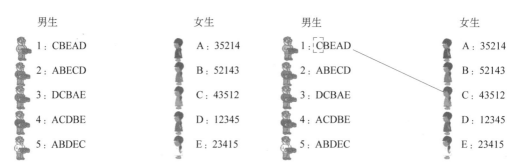

男生	女生	男生	女生
1：CBEAD	A：35214	1：CBEAD	A：35214
2：ABECD	B：52143	2：ABECD	B：52143
3：DCBAE	C：43512	3：DCBAE	C：43512
4：ACDBE	D：12345	4：ACDBE	D：12345
5：ABDEC	E：23415	5：ABDEC	E：23415

图 4.7　Gale-Shapley 算法运行示例（一）　　　图 4.8　Gale-Shapley 算法运行示例（二）

第二步，男生 2 向女生 A 提出共舞的邀请并成功，男生 3 向女生 D 提出共舞的邀请并成功,如图 4.9 所示。

　　第三步,男生 4 向女生 A 提出共舞的邀请,由于女生 A 已经接受了男生 2 的邀请,并且她也更喜欢男生 2,所以她拒绝了男生 4 的邀请。

　　第四步,男生 4 向女生 C 提出共舞的邀请,由于女生 C 最喜欢男生 4,所以女生 C 拒绝了之前的舞伴男生 1,并接受男生 4 的邀请,如图 4.10 所示。

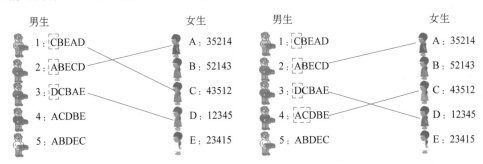

图 4.9　Gale-Shapley 算法运行示例(三)　　　图 4.10　Gale-Shapley 算法运行示例(四)

　　第五步,男生 5 向女生 A 提出共舞的邀请,比起男生 2 女生 A 更喜欢男生 5,所以女生 A 拒绝了男生 2,并接受男生 5 的邀请,如图 4.11 所示。

　　第六步,男生 2 向女生 B 提出共舞邀请并成功。

　　第七步,男生 1 向女生 B 提出共舞的邀请但被拒绝。

　　第八步,男生 1 向女生 E 提出共舞的邀请并获得成功,所有的人都有了舞伴,如图 4.12所示。

　　算法结束。

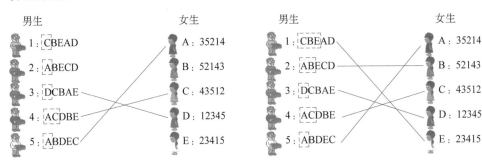

图 4.11　Gale-Shapley 算法运行示例(五)　　　图 4.12　Gale-Shapley 算法运行示例(六)

　　可以验证,{(1,E),(2,B),(3,D),(4,C),(5,A)}的确是一个稳定匹配。

　　下面来讨论 Gale-Shapley 算法的正确性,以及该算法的效率。通常一个算法是否正确地求解了所要求解的问题,并不是一件很显然的事情,特别是对于一些复杂的算法,因此算法的正确性是需要证明的！之前关于分治算法的几个例子都比较简单,算法的正确性也不证自明,所以我们省略了算法正确性证明这一步骤。但对于 Gale-Shapley 算法,事实上为什么算法最终会停下来都不是显而易见的,从数学上来看,"稳定匹配一定存在"并不是一个很显然成立的命题,Gale-Shapley 算法事实上证明了：无论每个人的输入排序是怎样的,稳定匹配一定存在,而且可以通过这一算法来找到。

在证明 Gale-Shapley 算法的正确性之前,可以先观察一下该算法一些简单的性质。

(1)每一名男生至多向某一名女生提出一次共舞的邀请。

(2)每一名女生在首次被邀请共舞之后就一直处于匹配状态。

(3)每一名未匹配的男生会不断提出新的邀请,直到被匹配,或者所有女生都已经被邀请过了。

(4)每次新的邀请被接受的同时,之前存在的匹配会被破坏。

我们需要几个引理。

引理 1:Gale-Shapley 算法在 $O(n^2)$ 步之内停止。

证明:根据性质(1),可以知道每一名男生最多会提出 n 次共舞的邀请,全部男生总共至多提出 n^2 次邀请。而算法中每轮恰好有一人提出邀请,所以可以知道在 n^2 步之后,算法终将停止。∎

引理 2:Gale-Shapley 算法停止时输出一个匹配。

证明:要证明算法停止时输出一个匹配,也就是要证明每一名女生都有唯一一名男生和她成为舞伴。显然每一名女生不可能有多于一名男生的舞伴,因为性质(4)表明女生在接受新的男生的邀请之前必须先拒绝之前的一名男生的邀请。因此,只要证明每名女生都至少有一名舞伴即可。这里我们用反证法证明。

不妨假设女生 W_j 在算法结束后没有舞伴。因为每一名女生至多有一个舞伴,因此我们可以知道必有另一名男生 M_i 也没有舞伴。根据性质(3),我们知道男生 M_i 在算法结束时肯定会对所有女生都提出一次共舞的邀请,也就是说 M_i 必然向 W_j 提出过邀请。又根据性质(2),我们知道女生 W_j 在男生 M_i 提出邀请之后就将一直处于匹配状态,与假设矛盾。∎

引理 3:Gale-Shapley 算法输出的匹配是稳定匹配。

证明:我们还是用反证法来证明。不妨假设最终的匹配中存在一对不稳定的匹配:(W_1, M_2),也就是说 W_1 相比 M_1 更喜欢 M_2,M_2 相比 W_2 更青睐 W_1(如图 4.13 所示)。

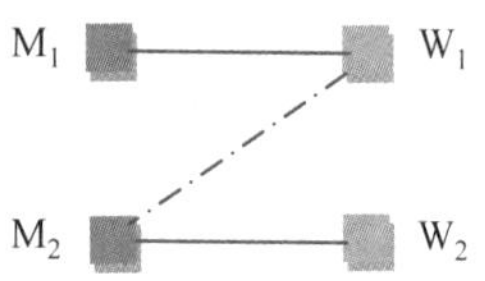

图 4.13　匹配图

我们分两种情况来讨论。

情况 1:M_2 未曾向 W_1 提出过共舞的邀请。由于 M_2 和 W_2 最终成为了舞伴,这说明 M_2 向 W_2 提出过共舞的邀请。另一方面由于 M_2 更青睐 W_1,那么 M_2 在向 W_2 提出邀请之前必然向 W_1 提出过共舞的邀请,这里产生了矛盾,故情况 1 不可能发生。

情况 2:M_2 向 W_1 提出过共舞的邀请。由于 M_1 和 W_1 最终成为了舞伴,并且 M_2 向 W_1 提出过共舞邀请,因此这说明 W_1 更加青睐 M_1。与假设矛盾,所以情况 2 也不可能发生。∎

在上述讨论中我们对于 Gale-Shapley 算法的描述采用的是"男生主动"的描述方式(每次一名男生提出邀请)。根据对称性,同样存在着另外一种"女生主动"的 Gale-Shapley 算法(每次一名女生主动提出邀请)。在大多数情况下得到的两个匹配将是不同的,一个非常有趣的问题是将两种算法所得到的匹配之间进行对比。

3. 快速排序算法

前面章节已经简单介绍了排序问题及冒泡排序算法,除了冒泡排序算法之外还有很多种不同的排序算法,本节将介绍一种计算机常用的排序算法:快速排序算法(quick sort)。其核心思想是不断地递归调用自身来对子问题进行排序。

以下为快速排序算法的伪代码,它对数组 A 中第 p 个元素到第 r 个元素进行排序。其中需要调用一个子程序:Partition(A,p,r),它每次从数组 $A[p,\cdots,r]$ 中均匀随机地抽取出一个元素 x 作为标杆元素,然后对数组 $A[p,\cdots,r]$ 进行调整,使得比 x 大的数都排在它的右边,而比 x 小的数都排在它的左边(注意:右边的数之间暂不进行大小关系的排序,左边也一样)。Partition(A,p,r) 最终返回 x 在数组中的位置 q。经过 Partition() 子程序的操作之后,可以知道在 x 的左边的数肯定都比右边的要小,因此只要对 x 左边的元素 $A[p,\cdots,q-1]$ 和右边的元素 $A[q+1,\cdots,r]$ 分别递归地使用 QuickSort() 再做排序即可。

```
QuickSort(A,p, r)
  If p<r
    1. q = Partition(A,p, r)
    2. QuickSort(A, p, q-1)
    3. QuickSort(A, q+1, r)
```

图 4.14 给出了快速排序算法具体执行的一个例子。其中用红色(见彩插)标出了每一次随机选取的标杆元素。这种随机标杆就是随机范式的一个典型表现。

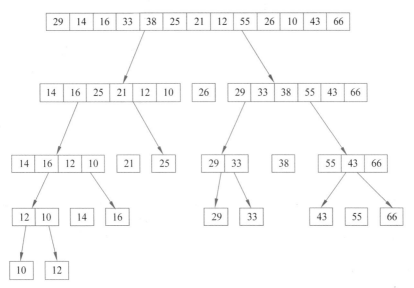

图 4.14　快速排序实例

最后分析一下快速排序算法的效率。由于快速排序算法中被调用的 Partition() 子程序采用随机的方式来选择元素,所以快速排序算法的运行时间不是确定的,而是一个随机变量。如果每次 Partition() 函数恰好把数组等分成两份,那么总的排序时间就会非常快;但是如果每次分得两份长度极不均衡,那么算法就会非常慢(例如极端情形下每次都分在数组的一端）。用 $T(n)$ 表示快速排序算法对 n 个无序的数排序所需要的时间，注意到 $T(n)$ 是一个随机变量，我们要分析它的期望。由于每次是均匀随机地选取一个元素，因此选到任何一个元素的概率都是 $1/n$。假设算法所选取的元素 x 在数组所有元素中排在第 i 位，那么比 x 小的元素有 $i-1$ 个，这些元素会被排在 x 左边，递归调用 QuickSort() 算法时所需要的时间为 $T(i-1)$。比 x 大的 $n-i$ 个元素会被排在 x 右边，递归调用 QuickSort() 算法时所需要的时间为 $T(n-i)$，因此总的排序时间 $T(n)$ 的期望为

$$\mathbb{E}(T(n)) = \frac{1}{n} \sum_{i=1}^{n} \mathbb{E}(T(i-1) + T(n-i) + n - 1)$$

其中最后一项 $(n-1)$ 是因为需要将 x 与其他所有元素进行比较。对上式进行简化可以得到

$$\mathbb{E}(T(n)) \leqslant \frac{2}{n} \sum_{i=1}^{n-1} \mathbb{E}(T(i)) + (n-1)$$

求解上述递推关系可以得到：$\mathbb{E}(T(n)) = O(n\log n)$。也就是说，快速排序算法的期望运行时间是 $O(n\log n)$，显著快于之前冒泡排序算法所需要的 $O(n^2)$ 的时间。

【实例 4.2】 比较 quicksort.go 和 fastsort.go。

让我们动手做一个小实验。复习 2.4.4 节，实现 quicksort.go 和 fastsort.go 两个程序，排序一个包含百万元素的数组。有一个新情况是，待排序数组包含的元素数据已经从小到大排好了。例如，可以在程序中用一个循环初始化待排序数组 d[i]：

```
for i:=0; i<1024 * 1024; i++{
    d[i] = i
}
```

在此情况下，比较 quicksort.go 和 fastsort.go 两个程序的执行时间，体会 quicksort 程序采用随机标杆的好处。一个实测例子是：当 $n = 1024 \times 1024$ 时，quicksort 程序的执行时间是 $\Theta(n\log n)$，仅有 0.16 秒；而 fastsort 程序要慢得多，执行时间是 $\Theta(n^2)$，需要 5 分 42 秒。

4.3 算法的创新故事

本章讲述"算法复杂度"与"平稳复杂度"的创新故事。它们都交织了两类创新工作：发明与发现。通过精心设计的精确定义，能够发明新概念和新方法。采用这些定义和方法，能够发现新问题和新现象。

4.3.1 算法复杂度的故事

就算我们只考虑可计算问题，这中间也有很多区别。一个只需要算一分钟就能计算出答案的问题与需要算十亿年的问题可能有本质的不同。

早在计算机发明之初，人们就发现每个问题都有两个固有的重要性质，即它需要一定的计算时间和一定的内存空间。人们把这两个性质称为该问题的时间复杂度和空间复杂度。1965 年，后来的图灵奖得主哈特曼尼斯（Juris Hartmanis）与斯特恩斯（Richard Stearns）在

美国数学会会刊发表了《论算法的计算复杂度》论文,首次精确定义了这两种计算复杂度。例如,求解一个一元二次方程式 $ax^2+bx+c=0$ 非常简单。我们有现成的公式,即

$$x=\frac{-b\pm\sqrt{b^2-4ac}}{2a}$$

只需要输入 a、b、c 3 个常数,在有限的常数步时间,就可以完成计算。这个问题的时间复杂度和空间复杂度都是常数,简写为 $O(1)$。

但是,求解两个 n 阶矩阵的乘积所需要的时间就更多了。采用一般的矩阵乘法,我们需要 $O(n^3)$ 的时间。还有一类问题需要更长的时间,例如需要 $O(2^n)$。人们把需要 $O(2^n)$ 时间的问题称为具有指数复杂度的问题,而把需要 $O(n^k)$,k 是一个常数的问题叫作多项式复杂度问题。很多科学家认为,具有多项式复杂度的问题比较好解,而具有指数复杂度的问题就要难解得多。

图灵机在执行一个算法时常常会遇到这种情况:当算法执行到某一步时,下一步如何走有多种选择(例如下棋就常常是这样的)。有一种图灵机比较聪明,它永远能正确地猜出该走下面哪一步,从而用最少的时间执行完算法。一般的图灵机则必须去试探每个步骤,不成功再返回来试另一个步骤。人们给这种比较聪明的图灵机起了一个名字,叫不确定图灵机;而把那种比较笨,但也更容易实现的图灵机叫确定图灵机。

我们用 P 标记所有存在确定图灵机多项式时间能够解决的问题的集合,用 NP 标记所有存在不确定图灵机多项式时间能够解决的问题的集合。注意:属于 P 的问题都属于 NP,即 P⊆NP。

计算机科学中有一个很难但也很有趣的问题,叫作 P=NP 难题:如果一个问题有一个不确定图灵机的多项式时间复杂度算法(NP),是否也有一个确定图灵机的多项式时间复杂度算法(P)?

这个难题是说,假如聪明的图灵机能在多项式时间内解决一个问题,那是不是保证了我们也能使用比较笨的图灵机在多项式时间内解决同样一个问题?

从表面上看,P=NP 问题的答案显然是否定的。试想一下下棋的问题。如果我们使用聪明的图灵机,它能在每一步猜出最佳走法。这样的机器显然比那种在每一步必须试探各种可能的笨的图灵机要快捷得多。但麻烦在于,人们已经花了数十年来试图解决 P=NP 这个问题,但一直没有能够证明 P≠NP 或 P=NP。

2000 年,人类进入 21 世纪之际,数学界宣布对 7 个“千年数学难题”悬赏解题,每一题悬赏 100 万美元。这 7 个难题中,第一个就是 P=NP 问题。

有一个比较简单的方法可用于判断一个问题是否属于 NP,即一个问题属于 NP 当且仅当它是多项式时间可验证问题:问题的“答案”可以在多项式时间内验证。换言之,给定一个问题,存在多项式时间的验证算法的含义是:对任何输入,如果答案是“正确”(接受),那么存在证据使得验证算法能证明这一点;反之,一切证据都不能证明。

例如,给定问题是:一张地图是否可以进行 3 染色?假如我们知道了答案,即对此 n 个区域的地图的特定着色方案,我们可以在 $O(n)$ 时间内验证每个区域的相邻区域是否采用了不同颜色。因此,“地图是否可以进行 3 染色”是一个 NP 问题。

4.3.2　平稳复杂度

1985 年，滕尚华越洋赴美，来到洛杉矶的南加州大学计算系，攻读研究生学位。在计算机科学众多领域中，滕尚华最感兴趣的是算法。

算法的研究又分为两类创新工作。第一类是发明，即针对计算机所要解决的问题，发明和构造出新的算法。第二类是发现，即找出算法的内在规律，即算法分析。

发明新算法的重要性是不言而喻的。算法分析也是非常重要的创新工作。一个算法好不好？它解决问题的质量如何？它需要多少执行时间？它需要多少内存和硬盘？这些对用户及软件设计者都是很现实的问题。算法分析对发明新算法也有指导作用。例如，如果算法分析显示，某个算法已经是"最优"的，就说明不可能存在比它更好的算法，我们也就用不着空耗精力去再发明同一问题的更好算法了。

滕尚华刚到南加州大学时，他并不清楚自己以后要做什么样的具体科研题目。但他有一个理想，就是要在算法领域做出世界一流的创新工作，发明重要的新算法，发现重要的新规律。

滕尚华热情地投入了硕士课程的学习。南加州大学有很好的老师和课程。滕尚华知道自己应该珍惜这个学习机会。滕尚华也知道，光靠努力是不够的，还应该保持好的学习心态、运用好的学习方法。只有这样，才能学到真知灼见，把自己变成一个有用之才。

滕尚华的学习方法有 3 个特点。第一，在课程学习中，不要只满足于老师的讲授、看懂教科书、会做作业、考试得高分。关键还要多思考，要领悟教科书字里行间隐藏的精义。教科书、讲授、作业、考试只是帮助同学们学会某种知识的手段，并不是知识本身。要真正掌握知识，还需要主动积极地动脑、动手、融会贯通，真正弄清课程的精髓是什么。第二，在选择课程时，不能太偏科，不能只选与算法有关的课程，还必须选择基础课，以及一些实用技能课。第三，在制订整体学习计划时，要把科研与学习结合起来。在心态上，不是只当学生，而是要做一个创新者，或至少为今后的创新工作做好准备。

1986 年，滕尚华在硕士一年级期间，与同学王兵一起写出了他的第一篇科研论文，随即很快在《并行与分布计算》国际杂志上发表。1988 年，滕尚华以优异成绩在南加州大学获得硕士学位，并被南加州大学授予"杰出学术成就学生"奖。

硕士毕业后，滕尚华跟随他的导师 Gary Miller 教授到卡内基梅隆大学攻读博士学位。卡内基梅隆大学是一个理论与实践并重的学府，要求毕业生必须具备实际动手能力。滕尚华在继续算法研究的同时，还编写了大量程序。1991 年，滕尚华完成了他的博士论文，也锻炼成了一个编程高手。

6 年的学习为滕尚华奠定了坚实的基础，他已经准备好了实现自己的理想。在博士毕业后的 9 年时间里，滕尚华在施乐公司 PARC 研究中心、英特尔公司、IBM 研究中心、麻省理工学院、密里苏达大学、伊利诺伊大学等地从事研究工作，完成了一系列有影响的科研成果。他在《计算机协会》杂志（*Journal of ACM*）等一流国际刊物上发表了 40 多篇论文，在"计算理论会议"（ACM STOC）等著名国际学术会议上发表了 30 多篇文章。2000 年，36 岁的滕尚华由于杰出的科研和教学工作，在伊利诺伊大学晋升为正教授。

滕尚华虽然喜欢计算机理论和算法，却并不是一个关在象牙塔里做学问的理论家。滕尚华选择工作单位时有个特点：他先选择一所大学，同时又在一家公司的研究开发部门兼职。接触工业界不仅给他的研究工作提出需求和灵感,而且也有利于他的科研成果迅速被工业界利用起来。1994 年以来,他参与了工业界的 4 个研究项目,发明了十余个专利。他设计的一些算法,至今还被英特尔公司用于半导体芯片的设计和模拟之中。

大学老师一般要从事 3 类工作:科研、教学和服务。尽管科研工作占据了滕尚华大部分时间,他并没有忽略教学和服务工作。他指导了 20 多名本科生和研究生,参与了十几种国际学术会议的组织工作,参加国际学术期刊的编委和审稿工作,还经常到大专院校和公司做学术讲座。他教过十几门研究生和本科生的课程。他不只是简单地传授课程知识,还试图通过讲课提示科学的美妙。听他讲课的学生这样评价他的风格:滕尚华的课很有特色,他的讲授系统而又清晰、重点突出,常常通过美好的结果引出全新的概念。听他的讲授是一种享受。2000 年,滕尚华被伊利诺伊大学的同学们评为优秀教师。

在滕尚华的众多研究成果中,有两项工作颇有影响。第一项工作是,他发现了几何与数值计算这两个学科之间的一种双向联系。通过这种联系,他进而采用几何技术解决了数值计算中的一系列重要问题。反过来,他又利用数值计算的知识回答了几何与组合优化中的一些问题。这些发现还导致了一些新算法的发明,其中一些还被用到实际软件中。滕尚华的这些工作成果具有漂亮的理论研究的共同特征:尽管中间的推导非常复杂,需要研究者辛勤的劳动,最后呈现的结果和证明过程却优美而简洁,关键部分只需要两张幻灯片就能讲清楚。

另一项工作是计算复杂度的一种新概念和新方法。一个算法的计算复杂度,是它的重要属性。当人们分析一个算法的复杂度时,通常是考虑在最坏情况下所需要的时间。

有些算法的复杂度是 n^k(k 是一个常数),称为多项式复杂度;还有一些算法的复杂度是 2^n,称为指数复杂度。当问题的规模 n 变大时,多项式复杂度的算法远比指数复杂度的算法好。例如,假设 $k=3$,$n=10000$。那么,$n^k=10^{12}$,而 $2^n=2^{10000}\approx10^{3000}$。因此,对于困难的问题,人们一直在寻找多项式复杂度的算法。

难算的问题中有一大类问题叫优化问题,即在一定的约束条件下,寻找最优的问题解答。例如,给定了一定的功率限制和工艺限制,如何设计出最快的计算机芯片;给定了一定的质量限制和强度限制,如何设计飞机翅膀的最优形状;等等。人们对优化问题已经提出了很多算法,其中运用最广泛的叫"单纯形算法"。

这个单纯形算法有一个很奇怪的性质。它的(最坏情况)复杂度是指数性(2^n);但是,在实际算题过程中,它往往却只需要多项式复杂度(n^k)的时间。计算机科学家们已经花了 20 多年,试图解释这个矛盾。

滕尚华和他的合作者,麻省理工学院的斯比尔曼教授(Dan Spielman),经过 5 年的辛勤工作,对这个问题给出了一个漂亮的回答。他们提出了一种称为"平稳分析"的算法分析新方法,以及一个"平稳复杂度"的新概念,并证明了单纯形算法具有多项式平稳复杂度,从而说明了为什么单纯形算法在实际应用中一般速度都比较快的原因。

滕尚华和斯比尔曼的结果在 2001 年 1 月公布后,受到了同行的重视。美国的 10 多所著名大学请滕尚华去讲演。麻省理工学院的莱塞森教授称赞这个成果是该领域十年来最重要的进展。莱塞森教授在得知滕尚华的成果时,他们所著的权威教科书《算法》已经改版定稿,马上就要付印,他特意在书中加上了参考文献,提到这个新结果。

2001 年初夏,作者和滕尚华相聚于波士顿剑桥。在麻省理工学院附近的一个咖啡店,他们回忆起在南加州大学求学的日子。作者请滕尚华讲一讲对创新的体会。

滕尚华讲，创新首先要有一个理想，要努力争取对同行产生影响，要推动本领域科学的进步。这对自我价值的实现也是很关键的。他举了一个例子。他在4年前发表的一个结果，至今还有大学请他去讲演。他的那个结果的关键部分用两张幻灯片就能讲清楚。他这两张幻灯片已经用了4年多，讲了几十次。这种对学科产生持续影响的工作，比那种准备一大堆幻灯片，却只讲一次的工作，不是更有趣吗？

要做出有影响的结果，需要长时间的刻苦工作。滕尚华讲，他的学术研究工作，每一项都花了3年以上，其中大部分时间都花在定义问题上。

滕尚华讲，中国国内的理论研究界，很看重解决一个已知的问题，例如对某某猜想的证明。但对原创性研究而言，尤其是计算机领域的理论研究，事情常常不是这样。研究者需要花很大的努力、很长的时间，才能建立起对一个领域的认识、积累起足够的知识、培养起直觉和品味，从而自己提出科学问题和猜想。在头两年，研究者甚至说不清楚自己在研究什么问题，只能说自己在理解某个领域、在试探着如何提出问题。往往只有等到工作完成、结果出来以后，研究者才发现，原来他是在解决一个大的猜想。

以前面说到的平稳复杂度为例，滕尚华他们5年的工作最终可以被看成证明了"单纯形算法具有多项式量级的平稳复杂度"这个猜想。但是，5年前滕尚华他们开始工作时，是在黑暗中摸索，不仅这个猜想不存在，就连平稳复杂度这个概念也没有。他们只是有一种很模糊的感觉：高维微分几何可能有助于解决计算复杂性的一些问题。经过近3年的摸索，他们才认识到还是要回头研究单纯形算法，其后才提出了平稳复杂度的概念，最终得到了今天的结果。

2008年，滕尚华与斯比尔曼的工作获得了理论计算机科学界的哥德尔奖。

2015年，滕尚华与斯比尔曼再次获得哥德尔奖。这次的成果是他们提出的一类用途广泛的求解拉普拉斯矩阵（对称对角占优矩阵）的复杂度接近线性的算法，被业界简称为拉普拉斯方法（Laplacian Paradigm）。复杂度接近线性是指运行时间略高于 $\Omega(n)$，但远低于 $O(n^2)$，其中 n 是问题的规模。例如，该方法可以被用于求解最大流问题，滕尚华等人的拉普拉斯方法将前人最好方法的 $O((m+n)^{\frac{3}{2}})$ 复杂度改进到了 $O((m+n)^{\frac{4}{3}})$。最近沿着滕尚华和斯比尔曼发展的道路，学者们将最大流问题的算法复杂度也降低到了接近线性的量级。

现在，滕尚华担任南加州大学的讲席教授，继续从事算法研究。

4.4　习　　题

1. 程序是用计算机语言编写的算法。请用快速排序 Go 程序，具体说明高德纳算法定义的5要点，即有穷性、确定性、输入、输出、可行性。

2. 关于 $O(\cdot)$、$\Omega(\cdot)$ 和 $\Theta(\cdot)$，下列叙述（　　　）是正确的。

　　A. $2n^3+n\ln n$ 是 $O(n^2)$　　　　　　B. n^2+3 是 $\Theta(n^2\log n)$

　　C. 2^n 是 $\Omega(n)$　　　　　　　　　D. $n^{\log n}$ 是 $O(n^{100})$

3. 关于渐近符号，以下（　　　）选项是正确的。

A. 2^{n^2} 是 $\Omega(n)$ B. $(\log n)^{\log n}$ 是 $O(n^{100})$

C. $\dfrac{n^3}{\log n}+n^2$ 是 $O(n^2)$ D. $n^2+\dfrac{2n^2\log n}{\log\log n}$ 是 $\Theta(n^2\log n)$

4. 以下选项中,对渐近表达式 $O((\log n)^n)$、$O(n^{100})$、$O(n^{\log n})$、$O((\log n)!)$ 按量级由小到大排列正确的是(　　　　)。

    A. $O((\log n)!)$、$O((\log n)^n)$、$O(n^{100})$、$O(n^{\log n})$

    B. $O((\log n)^n)$、$O((\log n)!)$、$O(n^{100})$、$O(n^{\log n})$

    C. $O((\log n)!)$、$O(n^{100})$、$O((\log n)^n)$、$O(n^{\log n})$

    D. $O(n^{100})$、$O((\log n)!)$、$O(n^{\log n})$、$O((\log n)^n)$

5. 中国研制的天河二号每秒能完成 5 亿亿次运算。如果我们使用该计算机来近似计算有 1000 个节点的斯坦纳树问题(Steiner-tree problem),该问题目前最好的算法的时间复杂度为 $n^{\log n}$(n 表示斯坦纳树的节点个数),最坏情况下我们大约需要算(　　　　)。

    A. 5 个月   B. 50 年   C. 500 年   D. 500000 年

6. 快速排序(quicksort)是最常用的排序算法之一,其平均复杂度是 $O(n\ln n)$。快速排序算法在最坏情况下的运行时间是(　　　　)。

    A. $O(n)$ B. $O(n\ln n)$ C. $O(n^2)$ D. $O(n^2\ln n)$

7. 求解下列递归式的渐近式:$T(n)=$(　　　　)。

$$\begin{cases} T(1)=1 \\ T(n)=3T\left(\dfrac{n}{2}\right)+n^2 \end{cases}$$

    A. $\Theta(n\ln n)$ B. $\Theta(n^2)$ C. $\Theta(n^2\ln n)$ D. $\Theta(n^3)$

8. 求解下列递归式的渐近式:$T(n)=$(　　　　)。

$$\begin{cases} T(1)=1 \\ T(n)=2T\left(\left\lfloor\dfrac{n}{\sqrt{2}}\right\rfloor\right)+n^2 \end{cases}$$

    A. $\Theta(2^{n^2})$ B. $\Theta(n^2\log n)$

C. $\Theta(n^2)$ D. 上述 3 个选项都不对

9. 有 16 瓶液体,其中 1 瓶有毒。有毒液体可以使老鼠立即死亡。我们想知道哪瓶液体有毒。每次可以混合多瓶液体,让一只老鼠喝掉。每只老鼠只能喝一次液体。

在最坏的情况下,我们至少需要(　　　　)只老鼠才能找到有毒的那瓶液体。

    A. 2   B. 4   C. 8   D. 16

10. 有 128 个学生参加乒乓球比赛。假设学生的实力能够构成一个全序列。

需要多少场比赛才能决出冠军(实力第一的人)?

需要多少场比赛才能决出冠军和亚军?(　　　　)

    A. 127,133   B. 127,253   C. 127,190   D. 127,128

11. 以下两个计算问题是否属于 NP 问题?(　　　　)

问题一:输入 n 个整数 $a_1,a_2,\cdots,a_n$ 和正整数 $k(k<n)$,判定是否能从中找到 k 个数使得其和为 0。

问题二:输入两个正整数 a 和 b,判定 a 和 b 是否互素。

　　A. 是,是　　　　　　B. 是,否　　　　　　C. 否,是　　　　　　D. 否,否

　　12. 考虑具有如下初始状态的"三柱汉诺塔"问题:其第一根柱子上的圆盘编号为1号、3号和5号,第二根柱子上的圆盘编号为2号和4号,第三根柱子为空。那么至少还要(　　)步才能将所有圆盘搬到第三根柱子上。

　　A. 20　　　　　　　　B. 21　　　　　　　　C. 22　　　　　　　　D. 23

　　13. 稳定匹配问题输入如表4.1所示。请问如果采用男生主动的算法求得的匹配是(　　)。

表4.1　稳定匹配问题输入表

男生对女生的喜好排名(越靠前表示越喜欢)				
B1	G3	G2	G4	G1
B2	G2	G4	G3	G1
B3	G3	G4	G2	G1
B4	G4	G3	G2	G1
女生对男生的喜好排名(越靠前表示越喜欢)				
G1	B4	B1	B3	B2
G2	B1	B3	B2	B4
G3	B2	B3	B1	B4
G4	B2	B3	B1	B4

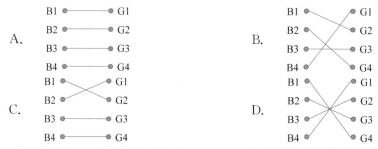

　　14. 考虑如下"二人博弈"问题,Alice 和 Bob 各可采取两种策略:策略 a_1、策略 a_2 和策略 b_1、策略 b_2,收益矩阵如表4.2所示。

表4.2　收益矩阵

	策略 b_1	策略 b_2
策略 a_1	$(1, -1)$	$(0, 0)$
策略 a_2	$(0.5, -0.5)$	$(0.75, -0.75)$

　　假如 Bob 采用"策略 b_1"和"策略 b_2"的概率分别为 1/2 和 1/2,Alice 最大化自己收益的最优策略是(　　)。

　　A. $(0,1)$　　　　B. $(0.3,0.7)$　　　　C. $(0.5,0.5)$　　　　D. $(1,0)$

　　注:(p,q)表示以 p 的概率选择策略 a_1,以 q 的概率选择策略 a_2。

　　15. 在上题中,Alice 和 Bob 的最优策略分别是什么? 即在最坏情况下(对方知道自己

的策略),他们该如何最大化自己的收益。( )

A. Alice：$\left(\dfrac{4}{5}, \dfrac{1}{5}\right)$,Bob：$\left(\dfrac{3}{5}, \dfrac{2}{5}\right)$ B. Alice：$\left(\dfrac{4}{5}, \dfrac{1}{5}\right)$,Bob：$\left(\dfrac{2}{5}, \dfrac{3}{5}\right)$

C. Alice：$\left(\dfrac{1}{5}, \dfrac{4}{5}\right)$,Bob：$\left(\dfrac{3}{5}, \dfrac{2}{5}\right)$ D. Alice：$\left(\dfrac{1}{5}, \dfrac{4}{5}\right)$,Bob：$\left(\dfrac{2}{5}, \dfrac{3}{5}\right)$

16. 以下两个问题属于 NP 问题吗？( )

问题 1：给一个图和 k 种颜色,分别使用 k 种颜色中的一种给图中的顶点上色(不同顶点可以使用不同颜色)。判断是否存在一种上色方法,使得图中相邻顶点的颜色都不同。

问题 2：有两个整数 x 和 y,判断 x 是否是 y 的倍数。

A. 属于,属于   B. 属于,不属于   C. 不属于,属于   D. 不属于,不属于

第 5 章

系 统 思 维

民可使由之，不可使知之。

Enable people to follow the way, without them having to understand [the internals of] it.

——孔子(Confucius),551-479 BCE

计算思维的核心是抽象。

At the heart of computational thinking is abstraction.

——阿尔弗雷德·阿霍(Alfred Aho)与杰佛里·乌尔曼(Jeffrey Ullman),2022

计算机科学研究的计算过程需要在计算系统中运行。前面 4 章讲述的数字符号操作、计算模型、计算逻辑、算法、程序，都需要通过计算系统才能得以表达，并实际运行起来发挥作用。也就是说，系统思维使计算过程变得实用。系统思维涉及科学、工程、艺术，计算系统设计者往往被称为架构师(architect)。

系统思维(systems thinking)的要点是：通过抽象，将模块组合成为系统，无缝执行计算过程。更准确地说，系统思维的要点是通过巧妙地定义和使用计算抽象，将部件组合成为计算系统，该系统流畅地运行所需的计算过程。模块就是精心设计的系统部件，即实践了信息隐藏原理的抽象。

本章通过一系列例子，集中系统地讨论抽象化、模块化、无缝衔接 3 个概念。抽象化主要采用了软件的例子，模块化和无缝衔接主要采用了硬件的例子。这些例子整合起来回答了一个问题：如何设计从逻辑门到应用软件多层抽象形成的计算机软硬件技术栈。

5.1 系统思维一览

什么是系统呢？简单的回答是：系统就是计算机。更全面的回答是：计算系统是一个平台(platform)，它主要提供 3 种能力。

(1) 提供资源。为所支持的计算过程的执行提供硬件、软件、数据资源。

(2) 提供接口。为用户提供开发和使用应用程序的接口抽象(编程抽象)。

(3) 忠实执行。将程序转换为系统能够理解的步骤序列，比特精准地执行每一步骤。

系统是计算模型、计算逻辑、算法、程序的实用载体和整体具象。因此，不仅桌面计算机、笔记本计算机、智能手机是系统，微信这样的应用软件平台也是系统，因为用户可以在微信上开发各种各样的应用程序。

如何设计一个系统,使得它执行的计算过程变得实用呢? 我们可以从高德纳测试得到启示:[The computer] repeats back exactly what I tell it。人告诉计算机做什么,而计算机忠实地回应人。这里,计算机是实用的系统,人通过应用代码和用户操作告诉计算机做什么。因此,我们需要追求 3 个目标。

(1) **周到性**(being thorough)。周到地考虑系统执行的所有可能的应用场景,保证计算过程的正确执行或报错。不周到的例子包括:明明用户的应用代码和操作过程无误,但系统执行计算过程时停在中间(死机),或系统产生错误结果但作为正确结果输出,计算机没有忠实地回应人。

(2) **整体性**(being systematic)。系统思维产出一个系统整体,用一套统一的抽象来支持万千应用场景,而不是每个场景对应一个周到但随意堆砌的系统。采用罗列堆砌、随机应变方法也可能构建出系统,但造成的后果往往是:人与计算机之间的命令和回应可能出现大量随意而为的异构繁杂情况,系统不实用。

(3) **应对复杂性**(coping with complexity)。即使只考虑一个场景和一套系统,例如微信系统,系统复杂性仍可能很高。必须通过抽象将系统分解成模块、将模块组合成为系统,使得系统复杂性降低到设计者、开发者、使用者能够驾驭的程度。不然的话,人告诉计算机和计算机回应人,都可能变得很复杂,系统也不实用。

本章首先用计算机历史上的创新实例说明周到性、整体性、应对复杂性 3 个目标,从目标角度对系统思维有一个了解。然后介绍抽象化、模块化、无缝衔接 3 个系统思维要点。这 3 个要点是系统思维不同角度的体现。抽象是最本质的考虑,模块与无缝衔接是补充。

5.1.1 周到性

系统思维要求全面周到地考虑计算过程在系统上的端到端执行的所有可能,覆盖从第一步(初端)到最后一步(末端)的全部情况,保证计算过程的正确执行或报错。系统抽象不能忽略必要的细节。我们用两个例子展示周到性的具体含义。

1. 考虑所有应用场景

【**实例 5.1**】 度量超级计算机的计算速度。

超级计算机是世界上速度最快的计算机。根据贝尔定律的计算机发展第一条路线,我们希望超级计算机的速度每 10 年增加 1000 倍。其中,计算速度定义为:运行典型应用时,实际观察到的计算机执行的每秒浮点运算数(floating-point operations per second,FLOPS)。但是,超级计算机执行成千上万种应用程序,哪些才是典型应用呢? 总不能在设计时将这成千上万种应用程序都执行一遍吧?

超级计算社区提出了一种基准程序集(benchmarks)测试方法。这种聪明的系统思维方法如图 5.1 所示,它采用仅含 4 个程序的基准程序集,就能知道一台新计算机是不是速度提高了 1000 倍。它的计算机科学技术道理如下。

(1) **局部性原理**。计算系统存在局部性现象(locality)。**时间局部性**(temporal locality)是指当前执行的指令或数据在不久的将来很可能会被再次使用。**空间局部性**(spatial locality)是指假如计算机使用某个地址的指令或数据,相邻地址的指令或数据很可能也会被使用。计算机的速度与局部性密切相关。

（2）**四角包围**。找出图 5.1 所示的 4 个角落案例（corner cases）作为典型应用。为什么它们是典型的、具有代表性呢？这 4 个基准程序代表了关于时间局部性和空间局部性的 4 种典型情况：①Linpack 程序的时间局部性和空间局部性两者都高；②RandomAccess 程序的时间局部性和空间局部性两者都低；③FFT 程序的时间局部性高而空间局部性低；④PTRAN 程序的时间局部性低而空间局部性高。其他成千上万个应用程序的局部性行为应该位于这四者形成的方框里边。

图 5.1　利用时间局部性和空间局部性的基准程序集

也就是说，如果在运行这 4 种基准程序时，新计算机的速度都提高了 1000 倍，我们有实证理由相信，新计算机比原来的超级计算机快 1000 倍。

2. 不能忽略必要细节

【**实例 5.2**】　数的大端表示与小端表示之争。

有些细节不涉及技术的优劣或创新，但必须明确规定。一个例子是计算机发展史上曾出现过数的大端表示与小端表示之争（big endian versus little endian）。假设我们要在计算机内存中存放一个 32 位整数 $(1078018627)_{10} = (01000000010000010100001001000011)_2$。这个整数的十六进制值是 0x40414243，包含 4 字节，Byte0 是最高有效字节 01000000＝0x40，Byte1 是 01000001＝0x41，Byte2 是 01000010＝0x42，Byte3 是最低有效字节 01000011＝0x43。当代计算机都是字节寻址的（byte addressable），需要用 4 个连续字节地址，记为 A、$A+1$、$A+2$、$A+3$，来存放这个 32 位整数的 4 字节。

问题是，以什么顺序放置这 4 字节？

（1）**大端**（big endian）派认为，应该是地址 A 放最高有效字节 Byte0，$A+1$ 放 Byte1，$A+2$ 放 Byte2，$A+3$ 放 Byte3。

（2）**小端**（little endian）派认为，应该反过来，A 放最低有效字节 Byte3，$A+1$ 放 Byte2，$A+2$ 放 Byte1，$A+3$ 放 Byte0。

这两种选择没有对错优劣，只需确定一个就行（图 5.2）。但必须明确规定一个，不能忽略这个细节。当一个计算过程涉及使用不同表示的部件时，还需要提供自动转换机制。实践中，两种选择都在使用。常见例子如下。

（1）TCP/IP 互联网、MIPS 处理器属于大端派。

（2）ARM 处理器、RISC-V 处理器、x86 处理器属于小端派。

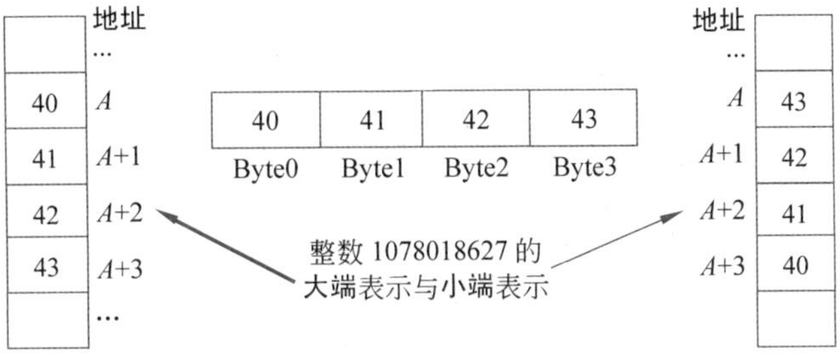

图 5.2　大端表示与小端表示示意

5.1.2　整体性

整体性也称为系统性。系统是一个整体，而不是一堆部件的罗列堆砌；需要全局考虑和权衡取舍（trade off），用一套统一的方法来支持万千应用场景，而不是每个场景对应一个计算系统。中国古人将这种思想称为"以一驭万"。英文则用 systematic（系统地），而不是 ad hoc（随意地、随机应变地），来形容这种系统思维。

同时，系统性不是僵化的教条，不是用于阻碍创新，更不是遏制应用的丰富性和多样性。构造计算系统是有条理、有门道的。但是具体是什么条理、门道就是创新的重要目标。成功的条理、门道、诀窍往往体现为系统抽象。理解和设计系统富有令人激动的挑战性。系统思维不是让计算系统设计者机械地执行一些教条方法，而是要求创造性和综合性。这也是为什么在英文中，计算系统设计者被称为 architect（直译为建造师或建筑师，信息技术领域则称为架构师）。本章介绍两种思路，即周期（cycle）思路和层次（layer）思路。每一个系统抽象在运行时往往会经历几个阶段，它们构成该抽象的周期。例如，指令流水线有对应的指令周期。我们将在 5.4.1 节讨论周期思路。层次思路体现为一个重要的整体性方法，即技术栈（抽象栈）方法。

如何用一套抽象来支持万千应用场景？如何实现"以一驭万"，体现整体性？

【实例 5.3】　多个抽象层次组成技术栈整体。

一台笔记本计算机具有数十亿个晶体管部件，如何整体描述它呢？我们用多层抽象的总体构成了一个软硬件技术栈（stack of layers），包含软件和硬件。它也称为抽象栈，是一套抽象的体现。图 5.3 展示了一个典型的计算机技术栈的部分主要抽象。较高层次的抽象会使用或包含较低层次的抽象。例如，处理器包含很多晶体管。

按照抽象层次从高到低，我们可用如下方式理解一台笔记本计算机。

（1）最高的系统抽象层次是编程语言。例如，用户使用 Go 语言编写快速排序程序。Go 语言编译器将快速排序程序变换成一串指令。最基本、最底层的计算机软件抽象是指令。操作系统、编译器和应用软件都是由指令组成的。开发出来的程序是静态的代码。当应用程序的指令代码被启动执行后，程序就变成了"活的"进程。进程是运行中的程序。

（2）有颜色部分是计算机的硬件。它符合冯·诺依曼模型，由处理器、存储器和输入输出设备组成。当代计算机的处理器一般都包含多个中央处理器（CPU），每个 CPU 称为一个核（core）。因此，当代处理器一般是多核处理器（multicore processor）。除了包含 CPU

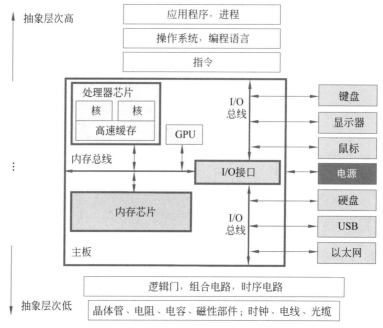

图 5.3　一台计算机的技术栈：抽象层次示意

以外，当代处理器一般还包含高速缓存（cache），它是比存储器容量更小但速度更快的存储子系统。存储器（memory）也称为内存。这是相对于硬盘（hard disk）这样的外存来说的。

（3）计算机硬件可对比 1.3.2 节中的笔记本计算机硬件拆解实物图片。处理器、存储器、接口电路、GPU（graphic processing unit，图形处理器，有时简称显卡）等部件通常由半导体集成电路实现，这些集成电路又称为芯片（microchip 或 chip）。这些部件通过总线（bus）相连，包括内存总线和 I/O 总线。计算机一般会有一个主机板，简称主板或母板（motherboard），它是计算机的主要电路板，实现了总线，通过焊接或其他方式连接处理器、存储器、接口电路等芯片，并通过接口电路连接各种 I/O 设备。

（4）处理器、存储器、GPU 等芯片是较大的抽象，它们是由较低层次的逻辑门、组合电路、时序电路抽象组成的。更低的抽象是晶体管、电容、电阻等元器件，以及电线和光缆等物理连线。

技术栈的软件部分称为软件栈（software stack）。根据功能的不同，计算机软件可以粗略地分成 3 类。

（1）应用软件种类最多，包括办公软件、电子商务软件、通信软件、行业软件、游戏软件等。

（2）常见的中间件（middleware）包括数据库管理软件、万维网浏览器、深度学习应用框架（application framework）等，它们在应用软件和系统软件之间建立一种桥梁。近年来，业界往往将中间件和系统软件合称为基础软件（infrastructure software），它们和硬件一起为应用开发者和用户提供了基础设施。

（3）**系统软件**（system software）还可细分成三层抽象（表 5.1）。最贴近计算机硬件的是一些小巧的软件。它们实现一些最基本的功能，通常"固化"在只读存储器芯片中，因此称为固件(firmware)。系统软件和硬件一起提供一个平台(platform),管理和优化计算机硬件资源的使用,并为应用软件开发提供抽象程度更高的表达能力。科学计算领域常见"x86 处理器+Linux 操作系统"平台,桌面办公常见"x86 处理器+Windows 操作系统"平台,移动互联网领域常见"ARM 处理器+安卓操作系统"平台。

表 5.1　计算机软件栈例子

软件类型		例子
应用软件		科学计算、企业计算、个人计算;办公软件、搜索引擎、微信、抖音
基础软件	中间件　数据库、Web 服务器、浏览器、应用框架	MySQL、OceanBase、WebServer.go、Chrome、Safari、TensorFlow
	系统软件　编程语言及其编译器或解释器	C、Go、JavaScript、Python、Shell
	系统软件　操作系统	Linux、Android、iOS、Windows
	系统软件　固件	BIOS、UEFI

【实例 5.4】　辨别从高到低的抽象层次,形成计算机系统的整体概念。

表 5.2 是由一套多层抽象形成的计算机整体技术栈(抽象栈),是第 5 章的重点内容。

表 5.2　计算机抽象栈

软件	数据类型	比特、字节、整数、数组、切片、BMP 图像文件
	算法	巧妙的信息变换方法。例如信息隐藏算法
	程序	算法的代码实现。例如实现信息隐藏算法的 hide.go 程序
	进程	运行时的程序。例如在 Linux 环境中的 hide 进程
	指令	程序的最小单位,计算机能够直接执行

软件与硬件的桥接模型:冯·诺依曼体系结构

硬件	指令流水线	每条指令都通过"取指—译码—执行"3 个操作阶段组成的指令流水线得以自动执行。所有指令都由这一种机制执行,指令流水线由若干时钟周期组成
	时序电路	等同于自动机,说明每一个时钟周期的操作。时序电路由组合电路与存储单元组成,理论上等同于图灵机
	组合电路	实现二值逻辑表达式(布尔逻辑表达式)

抽象使得计算机科学成为一门优美的学科。抽象的本质是采用一套机制、一套概念来解决该层次的所有问题,应对系统的复杂多样性,以不变的抽象应对系统的万变,即以一耦万。下面是一些例子。

(1) 操作数字符号变换信息的方法有无穷多种,但都可以用高德纳定义的算法表达。

(2) 算法有无穷多种,但都可以用 Go 语言编写程序实现。这些高级语言程序都可以被编译成为机器语言程序(二进制指令程序)由计算机执行。

(3) 程序有无穷多种,但运行时都变成了进程这种抽象,被操作系统调度执行。

(4) 所有指令都由指令流水线这一种机制执行。

(5) 指令流水线的每个步骤的执行都等同于自动机的一次变换(状态转换)。

（6）自动机的变换逻辑可由组合电路和时序电路实现。

抽象可以组合，形成更强大的抽象。从最底层的组合电路，一直到最上层的应用系统，各级抽象提供表达能力越来越强、离用户越来越近的功能。

（1）最下层是由逻辑门组成的组合电路，实现布尔逻辑功能。组合电路由晶体管、电阻、电容等各种电路部件和各种连线组成。

（2）组合电路与存储单元组合起来，形成时序电路，实现自动机功能。

（3）多个时序电路组合起来，形成指令流水线，实现处理器自动执行指令的功能。

（4）处理器加上存储器、输入输出设备，构成了计算机硬件整机。

（5）冯·诺依曼体系结构提供了软件与硬件的桥接模型。

（6）计算机硬件整机能够执行其指令集，从而自动执行程序。

（7）在操作系统管理下，提供了进程功能。

5.1.3 应对复杂性

研究、理解和使用计算系统的最大挑战是应对系统的复杂性。应对系统复杂性挑战的主要思维方法是抽象化，特别是"用一套系统抽象支持万千应用场景"，即"以一耦万"。注意，**系统复杂性**（system complexity）不同于**算法复杂度**（algorithmic complexity）。

【实例 5.5】 微信系统的复杂性。

让我们粗略地估算一下腾讯微信系统涉及的晶体管个数，可以稍微认识一下该系统有多么复杂。微信系统有上亿用户在线。假设每个用户使用一台智能手机或笔记本计算机这样的终端设备，那么有上亿颗处理器芯片在同时工作，执行微信的计算过程。这还不包括微信云端系统及互联网系统。

每颗处理器芯片大约包括 20 亿个晶体管。如果将每个晶体管看成一个住房，晶体管间的连线看成道路（从高速公路一直到公寓楼道），一颗芯片的电路图比全中国的米级地图（显示了全中国全部的道路及每一套住房）还要复杂。整个微信系统包括 20 亿亿个晶体管，比全世界的米级地图复杂得多。显然，理解和设计微信系统需要系统思维，不能从每一个晶体管做起，更不能简单地堆砌 20 亿亿个晶体管。

惠勒间接原理——"以一耦万"的 4 个实例

我们讨论 4 个计算机科学史上的创新实例，展示如何通过精心设计的系统抽象应对系统复杂性，如何"以一耦万"。主要有 4 种因素影响系统复杂性。

（1）多：系统规模大，部件多，如上述微信例子。

（2）杂：系统的部件多种多样，异构性大。

（3）乱：系统的组织杂乱无章。典型例子是软件中的面条代码（spaghetti code）。

（4）变：系统的组织或部件随意变化。

这 4 个实例分别针对其中一种因素。它们都采用了计算机科学中的一个基本抽象思路，称为惠勒间接原理：任何计算机科学问题都可以通过另一个间接层解决（Any problem in computer science can be solved with another level of indirection）。汇编语言的发明者大卫·惠勒（David Wheeler）提出了这个看起来很夸张的原理。巴特勒·兰普森（Butler Lampson）在 1993 年的图灵奖演说中引用了这个原理，使它成为一句智慧类名言。

【实例 5.6】　驱动程序：如何应对"多"造成的系统复杂性。

今天世界上有数十亿用户和计算机,他们运行着百万种应用程序,使用着百万种 I/O 设备。注意,这里说的应用程序和 I/O 设备是"种",不是"个"。全班数百名同学,每名同学开发 10 个 Go 程序,全部数千个 Go 程序都属于一种程序。

这些众多的应用程序如何与众多的 I/O 设备实现比特精准的交互? 一种暴力方法是:每一种程序直接与每一种 I/O 设备交互。这也是早期计算机的做法,每种程序直接用指令控制每一个 I/O 设备。但是,这样会导致 $M \times N$ 种交互,其中 M、N 是百万量级。这是巨大的系统复杂性,需要考虑万亿种交互。计算机界发明了一种系统抽象,称为 I/O 设备驱**动程序**(device driver),添加了一个间接层(图 5.4),将原来的 $M \times N$ 种交互的系统复杂性降低为 $M + N$ 种交互的系统复杂性,即从万亿量级降到了百万量级。

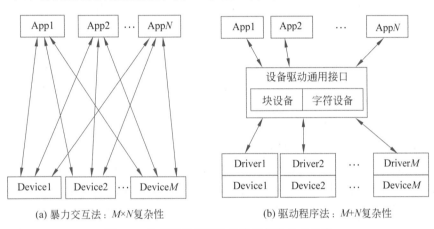

(a) 暴力交互法:$M \times N$ 复杂性　　　　　　(b) 驱动程序法:$M+N$ 复杂性

图 5.4　设备驱动程序抽象降低复杂性的示意

有了驱动程序抽象,应用程序不是直接与 I/O 设备打交道,而是访问操作系统提供的设备驱动通用接口(generic device driver interface)。它提供两类接口,分别针对**字符设备**(character device)和**块设备**(block device)。命令行界面的键盘和显示器是字符设备,每次输入或输出交互传递一个字符。硬盘和 U 盘等通过文件访问的设备是块设备,每次输入或输出交互传递一个数据块,例如一幅图片的部分数据。假设某厂商研制一个新设备 Device1。它会开发一个相应的驱动程序 Driver1,其中实现了新设备的设备驱动通用接口,以及各种必要的底层操作细节。这些细节应用层看不见也不关心。

事实上,驱动程序抽象带来的复杂性降低程度还要大得多。研制一个新设备时,往往只需要针对某些计算机系统开发驱动程序,不需要关心上层的应用程序。计算机的操作系统和编程语言会自动地支持应用程序访问设备。例如,假设某厂商研制了一款新的显示器,它只需要为使用该显示器的计算机系统(可能只有几十种)开发驱动程序。在这些计算机上运行的各种 Go 程序可以通过 fmt.Println 等函数访问该显示器。

【实例 5.7】　通用运算器:如何应对"杂"造成的系统复杂性。

在计算机发展历史中,一个关键的抽象化工作是确定运算器抽象。具体的问题是:一个处理器中的运算器应该如何设计,才能产生一个通用处理器,高效地支持各种各样的混杂应用场景? 图 5.5 列出了两种思路。

早期的计算机采用了比较随意的(ad hoc)方式实现多种多类的运算。例如,1945 年的

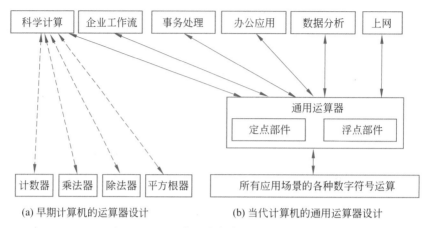

(a) 早期计算机的运算器设计　　　　　(b) 当代计算机的通用运算器设计

图 5.5　通用运算器抽象降低复杂性的示意

第一台数字电子计算机"埃尼阿克"没有一个通用运算器，而是包括了计数器、乘法器、除法器、平方根器等多种杂异的硬件运算单元，能够支持一些数值计算（科学计算）。早期的计算机不能解决通用运算器问题。

当代计算机则需要支持科学计算、企业工作流、事务处理、办公应用、数据分析、游戏、上网、社交网络等多种应用场景，需要通用运算器。1964 年的 IBM 360 计算机系统地回答了这个通用运算器问题，提出了定点部件和浮点部件硬件抽象，使得 IBM 360 成为了通用计算机。简略地讲，定点部件高效地实现带符号或无符号整数的加、减、乘、除，与、或、非，左右移位运算，而浮点部件高效地实现有限精度实数的加、减、乘、除运算。

用定点部件和浮点部件这一套硬件抽象支持所有的应用所需的运算，而不是为科学计算设计几种运算器，又为企业计算设计几种运算器，再为上网游戏设计几种运算器，这就是"以一耦万"的体现，即"用一套通用抽象支持多个具体应用需求"。今天的 x86、ARM 及 2014 年推出的 RISC-V 处理器指令系统体系结构，都继承了这种硬件抽象。当然，这种通用运算器思想不是教条。近年有些计算机在通用运算器之外，还包括各种加速器硬件，如向量部件、张量处理器、图形处理器等。

抽象化需要人们的辛勤努力和聪明才智。加拿大计算机科学家威廉·卡汗（William Kahan）从 20 世纪 70 年代开始长期致力于计算机浮点运算部件抽象的研究，并促成了 IEEE 754 浮点算术标准的建立。我们今天使用的计算机，包括超级计算机、微机、平板计算机、智能手机，都用到了他的研究成果。卡汗教授也因此在 1989 年获得了图灵奖。

【实例 5.8】　并行进位加法器，应对"乱"造成的系统复杂性。

根据布尔逻辑的范式定理，任何一个布尔表达式可以通过与、或、非三级门电路实现。但是，这样的结果只具有理论通用性，不实用。直接使用范式定理得到的布尔电路很混乱，没有利用到该电路的特性知识（即该电路的条理和门道），既难以实现又难以理解。

在 5.3.2 节，我们将讨论更加真实的加法器组合电路，它引入了两组间接变量 G 和 P，同时算出所有的进位比特，更加有条理地实现了并行进位加法器，且只需要 4 级逻辑运算。教师在课堂讲解时可展示并行进位加法器的电路图。

【实例 5.9】　桥接模型，应对"变"造成的系统复杂性。

计算机领域的变化很快，已经演变成具有成千上万种计算机和百万种应用程序的动态变化的生态系统，每年甚至每月都有众多的新型计算机和新应用程序出现。计算机领域是如何应对这种剧烈变化呢？一个利器是冯·诺依曼体系结构，它在众多的计算机硬件和应用程序软件之间提供了一个桥接模型（bridging model）。

根据调查，2020 级的全班数百名同学拥有 10 种以上笔记本计算机平台。使用的操作系统包括 Windows、iOS、Linux 等，使用的处理器包括 Intel、AMD、苹果 M1 等。当这些同学开发 Go 程序时，他们看到的是一种计算机、10 种计算机，还是数百种计算机？

回答是：同学们只看见一种计算机，即冯·诺依曼模型计算机。他们并不用关心具体的笔记本计算机平台细节。针对冯·诺依曼计算机开发出来的程序，在任何内存足够大的真实计算机上运行，其执行时间的差别只有 $O(1)$。计算机产品不断变化，但冯·诺依曼模型不变。

作为对比，图灵机就不适合作为桥接模型。在图灵机上开发出来的程序，在真实计算机上运行，其执行时间的差别可能高达 $O(n^4)$，其中 n 是问题规模。

5.2　抽　象　化

抽象化是所有科学技术学科共有的方法。那么，什么是计算机科学的抽象化特色呢？就是可自动执行的、比特精准的信息变换抽象，即计算抽象。计算机科学的抽象可大致分为 3 类，即数据抽象、控制抽象和模块抽象。数据抽象（data abstraction）是某一类数据及其操作，如各种运算操作和访存操作。数据抽象也称为数据类型（data type）。通常，针对这些数据抽象的多个操作步骤组合起来才能解决一个问题。控制多个步骤如何组合起来实现计算过程的抽象称为控制抽象（control abstraction），它确定某个步骤何时激活。模块抽象描述一个系统的子系统单元，往往同时包含数据抽象与控制抽象。有些学者将模块抽象也纳入控制抽象。在讨论这 3 种抽象之前，我们先指出任何计算抽象都具备的 3 个性质。

5.2.1　抽象三性质

计算抽象既是计算机科学最重要的方法，也是最重要的产物。作为动名词的抽象也被称为抽象化，而抽象化的产物也称为抽象，两者对应的英文都是 abstraction。

抽象化的要点是：一个系统可从多个层次（或多个角度、多个视野）理解，每个层次聚焦于考虑有限的、该层次特有的本质问题，并提取出一套精确规定的抽象，统一处理该层次所有的计算过程，解决这些特有问题。其他问题则留给别的层次考虑。该层次甚至看不见这些其他问题，因此也可以忽略与这些问题相关的所有细节。换句话说，抽象化和抽象具备 3 个性质，称为抽象三性质，英文缩写为 COG，即齿轮性质。

（1）受限性（Constrained）：抽象化意味着"聚焦本质，忽略细节"，意味着限制。通常做法是从某抽象层次理解一个计算系统的本质，每个抽象仅仅考虑该层次特有的本质问题，忽略或隐藏不必要的其他问题和细节。受限性，即忽略或隐藏不必要细节的能力，是抽象有助于应对复杂性的主要原因。

（2）**客观性**（Objective）：抽象化的产物是一个计算抽象，它是一个语义精确、格式规范的计算概念。客观性导致了可自动执行的、比特精准的计算抽象。

（3）**泛化性**（Generalizable）：计算抽象提取了本质，不是只对特定问题实例有效，而是可以触类旁通、用于其他实例，包括系统设计时尚未出现的应用场景。这也被称为抽象的泛化能力。泛化性是为什么一套抽象能够"以一驭万"的重要原因。

字符的 ASCII、Unicode、UTF-8 表示

我们以计算机表示字符的 3 个编码集为例，进一步说明抽象三性质。计算机如何表示人类语言的各种字符呢？更具体地，字符表示问题又分为两个子问题。

（1）映射问题：字符集如何映射到其编码集？

（2）实现问题：在计算机中如何具体实现某个字符，包括如何存储摆放某个字符？

【**实例 5.10**】　英文字符表示。

表示英文字符比较简单。英文只有 26 个字母，区分大小写也只有 52 个字母。加上 10 个十进制数字字符、各种标点符号等，一字节也就足以表示全部英文字符。1967 年，美国国家标准学会正式发布了"美国信息交换标准代码"（简称 ASCII 码），用一字节的 7 位表示英文字符，剩余的 1 位用于纠错。由于只有一字节，ASCII 字符的映射问题和实现问题都很简单：每个字符都映射到一个编码字节、实现为同一个编码字节。

课程网站的课件中提供了两个表，将 128 个 ASCII 字符分为**控制字符**（control characters）和**可打印字符**（printable characters），展示了每个字符对应的编码字节的十进制值、十六进制值，以及中英文读法和含义。

【**实例 5.11**】　全球字符的 Unicode 表示。

全球字符貌似也可以采用 ASCII 码的类似表示方法。数一下全球各种语言一共有多少字符，假如答案是 N 个字符，则规定一个 $\log_2 N$ 比特的编码集。这样，N 个字符的每一个都可映射到一个独特的 $\log_2 N$ 比特的编码。实际情况并非如此，而是考虑得更精致。

为了解决"为全球所有语言的所有字符规定二进制数字符号"的问题，一个国际性的非营利组织 Unicode Consortium 应运而生，推出了双字节 Unicode 编码集，即采用两字节（16 比特）表示语言字符。后来又推出了四字节（32 比特）Unicode 编码集，能够覆盖世界上所有语言的字符。这也是为什么 Unicode 被翻译成"万国码""国际码"或"国际标准字符集"的原因。每个字符映射到 Unicode 中特定的二进制编码，称为该字符的**码点**（code point）。2021 年的四字节 Unicode 14.0 版定义了 100 多万个码点，映射了全球 157 种语言的 14 万余个字符，包括 9 万多个中日韩统一表意文字（CJK Unified Ideographs）。

Unicode 用于解决全球字符表示的映射问题。在 Unicode 字符集例子中，"为世界上的所有语言的所有字符规定二进制数字符号"是抽象化的过程，而 Unicode 是抽象化的产物。Unicode 体现了抽象三性质。

（1）受限性：Unicode 聚焦于"如何将全球字符映射到码点"这个本质问题，但忽略了字体、大小、如何对齐、如何具体显示打印等具体细节问题。它甚至也忽略了 Unicode 字符在计算机中具体如何存储摆放等实现问题，这个实现问题留给了 UTF-8 等技术标准解决。

（2）客观性：Unicode 这个抽象是一个语义精确、格式规范的计算概念。它没有歧义。"中""国"两个中文字符分别对应于 U+4E2D 和 U+56FD 这两个码点。

（3）泛化性：Unicode 这个抽象并不是针对某个计算机、某个软件或某个应用场景设计的。它用一个通用抽象支持多个具体应用需求。不论何时何地，不管是什么计算机、使用什么操作系统和应用软件、处于何种应用场景，Unicode 用统一的一套方法解决了"用数字符号表示世界上各种语言字符"的映射问题。甚至新出现的"表情包"（emoji）等当代字符，也可以映射到 Unicode 字符集中，每个表情包字符有它特定的码点。例如，表情包字符☺的码点是 U+1F60A。

【实例 5.12】　Unicode 字符集的 UTF-8 实现。

UTF-8（Unicode Transformation Format-8-bit）是实现 Unicode 字符集的一种编码方式，广泛应用在计算机和互联网中。UTF-8 用于解决全球字符表示的实现问题。

UTF-8 采取了务实有效的编码方式：在计算机中常用而且字符数很少的 ASCII 字符集采用单字节编码，字符数多的汉字字符集使用三字节编码。计算机编程语言，不论是高级语言还是汇编语言，一般都支持 ASCII 字符集。越来越多的编程语言也支持 UTF-8 字符集。表 5.3 展示了 5 个字符的 ASCII、Unicode 和 UTF-8 表示。

表 5.3　若干字符的 ASCII、Unicode 和 UTF-8 表示

字符	字符含义	ASCII	Unicode	UTF-8	UTF-8 需要的字节数
T	英文大写字母 T	0x54	U+0054	0x54	1
Ω	希腊字母 Omega	N/A	U+03A9	0xCEA9	2
€	欧元符号	N/A	U+20AC	0xE282AC	3
志	一个汉字	N/A	U+5FD7	0xE5BF97	3
⊙	一个哥特语字符	N/A	U+10348	0xF0908D88	4

有了 UTF-8，"全球字符的二进制表示"问题通过两步完成：①将每个字符映射到其 Unicode 码点；②将每个 Unicode 码点实现为其 UTF-8 编码。换言之，Unicode 用于解决全球字符表示的映射问题，而 UTF-8 用于解决其实现问题。这种做法既保持了 Unicode 的通用性优点，又更加紧致。使用 UTF-8 编码表示一本 100 万个字符的英文书内容，大约只需要 1MB。如果直接用四字节 Unicode 实现每一个字符，则需要 4MB。

UTF-8 规定了一种从 Unicode 码点到 UTF-8 字节的自描述映射方法，可以①知道一个 Unicode 码点需要几个 UTF-8 字节；②哪个 UTF-8 字节是起始字节，哪些字节是跟随字节；③每个 UTF-8 字节的每一比特的值。表 5.4 展示了这个自描述映射方法。

表 5.4　从 Unicode 码点到 UTF-8 字节的自描述映射表

Unicode 码点范围	对应的 UTF-8 编码，1～6 字节	字节数
0000～007F	0xxxxxxx	1
0080～07FF	110xxxxx 10xxxxxx	2
0800～FFFF	1110xxxx 10xxxxxx 10xxxxxx	3
10000～1FFFFF	11110xxx 10xxxxxx 10xxxxxx 10xxxxxx	4
200000～3FFFFFF	111110xx 10xxxxxx 10xxxxxx 10xxxxxx 10xxxxxx	5

续表

Unicode 码点范围	对应的 UTF-8 编码，1～6 字节	字节数
4000000～7FFFFFFF	1111110x 10xxxxxx 10xxxxxx 10xxxxxx 10xxxxxx 10xxxxxx	6

表 5.4 第二行用于实现 127 个英文字符，其对应的 UTF-8 编码需要 1 字节，最高位是 0。后面的 xxxxxxx 是英文字符的 Unicode 码点的 7 比特。

例如，英文字符'?'的 Unicode 码点是 U＋003F＝0000000000**0111111**。忽略第 1 个全零字节，其 UTF-8 编码是 0**0111111**。

其他字符的 UTF-8 编码需要 2～6 字节，分成两类，即 1 个起始字节，以及 1～5 个跟随字节。起始字节用 k 个 1 说明该字符需要 k 字节，$k＝2～6$；k 个 1 后有一个 0。每个跟随字节的最高两位是 10。UTF-8 编码中的其他比特(x)用于存放 Unicode 码点。

我们看一看中文字符'你'。它的 Unicode 码点是 U＋4F60，处于表 5.4 第四行，其 UTF-8 编码需要 3 字节 1110xxxx 10xxxxxx 10xxxxxx。由于 U＋4F60＝01001111 01100000，置换 x 后，得到中文字符'你'的 UTF-8 编码 1110**0100** 10**111101** 10**100000** ＝ E4BDA0。

5.2.2 数据抽象

前几章已经接触到了数据抽象。本节集中讨论 10 种数据抽象，包括比特、字节、整数、数组、切片、字符串、浮点数、结构体、指针、文件，有利于对比并加深理解。针对每一个数据抽象(数据结构、数据类型)，应重点掌握以下两点。

(1) 它的表示，包括它的组织方式及其在内存中如何摆放。

(2) 它的操作集。常见的算术逻辑操作包括加、减、乘、除、求余、移位和逻辑操作。访存操作主要是加载(load)和存储(store)，包括对数组或切片使用索引访问其元素，如 S[i]，以及对结构体使用点号记号访问其元素，如 Z.pointer。

1. 字节、整数、数组、切片、字符串

图 5.6 显示了字节变量、整数变量、数组、切片这 4 种数据类型的实例，以及它们的对比和联系。下面用几个例子详细说明。

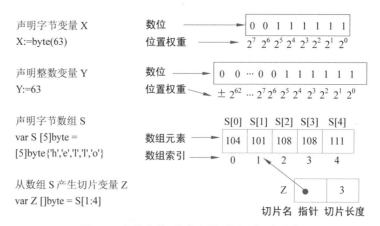

图 5.6 字节变量、整数变量、数组、切片示意

【实例 5.13】　数组与切片。

数组(array)是由一组同类元素连续摆放构成的数据结构。

声明语句 var S[5]byte ＝ [5]byte{'h','e','l','l','o'} 声明了一个 5 元素数组 S,每个数组元素是字节类型。数组长度,即 len(S),是 5。数组长度也是数组 S 定义的一部分,不可改变。数组索引从 0 开始不断增 1,直到 len(S)－1。5 个元素的初始值分别如下:

```
S[0]='h'=104,S[1]='e'= 101,S[2]='l'= 108,S[3]='l'= 108,S[4]='o'= 111
```

切片(slice)描述某个底层数组(underlying array)的一部分,可以看成某种"动态子数组"。声明语句 var Z []byte ＝ S[1:4] 从数组 S 产生切片变量 Z。它指向数组 S 的一部分 S[1:4],长度为 len(Z)＝4－1＝3。切片也有索引,可以像数组索引一样使用。本例中,切片元素 Z[0]＝ S[1]='e'= 101,Z[1]＝S[2]='l'= 108,Z[2]＝S[3]='l'= 108。注意,Z[3]越界了,因为 Z 的长度为 3,只有三个元素 Z[0],Z[1],Z[2],没有第 4 个元素 Z[3]。

除了在某个已有数组基础上定义切片之外,Go 语言还提供了一个 make 函数,用于创建切片。例如,下列语句

```
Z := make([]byte, 3)
```

创建了一个包含 3 字节元素的底层数组,以及指向该数组的切片变量 Z,且有 len(Z)＝3。所有元素的初始值都为 0,即切片元素 Z[0]＝ 0,Z[1]＝0,Z[2]＝0。注意:Z[3]越界了。

【实例 5.14】　字符串。

一个字符串(string)是一个 Unicode 字符码点序列,实现为 UTF-8 字节序列。在本课程的"个人作品"实验中,很多同学会用到 Unicode 或 UTF-8 字符。

对比字节数组,字符串有两个区别。

第一,字符串元素的值不可改变,字符串是一种只读数据类型。上述声明语句 var S[5]byte ＝ [5]byte{'h','e','l','l','o'} 生成了一个字节数组 S。可以用赋值语句 S[2]＝ 63 改变元素 S[2]的值。但是,如果我们声明一个字符串变量 Y 并试图改变元素 Y[2]的值,如下:

```
var Y string = "HELLO 你好"          //等价于 Y := "HELLO 你好"
Y[2] = 63
```

则编译器会报错。

第二,一个字符串元素既是一个 Unicode 字符码点,又是其对应的一个或多个 UTF-8 编码字节。当字符串中不完全是 ASCII 字符时,一个非 ASCII 字符往往对应多字节。将字符串简单等同于字节数组会出错。下面代码揭示了这类错误。

```
package main                         //String.go
import "fmt"
func main() {
    Y := "HELLO 你好"                //等同于 var Y string = "HELLO 你好"
    fmt.Println(Y)
```

```
    for i:=0; i<len(Y); i++ {
        fmt.Printf("%c",Y[i])
    }
    fmt.Printf("\n")
}
```

这个程序输出如下结果：

```
HELLO 你好
HELLOä½ å¥½
```

可以看出，语句 fmt.Println(Y) 打印出正确的字符串。但是，使用循环语句逐字节打印，只对 ASCII 字符有效，遇到中文字符就分别打印它的 3 字节，出乱码了。

我们修改上述程序，使用 Go 语言提供的 for-range 循环语句，来避免这类错误。下述程序的 for-range 循环语句中，range 返回字符串的索引(i)和 Unicode 码点(v)。这样一来，可以操作 Unicode 字符串的每个字符。

```
package main                        //String.go
import "fmt"
func main() {
    Y := "HELLO 你好"             //var Y string = "HELLO 你好",7 个字符,11 字节
    fmt.Println(len(Y))           //字符串长度是其字节数,不一定等于字符个数
    for i:=0; i<len(Y); i++ {     //打印每一个字节
        fmt.Printf("Y[%d] = %c, %X\n",i,Y[i],Y[i])
    }
    for i, v := range Y {          //打印每一个字符
        fmt.Printf("Y[%d] = %c, %X \n",i,v,v)
    }
    for i, v := range Y {          //查找字符'L'
        if v == 'L' {
            fmt.Printf("Y[%d] = %c\n",i,v)
        }
    }
}
```

这个修改后的 String.go 程序打印出如下结果：

```
> go run String.go
11
Y[0] = H, 48
Y[1] = E, 45
Y[2] = L, 4C
Y[3] = L, 4C
Y[4] = O, 4F
Y[5] = ä, E4          //0xE4 已经超出了 0x7F,不属于 ASCII,是扩展的 ASCII 字符
```

```
Y[6] = ½, BD          //0xBD 已经超出了 0x7F,不属于 ASCII,是扩展的 ASCII 字符
Y[7] =  , A0          //0xA0 已经超出了 0x7F,不属于 ASCII,是扩展的 ASCII 字符
Y[8] = å, E5          //0xE5 已经超出了 127,不属于 ASCII,是扩展的 ASCII 字符
Y[9] = ¥, A5          //0xA5 已经超出了 127,不属于 ASCII,是扩展的 ASCII 字符
Y[10] = ½, BD         //0xBD 已经超出了 127,不属于 ASCII,是扩展的 ASCII 字符
Y[0] = H, 48
Y[1] = E, 45
Y[2] = L, 4C
Y[3] = L, 4C
Y[4] = O, 4F
Y[5] = 你, 4F60       //中文字符'你'的码点是 U+4F60,UTF-8 编码是 0xE4BDA0
Y[8] = 好, 597D       //中文字符'好'的码点是 U+597D,UTF-8 编码是 0xE5A5BD
Y[2] = L
Y[3] = L
```

注意：中文字符'好'在字符串 Y(即"HELLO 你好")中的索引是 8,不是 6,因为中文字符'你'的 Unicode 码点是 U+4F60,但 UTF-8 编码是 0xE4BDA0,占了 Y[5]、Y[6]、Y[7]3 字节。使用 for-range 循环语句可以逐个字符打印出正确结果,遇到中文字符也不会出现乱码。

2. (***)浮点数

字节、整数、数组、切片、字符串这 5 种数据抽象已经足够应对很多应用场景。但是,一些不足之处也出现了,需要新的数据抽象。例如,当 X 的值为 63 时,整数除法产生 $X/2=31$,而不是 31.5。假如我们需要精确到小数点后的分数部分怎么办? 如何表示实数? 计算机提供了浮点数抽象。

【实例 5.15】 浮点数表示。

计算机提供了浮点数(floating-point number)抽象,以近似地表示实数。最流行的浮点数标准是 IEEE 754 浮点数标准。IEEE 754 单精度浮点数需要 32 比特,可精确地提供 7 位十进制有效数位;双精度浮点数需要 64 比特,可精确地提供 15 位十进制有效数位。图 5.7 显示了如何采用 IEEE 754 单精度浮点数表示圆周率 π。我们注意到 3 个特色。

第一,唯一表示。除了 0 有正 0 和负 0 两个表示之外,所有的浮点数都有唯一表示。例如,IEEE 754 规定了规格化数(normal number)的唯一表示：①一个浮点数可用两个定点数表示,即指数(exponent)和尾数(mantissa,又称为有效数,即 significant);②其尾数的二进制表示,应使得小数点左边刚好是 1。以 $\pi \approx 1.10010010000111111011011 \times 2^1$ 为例,尾数必须表示为 1.10…,不准更大(如 11.0…),也不准更小(如 0.11…)。这样一来,小数点左边总是 1。我们可以在尾数表示中忽略这个小数点左边缺省的 1,从而节省 1 比特,使得 π 的规格化尾数表示为.10010010000111111011011。

第二,阶码表示。以 $\pi \approx 1.10010010000111111011011 \times 2^1$ 为例,指数部分应为 00000001。为什么图 5.7 中 π 的指数部分是 10000000 呢? 这是因为,IEEE 754 规定采用移码(biased exponent,也称为偏移码)表示：指数部分需要加上一个偏移量 127。加了偏移量的指数部分称为阶码。也就是说,$\pi \approx 1.10010010000111111011011 \times 2^1$ 的阶码表示是 1+

$$\pi \approx \quad 3.1415927 \times 10^0 \approx 1.5707964 \times 2^1$$
$$\approx \quad +1.10010010000111111011011 \times 2^{00000001}$$
$$\rightarrow \quad +.10010010000111111011011 \times 2^{00000001}: \text{省略了最左边缺省的1}$$

正负号　　　阶码　　尾数

$$= \quad \mathbf{0}\mathbf{10000000}10010010000111111011011: \text{IEEE 754 单精度浮点数格式}$$

图 5.7　表示圆周率 π 的 IEEE 754 单精度浮点数（32 比特）

$127=128=10000000$。这样规定的阶码有一个好处：浮点数的比较操作可以像整数一样实现。

第三，代数完备性。IEEE 754 还提供了除规格化数之外的其他值的表示，一共规定了 5 类浮点数：规格化数、非规格化数、正负 0、正负无穷大、特殊值（NaN，即 Not a Number，例如 $\sqrt{-5}$），如表 5.5 所示。这些设计使得 IEEE 754 的浮点算术具备代数完备性，很多情况下可避免运算异常导致计算过程中断。例如，Go 语言语句 W := 7.0/(Y/0.0)/(Z/0.0) 将产生正确结果 0.0，而不是中途由于除零异常而终止。

表 5.5　5 类浮点数的表示与值（IEEE 754 单精度）

比　　　特	31	30 29…23	22 21 …1 0	值
规格化数	S	非全 0 非全 1 $0<E<255$	规格化尾数 M	$(-1)^S \times 1.M \times 2^{(E-127)}$
最大	0	11111110	11111111111111111111111	$1.M \times 2^{127}$
π	0	10000000	10010010000111111011011	$1.5707964 \times 2^1 \approx 3.141593$
最小	0	00000001	00000000000000000000000	$1.0 \times 2^{(1-127)} = 2^{-126}$
非规格化数	S	00000000	非全零尾数 M	$(-1)^S \times 0.M \times 2^{-126}$
最大	0	00000000	11111111111111111111111	$(1-2^{-23}) \times 2^{-126}$
最小	0	00000000	00000000000000000000001	$2^{-23} \times 2^{-126} = 2^{-149}$
零	0	00000000	00000000000000000000000	0
	1	00000000	00000000000000000000000	-0
无穷大	0	11111111	00000000000000000000000	$+\infty$
	1	11111111	00000000000000000000000	$-\infty$
非实数	S	11111111	非全零尾数	NaN

以单精度浮点数为例，简要解释这 5 类 IEEE 754 浮点数。假设 S 是符号位（32 比特中的最高比特，即第 31 比特），E 是阶码部分（第 23～30 比特，共 8 比特），M 是尾数部分（第 0～22 比特，共 23 比特）。

（1）阶码 E 为一个非全 0 非全 1 的正整数（即阶码 E 满足 $0<E<255$）。此时表示一个规格化浮点数，其值为 $(-1)^S \times 1.M \times 2^{(E-127)}$。其中，最大值是 $1.M \times 2^{(254-127)} = (2-2^{-23}) \times 2^{127}$，最小正值是 $1.0 \times 2^{(1-127)} = 2^{-126}$。规格化浮点数完全利用了 32 比特浮点数提

供的精度。例如,用对单精度而言精确的浮点数 3.1415927 近似地表示实数 π,它不是 3.1415926,也不是 3.1415928。与 π 的真实数值 3.141592653589⋯四舍五入以后比较,它的精度达到了十进制小数点后 7 位。

(2) 阶码 E 全 0,尾数 M 非全 0。此时表示一个非规格化浮点数(subnormal number),其值为 $(-1)^S \times 0.M \times 2^{-126}$。由于丢失了尾数缺省的小数点左边的 1,它不能完全利用 32 比特浮点数提供的精确性,但提供从规格化数到更小数值的平滑过渡。最小的正值规格化浮点数是 $2^{-126} = 1.1754944 \times 10^{-38}$,而最大的非规格化浮点数值是 $(1 - 2^{-23}) \times 2^{-126} = 1.1754942 \times 10^{-38}$,与之相差很小。最小的正值非规格化浮点数是 $2^{-149} = 1.4012985 \times 10^{-45}$,可表示相当接近零的小数。

(3) 阶码 E 全 0,尾数 M 全 0。此时依据符号位的不同可表示正负 0。注意,根据 IEEE 754 浮点数标准,0 既不是规格化浮点数,也不是非规格化浮点数。

(4) 阶码 E 全 1,尾数 M 全 0。此时依据符号位的不同可表示正负无穷大。

(5) 阶码 E 全 1,尾数 M 非全 0。此时可表示各种特殊值(NaN)。

【实例 5.16】　使用浮点数的常见错误。

人们往往使用 x＝＝y 判断两个整数表达式 x 与 y 是否相等,因为整数表达式包含精确值。但是,不应该用双等号＝＝判断两个浮点数表达式是否相等,因为浮点数往往是近似值。

图 5.8 中的程序展示了这类错误及纠正措施。

```
package main // testPoint123.go
import "fmt"
import "math"
func main() {
    if 0.1 + 0.2 == 0.3 {
        fmt.Println("0.1+0.2 == 0.3")
    }
    X := 0.1           // 等价于 var X float64 = 0.1
    Y := 0.2
    Z := 0.3
    if X + Y == Z {
        fmt.Println("0.1+0.2 == 0.3")
    }
    if math.Abs(X+Y−Z) < math.Pow(10,-12) {
        fmt.Println("0.1+0.2 == 0.3")
    }
}
```

图 5.8　不能用双等号＝＝判断两个浮点数是否相等

该程序的输出结果只有两行"0.1＋0.2 ＝＝ 0.3",而不是 3 行"0.1＋0.2 ＝＝ 0.3":

```
> go run ./testPoint123.go
0.1+0.2 == 0.3
```

```
0.1+0.2 == 0.3
>
```

要判断（X＋Y）是否等于 Z，不能使用（X＋Y）＝＝Z。应该使用数学程序包里的绝对值函数 math.Abs(X＋Y－Z)＜math.Pow(10，－12)，即 |(X＋Y)－Z|＜10^{-12}。程序通过检查（X＋Y）－Z的绝对值是否小于一个很小的数 10^{-12}，来判断（X＋Y）是否等于 Z。

3.（∗∗∗）结构体与指针

数组是一组同类元素依次连续排列构成的数据结构。需不需要一组异构元素构成的数据结构呢？需不需要一组元素非连续排列构成的数据结构呢？假如 Go 语言没有切片抽象，而要同学们实现它，如何着手呢？这些问题涉及新的数据结构，即结构体和指针。

【实例 5.17】　结构体。

有别于数组，结构体（struct）是一组异构元素构成的数据结构。图 5.9 显示了如何通过结构体和指针实现切片。

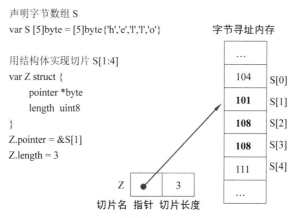

图 5.9　通过结构体和指针实现切片

下列程序 Struct4Slice.go 显示了如何使用结构体实现切片。其中，主函数体中的两行粗体代码直接使用 Go 语言的切片抽象，而正常字体的 9 行代码使用结构体实现粗体代码表示的切片类似的功能。可以看出 3 个异同：①两种方法可以表达相同功能，即动态子数组；②使用切片远比使用结构体简洁；③通过结构体和指针实现切片，不仅更加繁杂，而且不安全（注意我们不得不导入 unsafe 程序包）。假设将 fmt.Println(Y[0]，Y[1]，Y[2])改为 fmt.Println(Y[0]，Y[1]，Y[2]，Y[3])，程序会报错：切片索引越界，因为切片元素 Y[3] 不存在。与之对照，当我们在最后一行打印语句之后添上一条新语句

```
fmt.Println(*(*byte)(unsafe.Pointer((uintptr(unsafe.Pointer(Z.pointer)) + 3))))
```

程序会继续执行，打印出 S[4]的值'o'，并不对切片 Z 越界报错。

```
package main                    //Struct4Slice.go
import "fmt"
```

```
import "unsafe"
func main() {
    var S [5]byte = [5]byte{'h', 'e', 'l', 'l', 'o'}
    Y := S[1:4]
    fmt.Println(Y[0],Y[1],Y[2])
    var Z struct {                      //结构体 Z 包含两个元素 Z.pointer 与 Z.length
        pointer * byte                  //元素 Z.pointer 是指针变量,存放一字节变量的地址
        length  uint8                   //元素 Z.length 是一个 uint8 变量
    }
    Z.pointer = &S[1]                   //Z.pointer 存放切片的起始地址 &S[1]
    Z.length = 3                        //Z.length 存放切片的长度 3,即切片有 3 个元素
    fmt.Println( * ( * byte)(unsafe.Pointer((uintptr(unsafe.Pointer(Z.pointer))
+ 0))))
    fmt.Println( * ( * byte)(unsafe.Pointer((uintptr(unsafe.Pointer(Z.pointer))
+ 1))))
    fmt.Println( * ( * byte)(unsafe.Pointer((uintptr(unsafe.Pointer(Z.pointer))
+ 2))))
}
```

该程序的输出结果如下:

```
> go run Struct4Slice.go
101 108 108
101
108
108
```

上述程序说明,切片抽象简化了程序表达的复杂性。但是,切片抽象本身需要通过更底层的结构体和指针抽象,使用复杂的计算过程实现。一旦 Go 语言系统实现了切片抽象,程序员可以直接使用切片,不用关心切片的实现细节。同学们不用理解为什么简洁的切片元素 Y[1]需要用繁杂的 $*(*byte)(unsafe.Pointer((uintptr(unsafe.Pointer(Z.pointer))+1)))$实现。

【实例 5.18】 指针与间接寻址。

与一般变量不同,指针变量存放另一个变量的地址,而不是它的值。计算机通过间接寻址模式实现指针。除了 2.3.3 节遇到过的支持循环的基址索引寻址模式(based index addressing)之外,计算机还提供 3 种寻址模式。

(1) **立即寻址模式**(immediate mode)。例如,指令"MOV 50, R1"将立即数(immediate value)50 赋予寄存器 R1。

(2) **直接寻址模式**(direct mode)。例如,指令"MOV R1, M[50]"将寄存器 R1 的值直接存入内存单元 M[50]。

(3) **间接寻址模式**(indirect mode)。例如,指令"MOV R1, M[M[50]]"先将内存单元 M[50]的值 V 取出作为地址,再将寄存器 R1 的值存入内存单元 M[V]。换言之,该指令将寄存器 R1 的值存入内存单元 M[M[50]]。

【实例5.19】　一般变量和指针变量的比较。

任何变量都有3个属性：变量名、数据类型、值。在程序运行时，变量会被绑定到某个内存地址，称为变量的地址。指针变量与一般变量不同之处是，指针变量的值是其所指向变量的地址。变量地址可通过取址操作符 & 获得。相反方向的是解引用操作符 * 。

下列程序 pointer.go 比较了一般的布尔变量 b 与指针变量 p。

```
1    package main              //pointer.go
2    import "fmt"
3    func main() {
4        b := true             //等同于 var b bool = true
5        var p * bool = &b      //等同于 p := & b;p 存放变量 b 的地址
6        fmt.Println(p)         //打印变量 b 的地址
7        fmt.Println( * p)      //打印变量 b 的值,注意 * p 中的解引用操作符 *
8        * p =  false           //改变变量 b 的值
9        fmt.Println(b)         //打印变量 b 的值
10       * p = !( * p)          //既使用又改变变量 b 的值,等同于 b = !b
11       fmt.Println(b)
12   }
```

该程序输出如下结果：

```
> go run ./pointer.go
0xc042058058                   //不同系统上的多次执行可能会打印出不同地址
true
false
true
>
```

上述程序中，第4行语句 b := true 声明了一个布尔变量 b，其初始值是 true。第5行声明语句 var p * bool = &b 声明了一个指针变量 p，指向变量 b。符号 * bool 说明 p 是指针变量，指向一个布尔变量。换言之，p 存放 b 的地址。本次执行恰好 b 的地址是 0xc042058058。因此，第6行打印语句打印出 0xc042058058，如图5.10所示。

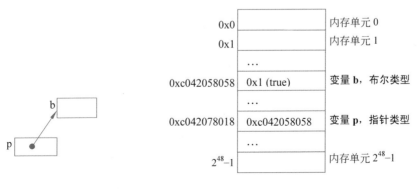

(a) 指针示意p=&b　　　　　　　(b) 存放在字节寻址内存中的普通变量和指针变量

图 5.10　普通变量与指针变量示意与例子

同样的符号 ＊,在声明语句中指明正在定义一个指针变量,在其他语句中则表示解引用操作符(**dereference** operator)。在第 7 行代码中,p 是指针变量指向布尔变量 b,但是 ＊p 则用间接寻址解除了指向(解除了引用,所以称为解引用操作符),＊p 等同于布尔变量 b。因此,打印语句 fmt.Println(＊p)等同于 fmt.Println(b),输出 true。

第 8 行语句也有解引用 ＊p。此语句等同于 b＝false。因此,第 9 行语句打印出 false。同理,第 10 行语句 ＊p ＝ !(＊p)等同于赋值语句 b＝! b,第 11 行语句打印出 true。

5.2.3 文件与文件系统

文件(file)是一种特殊的数据抽象,它用于持续存放程序信息或数据信息。当计算机断电后,文件的内容不会丢失。文件一般存放在硬盘或 U 盘等持续介质中。

1. 文件系统

所有文件都存放在计算机的文件系统(file system)中,形成一种树状结构,如图 5.11 所示。叶子节点是普通文件,其他节点是目录文件(directory)。这棵文件系统树展示了目录的包含关系。目录也是一种文件,它包含 0、1 或更多个文件。当目录 A 包含目录 B 时,A 是 B 的父目录(parent directory),B 是 A 的子目录。没有父目录的目录称为根目录(root directory),用斜线"/"表示。

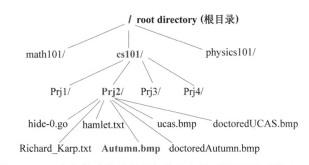

图 5.11 一个文件系统的目录与普通文件,从根目录开始有 4 级

用户当前正在工作的目录称为当前目录(current directory)或工作目录(working directory)。当用户登录一台计算机,会位于一个系统规定好的默认目录,称为家目录,也称为主目录(home directory)。因此,当用户登录一台计算机后,他的当前目录是家目录。

可以在命令行界面通过执行改变目录命令(即 cd 命令),改变当前工作目录。也可以执行显示目录命令(即 ls 命令),列出当前目录中文件的相对路径(relative path),即从当前目录到该文件的路径。两个相对路径具有特别记号,即当前目录"."和父目录".."。如果需要知道该目录中文件的详细信息,可使用 ls -l 命令。还可以执行打印工作目录命令(即 pwd 命令),打印出当前所在目录的绝对路径(absolute path),即从根目录下溯到该目录的完整路径。相对路径和绝对路径都是文件名。文件的绝对路径是唯一的。

假设用户的文件系统如图 5.11 所示,家目录是/cs101,执行下列命令的结果如下:

```
用户登录计算机
>pwd                                        //当前目录,即工作目录,恰好是家目录
```

```
/cs101
>cd Prj2                                    //改变当前工作目录到 /cs101/Prj2
>pwd
/cs101/Prj2
/cs101/Prj2> ls -l Autumn.bmp              //使用相对路径列出 Autumn.bmp 元数据信息
-rw-rw-rw- 1 zxu zxu 9144630 Jul 22  2020 Autumn.bmp
> cd ..                                     //改变当前目录到其父目录
/cs101> ls                                  //打印出当前目录的文件,即 4 个子目录
Prj1  Prj2  Prj3  Prj4
/cs101> ls -l                               //打印出当前目录的文件的详细信息
total 0
drwxr-xr-x 1 zxu zxu 512 Dec 19 12:38 Prj1
drwxr-xr-x 1 zxu zxu 512 Dec 19 12:43 Prj2
drwxr-xr-x 1 zxu zxu 512 Dec 19 12:38 Prj3
drwxr-xr-x 1 zxu zxu 512 Dec 19 12:39 Prj4
/cs101>
```

假设当前目录是/cs101/Prj2。表 5.6 列出了典型文件与目录的绝对路径和相对路径。

表 5.6　典型文件与目录的绝对路径和相对路径

典型文件和目录	绝 对 路 径	相 对 路 径
根目录	/	../..
家目录	/cs101	../
当前目录	/cs101/Prj2	./
父目录	/cs101	../
一个程序文件	/cs101/Prj2/hide-0.go	hide-0.go
一个文本数据文件	/cs101/Prj2/hamlet.txt	hamlet.txt
一个图像数据文件	/cs101/Prj2/Autumn.bmp	Autumn.bmp

2. 数据与元数据

文件包含数据(data)和**元数据**(metadata)。数据是该文件的载荷信息比特(payload bit),即文件包含的真正信息。元数据是关于该数据的额外数据。在英文表述 metadata is data about data 中,后一个 data 是指载荷信息,前一个 data 是元数据。例如,Autumn.bmp 这个图像文件的载荷是图像本身。它的元数据包括下列额外的数据:图像文件的组成格式、文件名、文件大小、创建时间、修改时间、访问权限,等等。

如图 5.12 所示,扩展名为 **BMP** 的文件 Autumn.bmp 是一个位图(bitmap)文件,它以像素阵列(pixel array)的

图 5.12　文件 Autumn.bmp 的数据和元数据的地址映射,每个地址包含一字节

方式存放图像（即载荷数据），并用起始 54 个字节地址存放图像的元数据，即位图文件头（BMP File Header）和位图信息头（BMP Info Header）。这些元数据包括图像的高度和宽度等信息。真正的图像信息（载荷信息）从字节地址 54 开始。

　　像素（pixel，或 picture element）是图像的可访问、可操控的最小单元。在本课程中，规定 BMP 格式的每个像素使用 3 字节表示其红、绿、蓝 3 种原色的色深（color depth values for the primary colors of red，green，and blue）。每个色深使用一个 8 比特无正负号数 uint8。因此，每个像素需要 3 字节存放其 RGB 三原色的色深。

　　例如，图 5.13 的图像共有 2×4＝8 个像素，每个像素由 3 字节组成，分别存放蓝、绿、红 3 种原色的色深。注意：RGB 意味着，每个像素的 3 字节地址中，最高位地址存放 R（红色色深）、中间地址存放 G（绿色色深）、最低位地址存放 B（蓝色色深）。因此，当像素阵列的字节地址从低向高排列时，我们看到的是每个像素的 BGR 三原色的色深三元组（B，G，R）。整个像素阵列（pixel array）从地址 54 开始，供存放 3×8＝24 个 uint8 值，即

[255 255 255; 0 0 0; 0 255 255; 255 255 0; 0 0 255; 0 255 0; 255 0 0; 255 0 255]

　　第一个像素的（B，G，R）＝（255，255，255）表示白色，位于地址 54、55、56；第二个像素（0，0，0）表示黑色，位于地址 57、58、59；第五个像素（0，0，255）表示红色，位于地址 66、67、68。

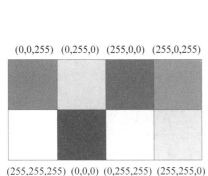

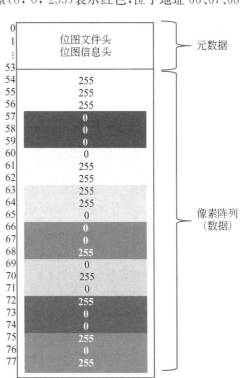

图 5.13　一个高度为 2、宽度为 4 的位图图像及其 BMP 文件格式

3. 如何操作文件数据

我们通过介绍信息隐藏实验，进一步理解文件抽象，包括：①如何读文件；②如何写文

件；③如何定位到文件中某个区域的数据；④如何操作这些数据。

隐写术（steganography）是将一段信息隐藏在另一段信息中的技术。本课程的信息隐藏实验要求将文本文件 hamlet.txt 隐藏在图像文件 Autumn.bmp 中，产生一个新图像文件 doctoredAutumn.bmp。如果隐藏得不好的话，新文件 doctoredAutumn.bmp 与原文件有明显区别；隐藏成功的新文件 doctoredAutumn.bmp 与原文件无明显区别，如图 5.14 所示。

图 5.14　隐写术示意：将文本文件 hamlet.txt 隐藏于图像文件 Autumn.bmp 的两种结果
（感谢李春典提供照片）

【实例 5.20】　信息隐藏算法。

上述隐写术例子可用下列算法实现，对应的 Go 程序是 hide-0.go。

信息隐藏算法：

（1）输入：文本文件 hamlet.txt 与图像文件 Autumn.bmp。

（2）输出：新图像文件 doctoredAutumn.bmp，它隐藏了 hamlet.txt 的全部内容，且与原图像文件 Autumn.bmp 无可见差别。

（3）步骤：

① 将文本文件 hamlet.txt 读进变量 t　　　　　//t 代表文本（text）

② 将图像文件 Autumn.bmp 读进变量 p　　　//p 代表图像（picture）

③ 将 hamlet.txt 的文件长度隐藏到变量 p 中 Pixel Array 的前 32 字节

④ 将 hamlet.txt 的文件内容隐藏到变量 p 中 Pixel Array 的剩余字节

⑤ 将 p 写到新文件 doctoredAutumn.bmp

第①、②、⑤步很好理解。要处理文件，首先要将输入文件读进内存，处理完后再写到新的输出文件。第③步隐藏 hamlet.txt 的文件长度，一个必要的元数据，以便信息复原算法从 doctoredAutumn.bmp 中恢复 hamlet.txt。

实现第③、④步的基本思路：将需要隐藏的每字节的 8 比特隐藏到 Pixel Array 的 4 个相邻字节中，每两比特隐藏到 Pixel Array 的 1 字节。由于 hamlet.txt 的文件长度是一个 64 比特整数，有 8 字节，共需要 8×4＝32 字节。

下面我们较为详细地过一遍信息隐藏程序 hide-0.go 的主要部分(见图 5.15),说明:
①如何读文件;②如何写文件;③如何定位到文件某个区域的数据;④如何操作这些数据。
该程序代码尚不完备规范,还需要同学们补全。另外,同学们需自行设计对应的信息复原算
法及其程序 show-0.go。实验课会详细讨论这些细节。

```
package main                        //hide-0.go:牺牲灵活性;忽略异常处理;使用短名字
import "io/ioutil"
const (
    S         = 54                  //图像文件中 Pixel Array 的起始地址
    T         = 32                  //隐藏 hamlet.txt 文本文件长度所需的字节数
    C         = 4                   //隐藏一个字符所需的字节数
)
func main() {
    p, _ := ioutil.ReadFile("./Autumn.bmp")    //将图像文件 Autumn.bmp 读入切片 p
    t, _ := ioutil.ReadFile("./hamlet.txt")    //将文本文件 hamlet.txt 读入切片 t
    modify(len(t), p[S:S+T], T)                //隐藏 hamlet.txt 文本文件长度
    for i:=0; i<len(t); i++{                   //隐藏 hamlet.txt 文本文件的全部字符
        offset := S+T+(i * 4)
        modify(int(t[i]), p[offset:offset+C], C)
    }
    ioutil.WriteFile("./doctoredAutumn.bmp", p, 0666) //写入 doctoredAutumn.bmp
}
func modify(txt int, pix []byte, size int) {          //实现隐藏的具体函数
    for i := 0; i < size; i++ {
        //此处插入你的代码,用 txt 的最后两比特替代 pix[i] 的最后两比特
        txt = txt >> 2                                //repeat with the next 2 bits
    }
}
```

图 5.15 信息隐藏程序 hide-0.go 的主要部分

【实例 5.21】 文件读操作。

文件读操作要达到如下目标:将文件以合适的格式读进内存,便于定位,即使得后续操
作能够方便地定位到文件所需区域并处理该区域的数据。什么是合适的格式呢?是字节切
片(byte slice)。换言之,读操作将文件读进内存的一字节切片变量。Go 语言的 io/ioutil 程
序包提供了一个库函数 ioutil.ReadFile(其中 ioutil 是 IO Utilities 的意思)。可用下列方式
调用该函数,即 p, _ := ioutil.ReadFile("./Autumn.bmp"),将当前目录中的 Autumn.
bmp 图像文件读进内存的字节切片变量 p。文件内容被读进内存形成一个包含 9144630 个
元素的字节数组,成为切片 p 的底层数组,如图 5.16 所示。

这样的 ioutil.ReadFile 调用提供了一种通用的方便定位的文件读进方式。不论是文本
文件,还是图片、视频、声音文件,读进内存后都成为某个字节切片变量的底层数组。简言
之,字节切片方式实现了"便于定位"。

信息隐藏实验使用了.txt 文本文件和.bmp 图像文件。切片元素 p[0] 是底层数组的第

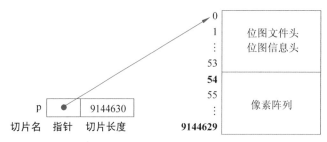

图 5.16 文件 Autumn.bmp 读进内存后的字节数组，即字节切片变量 p 的底层数组

一字节，即元数据的第一字节；p[54]是像素阵列 Pixel Array 的第一字节；p[9144629]是文件或底层数组的最后一字节。切片 p[0:54]存放元数据，切片 p[54:]存放像素阵列。隐藏信息应该从 p[54]开始，因为需要隐藏在像素阵列中，不应该隐藏在前面的元数据中。

Go 语言的函数调用可有多个返回值。当我们不关心某个返回值时，可用下画线符号"_"占位。例如，调用 ioutil.ReadFile 函数返回两个值，第一个返回值是我们关心的，赋予了字节变量 p。第二个返回值我们不关心，使用了下画线"_"占位。

类似地，要将当前目录中的 hamlet.txt 文本文件读进内存变量 t，使用下列语句：

```
t, _ := ioutil.ReadFile("./hamlet.txt")
```

请同学们完善图 5.17，填上 4 个问号对应的信息。

（1）切片名是什么？答案是 t，但为什么是 t？

（2）指针应指向哪里？

（3）切片长度是多少？答案是 182397，但它是怎么得来的？

（4）底层数组的最后一个地址是什么？

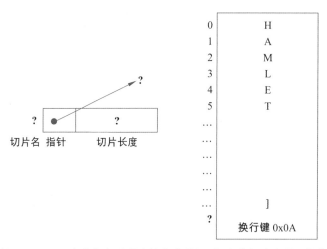

图 5.17 文件 hamlet.txt 读进内存后形成的字节数组，即字节切片变量 t 指向的底层数组

【实例 5.22】 文件写操作。

信息隐藏算法的最后一步（第⑤步）执行一个文件写操作，将已经被处理过的字节切片 p 指向的底层数组内容写出到新文件 doctoredAutumn.bmp。如果新文件不存在，需要创造

新文件并规定其访问权限。Go 语言提供了 ioutil.WriteFile 库函数,调用语句如下:

```
ioutil.WriteFile("./doctoredAutumn.bmp", p, 0666)
```

其中,0666 说明新文件 doctoredAutumn.bmp 的访问权限。首位为 0 说明这是一个普通文件。首位为 1 则说明新文件是一个目录。文件访问权限实例如表 5.7 所示。

表 5.7　文件访问权限实例

用户本人（Owner）			用户所在用户组（Group）			其他用户（Others）		
r	w	x	r	w	x	r	w	x
1	1	0	1	1	0	1	1	0

其中,r 表示 read; w 表示 write; x 表示 execute;0 表示无权限;1 表示有权限。

访问权限为 666 = 110 110 110,说明如下:①创建新文件的用户本人,即该文件的拥有者(Owner),可读、可写该文件,但不能执行该文件;②用户所在的用户组(Group)的访问权限与拥有者相同,也是 110;③ 其他用户(Others)的访问权限相同,也是可读可写但不可执行。

【实例 5.23】　定位并处理字节切片 p 与 t 中的数据。

假设我们设计的信息隐藏程序 hide-0.go 已经执行了下述两条读文件语句:

```
t, _ := ioutil.ReadFile("./hamlet.txt")
p, _ := ioutil.ReadFile("./Autumn.bmp")
```

此时,文本文件 hamlet.txt 已被读入变量 t,图像文件 Autumn.bmp 已被读入变量 p。我们需要修改 p,即将 hamlet.txt 的文件长度和每个字符依次隐藏到变量 p 的像素阵列(Pixel Array)里边。每个需隐藏的字节有 8 比特,需要像素阵列的 4 字节隐藏,隐藏每两比特需要像素阵列的一字节。这需要精心设计算法和程序,包括:①用循环实现依次隐藏;②每次迭代定位到合适的切片元素;③操作这些元素。下述语句:

```
modify(len(t), p[S:S+T], T)      //hide file size of hamlet.txt
```

将 hamlet.txt 的文件长度 len(t),即一个整数 182397 隐藏到字节切片 p[S: S+T]中,其中 T 是 p[S: S+T]字节切片的长度。根据程序 hide-0.go 的常数定义,S=54,T=32。因此,hamlet.txt 的文件长度 182397 被隐藏在底层数组的 32 字节中,即 p[54:86],如图 5.18 所示。

隐藏 hamlet.txt 的文件长度 182397 之后,程序使用下列循环依次隐藏 hamlet.txt 的 182397 个字符,即 H、A、M、L、E、T、…、]、换行键。

```
for i:=0; i<len(t); i++{                  //hide contents of hamlet.txt
    offset := S+T+(i * 4)
    modify(int(t[i]), p[offset:offset+C], C)
}
```

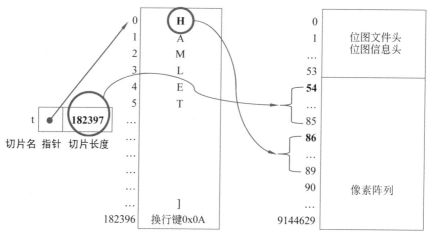

(a) 切片 t 及其底层数组　　　　　　　　(b) 切片 p 指向的底层数组

图 5.18　如何定位切片变量 t 和 p 的元素

我们仔细看一看当 i＝0 时的情况，即位于 t[0] 的第一个字符'H'是如何被隐藏的。此时，上述循环代码变成了

```
offset := S+T                         //offset = S+T = 54+32 = 86
modify(int(t[0]), p[86:90], 4)        //常数 C=4
```

换言之，字符'H'被隐藏到了 p[86:90] 的 4 字节 p[86]、p[87]、p[88]、p[89]。

如何隐藏字符'H'呢？程序调用 modify 函数，即 modify(int(t[0])，p[86:90]，4)。定义 modify 函数的函数声明语句如下：

```
func modify(txt int, pix []byte, size int) {
    for i := 0; i < size; i++ {
        //此处请学生填上自己的代码，用 txt 的最后两比特替代 pix[i] 的最后两比特
        txt = txt >> 2    //the next iteration repeats with the next 2 bits of txt
    }
}
```

当隐藏字符'H'时，调用 modify(72，p[86:90]，4)。此时，txt 是'H'＝72＝01001000；pix 是 p[86:90]；size＝4。函数体中的循环执行了 4 次迭代（size＝4），效果等价于图 5.19 所示。

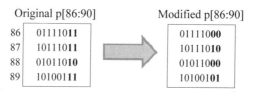

图 5.19　modify 函数执行效果

当程序隐藏完 hamlet.txt 的文件长度和字符'H'之后，切片 p 的底层数组变化如图 5.20

所示。

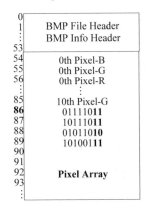

图 5.20　程序隐藏完 hamlet.txt 的文件长度和字符'H'之后,切片 p 的底层数组变化

5.2.4　控制抽象

当代计算机支持具备运算流、控制流、消息流的计算过程。每一步骤包含的操作的概念也从加、减、乘、除算术运算拓展到了更一般的操作,包括算术运算,按位与、或、非逻辑操作,左右移位操作,访存操作,条件跳转操作等。在程序代码或描述算法的伪代码中,控制流体现为控制抽象。我们简要讨论 5 种常见的控制抽象,包括表达式中的运算符优先级、顺序、条件跳转、循环、子程序调用。

1. 运算符优先级(operator precedence)

表达式中的运算符优先级我们在小学就熟悉了。我们知道 $5 \times 3 + 3 = 18$,即运算符的顺序是先乘除后加减。我们还可以用括号强制规定优先级。例如,$5 \times (3+3) = 30$,因为此时新加的括号规定了先算 $3+3$。

在计算机算法和程序中,人们使用了更多的运算符,需要更加细致地规定优先级。表 5.8 显示了 Go 程序的表达式中的部分运算符优先级,6 为最高,1 为最低。同一层优先级的运算符其优先级是先左后右。当有疑问时,可使用括号强制规定优先级。

例如,程序表达式 $5 * 3 < 20/5 << 2+3$ 的求值结果是 true。因为它等同于使用括号显式标注了优先级的表达式:$(5 * 3) < (((20/5) << 2) + 3)$,即 $15 < 19$ 成立,结果为 true。同理,程序表达式 $5 * 3 < 20/(5 << 2) + 3$ 的求值结果是 false,因为 $15 < 4$ 不成立。

表 5.8　Go 语言中的运算符优先级

优先级	运　算　符	运算符含义
6(最高)	$-$、$!$	负号、逻辑非
5	$*$、$/$、$\%$、$<<$、$>>$、$\&$	乘、除、求余、左移、右移、按位与
4	$+$、$-$、$|$、$\wedge$	加、减、按位或、按位异或

优先级	运 算 符	运算符含义
3	==、!=、<、<=、>、>=	等于、不等于、小于、小于或等于、大于、大于或等于
2	&.&	逻辑与
1(最低)	||	逻辑或

2. 顺序、条件跳转、循环、子程序调用

顺序(sequential order,或 sequence)是最基本、最常用的控制抽象,在很多情况下是默认的控制抽象。如果没有特别说明,在描述一个计算过程时,列出的步骤都是一步一步顺序执行的。我们先看一段求 3000000000 个数之和 $A[0]+A[1]+\cdots+A[3000000000-1]$ 的伪代码。

```
步骤 1:Sum=0
步骤 2:i=0
步骤 3:Sum = A[i] + Sum
步骤 4:i = i +1
步骤 5:如果 i<3000000000,跳转到步骤 3          //条件跳转
步骤 6:打印出结果 Sum
步骤 7:终止计算过程
```

上述求 3000000000 个数之和的计算过程中,步骤 5 通过条件跳转(也称为条件判断,conditional)来确定下一步骤是步骤 6 还是步骤 3。除此之外,所有步骤都采用默认的顺序执行下一步骤。步骤 6 值得特别关注。在一般的计算机中,打印并不是一条基本的指令,而是通过一段子程序来实现的。步骤 6 事实上应该是一个子程序调用,是一种特殊的控制抽象。

这些抽象可被组合,产生更多的抽象。例如,顺序、条件跳转、子程序调用可组合成循环抽象。

```
步骤 1:Sum=0
步骤 2:for i=0; i<3000000000; i++ {Sum = A[i] + Sum}       //循环抽象
步骤 3:打印出结果 Sum
步骤 4:终止计算过程
```

在这个新的计算过程中,步骤 2 变成了一个更加抽象的循环语句。它的含义等同于执行下列子程序:

```
步骤 A:i=0
步骤 B:Sum = A[i] + Sum
步骤 C:i = i +1
步骤 D:如果 i<3000000000,跳转到步骤 B
```

显然,for 循环语句抽象比相应的子程序更加简洁易懂。

3. 循环抽象的要点

下面使用 Go 语言的程序例子更加具体地阐述循环抽象的几个要点。

(1) 循环语句是由初始语句(initial statement)、条件判断(conditional expression)、后语句(post statement)、循环体(loop body)4 部分构成的整体。

(2) 循环语句有特定的执行顺序,可通过流程图(flow chart)清楚地理解。

(3) 计算机通过比较指令、条件跳转、寻址模式支持循环。

(4) 无穷循环是一种常见错误。

【实例 5.24】 求 500000000 个整数之和与平均值的循环代码。

假设全国有 500000000 家庭。其中,家庭 i 在 2021 年用电 A[i]度(即千瓦时,kW·h)。求全国家庭用电总数 TotalKWH 和平均每个家庭用电数 AverageKWH。下面是相关的 Go 代码以及流程图(图 5.21)。

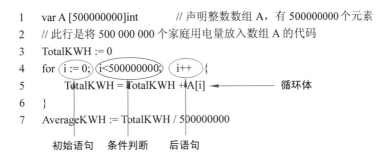

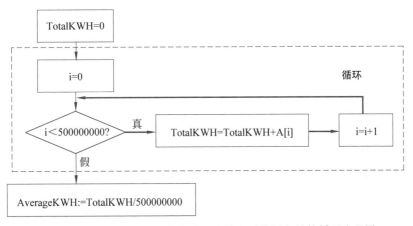

图 5.21 求 500000000 个家庭总用电量和平均用电量的循环流程图

上述循环语句(第 4~6 行)包括 4 部分,即初始语句 i:=0,条件判断表达式 i<500000000,后语句 i++,以及循环体 TotalKWH = TotalKWH + A[i]。循环语句执行顺序如下。

首先执行初始语句,然后执行一次或多次迭代(iteration)。

(1) 每次迭代首先检查条件判断表达式是否为假,若为假,则结束循环,转而执行循环的下一条语句(第7行)AverageKWH ： = TotalKWH / 500000000。

(2) 若条件判断为真,则执行循环体,然后执行后语句,最后进入下一次迭代。

(3) 当条件判断表达式为空,即不存在时,视条件判断表达式为真。也就是说,当第4行代码"i ： = 0；i<500000000；i++ {"被替换为"i ： = 0；；i++ {"时,条件判断表达式为真。

【实例5.25】 回顾：计算机如何支持循环。

2.3.3节讨论了如何用汇编语言程序实现高级语言的循环抽象。应用到上述全国家庭用电量统计Go程序,其中的循环代码对应的汇编语言代码列举如下。其中,基址寄存器R0存放数组A的起始地址。累加器R1存放TotalKWH的值。索引寄存器R2存放索引值i。它们都是64位整数,每个值需要8字节。可以看出,高级语言的循环抽象远比汇编语言的多条指令更为简洁易懂。

```
TotalKWH := 0                              MOV 0, R1              //TotalKWH := 0
for i := 0; i<500000000; i++ {             MOV 0, R2              //i:=0
    TotalKWH = TotalKWH + A[i]    Loop:     ADD M[R0+R2 * 8], R1   //label Loop
                                           INC R2                 //i++
                                           CMP 500000000, R2      //i<500000000?
}                                          JL Loop                //if Yes, goto Loop
```

这段汇编代码的前2条指令

```
MOV 0, R1
MOV 0, R2                                                         //i:=0
```

实现了TotalKWH ： = 0和i：=0。加法指令

```
ADD M[R0+R2 * 8], R1,即 R1+M[R0+R2 * 8]➡R1
```

实现了循环体TotalKWH = TotalKWH + A[i]。注意这里使用了基址索引寻址模式：

```
地址       =    基址 + 索引 * 比例因子 + 偏移量
Address   =    Base + Index * Scale Factor + Offset
```

其中,偏移量为0,比例因子为8。数组元素A[i]位于地址Base+i*8+0,即R0+R2*8。

指令INC R2实现了后语句i++。比较语句CMP 500000000,R2检查"i<500000000"是否成立。指令JL Loop的意思是,如果小于关系成立,跳转到标签为Loop的指令,即加法指令,开始下一轮迭代。如果小于关系不成立,则顺序执行下一条指令(即结束循环)。

【实例5.26】 无穷循环。

设计得不好的算法和程序可能出现下列错误：编译出错、无穷循环、结果错误。无穷循环就是字面上的意思,即for循环无穷次地执行迭代,即反复执行图5.21中的真分支,不会结束。这是设计算法和程序时必须要注意的一类常见错误。上述求家庭用电量的循环代码不会陷入无穷循环,因为索引变量i的值从0开始不断增长,最终会超过500000000,从而结束循环。

为了更加深入理解循环的要点,一个办法是在原有的Go语言程序中,分别去掉循环抽

象的初始语句、条件判断表达式、后语句、循环体 4 部分,看看会产生什么后果。

【思考题】 在上述求家庭用电量的 Go 语言循环代码中,如果去掉循环体,即删除第 5 行代码,程序执行会产生什么后果?请首先通过"心算"审视代码,得出结论,然后可通过编写并执行程序验证。

【思考题】 在上述求家庭用电量的循环代码中,将第 4 行"for i:=0;i<500000000; i++{"代码替换成下列代码,程序执行会产生什么后果?

(1) for ;i<500000000;i++{,即去掉初始语句 i:=0。

(2) for i:=0; ;i++{,即去掉条件判断 i<500000000。

(3) for i:=0;i<500000000;{,即去掉后语句 i++。

(4) for; ;{,即去掉初始语句、条件判断、后语句。

【实例 5.27】 Base+Index 模式在信息隐藏实验中的应用回顾。

计算机提供的 Base+Index 寻址模式不仅只在汇编语言层有用,它也是一种基础的定位机制思想,可用于算法和程序设计。回顾一下 5.2.3 节中的信息隐藏例子。程序使用下列循环依次将 hamlet.txt 的 182397 个字符 t[i] 隐藏到图像切片 p 中,其中 i=0,1,…,182396。

```
for i:=0; i<len(t); i++{                    //每次迭代隐藏一个字符 t[i]
    X := S+T+(i * 4)
    modify(int(t[i]), p[X:X+C], C)
}
```

每个字符 t[i] 有 8 比特,每两比特需要隐藏到图像切片 p 的 1 字节中。换言之,在循环的每一次迭代,需要调用 modify 函数,将每个字符 t[i] 隐藏到图像切片 p 的 4 字节中。哪 4 字节呢?如何在循环体中简洁地说明这 4 字节呢?采用 Base+Index 寻址模式思想,我们可有下列设计,来解决这个定位问题:

```
地址    =    基址 + 索引 * 比例因子 + 偏移量
```

其中,基址是 S+T,它是图像切片 p 用以隐藏 hamlet.txt 的字符的起始地址(即用于隐藏 t[0] 的起始地址),它在循环的多次迭代中不变。变的是索引,即 t[i] 中的 i。比例因子是 4,因为每个字符有 8 位,需要 p 的 4 字节。这 4 字节的偏移量分别是 0、1、2、3。

因此,位于 t[0] 的第一个字符'H'的 8 比特应被隐藏到

```
p[S+T+i * 4+0],即 p[54+32+0 * 4+0],也就是 p[86]
p[S+T+i * 4+1],即 p[54+32+0 * 4+1],也就是 p[87]
p[S+T+i * 4+2],即 p[54+32+0 * 4+2],也就是 p[88]
p[S+T+i * 4+3],即 p[54+32+0 * 4+3],也就是 p[89]
```

使用切片索引记号,隐藏位于 t[0] 的第一个字符'H'的函数调用应为

```
modify(int(t[0]), p[S+T+0 * 4+0 : S+T+0 * 4+4], 4),即 modify(int(t[0]), p[86:90], 4)
```

隐藏位于 t[0] 的第一个字符'A'的函数调用应为

```
modify(int(t[1]), p[S+T+1 * 4+0 : S+T+1 * 4+4], 4),即 modify(int(t[1]), p[90:94], 4)
```

一般地，隐藏位于 t[i] 的字符的函数调用应为

```
modify(int(t[i]), p[S+T+i * 4+0 : S+T+i * 4+4], 4)
```

设常数 C＝4，上述语句可简化为下列两条语句：

```
X := S+T+(i * 4)
modify(int(t[i]), p[X:X+C], C)
```

5.2.5　模块抽象

模块抽象是一类特殊的控制抽象。它主要用于声明并重用子系统（模块）。在本课程中，Go 语言程序涉及的模块抽象包括程序包（package）和函数（function）。在个人作品实验中，构建动态网页还涉及对象（object）。模块抽象往往整合了数据抽象和控制抽象。

1. 函数抽象的要点

在前述 Go 语言程序例子中，我们已经多次使用过函数了，有了不少对函数的感性认识。这里集中讨论函数的要点，包括函数声明与函数重用。

【实例 5.28】　调用函数交换两个变量的值。

这个例子反映了函数的参数和返回值的性质及常见错误。

Go 语言允许一条赋值语句赋多个值。这个功能可用于交换两个变量的值：

```
package main
import "fmt"
func main() {
    var X, Y int = 3, 5
    X, Y = Y, X
    fmt.Println(X, Y)
}
```

程序输出正确的交换后结果：5，3。

假设这个功能不存在，而是用一个函数 swap 来实现变量交换。下面程序是第一次尝试。

```
package main            //ugly_swap.go
import "fmt"
func main() {
    var A, B int = 3, 5
    A, B = swap(A,B)        函数名  参数      返回值
    fmt.Println(A, B)
}
func swap(x,y int) (int, int) {        函数体
    return y,x
}
```

这个 ugly_swap.go 程序也输出正确的交换后结果：5，3。这是一段"丑陋"的代码，因为它事实上要求赋值语句具备一次赋两个值的功能，同时又远比原来的赋值语句"X，Y ＝ Y，X"复杂。但是，它体现了函数定义与调用的基本机制。函数声明语句中，{ return y，x }是函数体，而

```
func swap(x, y int) (int, int)
```

被称为函数签名（function signature）。其中，swap 是函数名，x 和 y 是数据类型为整数的参数（parameter），(int，int)说明调用该函数会返回两个整数值。函数声明中的参数 x 和 y 也称为形式参数（formal parameter，简称形参），函数调用 swap(A，B)中实际出现的参数 A 和 B 称为实际参数（actual parameter，简称实参）。

函数调用 swap(A，B)会传入实际参数 A 和 B 的值，并执行函数体。函数体执行一条return（返回）语句时，函数结束并返回规定数量的返回值。函数体应该使用全部参数（此例中是 x 和 y），且每个执行路径都应保证返回规定数量的返回值（此例中是两个返回值）。假如"return y，x"语句被替换成下面两条语句：

```
return y
return x
```

程序执行会有什么结果？答案是编译出错，因为函数签名说明了要返回两个值，但 return y只返回了一个值。第二条返回语句不会执行，因为第一条返回语句执行完时，函数已经结束。

让我们强制规定赋值语句只能赋一个值。下面程序是变量交换的第二次尝试。

```
package main                              //wrong_swap.go
import "fmt"
func main() {
    var A, B int = 3, 5
    swap(A,B)
    fmt.Println(A, B)
}
func swap(x, y int) {
    temp := x
    x = y
    y = temp
}
```

此时，程序输出为 3，5，不是正确的交换后结果 5，3。这是因为 swap(A，B)函数调用采用值传递（call by value）机制将实参 A 和 B 的值传递给形参 x 和 y。函数体执行时操作了 x 和 y，但对函数外部的 A 和 B 变量无影响。因此，交换了 x 和 y 并不改变 A 和 B 的值。

下述程序显示了正确的 swap 函数声明和调用。函数调用 swap(&A，&B)使用了地址操作 &A 和 &B 作为实际参数，将变量 A 和 B 的地址传入了形参 x 和 y。函数体执行时通过解引用操作符 ∗ 实际操作变量 A 和 B。程序输出正确的交换后结果：5，3。这种函数声

明和调用实际上实现了另外一种传递机制，即引用传递（call by reference）。

```
package main                           //swap.go
import "fmt"
func main() {
    var A, B int = 3, 5
    swap(&A, &B)
    fmt.Println(A, B)
}
func swap(x, y * int) {
    temp := * x                        //实际操作:temp := A
    * x = * y                          //实际操作:A = B
    * y = temp                         //实际操作:B = temp
}
```

注意，上述函数体没有 return 语句，函数执行完最后一条语句 * y ＝ temp 后结束。由于没有返回语句，函数调用没有返回值。此时，函数调用通过副作用（side effect）影响程序的行为。上述函数调用 swap(&A,&B) 的副作用是改变了函数外部的变量 A 和 B 的值。

2. 递归函数设计要点

【实例 5.29】 重新审视 fib.go 程序。

本例和下面几个例子仔细分析计算斐波那契数 F(4) 的 fib.go 程序，进一步理解递归函数的设计和调用要点，尤其是避免下述 3 种常见错误和低效设计：①基线条件缺失；②循环调用，如 A 调用 B，B 调用 C，C 调用 A；③冗余调用（已在 4.2.2 节讨论）。

```
1   package main                       //fib-4.go
2   import "fmt"
3   func main() {
4       fmt.Println(F(4))
5   }
6   func F(n int) int {
7       if n == 0 || n == 1 {          //基线情况
8           return n
9       }
10      return F(n-1)+F(n-2)           //递归调用
11  }
```

回忆一下，fib.go 程序的目的是实现下列斐波那契数学函数：

$$F(n)=\begin{cases} 0 & n=0 \\ 1 & n=1 \\ F(n-1)+F(n-2) & n>1 \end{cases}$$

其中，$n=0$ 和 $n=1$ 是基线条件（base cases）。

假如我们将上述程序第 7 行改为 if n ＝＝ 0 {。这个新程序对应着 n＝1 的基线条件缺失。程序会产生无穷调用执行序列：主函数调用 F(4)，F(4) 调用 F(3)，……，F(1) 调用 F(0)，F(0) 调用 F(−1)，F(−1) 调用 F(−2)，……。事实上，该无穷调用序列并不会无穷执行下去，而是会由于"栈溢出"(stack overflow) 而出错终止。后文会详细讨论"栈溢出"。

假如我们将上述程序第 10 行误写为 return F(n−1)+F(n+2)。这个新程序对应着循环调用(cyclic call)。程序会试图执行 F(4)=F(3)+F(6)，F(3)=F(2)+F(5)，F(2)=F(1)+F(4)，F(1)=1，F(4)=F(3)+F(6)，F(3)=F(2)+F(5)，…。无穷调用序列为 F(4)，F(3)，F(2)，F(1)，F(4)，F(3)，F(2)，F(1)，…。此程序的执行也会导致栈溢出而出错终止。

3. (∗∗∗) 计算机如何支持函数调用

一个程序执行时，操作系统创建一个对应该程序的进程，在内存地址空间为它分配了 4 块区域，如图 5.22 所示。它们是存放程序指令代码的代码段(Text)、存放程序静态数据的数据段(Data)、存放程序动态数据的堆(Heap)、存放程序函数调用上下文的栈(Stack)。静态数据是编译时能够确定的数据。动态数据是运行时动态产生的数据，例如 make 函数创建的切片。真实的计算机系统的内存分配更为复杂细致。

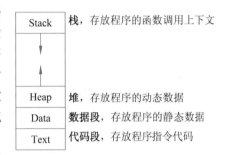

图 5.22　一个程序进程的 4 个内存段

栈(stack)，也称为调用栈，是一种后进先出(Last In First Out，LIFO)的数据结构，用于存放函数调用的上下文(context)。它是计算机支持函数调用的主要机制，包括递归调用。可假设每个进程维护一个调用栈。

【实例 5.30】　程序 fib.go 的调用栈。

以 fib-4.go 程序为例，当程序的主函数体调用函数 F(4) 时，程序执行先形成一个栈帧(stack frame)，包含该函数的参数 n=4 和返回地址。这两类信息是函数调用的上下文，需要在函数调用前存放在栈中。返回地址是函数调用执行完毕之后，程序继续执行的下一条指令地址，此例中大体上是打印语句 fmt.Println(F(4)) 的起始地址。如没有返回地址，程序在执行完函数调用之后将不知道从哪条指令继续执行。

```
1   package main                //fib-4.go
2   import "fmt"
3   func main() {
4       fmt.Println(F(4))       //调用 F(4)，返回地址大体上是打印语句的起始地址
5   }
6   func F(n int) int {         //递归调用 F(4)、F(3)、F(2)、F(1)、F(0)
7       if n == 0 || n == 1 {
8           return n
9       }
10      return F(n-1)+F(n-2)
11  }
```

当 fmt.Println(F(4))语句调用函数 F(4)时,程序先将 F(4)对应的栈帧(即上下文)压入栈中,再跳转到第 6 行代码的起始地址,执行 F(4)。F(4)执行完毕,程序将栈帧弹出,从返回地址继续执行主程序。压入(入栈)和弹出(出栈)的英文是 push 和 pop。

在此例 fib-4.go 程序中,第 10 行代码意味着执行 F(4)要递归调用 F(3)和 F(2)。更进一步,F(3)要递归调用 F(2)和 F(1),F(2)要递归调用 F(1)和 F(0)。因此,第一波连续的压栈操作依次将主函数 main、F(4)、F(3)、F(2)、F(1)的栈帧压入调用栈。然后,F(1)执行完毕从栈弹出。再后一步,F(0)的栈帧被压入调用栈。F(1)执行完毕从栈弹出,引起 F(2)执行完毕并弹出。此时,调用栈中还剩下 main、F(4)、F(3)。图 5.23、图 5.24 分别显示了完整的调用树,以及调用栈状态变化细节。

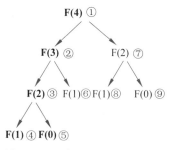

图 5.23　程序 fib-4.go 的调用树

图 5.24 显示了程序 fib-4.go 的调用栈状态变化的部分细节。要注意的是,程序执行会首先调用主函数,因此主函数 main 的栈帧被首先压入栈中,位于调用栈的底部。图 5.24 起始的调用栈状态反映了程序执行①、②、③、④之后的栈状态,从顶到底包括 5 个栈帧。其中,Fi 是函数调用 F(i)的栈帧。其后,由于函数调用 F(1)返回 1 而结束,最上面的栈帧 F1 弹出,栈状态变成了 F2、F3、F4、main。随后,程序执行函数调用 F(0),栈帧 F0 被压入栈的顶部。其后,由于函数调用 F(0)返回 0 而结束,栈帧 F0 弹出。再其后,由于函数调用 F(2)返回 F(1)+F(0)=1+0=1 而结束,栈帧 F2 弹出。此时调用栈只包含 3 个栈帧,即 F3、F4、main。请同学们自行过一遍其他剩余的状态变换。

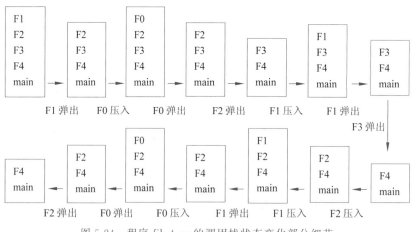

图 5.24　程序 fib-4.go 的调用栈状态变化部分细节

考虑一个错误情况,当程序 fib-4.go 的第 7 行误写为 if n == 0 {。由于 n=1 的基线条件缺失,程序执行会产生无穷调用序列:main 调用 F(4),F(4)调用 F(3),……,F(1)调用 F(0),F(0)调用 F(-1),F(-1)调用 F(-2),F(-2)调用 F(-3),……。调用栈的状态也随之逼近包含无穷个栈帧。但是,计算机的内存是有限的。例如,笔记本计算机可能设了上限:调用栈最大容量为 1GB。假如每个栈帧是 16 字节,则调用栈最多能包含 1GB/16=64M 个栈帧。当程序试图压入第 64M+1 个栈帧时,会出现"栈溢出"(stack overflow)错误而终止。

5.2.6　(＊＊＊)操作系统简介

我们在编程过程中已经接触了操作系统(operating system)的方方面面,可以做一个小结。如 Linux 这样的操作系统是一个系统软件,向上为程序员和用户提供使用计算机的抽象界面,向下管理程序在计算机硬件上的运行。操作系统的基本功能部件及其与应用和硬件的关系如图 5.25 所示。

图 5.25　操作系统及其与硬件和应用的关系

在第 2 章我们已经知道,应用程序包括高级语言程序、汇编语言程序、机器语言程序。只有如 hello 这样的二进制机器语言程序才能直接在计算机硬件上执行。

计算机硬件向操作系统提供硬件资源,包括地址空间、处理器指令集体系结构,以及由固件(firmware)提供的开机自检、启动和基本输入输出功能。

操作系统主要包括两大部分:实用程序(utilities)和内核(kernel)。我们已经在命令行界面(Shell)使用了 VS Code 这样的编辑器编写高级语言程序 hello.go,并使用 Go 语言的编译器将它转换成机器语言程序 hello 并执行。本课程要到第 6 章才使用网页调试器。实用程序并不是与内核彻底绑定的。例如,VS Code 编辑器可用于 Windows 操作系统。

前面已经涉及了内核部分的功能部件,包括较为详细的文件系统使用描述。进程的代码段、数据段、栈、堆的管理就是内存管理的内容。打印语句 fmt.Println 则使用了显示屏这个输出设备的驱动程序。进程是执行中的程序。进程调度涉及进程从启动执行到完全结束的全生命周期管理。

操作系统的功能往往通过软件库(libraries)提供给应用程序,隐藏了烦琐的细节。有两类库:一类是操作系统内核的系统调用库(library of system call);另一类是实用程序提供的库,例如 Go 语言提供的软件库,包含 fmt 等软件包。当用户在 Go 语言程序 hello.go 中使用 fmt.Println 打印结果时,程序首先调用 Go 语言的软件库中的函数 fmt.Println,此函数再调用 Linux 内核的系统调用库,操作具体的输出设备(显示屏)。

5.3　模　块　化

有一类特殊的抽象化方法在设计和理解计算系统时得到广泛应用,这就是模块化方法。模块化方法的要点是理解如何从部件(即模块)组合系统。有时候,模块也被称为子系统。

模块化方法需要回答3个问题，它们合起来称为系统架构三问题。

(1) 系统是由哪些模块组成的？也可以反过来问：一个系统如何分解成多个模块？

(2) 系统是由这些模块如何组成的（模块之间如何连接、有什么接口）？

(3) 计算过程在系统中如何执行？

本节通过几个从小到大逐级的抽象组成的技术栈，讨论如何使用模块化方法构成系统。每个抽象本身也是一个系统，但在更大的系统中扮演了子系统（模块）的角色。这些抽象是：逻辑门、组合电路、时序电路、指令流水线、存储程序计算机、应用程序执行模型。组合电路和时序电路合起来称为数字电路。我们还阐述抽象化和模块化的一个核心原理，即信息隐藏原理。

5.3.1　逻辑门与组合电路

1. 逻辑门

从逻辑设计角度看，计算机系统的最基本的抽象是布尔逻辑门电路，简称门（gate）。图 5.26、图 5.27 列出了 5 种常见门的符号与真值表，即与门、或门、非门、异或门、与非门。

这些逻辑门之所以是计算抽象，是因为它们集中考虑计算逻辑设计层次，忽略了具体的电路实现细节。例如，与非门可以用如图 5.27 所示的 CMOS 电路实现，也可以用其他电路实现，但与非门的符号和真值表保持不变。

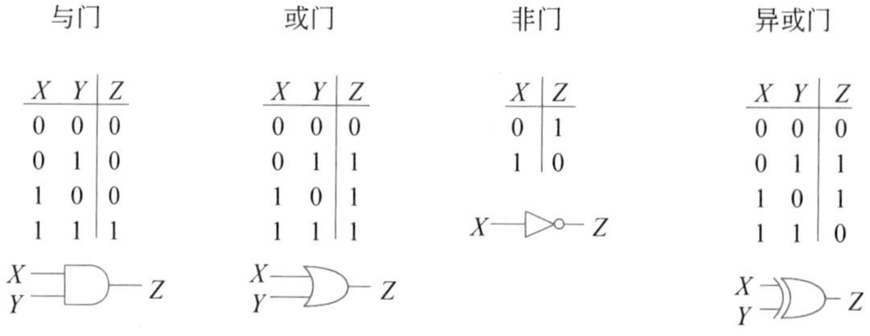

与门			或门			非门		异或门		
X	Y	Z	X	Y	Z	X	Z	X	Y	Z
0	0	0	0	0	0	0	1	0	0	0
0	1	0	0	1	1	1	0	0	1	1
1	0	0	1	0	1			1	0	1
1	1	1	1	1	1			1	1	0

图 5.26　4 种逻辑门电路及其真值表

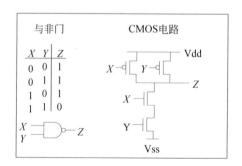

图 5.27　与非门及其 CMOS 电路实现示意图

从模块化角度看，在图 5.27 例子中，与非门是系统，晶体管是模块。让我们看看与非门这个系统如何回答系统架构三问题。

(1) 系统是由哪些模块组成的？与非门由两类共 4 个晶体管组成，即 2 个负晶体管与 2

个正晶体管。

（2）系统是由这些模块如何组成的（模块之间如何连接、有什么关系）？与非门由 4 个晶体管如图 5.27 所示连接而成。其要点是：上面 2 个负晶体管并联，下面 2 个正晶体管串联，每个输入变量同时接到一个负晶体管和一个正晶体管。

（3）计算过程在系统中如何执行？当任何一个输入变量为低电平（逻辑 0）时，相应的负晶体管导通（该晶体管变成了一条导线），同时相应的正晶体管断开，这使得输出变量 Z 连接到高电平 Vdd（逻辑 1）。当 2 个输入变量同时是高电平（$X=Y=1$）时，2 个正晶体管处于导通状态，而 2 个负晶体管处于断开状态，相当于有一根导线从低电平 Vss 连接到 Z，即 $Z=0$。因此，该电路实现了与非门逻辑功能。

2. 组合电路

由多个逻辑门连接而成的电路称为逻辑电路。不含回路的逻辑电路称为组合电路（combinational circuit）。单个逻辑门可以看成最简单的组合电路。一个组合电路不仅可以用一个逻辑电路图来表示，也可以用一个（或一组）等价的布尔逻辑表达式来表示。

【实例 5.31】　常见逻辑门的逻辑表达式。

非门只有一个输入变量，其表达式是 $Z=\bar{X}$。图 5.26 和图 5.27 显示的与门、或门、异或门、与非门是两个输入变量、一个输出变量的逻辑门。表 5.9 显示了与门、或门、异或门、与非门所对应的布尔逻辑表达式。包含 n 个输入变量、一个输出变量的逻辑门的布尔逻辑表达式可以自然推广定义出来。

表 5.9　4 种门电路的逻辑表达式

逻辑门名称	两个输入变量表达式	n 个输入变量表达式
与门	$Z=X \cdot Y$	$y=x_1 \cdot x_2 \cdots x_n$
或门	$Z=X+Y$	$y=x_1+x_2+\cdots+x_n$
异或门	$Z=X \oplus Y$	$y=x_1 \oplus x_2 \oplus \cdots \oplus x_n$
与非门	$Z=\overline{X \cdot Y}$	$y=\overline{x_1 \cdot x_2 \cdots x_n}$

5.3.2　信息隐藏原理

在设计或理解一个计算系统时，不论采用或提出什么体系结构模型，都可以利用一个重要的原理来控制系统的复杂度，即信息隐藏原理。这是模块化的核心原理。它强调：精心定义模块的接口，将外界调用模块所需要的信息放在模块接口处，将外界调用模块不需要的信息放在模块内部隐藏起来。这样，一个系统中别的模块只能看到和使用该模块的接口，看不到模块内部。模块接口信息通常比较稳定（变化较少、较不频繁）。模块的内部实现的变化不影响模块接口。这样一来，不仅模块变得更容易理解，模块的优化、升级、替换不会对系统带来负面影响。

也就是说，信息隐藏原理有 3 个要点。

（1）隐藏内部信息（information hiding）。每个模块仅仅暴露其接口（interface），以及通过接口可见的外部行为，隐藏该模块的所有内部细节行为和所有内部信息。

（2）区分规约与实现（separation of specification and implementation）。在设计一个系统时，精确地给出每个模块的规约（specification），即其接口和外部行为规定，独立于该模块的内部实现（implementation）。任何符合规约的实现都可以使用。

（3）抽象并重用模块。给出每种模块的抽象化描述，给予每种模块抽象特定的命名指称，并尽量重用模块的抽象。

【实例5.32】 信息隐藏原理实例。

图5.28显示了一个由两个与非门级联而成的组合电路系统。它有3种表示：①逻辑门电路图；②布尔表达式；③由两个与非门CMOS电路级联而成的电子电路。

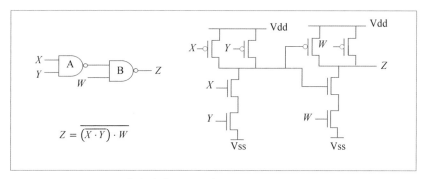

图5.28 信息隐藏原理示意：两个与非门的级联系统

从布尔逻辑角度看，这3种表示都是一样的，实现了如表5.10所示的真值表。

表5.10 与非门级联电路真值表

W	X	Y	Z
0	0	0	1
0	0	1	1
0	1	0	1
0	1	1	1
1	0	0	0
1	0	1	0
1	1	0	0
1	1	1	1

但是，前两种表示更加简洁，因为它们体现了模块化之信息隐藏原理的3个要点。

（1）隐藏内部信息。隐藏了模块（逻辑门）内部的CMOS电子电路具体实现的细节，仅仅暴露了必要的逻辑门模块接口行为（与非门真值表）。

（2）区分规约与实现。精确规定了模块（逻辑门）的接口与外部行为，即两个输入一个输出的逻辑门，其行为由与非门的真值表规定。这个规约与具体实现无关。与非门模块的具体实现可以是CMOS电子电路，也可以是其他电路。这个分离带来的一个好处是，可以不断使用性能更好、能耗更低、成本更省的电路去实现满足同样规约的模块,从而优化整个系统。

(3) 抽象并重用模块。由两个与非门级联而成的组合电路是整个系统。它有两个模块(门 A 和门 B),重用了同一种模块抽象(与非门)。被命名为"与非门"的模块抽象不是在具体的内部 CMOS 电子电路层次(高电平、低电平),而是在布尔逻辑层次(逻辑 0、逻辑 1),通过真值表得到抽象化的描述。

上面的例子说明,在抽象化过程中,往往需要跳出模块内部具体实现的框框,在更高的层次描述模块行为。这些抽象描述往往会涉及模块内部所没有的名词术语和度量。

加法器: 设计组合电路的 4 种方法

我们再用 4 个例子说明设计组合电路的 4 种入门级方法,进而理解组合电路。

(1) 方法 1:直接连接逻辑门。根据给定组合电路的真值表,直接求出逻辑表达式,从而可画出等价的逻辑电路图。这种方法没有利用目标组合电路的特征,只适合小规模的组合电路。第 1 个例子是最简单的加法器,即 1 位加法器(全加器)。

(2) 方法 2:串行连接多个模块。例如,串行连接 N 个全加器,可构造出 N 位串行加法器。它的延时是 $O(N)$ 级门延时。第 2 个例子是 4 位串行加法器。

(3) 方法 3:并行连接多个模块。例如,考虑目标组合电路的特征,使用中间模块 G_i 和 P_i,提前算出所有进位,可以得到性能更高的加法器。第 3 个例子是 4 位并行加法器,它的延时最低。

(4) 方法 4:使用多路复用器选择功能。第 4 个例子是将上述加法器拓展为加减器,可通过控制信号选择加法或减法功能。

【实例 5.33】 全加器(Full Adder)。

最简单的加法器称为全加器,它体现两个单比特输入变量 X、Y 与一个进位比特 C 相加的结果。更准确地,记 X、Y 为本位输入变量,C_{in} 为本位进位输入,S 为本位结果输出,C_{out} 为本位进位输出,则全加器的真值表和符号如图 5.29 所示。

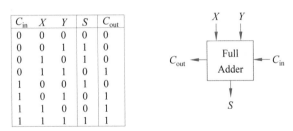

C_{in}	X	Y	S	C_{out}
0	0	0	0	0
0	0	1	1	0
0	1	0	1	0
0	1	1	0	1
1	0	0	1	0
1	0	1	0	1
1	1	0	0	1
1	1	1	1	1

图 5.29 全加器的真值表和符号

从真值表,很容易导出全加器的布尔表达式:

$$S = X \oplus Y \oplus C_{in}$$
$$C_{out} = (X \cdot Y) + (X \oplus Y) \cdot C_{in}$$

【实例 5.34】 4 位波纹进位加法器。

将 4 个全加器串行级联起来,可以得到一个 4 位加法器。由于进位变量的值像池塘中的波纹一样逐级传递,这种加法器又称为波纹进位加法器(ripple-carry adder)。采用全加器符号(这个抽象隐藏了内部实现细节),4 位波纹进位加法器的逻辑电路图如图 5.30 所示。

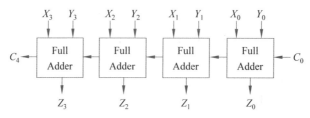

图 5.30　4 位波纹进位加法器

将全加器展开成对应的逻辑门符号，4 位波纹进位加法器可表示如图 5.31 所示。为了更加清晰地显示出 4 位波纹进位加法器的计算过程，图 5.31 还标出了该加法器计算实例 $1011+1001=10100$ 的 4 个步骤（$T=0，1，2，3$），对应 4 个全加器的操作。

Input: $X_3X_2X_1X_0$=1011, $Y_3Y_2Y_1Y_0$=1001

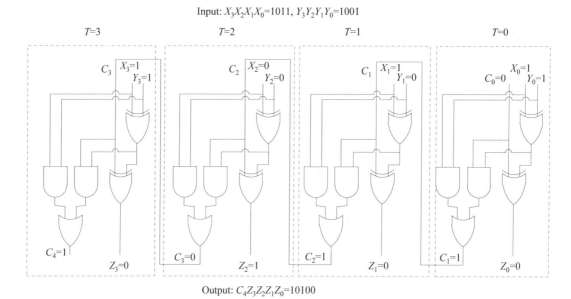

Output: $C_4Z_3Z_2Z_1Z_0$=10100

图 5.31　4 位波纹进位加法器的逻辑门电路展开

波纹进位加法器真实地反映了人们用纸和笔做加法的计算过程。图 5.32 有下画线的 5 个比特值构成了最终的结果，即 10100。可以看出，第 0 位（$T=0$）全加器需要 3 级门延时产生进位输出，其他各位只需额外两级门延时产生进位输出。4 位波纹进位加法器一共需要 $2\times4+1=9$ 级门延时。推而广之，N 位的波纹进位加法器需要 $2N+1$ 级门延时。

$X_3X_2X_1X_0$		1	0	1	1
$Y_3Y_2Y_1Y_0$	+	1	0	0	1
C_1				1	**0**
C_2			1	**0**	
C_3		0	**1**		
C_4		**1**	**0**		
$Z_3Z_2Z_1Z_0$	1	0	1	0	0

图 5.32　人们用纸和笔做 4 位加法的计算过程

【实例 5.35】　性能更高的 4 位加法器——多位并行加法器。

加法器有下列特征：每一位的输出依赖于本位输入和本位进位输入。我们利用该规律，提前算出所有进位，可以得到性能更高的多位并行加法器。图 5.33 的 4 位加法器，完成全部加法操作仅需 4 级门延时。这个方法的要点是引入了中间变量 P 和 G，满足下列递推公式：

$G_0 = X_0 \cdot Y_0, G_1 = X_1 \cdot Y_1, P_0 = X_0 \oplus Y_0, P_1 = X_1 \oplus Y_1$；同理可得 G_2、P_2、G_3、P_3。

$C_1 = C_0 \cdot P_0 + G_0, C_2 = C_1 \cdot P_1 + G_1, C_3 = C_2 \cdot P_2 + G_2, C_4 = C_3 \cdot P_3 + G_3$。

将 C_2 展开，有 $C_2 = C_1 \cdot P_1 + G_1 = C_0 \cdot P_0 \cdot P_1 + G_0 \cdot P_1 + G_1$。同理可展开 C_3、C_4。

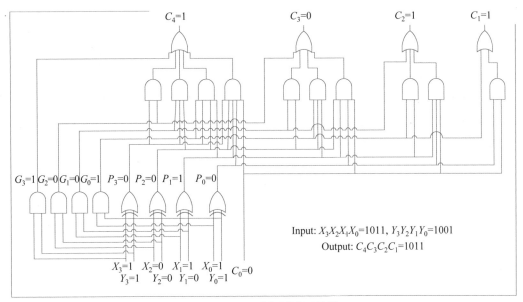

Output: $C_4 Z_3 Z_2 Z_1 Z_0 = 10100$

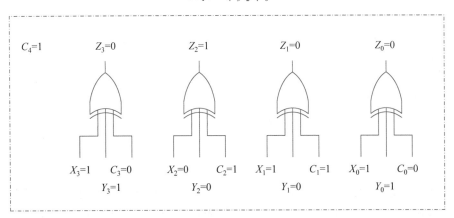

图 5.33　性能更高的 4 位并行加法器，完成全部加法操作仅需 4 级门延时

【实例 5.36】　加减器——能做加法或减法的组合电路。

这个例子展示了入门组合电路的第 4 种设计方法：使用多路复用器和控制信号，设计一个组合电路，它能够根据控制信号 S 的值，选择做二进制补码数的加法或减法。

多路复用器(multiplexer,简写为 MUX),是根据控制信号选择一路输入作为输出的组合电路。我们仅考虑 2-路复用器,如图 5.34 所示。

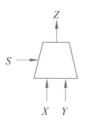

S	X	Y	Z
0	0	0	0
0	0	1	0
0	1	0	1
0	1	1	1
1	0	0	0
1	0	1	1
1	1	0	0
1	1	1	1

图 5.34　两个数据输入的多路复用器(MUX)的真值表与符号

上述多路复用器包含一个输出比特 Z,两个数据输入比特 X 与 Y,以及一个选择输入 S(select)。当 $S=0$ 时,$Z=X$;当 $S=1$ 时,$Z=Y$。布尔表达式是 $Z=S \cdot Y + \bar{S} \cdot X$。

将选择输入 S 作为控制信号,我们得出图 5.35 所示的 4-比特加减器。该设计利用了二进制补码运算的两个性质:①$X-Y$ 等同于 $X+(Y$ 的补码);②选择输入 S 刚好是最后一位的进位输入 C_0。4-比特加法器可是上述串行加法器或并行加法器。

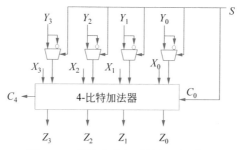

图 5.35　采用多路复用器实现加减器

我们用 $5-5=0$ 验证设计的正确性。

假设两个输入数 $X=X_3X_2X_1X_0=0101$,$Y=Y_3Y_2Y_1Y_0=0101$;初始进位是控制信号 S。做加法时,$S=0$;做减法时,$S=1$。从电路图可以看出,我们有

$$X-Y=X+(-Y)=0101+(\overline{0\ 1\ 0\ 1}+0001)=0101+1011=10000$$

换言之,$C_4Z_3Z_2Z_1Z_0=10000$。忽略 C_4,结果为 0。

5.3.3　时序电路

组合电路不包含回路(反馈线路)。例如,上面显示的加法器都是从输入到输出的单向电路。单输出的组合电路可用一个等价的布尔表达式表示。多输出的组合电路可用一组(多个)等价的布尔表达式表示。这样的组合电路不能表示系统状态(state)。

包含组合电路又能表示系统状态的逻辑电路称为时序电路(sequential circuit)。在逻辑电路中引入状态有两种主要的方式:一是在组合电路中引入反馈回路,形成触发器;二是引入记忆单元,如各种存储单元。

1. 触发器

引入反馈回路,情况变得更复杂,因为输出变量的值并不只是取决于输入变量的值,还依赖于输出变量的值。一类称为触发器(flip-flop)的含有反馈回路的门电路,可在特定控制输入情况下保持输出变量的值不变,从而为系统提供状态(state)或记忆功能。

图 5.36 显示了一个包含 4 个与非门的触发器电路,称为数据触发器(Data flip-flop)或延迟触发器(Delay flip-flop),简称 **D** 触发器。它的真值表可从与非门的真值表推出。

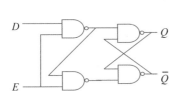

E	D	Q	Q_{next}
0	0	0	0
0	0	1	1
0	1	0	0
0	1	1	1
1	0	0	0
1	0	1	0
1	1	0	1
1	1	1	1

图 5.36 4 个与非门通过反馈回路连接而成的 D 触发器及其真值表

D 触发器包含一个数据输入(data input) D 和一个使能输入(enable input) E。使能输入就是控制输入,往往采用时钟信号 CLK。两个输出本质上是一个输出(即 D 触发器的当前状态),因为 $\bar{Q}$ 就是非 Q。

考虑任何时钟周期。当使能输入 $E=0$ 时,状态 Q 保持不变;当使能输入 $E=1$ 时,状态 Q 被赋予数据输入 D 的值。也就是说,上述电路有两种可能的行为。

(1)保持状态:当 $E=0$ 时,该电路的输出 Q 保持原来的值不变($Q_{\text{next}}=Q$),即该电路保持了原有的状态。

(2)赋值:当 $E=1$ 时,该电路的输出 Q 被赋予输入 D 的值($Q_{\text{next}}=D$)。也就是说,D 的行为延迟一个时钟周期,就是 Q 的行为。

2. 存储单元

计算机中有两大类 4 种存储器,即 DRAM、SRAM、ROM、NVM。它们的共同点是,处理器可在一个存储器周期访问存储器的任意地址,读取或写入内容。"一个存储器周期访问存储器的任意地址"被简称为随机访问(random access)。只读存储器(ROM)只能读取内容,不能写入。其他 3 种都是可读写的随机访问存储器。这两大类 4 种存储器解释如下。

(1)易失存储器(volatile memory)。包括:

① 动态随机访问存储器,即 Dynamic Random Access Memory,缩写是 DRAM。

② 静态随机访问存储器,即 Static Random Access Memory,缩写是 SRAM。

(2)非易失存储器(Non-Volatile Memory,NVM)。包括:

① 只读存储器(Read-Only Memory,ROM)。

② 可读写非易失存储器(一般也简写为 NVM)。

易失存储器之所以称为"易失",是因为计算机断电以后,存储器的内容就丢失了。DRAM 与 SRAM 都是易失存储器。与之对应的是非易失存储器,计算机断电以后,非易失存储器的内容不会丢失。非易失存储器用于存储各种程序文件和数据文件。计算机开机之后，处理器从非易失存储器读取初始程序并执行。

　　计算机存储器并不都采用可读写的非易失存储器（NVM）技术。为什么？主要出于访问速度和成本的考虑。表5.11列出了代表性技术的典型参数，其中访问延时（latency）是存储器的一次读写操作所需的平均时间。

表5.11　典型存储技术的访问延时与成本

存储技术类型	访问延时	每吉字节美元成本
Register	数百 ps	无标准数据
SRAM	数百 ps 至 10ns	数百至数千美元
DRAM	数十 ns 至 100ns	$2～4
NVM 内存	100ns～10μs	$6～10
NVM 固态硬盘	10μs～1ms	$0.1～0.2
机械硬盘 HDD	2～10ms	$0.02

　　系统思维倡导的整体性考虑，需要综合取舍多种因素，例如功能、性能与成本。当代计算机一般做出如下较优平衡选择：计算机主机板上的内存，往往称为主存（main memory），采用 DRAM 技术；处理器内部的高速缓存（cache）采用 SRAM 技术；寄存器一般采用触发器构成。有些信息需要持久存储，即断电后信息还存在。例如，用户的各种数据文件、系统软件文件、应用软件文件，都需要持续存储。另外，计算机通电后执行的初始程序，也需要持续存储。此类信息需要采用非易失存储器。闪存（flash）、固态硬盘（Solid State Disk，SSD）、U 盘是可读写非易失存储器的例子。

　　注意：机械硬盘也具有持续存储的特点。但机械硬盘不是随机访问存储器，访问非顺序地址比访问顺序地址慢得多。

　　图 5.37 显示了由 6 个晶体管组成的 CMOS 电路，称为静态随机访问存储器单元，即 Static Random Access Memory cell(SRAM cell)。其中，W 是 word line，B 是 bit line。这个电路使用中间的 4 个晶体管存储一比特的信息，并通过 W 控制的外边两个晶体管支持读、写操作。它被称为静态存储器，因为只要电源保持供电，存储的信息就不会消失。

　　图 5.38 显示了由一个晶体管和一个电容器组成的电路，称为动态存储器单元，即 Dynamic Random Access Memory cell(DRAM cell)。它被称为动态存储器，因为即使电源保持供电，存储在电容中的信息也会逐渐消失。因此，需要定时刷新（refresh）。

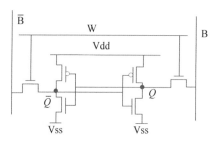

图 5.37　6 个晶体管组成的静态
随机访问存储器单元

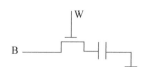

图 5.38　一个晶体管和一个电容器
组成的动态存储器单元

上面的例子显示,采用含有反馈回路的电路(触发器)、静态存储器、动态存储器,人们可以构造出能够存储状态的电路,简称**状态电路**或**存储电路**。例如,用 64 个 D 触发器组合起来可以存储 64 位的状态,称为 64 位的寄存器。

3. 时序电路的一般结构

由组合电路与状态电路组合产生的电路称为**时序电路**(sequential circuit)。我们仅考虑由时钟驱动的时序电路,又称为**自动机**(automaton)。它的一般结构如图 5.39 所示。它在时刻 $t=1,2,3,\cdots$ 执行一系列变换,每次变换从当前输入 $\mathrm{In}(t)$ 和当前状态 $\mathrm{State}(t)$ 产生当前输出 $\mathrm{Out}(t)$ 和下一状态 $\mathrm{State}(t+1)$。其中,状态电路是一个或多个记忆单元(触发器或存储单元)。两个布尔函数,即输出函数 F 和状态函数 G,分别定义如下。

(1) $\mathrm{Out}(t)=F(\mathrm{In}(t),\mathrm{State}(t))$,即 t 时刻的输出 $\mathrm{Out}(t)$ 通过布尔函数 F 从 t 时刻输入 $\mathrm{In}(t)$ 与 t 时刻状态 $\mathrm{State}(t)$ 产生。

(2) $\mathrm{State}(t+1)=G(\mathrm{In}(t),\mathrm{State}(t))$,即 $t+1$ 时刻的状态 $\mathrm{State}(t+1)$ 通过布尔函数 G 从 t 时刻输入 $\mathrm{In}(t)$ 与 t 时刻状态 $\mathrm{State}(t)$ 产生。

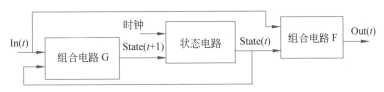

图 5.39　时钟驱动的时序电路的一般结构

时序电路的 4-步骤设计过程如下。

(1) 确定状态电路。确定待解问题的状态电路需要几个 D 触发器。

(2) 套用一般结构。套用时序电路一般结构,确定状态电路、组合电路 F、组合电路 G 的输入与输出。此时尚不知道组合电路 F 和 G 的布尔表达式。

(3) 导出 F 和 G 的布尔表达式。

① 根据待解问题,导出时序电路的状态转移图。

② 从状态转移图导出时序电路的真值表。

③ 从真值表导出组合电路 F 和 G 的布尔表达式。此时,时序电路已设计完毕。如需要,可画出组合电路 F 和 G 的电路图。

(4) 验算设计出的时序电路是正确的。

【实例 5.37】　4 位串行加法器。

我们采用设计 4 位串行加法器作为例子,阐述时序电路的 4-步骤设计过程。这个 4 位无符号整数串行加法器通过比特串行(bit-serial)方式,在 4 个时钟周期完成下列加法:

$$X_3X_2X_1X_0+Y_3Y_2Y_1Y_0=C_4Z_3Z_2Z_1Z_0$$

每个时钟执行一个全加操作。例如,给定操作数 $X_3X_2X_1X_0=(1011)_2=(11)_{10}$ 及操作数 $Y_3Y_2Y_1Y_0=(1001)_2=(9)_{10}$,加法结果是 $C_4Z_3Z_2Z_1Z_0=(10100)_2=(20)_{10}=(4)_{10}$ 并溢出。

记 C_0 为初始进位(即最小有效位的进位输入),其初始值是 0。第一个时钟周期对 X_0、Y_0 和 C_0 执行全加操作,产生 Z_0 和 C_1。第二个时钟周期对 X_1、Y_1 和 C_1 执行全加操作,产

生 Z_1 和 C_2。第三个时钟周期对 X_2、Y_2 和 C_2 执行全加操作，产生 Z_2 和 C_3。第四个时钟周期对 X_3、Y_3 和 C_3 执行全加操作，产生 Z_3 和 C_4。下面逐步讨论该时序电路的 4-步骤设计过程。

第 1 步：确定状态电路需要几个 D 触发器。仔细分析加法过程，在每一个时钟周期，假设我们用 X、Y、Z、C 分别表示两个操作数、结果、进位的当前比特，我们只需要记住当前进位输入比特 C（即全加器的 C_{in}）。也就是说，只需一个 D 触发器就行了。

第 2 步：套用时序电路一般结构，结果如图 5.40 所示。其中，两个公式 $\text{Out}(t)=F(\text{In}(t),\text{State}(t))$ 与 $\text{State}(t+1)=G(\text{In}(t),\text{State}(t))$ 变为 $Z=F(X,Y,C)$ 与 $C_{next}=G(X,Y,C)$。D 触发器的输出 Q 是当前进位输入比特 C，而 C_{next} 是当前时钟周期的进位输出比特（即全加器的 C_{out}），也就是下一时钟的进位输入比特。注意：C、X、Y、Z 分别是 $C(t)$、$X(t)$、$Y(t)$、$Z(t)$ 的简写，C_{next} 是 $C(t+1)$ 的简写。串行加法器使用了状态电路（只含一个 D 触发器），存放进位值 C。初始进位值是 $C=0$。输入 $\text{In}(t)$ 包含两个变量 X 与 Y，输出 $\text{Out}(t)$ 包含一个变量 Z。

图 5.40　套用时序电路一般结构的结果

第 3 步：导出 F 和 G 的布尔表达式。

根据待解问题，导出时序电路的状态转移图。4 位串行加法器的状态转移图如图 5.41 所示。

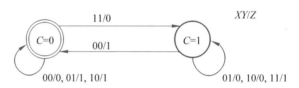

图 5.41　4 位串行加法器的状态转移图

该图用一个圆圈表示一个状态值，并将状态值标记在圆圈中。用有向边表示从一个状态值转移到另一个状态值。指向圆圈自身的有向边意味着转移前后的状态值是相同的（即状态值没有变化）。每个有向边还标记了转移的输入/输出值。

4 位串行加法器的自动机只有两个可能的状态值，即当前进位输入 $C=0$ 或 $C=1$。在第 0 个时钟周期时，当前进位输入 $C=0$。因此，自动机的初始状态值是 $C=0$，我们用双线圆标出。输入/输出值刚好有 8 种可能：$XY/Z = 00/0$，$00/1$，$01/0$，$01/1$，$10/0$，$10/1$，$11/0$，$11/1$。

为什么状态转移图中最上面那条有向边被标记为 $11/0$？根据全加器的性质，当状态值为 $C=0$ 时，只有一种情况会引起状态值变为 1：输入 $XY=11$。此时的输出为 $Z=0$。其他标记可同理得出。

继续第 3 步，从状态转移图导出时序电路的状态转移表，即真值表。

有的同学习惯于直接得出真值表,不需要先画出状态转移图。从 4 位串行加法器的自动机状态转移图可得出该加法器的状态转移表,即真值表,如表 5.12 所示。

表 5.12　4 位串行加法器的状态转移表

C	X	Y	C_{next}	Z
0	0	0	0	0
0	0	1	0	1
0	1	0	0	1
0	1	1	1	0
1	0	0	0	1
1	0	1	1	0
1	1	0	1	0
1	1	1	1	1

如何得到真值表呢?我们讨论真值表的两行作为例子,其他行可同理得出。当真值表的 3 个输入变量分别取值为 $C=0, X=0, Y=0$ 时,左圈 $C=0$ 状态对应的边是 00/0,指向 $C=0$ 状态自身。因此,$C_{next}=0, Z=0$,我们得到了真值表的第 1 行。当真值表的 3 个输入变量分别取值为 $C=1, X=0, Y=0$ 时,右圈 $C=1$ 状态对应的边是 00/1,指向 $C=0$ 状态。因此,$C_{next}=0, Z=1$,我们得到了真值表的第 5 行。

继续第 3 步,从真值表导出组合电路 F 和 G 的布尔表达式。

这一步就很容易了(使用第 3 章中关于布尔逻辑的知识)。输出函数 F 和状态函数 G 分别如下。

(1) 输出函数 F:$Z=X \oplus Y \oplus C$。

(2) 状态函数 G:$C_{next}=(X \cdot Y)+(X \oplus Y) \cdot C$。

这样,我们得到了设计完成后的时序电路,如图 5.42 所示。

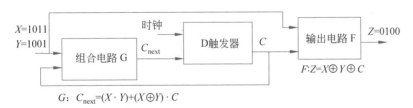

图 5.42　设计完成后的时序电路

第 4 步:验算。

给定 $X_3 X_2 X_1 X_0 = 1011$ 与 $Y_3 Y_2 Y_1 Y_0 = 1001$,则有 $X_3 X_2 X_1 X_0 + Y_3 Y_2 Y_1 Y_0 = C_4 Z_3 Z_2 Z_1 Z_0 = 10100$。我们用这个加法过程验算上述串行加法器的时序电路设计是正确的。该加法过程总共花费 4 个时钟周期。每个时钟周期从给定的本位输入 X、Y,以及进位输入 C,根据输出函数 F 产生 Z,根据状态函数 G 产生 C_{next}。C_{next} 也是下一时钟周期的进位输入 C。

时钟周期 0：$Z_0 = X_0 \oplus Y_0 \oplus C_0 = 1 \oplus 1 \oplus 0 = \mathbf{0}$

$\qquad C_1 = (X_0 \cdot Y_0) + (X_0 \oplus Y_0) \cdot C_0 = (1 \cdot 1) + (1 \oplus 1) \cdot 0 = 1$

时钟周期 1：$Z_1 = X_1 \oplus Y_1 \oplus C_1 = 1 \oplus 0 \oplus 1 = \mathbf{0}$

$\qquad C_2 = (X_1 \oplus Y_1) + (X_1 \oplus Y_1) \cdot C_1 = (1 \cdot 0) + (1 \oplus 0) \cdot 1 = 1$

时钟周期 2：$Z_2 = X_2 \oplus Y_2 \oplus C_2 = 0 \oplus 0 \oplus 1 = \mathbf{1}$

$\qquad C_3 = (X_2 \cdot Y_2) + (X_2 \oplus Y_2) \cdot C_2 = (0 \cdot 0) + (0 \oplus 0) \cdot 1 = 0$

时钟周期 3：$Z_3 = X_3 \oplus Y_3 \oplus C_3 = 1 \oplus 1 \oplus 0 = \mathbf{0}$

$\qquad C_4 = (X_3 \cdot Y_3) + (X_3 \oplus Y_3) \cdot C_3 = (1 \cdot 1) + (1 \oplus 1) \cdot 0 = \mathbf{1}$

最终结果是：输出 $Z(t)$ 在 4 个时钟周期分别产生了 $Z(0)=0, Z(1)=0, Z(2)=1$，$Z(3)=0$，以及进位 $C(4)=1$。合起来就是正确的加法结果 $C(4)Z(3)Z(2)Z(1)Z(0) =$ 10100。

【思考题】　N 比特串行加法器。

假如我们要设计一个 64 位的比特串行的时序电路加法器，与上述 4 位加法器有什么区别吗？答案是基本没有。4 位串行加法器可以用作计算任意 N 位的加法，不过需要 N 个时钟周期。相对于并行加法器，串行加法器的硬件成本 $O(1)$ 较低，但计算时间 $O(N)$ 较长。

【思考题】　N 比特串行减法器。

设计一个比特串行的时序电路做 $X - Y$，其中 X 与 Y 都是 N 比特二进制补码数。

5.4　无缝衔接

无缝衔接（seamlessness）也称为无缝级联，既是一类目标，也是一类方法：让计算过程在全系统中流畅地正确运行，避免缝隙和瓶颈。计算过程在运行中往往涉及多个子系统，它在子系统之间的过渡不应该出现缝隙和瓶颈。也就是说，两个相邻的模块、两个相邻的步骤之间的形式与内容（格式与语义）要无缝衔接，使得信息和计算能够无障碍地从一个模块、步骤过渡到下一个模块、步骤。如果做不到完全流畅，至少也要控制瓶颈，使系统满足用户体验需求。理解无缝衔接需要理解 4 条原理：扬雄周期原理、波斯特尔鲁棒性原理、冯·诺依曼穷举原理、阿姆达尔定律。

5.4.1　扬雄周期原理

一个计算过程是多个步骤的序列。这些步骤是通过同一种机制执行，还是各自有不同的独特的执行机制？我们希望是前者。如果是后者，那会带来难以想象的复杂性。今天的计算机每秒可以执行超过 1 亿亿条指令。我们不希望一台计算机需要实现 1 亿亿个不同的机制。幸运的是，人们很早就发现，可以通过采用一种原理执行众多不同的步骤。这种原理一直没有名字，我们称其为扬雄周期原理。它适用于各种粒度的步骤，包括程序、指令、时钟周期等。

扬雄周期原理来源于东汉扬雄所著的《太玄经》。其中《太玄经·周首》说："阳气周神而反乎始，物继其汇。"宋代司马光诠释道："岁功既毕，神化既周。"

世界有一个奇妙的规律：岁功既毕，周而复始，物继其类。一个计算过程是由若干步骤组成的。周期原理的 3 个要点：①当前步骤执行完毕，完成它的功能；②系统回复到下一个步骤的开始，通过同样的原理重复执行下一个步骤；③每个步骤在执行中各继其类，各自呈现自己的特色。这就是"周"，即周期。

【实例 5.38】 周期机制支持一台计算机执行万千种应用程序。

一台计算机上通常会有多种应用程序运行，说是万千应用也不为过。当代计算机的操作系统采用一种机制，称为进程机制，来统一地执行这些应用程序。每个程序在运行时都被看作一个进程，由操作系统按照同样的方式统一管理、执行。例如，不论是办公软件程序、上网冲浪程序、视频播放程序、蛋白质折叠计算程序，它们在运行时都是进程。每个进程都有同样的结构（程序区 text、数据区 data、栈区 stack、堆区 heap），都有同样的生命周期阶段（诞生、就绪、运行、睡眠、死亡等）。计算机科学的一个神妙之处就是，这同样一种进程机制，却能够让万千种应用程序呈现出各自的特色。用一种普遍性的系统机制支持万千应用呈现其特殊性，这就是计算机科学抽象的美妙，即以一耦万。

一个计算过程往往是一个程序的执行。程序的一次执行从时间上的开始到结束构成一个程序周期（program cycle）。它是通过多条指令的执行构成的。也就是说，一个程序的执行体现为周而复始地执行一条又一条的指令的过程。这些指令可能有多种类别（运算指令、访存指令、跳转指令等），但都依照同样的指令流水线机制执行，只是在执行中呈现出自己的类别特色。

同理，一条指令的执行从时间上的开始到结束构成一个指令周期（instruction cycle）。一个指令周期事实上是通过多个时钟周期（clock cycle）构成的。也就是说，一条指令的执行体现为周而复始地执行一条又一条的时钟周期的过程。

因此，一个计算过程的某个步骤或子过程可以依据人们的关注粒度，体现为程序周期、指令周期、时钟周期。

扬雄周期原理体现了设计、实现、理解计算机系统的一种组合性（composability）方法。一个计算机应用程序的某个计算过程，例如发送一条微信，由程序周期组合而成。程序周期由指令周期组合而成。指令周期由时钟周期组合而成。执行完一个程序周期，系统周而复始执行下一个程序周期。执行完一条指令周期，系统周而复始执行下一条指令周期。执行完一个时钟周期，系统周而复始执行下一个时钟周期。一个时钟周期的操作对应于一个自动机变换：从当前输入 $In(t)$ 与状态 $State(t)$ 得出输出 $Out(t)$ 与下一状态 $State(t+1)$。这样，任意自动计算过程都对应到自动机的变换序列。

1. 指令集与指令流水线

有了自动机概念，直觉上我们可以自动执行任意计算过程。我们只需将计算过程的每一步骤映射到自动机的一个时刻的变换，即将第 i 个步骤映射到 $Out(i)=F(In(i), State(i))$ 及 $State(i+1)=G(In(i), State(i))$。输出函数 F 与状态函数 G 的设计应当考虑所有步骤的需求。

但是，世界上有无穷个计算过程，我们如何设计计算机，使它能够支持所有计算过程的所有步骤的需求呢？计算机界提出了用指令集抽象来实现计算过程自动执行的思路，包含下面 3 个要点：①指令集；②指令流水线；③下一指令。

指令集：设计一个指令集（instruction set），刻画并实现在计算机上自动执行任意计算过程的需求。每个计算过程体现为一个指令序列的执行。

指令流水线：设计一个指令流水线（instruction pipeline）硬件机制，执行指令集的任意指令。每条指令的执行都可以被映射到自动机的多次变换的序列。每个变换由指令流水线的某个操作阶段（operation stage）完成。我们仅考虑如图5.43所示三级指令流水线。每条指令依次流经指令流水线的3个操作阶段，细节如下。

（1）取指阶段（Instruction Fetch，IF）：将当前指令从存储器中读取到处理器中，放入指令寄存器（Instruction Register，IR）。

（2）译码阶段（Instruction Decode，ID）：将当前指令从IR送到控制器，解析该指令，产生该指令特有的控制信号。

（3）执行阶段（Instruction Execute，EX）：处理器根据控制信号执行当前指令规定的操作，如算术逻辑运算、访存操作或跳转操作。

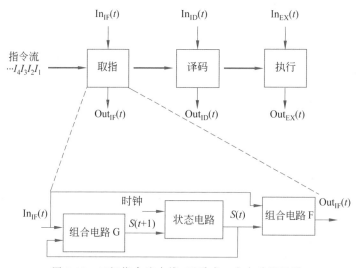

图 5.43　三级指令流水线，可看成 3 个自动机级联

下一指令：提供一种机制，确保一条指令执行完毕后，能够确定并自动执行下一条指令。当代计算机将下一条指令的地址放在一个特殊的寄存器中，称为程序计数器（Program Counter，PC）。在执行一般指令时，PC被赋予下一条指令的地址。在执行跳转指令时，PC被赋予跳转目的地址。

上述指令流水线3个操作阶段的每个阶段大体上都对应于自动机的一次变换。译码阶段是实现"物继其汇"的要点，控制器根据当前指令产生该指令特有的控制信号。

当代计算机指令集一般拥有几十条到几百条指令。为了提高速度，多条指令的这3个操作阶段可以通过指令流水线的方式重叠执行。真实计算机的指令流水线一般有5~31级，即5~31个操作阶段，大部分是细化上述三级指令流水线的执行（EX）阶段。

2. （∗∗∗）设计改进型斐波那契计算机（IFC）

【实例5.39】　改进型斐波那契计算机的汇编语言程序。

在2.3节的斐波那契计算机（FC）基础上，做1个假设和3个改进，我们得到改进型斐波那契计算机（Improved Fibonacci Computer，IFC）。

1 个假设是：只需执行下列 Go 语言代码，也就是对应的汇编语言程序，算出 F(3)。这个假设可以很快揭示斐波那契计算机的缺点：只需两次迭代，就可看到循环结束，程序执行越界进入数据区，即 PC 指向一条数据，而不是一条指令。同学们可考虑更高级的情况，例如计算 F(90)、F(93)，甚至 F(1000000000)。

```
fib[0] = 0                                    MOVI 0, R1
                                              MOVR R1, M[R0]       //R0=12 initially
fib[1] = 1                                    MOVI 1, R1
                                              MOVR R1, M[R0+8]
for i := 2; i < 4; i++ {                      MOVI 2, R2          //i:=2
   fib[i] = fib[i-1] + fib[i-2]     Loop:     MOVI 0, R1          //label Loop
                                              ADD M[R0+R2 * 8-16], R1
                                              ADD M[R0+R2 * 8-8], R1
                                              MOVR R1, M[R0+R2 * 8-0]
                                              INC R2              //i++
                                              CMP 4, R2           //i < 4?
}                                             JL Loop             //if Yes, goto Loop
                                              HALT
```

3 个改进是：①添加一条停机指令 HALT，避免程序执行越界进入数据区；②设定 64 比特指令，让每一条指令或数据同为 64 比特字长；③将 MOV 指令分解为 MOVI 和 MOVR，使得两种 MOV 指令显式地区分开来，以免混淆。MOVI 的含义是 MOVe Immediate value to register。MOVR 的含义是 MOVe Register value to memory address。

在本例中，所有寄存器的字长都是 64 位。寄存器的作用分别是：R0 是基址寄存器，R1 是累加器，R2 是索引寄存器。程序计数器 PC 用于存放下一指令的地址。状态寄存器 FLAGS 用于存放指令执行产生的状态。本例只考虑指令运算结果是否是"<"（小于）。其他可能的状态包括运算结果是否>、=、除零异常（X/0）、溢出（overflow）等。

改进型斐波那契计算机的初始状态如表 5.13 所示。程序计数器 PC 的初始值为 0，因为第 1 条指令"MOVI 0, R1"的起始地址是 0。基址寄存器 R0 的初始值为 104，因为数据区的起始地址（即 fib[0] 的起始地址）为 104。

表 5.13 改进型斐波那契计算机（IFC）的汇编语言程序与初始状态

处理器内容		存储器内容		
寄存器	值	地址	指令	注释
FLAGS		0	MOVI 0, R1	0→R1；每条指令占 8 个地址
PC	**0**	8	MOVR R1, M[R0]	R1→M[R0]
R0	**104**	16	MOVI 1, R1	1→R1
R1		24	MOVR R1, M[R0+8]	R1→M[R0+8]
R2		32	MOVI 2, R2	2→R2

处理器内容		存储器内容		
寄存器	值	地址	指　令	注　释
		40 Loop	MOVI 0，R1	0→R1；标签 Loop＝40
		48	ADD M[R0＋R2＊8-16]，R1	R1＋M[R0＋R2×8-16] → R1
R0：基址寄存器 R1：累加器 R2：索引寄存器		56	ADD M[R0＋R2＊8-8]，R1	R1＋M[R0＋R2×8-8] → R1
		64	MOVR R1，M[R0＋R2＊8-0]	R1→ M[R0＋R2×8-0]
		72	INC R2	R2＋1→R2
地址＝ 基址＋ 索引×8＋偏移量 （Address＝base＋ index×8＋offset）		80	CMP4，R2	如果 R2＜4,'＜'→FLAGS
		88	JL Loop	如果 FLAGS='＜', Loop→PC
		96	HALT	停机
fib[i-2]所在地址 ＝R0＋R2×8-16		104		fib[0]；每个数据占 8 个地址
		112		fib[1]
		120		fib[2]
		128		fib[3]

【实例 5.40】　改进型斐波那契计算机的指令集。

从给定的汇编语言程序,我们观察到有些指令是相似的,即操作码相同但操作数不同。例如,MOVI 0, R1、MOVI 1, R1、MOVI 2, R2 这 3 条指令是相似的。3 条 MOVR 指令是相似的,2 条 ADD 指令也是相似的。合并相似指令,可得到 IFC 的汇编语言指令集,它包含 7 条指令,即{MOVI,MOVR,ADD,INC,CMP,JL,HALT}。

用 3 比特可表示这 7 条指令,如表 5.14 所示。

表 5.14　改进型斐波那契计算机(IFC)的 7 条指令及其操作码

指令类型	操作码 （Opcode）	例　子	含　义
MOVI	000	MOVI 0，R1	立即值赋予寄存器,0→R1
MOVR	001	MOVR R1，M[R0]	寄存器值赋予内存单元,R1→M[R0]
ADD	010	ADD M[A]，R1	内存地址 A 的值累加到寄存器,R1＋M[A]→R1
INC	011	INC R2	寄存器值加 1,R2＋1→R2
CMP	100	CMP4，R2	如果 R2＜4,'＜'→FLAGS
JL	101	JL Loop	如果 FLAGS 是"小于",Loop→PC
HALT	110	HALT	停机

每一条指令都有操作码(Opcode)部分和操作数(Operand)部分。本例中,一条指令可有 0 个操作数(如 HALT 指令)、1 个操作数(如 INC 指令)或 2 个操作数(其他指令),如表 5.15 所示。

表 5.15 改进型斐波那契计算机(IFC)的操作码与操作数

操作码 (Opcode) 3 比特	操作数-1 (Operand-1) 59 比特立即值	操作数-2 (Operand-2) 2 比特寄存器号	指令例子 (Instruction)
000	000000	01	MOVI 0，R1
000	000001	01	MOVI 1，R1
000	000010	10	MOVI 2，R2
011		10	INC R2
100	000100	10	CMP4，R2
101	101000		JL Loop
操作码 (Opcode) 3 比特	操作数-1 (Operand-1) 59 比特内存地址	操作数-2 (Operand-2) 2 比特寄存器号	指令例子 (Instruction)
001	R0+R2×0+0	01	MOVR R1，M[R0]
001	R0+R2×0+8	01	MOVR R1，M[R0+8]
001	R0+R2×8-0	01	MOVR R1，M[R0+R2 * 8-0]
010	R0+R2×8-8	01	ADD M[R0+R2 * 8-8]，R1
010	R0+R2×8-16	01	ADD M[R0+R2 * 8-16]，R1
110			HALT

为了支持数组和循环,IFC 采用了"基址+索引+偏移量"寻址模式,并约定 R0 是基址寄存器,R2 是索引寄存器。因此,在指明"R0+R2×比例因子+偏移量"的具体值时,只需指明比例因子、偏移量。假设比例因子的取值范围是自然数区间 $[0,8]$、偏移量的取值范围是整数区间 $[-64,64]$。那么,比例因子需要 4 比特表示,偏移量需要 8 比特表示。汇编语言程序中的相关实例如表 5.16 所示。

表 5.16 汇编语言程序中相关实例

汇编语言表示	比例因子的二进制表示	偏移量的二进制补码表示
R0+R2 * 0+0	0000	00000000
R0+R2 * 0+8	0000	00001000
R0+R2 * 8-0	1000	00000000
R0+R2 * 8-8	1000	11110001
R0+R2 * 8-16	1000	11100001

59 比特内存地址可按如下方式编码:

47 无关比特(用 00…00 表示)+ 4 比特比例因子 + 8 比特偏移量

因此,汇编语言 R0+R2 * 0+8 对应的内存地址编码为

00…00   0000 00001000

指令"MOVR R1，M[R0+8]"的二进制编码为：3比特操作码+59比特地址码+2比特寄存器号，即001 00…00 0000 00001000 01。

同理，指令"ADD M[R0+R2*8−8]，R1"的二进制编码为：3比特操作码（010）+ 59比特地址编码（00…00 1000 11110001）+ 2比特寄存器号（01），即010 00…00 1000 11110001 01。

同理，可以得出IFC的机器语言程序，如表5.17所示。

表5.17 改进型斐波那契计算机（IFC）的机器语言程序

地址	机器语言指令	汇编语言指令
0	00000…0001	MOVI 0，R1
8	001 00…00 0000 00000000 01	MOVR R1，M[R0]
16	00000000101	MOVI 1，R1
24	001 00…00 0000 00001000 01	MOVR R1，M[R0+8]
32	00000…1010	MOVI 2，R2
40	00000…0001	MOVI 0，R1
48	010 00…00 1000 11100001 01	ADD M[R0+R2*8-16]，R1
56	010 00…00 1000 11110001 01	ADD M[R0+R2*8-8]，R1
64	001 00…00 1000 00000000 01	MOVR R1，M[R0+R2*8-0]
72	011 00…00 10	INC R2
80	100 00…00000100 10	CMP4，R2
88	101 00…00101000 00	JL Loop
96	110 00…00	HALT

【实例5.41】 改进型斐波那契计算机（IFC）的指令流水线。

图5.44显示了IFC的指令流水线如何具体地执行任意一条指令。每个指令周期被计算机硬件自动地实现为一个微操作序列（以序列①～⑥标记）。两个新出现的寄存器是内存地址寄存器（Memory Address Register，MAR）和内存数据寄存器（Memory Data Register，MDR）。

（1）取指（IF）：将当前指令从内存读取到指令寄存器（IR）。

① PC→MAR：将待执行指令的地址从程序计数器PC复制到内存地址寄存器MAR。本例效果是0→MAR。

② M[MAR]→ MDR：以MAR为地址访问内存，结果放入内存数据寄存器MDR。本例效果是"MOVI 0，R1"→ MDR，即00000…0001 → MDR。

③ MDR→ IR：将MDR内容放入IR。本例效果是"MOVI 0，R1"→ IR。至此，当前指令"MOVI 0，R1"的二进制码00000…0001已经放入指令寄存器IR。

（2）译码（ID）：控制器解析当前指令，产生控制信号。

① 控制器产生执行(EX)阶段需要的控制信号。

执行(EX)：处理器执行当前指令的操作码规定的操作,并更新程序计数器 PC。

② 0→R1,将立即值 0 赋予寄存器 R1。

③ 更新程序计数器 PC,即 PC+8 → PC,即 0+8 → PC。

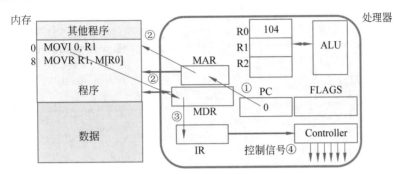

图 5.44　改进型斐波那契计算机(IFC)的部分微操作序列

5.4.2　电路的无缝衔接：宽进严出原理实例

波斯特尔鲁棒性原理(Postel's Robustness Principle)来源于互联网先驱乔恩·波斯特尔(Jon Postel)博士,他在 1980 年发布的互联网标准文档 RFC761 中提出了这条原理,又称为"宽进严出原理"：be conservative in what you send, be liberal in what you accept,换言之,be tolerant of input, and be strict on output。这条原理的一个目的是避免误差和噪声的积累。

波斯特尔鲁棒性原理是在设计和使用互联网的实践中总结出来的。但人们发现,这条原理不仅适用于计算机网络,也适用于计算机电路、计算机体系结构、分布式系统等多个领域,只是有不同的表述。例如,在计算机数字电路领域,这条原理表述为"静态原则"(Static Discipline),即在一个数字电路中,针对任何逻辑门电路,保证下列断言为真：当系统经过足够延迟达到稳态(静态)之后,逻辑正确的输入信号总会产生逻辑正确的输出信号。含噪声的输入被逻辑门重新恢复成低噪声的输出,噪声被阻断了。

图 5.45 给出了电路层面的一个例子,体现了实现无缝衔接的这条重要原理。该图显示了非门的真值表、CMOS 电路实现及其参数设置。"逻辑正确的输入信号总会产生逻辑正确的输出信号",意味着对应逻辑 0 的低电平输入将产生对应逻辑 1 的高电平输出;对应逻辑 1 的高电平输入将产生对应逻辑 0 的低电平输出。

如果我们只关心电路的逻辑设计,图 5.45 很好理解。当 X 是逻辑 1＝高电平(＝Vdd＝2V)时,输出 Z 总是逻辑 0＝低电平(＝Vss＝0V)。此时,下面的正晶体管处于"导通"状态,相当于有一根导线从 Vss(＝0V)连接到 Z,而上面的负晶体管处于"断开"状态(注意该晶体管的栅极有一个小圆圈,代表逻辑非)。当 X 是逻辑 0＝低电平(＝Vss＝0V)时,输出 Z 总是逻辑 1＝高电平(＝Vdd＝2V)。此时,上面的负晶体管处于"导通"状态,相当于有一根导线从 Vdd(＝2V)连接到 Z,而下面的正晶体管处于"断开"状态。

但是,真实的电路中难以得到完美的"逻辑 0＝低电平＝0V"和"逻辑 1＝高电平＝2V"。我们还需要考虑计算机硬件电路的物理设计,关心逻辑门电路的工艺实现参数,以及如何控

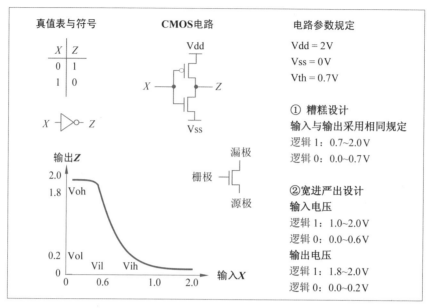

图 5.45　非门的 CMOS 电子电路与"宽进严出原理"示意

制信号噪声和误差。我们必须精确地定义什么是"高电平"和"低电平"。真实电路中,信号必然会出现噪声,偏离理想情况。人们采用特定的半导体工艺技术和宽进严出原理,预留足够的物理信号参数余量,控制并纠正噪声,在每一级逻辑门电路将信号恢复到正确范围,阻断噪声的传播与积累。

让我们对比两个设计:糟糕设计与宽进严出设计。假设正晶体管的特征是:Vdd=2V、Vss=0V,阈值电压 Vth=0.7V。换言之,当栅极电压大于 0.7V 时,晶体管开启导通,我们可大致上认为该晶体管变成了一条导线;当栅极电压小于 0.7V 时,晶体管关闭,我们可大致上认为该晶体管断开。

糟糕设计。输入信号 X 与输出信号 Z 采用相同参数规定;在 0.7～2.0V 的电平都是高电平,对应于逻辑 1;在 0.0～0.7V 的电平都是低电平,对应于逻辑 0。也就是说,大于 0.7V 对应于高电平(逻辑 1),小于 0.7V 对应于低电平(逻辑 0)。

这个糟糕设计的最大问题是,逻辑 0 对应的低电平与逻辑 1 对应的高电平之间没有留余量,稍微有点噪声和漂移就会出错。假如 $X=1$,其电平值是 0.71V,但电路有 -0.02V 的噪声。到达正晶体管栅极的电平变成了 0.69V,电路实际感受到 $X=0$。

宽进严出设计。输入信号 X 与输出信号 Z 采用不同的参数规定,宽进而严出。

(1) 宽进:正晶体管的输入电压>1.0V(而不是>0.7V)时,对应逻辑 1;输入电压<0.6V(而不是<0.7V)时,对应逻辑 0。高电平和低电平之间至少有 0.4V 的安全间隔。允许高电平在 1.0～2.0V 漂移,允许低电平在 0～0.6V 漂移。也就是说,输入端允许 0.6V 或 1V 的漂移。

(2) 严出:晶体管的输出电压>1.8V(而不是>0.7V)时,对应逻辑 1;输出电压<0.2V(而不是<0.7V)时,对应逻辑 0。高电平和低电平之间有 1.6V 的安全间隔。仅允许高电平在 1.8～2V 漂移,仅允许低电平在 0～0.2V 漂移。也就是说,输出端仅允许小于 0.2V 的漂移。

一般地讲,"静态原则"规定了 4 个电平值:输出高电平(Votage for Output High,Voh)、输出低电平(Votage for Output Low,Vol)、输入高电平(Votage for Input High,Vih)、输入低电平(Votage for Input Low,Vil)。它们具备下列性质。

(1) Vol < Vil < Vih < Voh。

(2) Vil 明显小于 Vth(阈值电压),Vih 明显大于 Vth。

5.4.3　指令的无缝衔接:冯·诺依曼穷举原理实例

冯·诺依曼穷举原理来自于冯·诺依曼的手稿 *First Draft of a Report on the EDVAC*。这条原理说,要使计算机自动执行程序,人们必须事先给计算机全面的指示,绝对穷举所有细节(in absolutely exhaustive detail),使得计算机能够自动处理所有的情况,执行过程中不需要人工干预。这包括规定好如下实现细节。

(1) 计算机开机后执行的第一条指令是什么。

(2) 计算机正常执行程序时,下一条指令是什么。

(3) 执行程序出现异常时,有哪些异常,每种异常如何自动处理。

【实例 5.42】　x86 计算机开机后执行的第一条指令。

使用 x86 处理器的计算机开机后执行的第一条指令位于地址 FFFFFFF0(在专业文档中往往写成 0xFFFFFFF0),其内容是一条跳转指令 JUMP 000F0000。它的目标地址 000F0000 的内容是最底层的一个系统软件(称为 BIOS,即 Basic Input-Output System)的第一条指令,又称为该系统软件的入口地址。

【实例 5.43】　龙芯计算机开机后执行的第一条指令。

使用龙芯处理器的计算机开机后执行的第一条指令位于地址 FFFFFFFFBFC00000,其内容是一条特殊的赋值指令,将处理器的状态寄存器复位(置为零,清零)。这也称为初始化处理器的状态寄存器。

从上面两个实例,我们可以看出"计算机开机后执行的第一条指令"还是有门道的。

(1) 第一条指令的地址是由处理器硬件规定的,而不是由计算机系统软件决定的。

(2) 一般而言,第一条指令应该是一条跳转指令,跳转到最底层系统软件的入口地址。

(3) 龙芯处理器执行的第一条指令是"初始化处理器的状态寄存器"。这是为了保证在开始执行最底层系统软件时,处理器处于良好的状态,而不是任意状态。

【实例 5.44】　两条指令之间的无缝衔接。

这里的关键在于如何确定当前指令执行完毕后应该执行的下一条指令。历史上出现过以下 3 种方式。

(1) 历史上第一台实用的、能够自动执行多条指令的计算机是哈佛马克一号(Harvard Mark I)。这是一台电子-机械混合计算机(机电计算机)。马克一号的学名是 Automatic Sequence Controlled Calculator(自动顺序控制计算机),其指令执行是顺序的,即一个程序的全部指令只有一个顺序序列,全部 n 条指令都被事先顺序存放在磁带中,第 i 条指令执行完毕,读入第 $i+1$ 条指令并执行。这种程序被称为"直线程序"(straight line program)。马克一号没有条件跳转指令,不支持选择和循环控制。

(2) ENIAC 计算机在被改造成为存储程序计算机后,采用了一种简单的方式确定下一条指令:在每一条指令的内容中,明确地列出下一条指令的地址。除了指令的顺序执行外,

ENIAC 也支持跳转指令，只需在当前指令中列出跳转目的地址。

（3）今天的计算机系统采用了"程序计数器"（Program Counter，PC）方式。当前正在执行的指令放在指令寄存器（Instruction Register，IR）中，下一条指令的地址放在 PC 中。在执行当前指令时，计算出下一条指令的地址，并放入 PC。在一个 64 位计算机系统中，如果当前指令是非跳转指令，则 PC←PC+8；如果当前指令是跳转指令，则 PC←跳转目标地址。

【实例 5.45】　异常处理。

任何计算机系统都用穷举方式规定了异常的种类及各类异常如何处理，称为异常处理（exception handling）。我们列举 3 类异常。

（1）中断（interrupt）。当计算机正在执行一个程序时，用户敲了键盘。程序的当前指令应该执行完吗？完毕以后应该执行下一条指令吗？当代计算机系统会首先执行完毕当前指令，然后进入一个事先设计好的中断异常处理程序，去处理此类中断异常。

（2）硬件出错（如 bus error）。计算机的内存硬件出错怎么办？与中断不同，此时不能保证当前指令正确地执行完毕。内存出错时，计算机可能正在执行"取指-译码-执行"指令流水线中的取指阶段。内存坏了，指令都取不回来，更不要说执行指令了。因此，计算机系统会立即进入一个事先设计好的异常处理程序，不用内存，也可以处理此类异常。

（3）保底异常。为了做到穷举，计算机一般会设计一个保底异常（通常被称为 machine check），通过硬件方式，覆盖其他规定的异常没有覆盖的情况。

5.4.4　阿姆达尔定律

阿姆达尔定律（Amdahl's Law）是由 IBM 360 计算机的设计者之一阿姆达尔在 1967 年提出的。它关注计算机的性能，即计算速度，也就是执行时间的倒数。阿姆达尔定律说："提升系统性能，应聚焦瓶颈，但瓶颈会变化。"

假设改善前的整体系统的执行时间是 1，其中，系统可分为两部分：执行时间长的部分（即瓶颈）的执行时间是 Y，非瓶颈部分的执行时间是 X=1−Y。我们有 Y>(1−Y)。假设 Y 的改善倍数为 p。那么，改善后的系统的执行时间变为 X+Y/p。性能提升倍数称为加速比，即加速比（Speedup）=改善前的系统的执行时间 / 改善后的系统的执行时间。

阿姆达尔定律

Speedup=1/(X+Y/p)。注意：当 p→∞时，Speedup→1/X。

阿姆达尔定律揭示了两个提升系统性能（即降低执行时间）的原则。

（1）聚焦瓶颈。要提升整体系统性能，应优化执行时间长的部分（即瓶颈时间 Y），而不是 X。假如计算机的 90% 执行时间是处理器时间，其他部分（内存、硬盘、网络等）仅贡献了 10% 的执行时间，则有处理器时间 Y=0.9，X=0.1。我们应该聚焦优化处理器。若改善倍数 p 为 2、10、100、1000、∞，表 5.18 是对应的加速比。

表 5.18　对应的加速比

Y 改善倍数	$p=2$	$p=10$	$p=100$	$p=1000$	$p=∞$
系统加速比	1/0.55＝1.82	1/0.19＝5.26	1/0.109＝9.17	1/0.1009＝9.91	1/0.1＝10

改善倍数 p 越大,加速比的增长越来越缓慢,最终也不会超过 $1/X=10$。因此,我们不应该一味改善处理器,而不顾其他部分。

(2) **追逐瓶颈**。假设优化后处理器速度提高了 10 倍(即 $p=10$),系统执行时间降低到 $X+Y/p=0.1+0.9/10=0.19$,加速比 $=1/0.19=5.26$。此时,优化后的处理器时间降低到 $Y/p=0.9/10=0.09$,小于 $X=0.1$,X 成为新的瓶颈。优化 X 变得重要。

(∗∗∗)使用阿姆达尔定律提升系统性能

下面 3 个实例呈现如何使用阿姆达尔定律提升系统性能。它们分别采用了指令重叠执行(overlapped pipeline execution)和多核并行计算(multicore parallel computing)技术来应对处理器瓶颈的情况,以及采用高速缓存(cache)技术改善内存访问瓶颈。

【实例 5.46】　指令流水线中指令重叠执行。

假设计算机的处理器是瓶颈,且三级指令流水线的每一级执行都需要 1ns 的时钟周期。那么,一条指令流经三级指令流水线总共需要 3 个时钟周期,即 3ns,计算机的速度是 $1/3=0.333$ Giga Instructions Per Second(GIPS),即每秒执行 3.33 亿条指令。

但是,由于每一级都是时序电路,可将该级的结果存起来供下一级使用,计算机可以重叠执行指令,如图 5.46 所示,其中,I_1、I_2 分别指第一条指令、第二条指令。当经过 3 个时钟周期,指令流水线充满之后,每个时钟周期都会完成一条指令执行。计算机速度提升到了 1GIPS,即每秒执行 10 亿条指令。与无指令重叠执行(no overlap)的指令流水线相比,指令重叠执行的指令流水线取得了 $1/0.333=3$ 倍加速比。

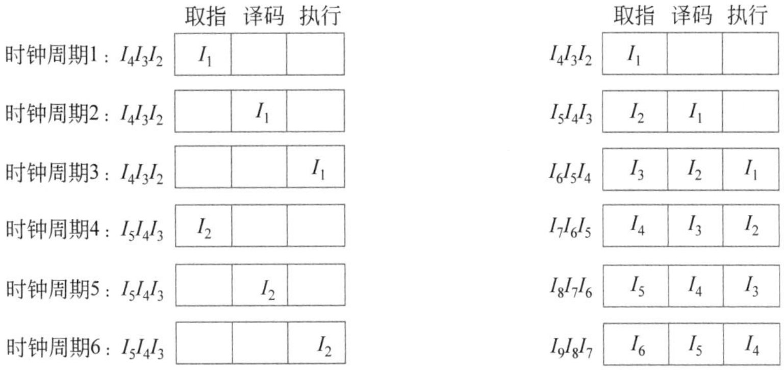

图 5.46　无指令重叠执行(左)对比指令重叠执行(右)

【实例 5.47】　高速缓存(cache)。

从 5.3.3 节,我们知道内存常常采用 DRAM 技术,其访问延时可长达 100ns。这是前例中处理器时钟周期(1ns)的 100 倍。这意味着,仅是取指阶段(IF)就需要花费 100 个时钟周期,计算机速度肯定小于 1/100GIPS,即不到每秒 1000 万条指令。

为了消除这个内存瓶颈(称为冯·诺依曼瓶颈),业界发明了高速缓存技术。其基本思想很简单:采用小容量的快速但较贵的 SRAM 技术作为高速缓存,利用 5.1.1 节的局部性原理,使得大部分时间的内存访问事实上是在访问高速缓存,访问延时仅为 1ns。当代处理器一般都有一级或多级高速缓存(图 5.47)。第一级为每个 CPU 分别提供指令缓存(I-Cache)和数据缓存(D-Cache)。最后一级高速缓存存放指令与数据。

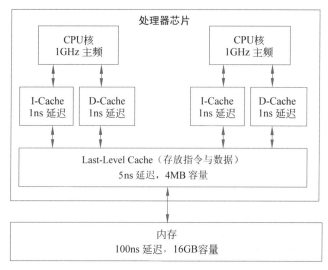

图 5.47　当代计算机采用多核处理器与高速缓存

　　假设每个一级缓存的容量是 64KB,价格为 $1000/GB;最后一级高速缓存的容量是 4MB,价格为 $400/GB;内存的容量是 16GB,价格为 $4/GB。那么,没有使用高速缓存技术时,每个 CPU 对应的存储成本是（$16×4)/2 = $32,速度不到 0.1GIPS。使用了高速缓存技术后,每个 CPU 对应的存储成本变成了二分之一的主存成本,加上二分之一的最后一级高速缓存成本,加上一级缓存成本,即（$16×4)/2 ＋（$400×4/2/1024)＋（$1000× 64×2/1024/1024)＝ $32.9。换言之,每个 CPU 对应的存储成本仅有少量增加,但速度提升到了接近 1GIPS(假设完美局部性)。

　　【实例 5.48】　多核并行计算。

　　采用高速缓存技术之后,内存瓶颈问题得到了大幅度缓解,可能处理器又变成了新的瓶颈。如何进一步提升处理器性能呢？业界实践了两个思路:一是深化指令流水线,将三级指令流水线变成 30 级,这样每个时钟周期可降低到 0.1ns,理想情况下速度可提升至 10GIPS;另一个思路是并行计算,即处理器在一个时钟周期内执行多条指令。图 5.47 展示了一种可能,即一个处理器芯片中装备了两个 CPU 核,每个核包含一个指令流水线,主频为 1GHz,即时钟周期为 1ns。上述计算机的峰值性能是 2GIPS。

5.5　计算系统的创新故事

　　本节将讲述大型计算机和关系数据库的创新故事。前者偏重计算机硬件,关系数据库管理系统则是一种典型的计算机软件。

5.5.1　IBM S/360

　　1960 年,国际商用机器公司(IBM)已成为计算机界的巨头。自 1950 年 IBM 开始研制计算机以来,十年间营业额猛增了 9 倍。已有数千套 IBM 计算机广泛应用在金融界、政府、国防和科研机构。这些月租金 2000 美元到 5 万美元的计算机为 IBM 带来了每年 20 亿美元的收入。

IBM 的总裁小托马斯·华森(Thomas Watson Jr.)并没有感到多大的喜悦。

成功是失败之母。

华森知道在这些表面繁荣下面的危险真相：就在计算机的市场需求日益增长时，IBM 却停滞不前。尽管公司营业额还在以 20％的速率增长，利润额却不断下降。

在 1960 年，IBM 的销售目录中共有 8 款晶体管计算机和一些真空管计算机，另外还有 6 款晶体管计算机正在开发中。这些计算机互不相干，它们使用不同的内部结构、处理器、程序设计软件和外部设备，功能和性能也不同。这不只是 IBM 一家的现象，而是 1960 年计算机界的普遍现象。

华森想起用户的抱怨。如果用户的业务发展了，势必需要换一台更强大的计算机。但这是一件很麻烦的事，不仅需要更换计算机本身，还需要更换外部设备，重新编写程序。这既费时又费钱。很多用户对 IBM 强迫他们不断改写程序提出抗议，因为他们把时间都浪费在这些低水平的重复劳动上了。尤其麻烦的是，当时大部分应用程序都是用汇编语言写的，移植起来工作量很大。

更让用户愤怒的是，好不容易把程序移植到了一台更昂贵、速度快一倍的 IBM 计算机上，但实际速度并没有增加一倍，却只增加了 10％！用户的各种优化都不起作用。IBM 内部知道这是怎么一回事，因为技术人员还没有来得及将外部设备优化，以匹配这种高速计算机，用户还必须再等上半年。

华森又想起生产部门的抱怨。由于这些不同的机型需要不同的零部件，生产人员不得不疲于奔命，制造很多种小批量的零部件产品。仅库存管理和质量控制就耗费了大量精力和成本。

技术人员的士气也受到影响。大部分工程师都在做低水平的重复劳动。一台磁带机设计出来后，技术人员必须做大量改造工作。这些工作没有任何创新或技术增值，只是要把同一台磁带机与各种机型匹配。再没有比低水平的重复劳动更能打击技术人员的了。

华森知道，IBM 的最大优势在于整体系统、全局优化的能力。公司无论在研究开发、生产、市场、销售各个方面都有丰富而杰出的人才和资源。只要管理层给员工指明正确的方向，并组织好核心队伍，IBM 常常能在全公司凝聚出巨大的能量，迅速推出主导市场的产品。这种全局优化的能力是其他厂家不具备的。但公司的部门各自为政，在与其他厂商竞争之外还要互相竞争。

什么是正确的业务方向呢？华森只有问题，没有答案。但他知道能找出答案的人。他找来负责技术和生产的副总裁文森·利尔森，命令他尽快找出答案。华森从市场部门知道，IBM 的现有产品还能在市场上挣扎两年左右，因此必须在两年之内推出增值很高的新产品。他授权利尔森可以获取全公司的所有信息，动用全公司的所有资源。

小托马斯·华森当时肯定没有想到，他的决定对世界计算机界此后 60 年的历史会产生革命性的影响，至今未衰。

利尔森受命后做的第一件事是全面调查 IBM 公司研究开发、生产和市场的现状。1961 年 5 月，调查结果回来了。

坏消息是，全公司所有部门正在开发的产品中，没有任何一个能解决华森的问题。

好消息是，有一部分技术人员，尤其是一些研究人员和大型计算机的开发骨干提出了一种"计算机家族"的概念，可以解决华森的问题。但是，这是一种全新的、革命性的概念，从来没有人尝试过。这些技术人员对计算机家族的可行性，心里完全没有底。

到了1961年10月，他的核心队伍仍然对可行性没有一致意见，但认为可行的意见占了上风。利尔森感到必须采取更果断的措施。他从核心队伍中抽出13名研究人员、技术主管和市场主管，组成了一个特别工作组，限令他们在年底以前必须提出一个计算机家族的总体方案。为了让工作组全力投入，他把工作组全体人员集中到康州的一个旅馆，不拿出方案就别回家。

1961年12月28日，经过工作组两个月的紧张工作，一份20多页的很不起眼的文档《处理机产品——SPREAD工作组的最后报告》诞生了。这也就是后来赫赫有名的IBM S/360计算机系统的总体方案。它指明，要同时支持科学计算、商业应用和信息处理三大类应用，用一套通用计算机产品取代市面上的所有计算机，包括IBM自己的8款系统。

除了通用性目标之外，S/360的最大特点是提出了"计算机家族"概念和"计算机体系结构"概念。一个家族所有的计算机系统都有相同的"体系结构"，即从汇编语言和外部设备的角度看，这些家族成员都是一样的，技术术语叫它们相互兼容。

兼容性意味着所有家族成员都有同样标准的指令系统、地址格式、数据格式和与外部设备的接口。这样，当用户从一台计算机升级或降级到另一台时，应用程序和外部设备不用做任何改动，运算环境完全一样，只是性能和价钱可能不同。IBM的技术人员也用不着为每台机器开发专用的系统软件和外部设备。

为了适应不同用户的性能价格比需求，S/360家族包括5挡机器。它们的体系结构完全一样，只是性能上有较大差异，相邻两挡机器的计算速度之差别为3～5倍。用"A是否大于B"这种比较运算作为基准度量，则这5挡机器的运算时间分别是$200\mu s$、$75\mu s$、$25\mu s$、$5\mu s$和$1\mu s$。也就是说，S/360的运算速度最高可达每秒100万次。

工作组的成员后来领导了S/360系统的设计和工程实施工作，并对计算机学科的发展发挥了重大影响。金·阿姆达尔（Gene Amdahl）提出了计算机体系结构理论中"阿姆达尔定律"。弗利德利克·布鲁克斯（Frederick Brooks）提出了软件开发的"布鲁克斯定律"与"人月神话"概念，并因对计算机系统的贡献获图灵奖。

1961年12月28日，总体方案出台。1962年1月初，华森和他的公司管理委员会迅速批准了这个方案并指示立即实施。

但是，S/360的技术方案遭到IBM各部门的强烈而又持续的批评和反对。

反对最厉害的是公司的战略发展部。这个部门的人认为计算机家族这个概念太冒险。根据S/360的方案，IBM以后就只有一条计算机产品线了。计算机家族从来没有人做过，IBM自己的研究部门也没有任何相关的原理样机，S/360的总体方案中还有许多没有答案的问题。把公司的全部家当都赌在这个很不成熟的概念上，明智吗？只用一条产品线有两个致命的弱点：如果得不到用户和市场的接受，全公司的产品都完了；即使得到了用户的认可，竞争厂家只需要开发一个兼容计算机，就可以打击IBM全线的产品。

技术人员的批评主要集中在通用和兼容这两个概念的可行性上。总体工作组的用户调查显示，科学计算用户越来越需要原来是商用机特长的字符处理等功能，而商业用户也越来越需要科学计算机所专长的浮点运算等功能。这也是为什么他们提出S/360应该是一个通用系统，兼顾商业应用、科学计算和信息处理的原因。这样的系统显然更具有市场竞争力。

但是,说起来容易做起来难。这种通用系统能被有效地实现吗？IBM 已有多年研制科学计算专用机和商业专用机的经验,这些系统是很不同的。现在要把它们硬捏在一起,开发出来的产品很可能对两类应用都不能有效地支持。

更具体一点讲,原来的 IBM 科学计算机用 36 位表示一个单精度数,72 位表示一个双精度数。而 S/360 用 8 位的字节作为基本单元,4 字节(即 32 位)表示一个单精度数,64 位表示双精度数,精度比原来的 72 位低。如果要达到原有的 36 位精度,必须用 64 位来表示。这样,当原来的程序移植到 S/360 上时,44％的资源都浪费掉了!

IBM 在最初开发计算机产品时,请了著名计算机科学家冯·诺依曼担任顾问。冯·诺依曼的一个重要判断就是 20 000 个字的内存容量(约相当于今天的 80KB)对任何科学计算机都足够了。IBM 留了一些余量,20 世纪 50 年代的 IBM 计算机实际能支持 32 768 个字。但 IBM 后来发现,用户需要大得多的内存空间。阿姆达尔总结出一条经验:在设计计算机时唯一难以改正的错误是内存地址空间太小。因此,S/360 的总体方案做了一个大胆决策,将内存空间提高两个数量级,达到百万字的量级。要想象一下这个决定多么大胆,这相当于今天某个微机厂商宣布它的下一代产品将能支持 1.6TB 的内存。这种技术上的跨越意味着对原有的计算机体系结构必须做很大的改动。这么大的改动冒险性太大了。

销售和市场人员也反映了用户可能的批评。最严重的批评是很多用户不愿意为了 S/360 重新编写应用程序。问题的关键是,尽管 S/360 家族成员之间互相兼容,但 S/360 与 IBM 在市面上已经在销售的所有机型都不兼容!

总体组意识到了,总体方案是不能改的,但必须回应用户的诉求,使现有程序能直接在 S/360 上运行。IBM 的技术人员试了 3 种方案。第一种是"自动翻译",即开发一个软件将老机型的程序自动翻译成 S/360 的指令代码。这项工作在技术上出乎意料地难。几个月后,IBM 的技术人员不得不降低要求,只做半自动翻译,用户必须不时介入以帮助翻译软件。半自动仍然很难实现,最后这条技术路线不得不被抛弃。

第二种技术叫"模拟",即在 S/360 上做一层模拟器软件,提供一个虚拟环境,与旧机型一模一样。模拟器很快就开发成功了,但速度慢了至少十倍。模拟的路子也走不通。

最后,IBM 的技术人员成功地验证了第 3 个方案。这种做法叫"仿真",即用微程序和其他方法在系统硬件层将 S/360 改造成与旧机型一模一样,能用 S/360 的高速度执行旧机型的指令代码。用户在购买 S/360 以后,如果想运行旧机型上的程序,只需对 S/360 做一些简单配置则可。总体组对公司管理层的描述是:"这就像扳一个开关一样容易。"

1964 年 4 月是计算机发展史上的一个里程碑:IBM 在全球宣布 S/360 新一代计算机家族研制成功,共有 6 挡不同性能和价格的产品。

事实证明,IBM 内部的很多担忧是多余的。用户热情地拥抱了通用计算机家族的概念,订单滚滚而来。尽管订货至供货期 16～24 个月,大量订单仍然给 IBM 的生产线加上了巨大压力。1965 年,IBM 向用户发出了第一批数百台 S/360 计算机。

总体报告要定义一个 9 年后仍然有市场的产品线。事实是,近 60 年后,S/360 的后代(俗称 IBM 大型机)仍然在金融等领域占有可观市场。通用计算机、计算机家族、兼容、计算机体系结构等概念更成为计算机界广泛使用的概念。

5.5.2 关系数据库

爱德加·科德(Edgar Codd)在密西根大学开始博士学位学习时，已经38岁了。距离他获得数学硕士学位，已经过去13年。这13年间，他当过兵，教过书，但是大部分时间他都在IBM工作，设计计算机产品。科德是个数学家。13年的工程工作对他而言是个不短的时间，他一直渴望着能有机会重返数学天地，用他在实际工作中积累的经验，用他的数学才干，创造一些实际工作难以产生的贡献，从本质上改善计算机的功用。

1961年，科德在IBM办了停薪留职手续，到密西根大学攻读博士学位。4年后，他以一篇关于可自我复制的计算机模型的论文通过了博士答辩。这篇论文3年后变成了一部名为《细胞自动机》的专著。获得博士学位后，科德重返IBM，参加了IBM S/360计算机的程序设计语言PL/I的设计工作。但是，科德心里的最大愿望，是为数据库建立一个优美的数学模型。他认为，这是数据库领域本质性创新的最好方法。1970年，科德在*Communications of ACM*杂志上发表了一篇5页的论文，题为"大型共享数据库的关系数据模型"，首次提出了关系数据库理论的基本思想和数学模型。

那时，数据库已在大型企业得到普遍使用。它们采取了两种模型：网络数据库模型和层次数据库模型。它们都可以被看作一种有向图，即由数据记录组成的节点和一些有向边连接而成。层次数据库是一种树状图，而网络数据库则是任意形式的图。

例如，在图5.48的层次数据库模型中，可以从"树根"节点"学生"查到张三的记录，从而获知他是2000级的学生，家住成都，选了3门课。再顺着相应的有向边，可以看出张三的数学课成绩是100分，物理课成绩是85分，社会课成绩是90分。要注意的是，社会课的老师要求同学们两人一组工作，按组定成绩。网络数据库模型（图5.49）可以超出树状结构，因此，社会课的记录节点有张三和李四的两条有向边指向它。

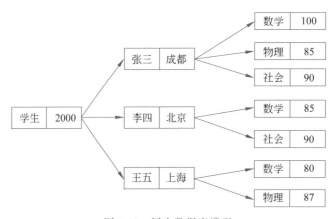

图 5.48　层次数据库模型

这两类数据库在很多情况下使用起来还是比较方便的。但如果信息隐藏在数据库中间就难得到。例如，如果我们要列出"至少一门功课在90分以上的所有同学的姓名、地址、课程和成绩"的名单，就需要顺着很多有向边搜索整个数据库。而且，这两类数据库的信息查询取决于它们的拓扑结构，需要编写一些依赖拓扑结构的程序才能完成查询。

科德发明的关系数据库完全改变了这一切。它不仅有一个坚实的数学基础，即关系代

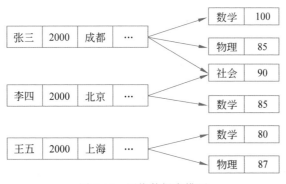

图 5.49 网络数据库模型

数,而且科德还从关系代数的基础推演出一套关系数据库的理论。这个理论包括一系列"范式",可以用来检查数据库是否有冗余性和不一致等性质。另外,科德也在关系代数基础之上定义了一系列通用的数据基本操作(相当于代数中的算子)。原来在层次数据库和网络数据库中很复杂的操作变得逻辑上简明扼要。例如,要找出"至少一门功课在 90 分以上的同学"名单,只需要在课程成绩表中搜索"成绩"一列,再把满足"成绩≥90"的行中的学生信息列出即可(图 5.50)。

基本信息表

姓名	年级	家庭住址
张三	2000	成都
李四	2000	北京
王五	2000	上海

课程成绩表

姓名	课程	成绩
张三	数学	100
张三	物理	85
张三	社会	90
李四	数学	85
李四	社会	90
王五	数学	80
王五	物理	87

图 5.50 关系数据库模型实例

关系数据库的基本抽象较易理解。一个数据库(database)由若干数据表(table)的集合组成。每个表体现一种关系(relation)。每个表都有若干行和若干列。行的学名叫记录(record),列又叫字段或属性(attribute)。

上述例子中的学生信息数据库由两个表组成,即基本信息表和课程成绩表。基本信息表有 3 个属性(3 列),分别为姓名、年级、家庭住址。它有 3 条记录。课程成绩表也有 3 个属性,包含 7 条记录。

关系数据库中的每一个表都必须是规范的,即符合严格定义的"范式"。例如,表 5.19 不规范,因为它不符合关系数据库的第一范式:"每个单元格是一个不可分的数据项"。"课程成绩"这一列中的每一个单元格都可被进一步细分成两个属性值:课程、成绩。

表 5.19　不规范的课程成绩表例子,不允许出现

姓　名	课程成绩
张三	数学 100
张三	物理 85
张三	社会 90
李四	数学 85
李四	社会 90
王五	数学 80
王五	物理 87

获得"至少一门课程在 90 分以上的所有同学的信息"在数据库中由**查询**操作完成。同样,关系数据库要求查询也是规范的,不能用含糊的"同学信息",而应该用更精确的表述:"至少一门课程的成绩在 90 分以上(含 90 分)的所有同学的姓名、课程、成绩、家庭住址"。这种查询可以表述成计算机能够理解的语言。典型的关系数据库查询语言的例子是 SQL 查询语言。

【实例 5.49】　查询学生信息数据库的 SQL 例子。

"至少一门课程的成绩在 90 分以上(含 90 分)的所有同学的姓名、课程、成绩、家庭住址"这个查询操作涉及两个表,它们通过姓名属性连接成一个中间结果,并使用查询条件"成绩≥90",筛选出最终结果表。结果表中的记录包含 4 个属性:姓名、课程、成绩、家庭住址。

```
SELECT 姓名,课程,成绩,家庭住址          //关心的列(属性)
FROM 基本信息表,课程成绩表             //涉及两个表
WHERE 基本信息表.姓名 = 课程成绩表.姓名   //通过姓名属性连接两个表
       AND 成绩>=90                    //查询条件
```

查询处理系统会自动计算两个表的连接,产生如表 5.20 所示中间结果表。

表 5.20　连接两个表后的中间结果表

姓　名	课　程	成　绩	家庭住址
张三	数学	100	成都
张三	物理	85	成都
张三	社会	90	成都
李四	数学	85	北京
李四	社会	90	北京
王五	数学	80	上海
王五	物理	87	上海

随后使用查询条件"成绩≥90"筛选出最终结果表,如表 5.21 所示。

表 5.21 输出结果表

姓　　名	课　　程	成　　绩	家 庭 住 址
张三	数学	100	成都
张三	社会	90	成都
李四	社会	90	北京

5.6　习　　题

1. 下述( )正确地从高到低排列了计算机的抽象。

　　A. 计算机、处理器、时序电路、组合电路

　　B. 组合电路、时序电路、处理器、计算机

　　C. 组合电路、时序电路、计算机、指令流水线

　　D. 指令流水线、处理器、时序电路、组合电路

2. 下述( )正确地从低到高排列了计算机的抽象。

　　A. 计算机、时序电路、组合电路、晶体管

　　B. 时序电路、组合电路、晶体管、计算机

　　C. 组合电路、时序电路、晶体管、计算机

　　D. 晶体管、组合电路、时序电路、计算机

3. 下述( )正确地描述了计算机的软件抽象。

　　A. 中间件之所以称为中间件,是因为它处于应用软件和操作系统之间

　　B. 操作系统是固件,必须存放在硬盘中,因为计算机开机以后首先执行操作系统代码

　　C. 数据库管理系统是操作系统的一部分

　　D. 系统软件就是操作系统

4. 下述( )正确地描述了计算机的硬件抽象。

　　A. I/O 设备直接连到计算机的内存总线上,该总线又称为 USB 总线

　　B. 硬盘是内存

　　C. 硬盘是外存

　　D. 高速缓存是处理器的运算器的一部分

5. 下述( )正确地反映了冯·诺依曼模型的存储程序计算机原则。

　　A. 只有存储器(内存)才能存储程序和数据

　　B. 只有硬盘(外存)才能存储程序和数据

　　C. 只有高速缓存才能存储程序和数据

　　D. 存储器(内存)、硬盘(外存)、高速缓存都可存储程序和数据

6. 惠勒间接原理说:任何计算机科学问题都可以通过一个间接层解决。下述( )正确地反映了惠勒间接原理。

　　A. 停机问题可以通过一个间接层解决

B. 古德斯坦定理不能在皮亚诺算术中证明;但是,古德斯坦定理可以通过一个间接层证明

C. 任意 NP 问题可以通过一个间接层在多项式时间内算出结果

D. 惠勒间接原理是应对系统复杂性的一种思路

7. 冯·诺依曼模型是一个桥接模型,因为(　　　)。

　　A. 冯·诺依曼模型处于应用软件和计算机系统之间

　　B. 针对冯·诺依曼模型编写的程序 A,较易变换为针对真实计算机的程序 B

　　C. 程序 A 与程序 B 的执行时间差别只有 $O(1)$

　　D. 上述三项都成立

8. 操作系统通过同一个系统抽象管理所有应用软件的运行。这个抽象是(　　　)。

　　A. 进程　　　　　　　B. 文件　　　　　　　C. 指令　　　　　　　D. 程序

9. 下述(　　　)反映了抽象及抽象三性质(齿轮性质)。

　　A. 计算机科学的核心是抽象。抽象反映了计算机科学工作者的智慧,必须有一定主观灵活性,不是客观精准的

　　B. Unicode 是"用数字符号表示世界上各种语言字符"这个抽象过程的产物

　　C. Unicode 忽略了全球字符如何打印。这反映了 Unicode 抽象的受限性

　　D. Unicode 能够表示原来不存在的表情包。这反映了 Unicode 抽象的泛化性

10. 欧元符号€的 Unicode 码点是 U+20AC。下述(　　　)是它的 UTF-8 实现。

　　A. 00100000 10101100　　　　　　　　B. 11000100 10001010 10110000

　　C. 11100010 10000010 10101100　　　　D. 11110001 10000001 10010110

11. 计算机处理器中有一个程序计数器,其作用是(　　　)。

　　A. 存放下一条指令的地址

　　B. 存放当前正在执行的指令

　　C. 存放当前正在执行的指令的地址

　　D. 存放正在执行的程序的第一条指令地址

12. 计算机程序往往需要做跳转操作。这个操作在计算机硬件中是(　　　)实现的。

　　A. 将跳转后的目标指令赋予指令寄存器

　　B. 将跳转后目标指令的地址赋予程序计数器

　　C. 将跳转前执行的指令地址赋予程序计数器

　　D. 将跳转前与跳转后执行的指令地址的差值赋予程序计数器

13. 考虑位值计数法的十六进制数 $a = 0x06F6$。下述(　　　)是正确的。

　　A. 0x06F6 的二进制表示是 0000011011110110

　　B. 0x06F6 的十进制值是 $\sum_{i=0}^{3}(a_i \times 16^i) = 0 \times 16^3 + 6 \times 16^2 + 15 \times 16 + 6 = 1782$

　　C. 0x06F6 最左边的 6 表示 6×16^2,因为它在第 2 位;最右边的 6 表示 6×16^0,因为它在第 0 位

　　D. 0x06F6 最左边的 6 表示 6×16^0,因为它在第 0 位;最右边的 6 表示 6×16^2,因为它在第 2 位

14. (***)根据 IEEE 754 单精度浮点数标准,十进制数 3.1415927 可由下述 32 比特表

示：01000000010010010000111111011011。给定下列由 32 比特串表示的 IEEE 754 单精度
浮点数 $S=11000000010000000000000000000000$,(　　)是正确的。

  A. 该浮点数 S 表示一个正数

  B. 该浮点数 S 表示一个负数

  C. 该浮点数 S 的阶码是 10000000,阶值 $=128-127=1$

  D. 该浮点数 S 的阶码是 10000000,阶值 $=128$

  E. 该浮点数 S 的尾数值是 $(0.1)_2=(0.5)_{10}$

  F. 该浮点数 S 的尾数值是 $(1.1)_2=(1.5)_{10}$

15. 给定测试浮点数变量 X 与 Y 是否相等的两个方法：

(a) if X==Y ｛ ⋯ ｝；(b) if math.Abs(X－Y) < math.Pow(10,−15) ｛ ⋯ ｝

(　　)是正确方法。

  A. 只有 a　 B. 只有 b

  C. 两者都不是正确方法　 D. 两者都是,程序员可随意选一个

16. 从数学角度看,$2\times2=4$ 与 $0.1\times0.1=0.01$ 两个等式都成立。下列 Go 代码打印出
的结果是(　　)。

```
X := 2
Y := 0.1
fmt.Println(X * X == 4, Y * Y == 0.01)
```

  A. false false B. false true   C. true false   D. true true

17. 给定下列 Go 代码：

```
var S [5]byte = [5]byte{'H','E','L','L','O'}
var byteSlice []byte = S[1:2]
fmt.Printf("%s %d", byteSlice, len(byteSlice))
```

(　　)是正确输出。

  A. HE 2   B. EL 2   C. H 1   D. E 1

  E. L 1

18. 给定下列 Go 代码：

```
X := 53
P := &X
fmt.Println( * P)
```

下述(　　)是正确的。

  A. X 是字节变量

  B. &X 返回 X 的地址

  C. P 是指针变量,指向整数类型变量 X

  D. 打印结果是 53

  E. 打印结果是变量 X 的地址

19. 考虑教科书中的图像文件 Autumn.bmp。下述（　　　）不是元数据。

　　A. 摄影者姓名李春典

　　B. 文件访问权限-rw-rw-rw-

　　C. 文件大小

　　D. 文件包含的像素

　　E. 文件上次修改时间

　　F. BMP File Header

　　G. BMP Info Header

20. 假设一个 Go 语言程序 hide-3.go 已经执行了下述 3 条读文件语句：

```
t, _ := ioutil.ReadFile("./hamlet.txt")
p, _ := ioutil.ReadFile("./Autumn.bmp")
q, _ := ioutil.ReadFile("./MyMusic.mp3")
```

下述（　　　）正确陈述了变量 t、p、q 具备的性质。

　　A. 变量 t 是字节切片，后续代码可使用 t[i] 访问第 i 个字符

　　B. 变量 p 是字节切片，第 i 个像素位于切片 p[54+i：54+3]

　　C. 后续代码可使用字节切片变量 q 访问音频元素

　　D. 只有选项 A 与 B 是正确的

　　E. 选项 A、B、C 都是正确的

21. 假设 Go 语言编译器使用 ioutil.WriteFile 库函数，从输入 fib-5.go 产生可执行文件 fib-5，并规定：①用户本人具有可读可写可执行权限；②组内用户和其他用户只有可读可执行权限。要完善调用语句 ioutil.WriteFile("./?", p, 0???)，正确的选择是（　　　）。

　　A. ioutil.WriteFile("./doctoredAutumn.bmp", p, 0666)

　　B. ioutil.WriteFile("./fib-5.go", p, 0666)

　　C. ioutil.WriteFile("./fib-5", p, 0766)

　　D. ioutil.WriteFile("./fib-5", p, 0755)

22. 给定下述代码并假定数组 X=[1, 2, 3]：

```
sum := 0
for i := 0; i < 3; i++ {
    sum = sum + X[i]
}
fmt.Println(sum)
```

假设代码"for i := 0; i < 3; i++"被替换成下述代码，程序行为分别是什么？

（1）当新代码是"for i := 0; i < 1; i++"时，程序行为是（　　　）。

（2）当新代码是"for i := 0; ; i++"时，程序行为是（　　　）。

（3）当新代码是"for i := 0; ;"时，程序行为是（　　　）。

（4）当新代码是"for i := 0; i < 3;"时，程序行为是（　　　）。

（5）当新代码是"for ; ;"，程序行为是（　　　）。

A. 编译报错　　　B. 输出 1　　　C. 运行时出错

D. 不停机　　　E. 输出 6

23. 针对全加器,下述( )是正确的。

  A. 全加器是一个 2 输入 2 输出组合电路

  B. 全加器是一个 2 输入 2 输出时序电路

  C. 全加器是一个 3 输入 2 输出时序电路

  D. 全加器是一个 3 输入 2 输出组合电路。3 个输入包含 2 个本位输入和 1 个进位输入。2 个输出包含 1 个本位输出和 1 个进位输出

24. 考虑 5.3.2 节的 4 位并行加法器。记 $G_0 = X_0 \cdot Y_0$,$G_1 = X_1 \cdot Y_1$,$P_0 = X_0 \oplus Y_0$,$P_1 = X_1 \oplus Y_1$。下述公式是正确的有( )。

  A. $C_2 = C_0 \cdot P_0 \cdot P_1 + P_1 \cdot G_0 + G_1$

  B. $C_2 = C_0 \cdot G_0 \cdot G_1 + G_1 \cdot P_0 + P_1$

  C. $C_2 = X_1 \cdot Y_1 + (X_1 \oplus Y_1) \cdot C_1$

  D. $C_2 = C_0 \cdot X_0 \cdot Y_0 + X_1 \cdot Y_1 + C_1$

25. 针对时序电路,下面( )是正确的。(可多选)

  A. 时序电路包含组合电路与状态电路

  B. 可用一个或多个 D 触发器实现一个状态电路

  C. 一个触发器是一个组合电路

  D. 在一个组合电路基础上添加反馈线路,可实现触发器

26. 请判定下列存储技术的性质。

(1) DRAM 具备的性质是( )。

(2) 可读写 NVM 具备的性质是( )。

(3) ROM 具备的性质是( )。

(4) SRAM 具备的性质是( )。

  A. 快速、易失、昂贵　　　　　　　B. 较慢、易失、便宜

  C. 只读、非易失　　　　　　　　　D. 可读写、非易失

27. 请判断下列软件是什么软件。

(1) Go 语言编译器是( )。

(2) Linux 操作系统是( )。

(3) 快速排序程序是( )。

(4) 万维网浏览器是( )。

  A. 应用软件　　　B. 中间件　　　C. 系统软件　　　D. 固件

28. 两个输入一个输出的等价组合电路一共有( )个。注意:真值表相同的电路被视为同一个等价电路。

  A. 2　　　　　　B. 4　　　　　　C. 8　　　　　　D. 16

29. 一个程序的执行时间是 100s,其中 80% 是处理器执行时间,20% 是访问内存和 I/O 设备时间。假设处理器的主频从 1GHz 升级到 1THz(1000GHz),则该程序的执行时间大约是( )。

  A. 0.2s　　　　　B. 2s　　　　　C. 20s　　　　　D. 50s

30. 下面（　　）符合扬雄周期原理。

　　A. 扬雄周期原理支持循环抽象。一个指令周期执行完毕，系统返回到同一条指令的开始，继续执行同一条指令

　　B. 扬雄周期原理支持递归抽象。一个指令周期执行完毕，系统返回到同一条指令的开始，递归执行同一条指令

　　C. 考虑指令流水线只有"取指—译码—执行"三级的计算机。多种指令的指令周期都只有这3个步骤。因此，在这台计算机上多种指令的行为是一样的，不能支持指令行为的多样性

　　D. 选项 C 是错的，因为扬雄周期原理说"物继其汇"，即指令流水线支持每种指令展现其特色。译码阶段根据不同操作码产生不同控制信号，从而支持指令行为的多样性

31. 下面（　　）符合宽进严出原则。

　　A. 管理一个微信群时，任何人都可以进群，但出群很难

　　B. 宽进指的是，登录计算机时要宽，任何人都可以使用计算机

　　C. 严出指的是，离开计算机时要严，必须敲口令才能离开计算机

　　D. 宽进严出原则的目的是避免噪声在系统中逐级传递和累积

32. 当一台计算机正在执行程序时，下列情况发生。请填入相应的异常选项。

(1) 程序无穷循环（　　）。

(2) 处理器知道出错了但不知道是何种错误（　　）。

(3) 关电源（　　）。

(4) 用户敲键盘（　　）。

　　A. 硬件故障　　　　　　　　　　　B. 中断

　　C. Machine Check　　　　　　　　 D. 无异常

第6章

chapter 6

网络思维

计算机科学的发展方向是多个算法的交互,即算法网络。

——赵伟,2009

万维网用户感觉他们都是一个人类文明新系统的一分子,合作产生越来越多价值。

The users of the World Wide Web felt they were part of a system, a new system of humanity collectively producing more and more value.

——蒂姆·伯纳斯-李(Tim Berners-Lee),2019

很多计算过程需要将多个部件连接在一起形成一个网络计算系统。这些部件往往被称为节点(node),节点间的连接称为边(edge),整个计算系统就是由多个节点连接通信而形成的网络(network)。网络的节点和边组成的图体现了网络的连通性(connectivity)。网络通信遵循一套规则,表现为一套特殊的抽象栈,称为协议栈(protocol stack)。

强调连通性与协议栈的思维方式称为网络思维。连通性研究两类问题:名字空间(name space)和网络拓扑(topology)。名字空间主要用于规定网络节点的名字及其合法使用规则,也可用于命名其他实体,如边、消息、操作等。网络拓扑说明节点间可能的连接和连接的实际使用。在一个实用的网络计算系统中,一个协议往往不够,需要几个相互配合的协议一起工作。这些相互配合的协议称为一个协议栈。

网络计算系统中的一个节点可以是一台计算机,也可以是一个硬件部件、一个软件服务、一个数据文档、一个人或一个物理世界中的物体。因此,网络计算系统可以是一个硬件系统、软件系统、数据系统、应用服务系统、社会网络系统。

本章首先讨论与个人作品实验密切相关的网页编程入门知识,让同学们一开始就可以动手动脑,对网络思维产生感性认识。随后,本章以互联网为主要场景讨论连通性与协议栈,并讨论网络计算的社会影响。覆盖的知识点如下。

(1)万维网编程入门。

(2)计算机网络的名词术语。

(3)用户体验与网络效应。

(4)连通性、名字空间和网络拓扑。

(5)消息传递与分组交换。

(6)互联网协议栈。

6.1 初识互联网

6.1.1 初识万维网编程

【实例 6.1】 第一个网页文档 hello.html（图 6.1）。

请同学们先开发并展示一个最简单的网页 hello.html，对标 Go 语言程序 hello.go。教师可与同学们一起经历一遍开发展示过程，一共有 3 个步骤。

第一步，在笔记本计算机的 Linux 环境中创建一个网页文件 hello.html。

第二步，在该 Linux 环境中创建并执行万维网服务器程序 WebServer.go（见实例 6.2）。

第三步，在笔记本计算机上打开万维网浏览器，输入网址 http：//localhost：8080/hello.html。

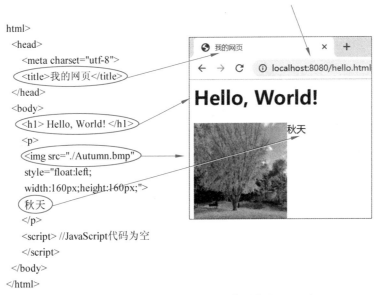

图 6.1 网页文件 hello.html（左）及其浏览器展示（右）

此例展示了网络计算的一个常用模式：客户机（client）向服务器（server）发出请求（request），服务器响应（response）该请求。此例中客户机和服务器恰好是同一台计算机，即某个同学的笔记本计算机。注意，网址 http：//localhost：8080/hello.html 中，localhost 指称这台"本地宿主机"，"：8080"指明该台计算机上的万维网端口号。

上述例子也显示了万维网计算的一般模式。

（1）启动。客户机上运行浏览器程序；服务器计算机上运行万维网服务器程序。

（2）请求-响应。浏览器使用网址从万维网服务器获取网页文件到客户机，即浏览器向服务器请求网页，服务器响应请求传回网页。

（3）显示。浏览器处理并展示网页。

上例网页文件 hello.html 称为文档（document），也称为网页文档或 HTML 文档。HTML 是一种标记语言，指明网页文档的内容和结构布局。网页内容被特殊"括号"＜html

＞…＜/html＞括起来,包括头部＜head＞…＜/head＞和主体＜body＞…＜/body＞两个区域。这些特殊"括号"中的 html、head、body 等,称为标签(label)。

上例网页文档的头部区域＜head＞…＜/head＞包含两项内容:一条元数据"＜meta charset＝"utf-8"＞"指明本文档采用 UTF-8 字符编码;一个标题"＜title＞我的网页＜/title＞"指明在浏览器工具栏出现的文档标题。主体区域＜body＞…＜/body＞包含网页显示出来的内容,有 3 个元素(element),从上到下依次显示"Hello,World!"、Autumn.bmp 图像、"秋天"3 项内容。

元素＜h1＞ Hello,World! ＜/h1＞将"Hello,World!"按一级标题格式显示。标签 h2、h3 依次显示字体更小的标题。可在 hello.html 中将 h1 改为 h3,看看效果。元素＜p＞…＜/p＞形成一个段落(paragraph)。该段落元素又包含两个元素(元素可以嵌套!)。第一个元素是一个图像,第二个元素是字符串"秋天"。图像元素的描述采用＜img…＞括起来:

```
<img src="./Autumn.bmp" style="float:left; width:160px;height:160px;">
```

其中,标签 img 指明该元素是一幅图像,src 属性指明从哪里获取图像。该图像文件位于当前网页所在目录,文件路径是"./Autumn.bmp"。

元素描述的样式部分"style＝"float:left;width:160px;height:160px;""说明如何显示该图像,即图像的显示样式。具体地,图像应显示为 160 像素宽、160 像素高,浮于左边。

这个样式说明属于网页的 CSS(Cascading Style Sheet)部分,用于定义如何显示网页。上例网页文档还有最后一部分＜script＞…＜/script＞,用于放置 JavaScript 代码,让网页动起来。动态网页一般都有 HTML、CSS、JavaScript 3 部分。网页编程有如下要点。

(1) 在头部列出所有元素共性的东西,在主体部分列出网页顺序展示的元素。

(2) CSS 部分指明元素的显示风格。

(3) JavaScript 代码操作网页元素。这是实现动态网页的常见方式。

【实例 6.2】　第一个网页服务器 WebServer.go。

教师还应演示在同一个笔记本计算机的 Linux 环境中创建并执行万维网服务器程序 WebServer.go。其代码和编译执行过程显示如图 6.2 所示。此例揭示了一个新现象:万维网

```
> cat WebServer.go
package main        // WebServer.go
import "net/http"
func main() {
  http.HandleFunc("/",
    func(w http.ResponseWriter, r *http.Request) {
        http.ServeFile(w, r, r.URL.Path[1:])
  })
  http.ListenAndServe(":8080", nil)
}
> go build WebServer.go
> ./WebServer &
> [1] 442
> ...
> kill 442
```

后台运行
WebServer 程序

WebServer 运行
442 是 WebServer
的进程号(process ID)

终止 ID 为 442 的进程

图 6.2　万维网服务器程序 WebServer.go 及其后台运行

服务器程序 WebServer.go 执行起来后并不自动结束，可在后台运行，直至被 kill 命令终止。在此期间，笔记本计算机上有 3 个进程同时运行，即万维网浏览器、WebServer 和 VS Code。

【实例 6.3】 第一个动态网页：儿童节.html（图 6.3）。

本例使用 JavaScript 产生动态网页文档"儿童节.html"，使得显示的下一次儿童节日期随网页展示时间正确变化。换言之，2024 年 6 月 1 日前调用网页，展示"2024 年 6 月 1 日"；2024 年 6 月 2 日调用网页，则展示"2025 年 6 月 1 日"。

本网页展示 2 个元素：第一个元素是标题"下一次儿童节是"；第二个元素是段落 <p id="childrensDay"></p>，其内容和样式由 JavaScript 代码产生。

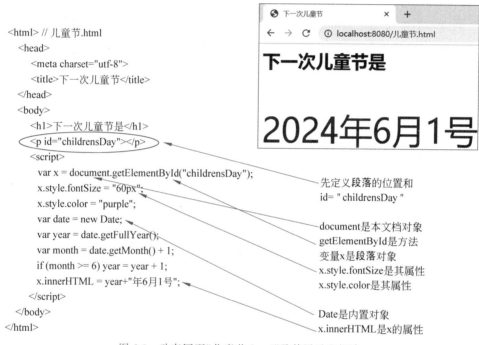

图 6.3　动态网页"儿童节.html"及其展示和解读

JavaScript 是面向对象的编程语言。对象（object）的特色是将数据结构（data structure）和操作数据的方法（method）放在一个抽象中。此处的"方法"很像 Go 语言的函数。可使用点号方式（dot notation）调用某一对象的某一方法，或访问某一对象的某个属性。例如，声明语句

```
var x = document.getElementById("childrensDay");
```

定义了一个新变量 x，并调用 document 对象（即本文档）的 getElementById 方法，将 id 为 childrensDay 的元素赋予 x。此条语句执行之后，x 就是红圈所标段落元素。随后两条赋值语句分别确定了段落元素的字体大小（60px）和颜色（purple）。最后一条赋值语句确定段落元素的内容，即 x.innerHTML。

系统提供很多内置对象（built-in objects），如 Date、document 等。每位同学了解少数几个内置对象，就可满足个人作品所需。例如，声明语句 var date = new Date 创建了一个新

对象 date,它的值是网页展示时的当前时刻值,由内置对象 Date 确定。两个调用 date. getFullYear()和 date.getMonth()分别调用 date 对象的 getFullYear 和 getMonth 方法。

6.1.2 网络名词术语

1. 什么是网络?

简单地讲,网络(network)就是由节点(node)和边(edge)构成的图,且两个节点之间可以(但不必须)沿着边通信。

【实例 6.4】 全球计算机科学文献网。

全球计算机科学文献构成一个网络。其中,每一篇文献(论文、著作)都是一个节点,每一条引用则是一条边。这个文献网络有连接,无通信。

【实例 6.5】 机群(cluster of computers)。

多台计算机可构成一个机群(简称 cluster)。机群是一个计算机网络。其中,机群中的每台计算机是一个机群节点。两个节点之间有一条边,假如这两台计算机可以互连通信。这个网络既实现了连接功能,也实现了通信功能。

网络可以是计算过程的主体(subject),也可以是计算过程的客体(object)。例如,在"机群计算出文献网"这个计算过程中,机群网络是主体,文献网络是客体。

2. 什么是计算机网络?

计算机网络,是通过有线或无线连接联网设备,连通宿主机实现通信的系统。

在实例 6.1 中,我们使用了同样一台计算机,即笔记本计算机,作为客户机(client)和服务器(server)。更经常发生的情况是,客户机和服务器是不同的计算机,通过计算机网络连起来。计算机网络中的连接包含有线连接,如电缆和光纤;也可包含无线连接,如 WiFi 或蓝牙。计算机网络包含下列两类设备,即宿主机和联网设备。

(1) 宿主机(host)。作为客户机(client)和服务器(server)的联网计算机统称为宿主机。客户机发出请求,服务器响应请求。图 6.4 中的方框表示宿主机。宿主机的种类很多。任何联网的计算机,包括桌面计算机、便携式笔记本计算机、智能手机、数据中心服务器、超级计算机、环境感知嵌入式计算机等,都是宿主机。

(2) 联网设备(networking devices)。图 6.4 中宿主机之外的设备称为联网设备,它们及其连接构成了网络核心(图中虚线框部分)。因此,计算机网络由宿主机和网络核心连接构成。联网设备包括集线器、交换机、路由器、无线接入点。

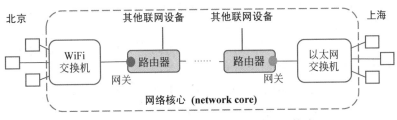

图 6.4 计算机网络由宿主机和网络核心构成

① 集线器（hub）与交换机（switch）。当两个或多个网络设备采用相同协议互连通信时，这些设备可用集线器或交换机互连起来。一般而言，集线器实现物理层互连，交换机实现更高层次的互连。这些层次在讨论协议栈时会变得明显。

② 路由器（router）。当多个网络设备采用不同协议互连通信时，多个网络设备通过路由器互连。例如，给定两个子网络，一个采用 WiFi 无线协议，另一个采用以太网有线协议。当连接这两个子网络形成一个更大网络时，需要采用路由器。

③ 网关（gateway）。当一个子网络通过一个路由器连接到更大的网络（如因特网）时，子网络的路由器（或路由器端口）称为该子网络的网关。

④ 无线接入点（Access Point，AP）。当我们采用便携式笔记本计算机或智能手机通过无线协议 WiFi 上网时，计算机或智能手机先连接到一个无线接入点。该无线接入点再通过线路连接到外面网络。无线接入点自动实现无线信号与有线信号的转换。现实中的一些 AP 设备往往集成实现了 WiFi 交换机甚至路由器的部分功能，也被称为 WiFi 路由器。

图 6.5 展示了一个广域网的部分子网络。这个中国科技网（China Science and Technology Network，CSTNET）跨越全国，并与因特网互连，成为全球互联网的一部分。中国科技网也是一个组织，即因特网服务提供商（Internet Service Provider，ISP），为中国科技人员和学生提供互联网接入服务。

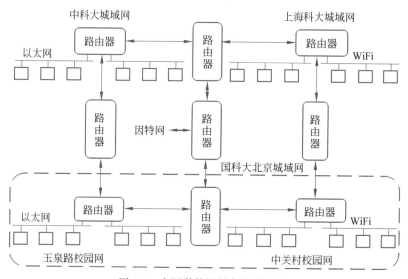

图 6.5　中国科技网的部分子网络

局域网（Local Area Network，LAN）连接物理上位于一个房间、一个楼宇甚至一个校园的多台网络设备，包括宿主机和联网设备。

城域网（Metropolitan Area Network，MAN）将同一个城市的多个局域网互连起来。这当然也包括互连这些局域网中的宿主机和联网设备。

广域网（Wide Area Network，WAN）连接多个城市乃至多个国家的子网络，包括互连这些子网络中的城域网、局域网、宿主机和联网设备。

互联网（Internet），也译为因特网，即采用 TCP/IP 协议栈的网络之网。由于互联网技术已部署在全球，互联网也称为全球互联网。

万维网(World Wide Web,WWW),是构建在全球互联网之上的、通过超链接互连的网页网络。当代万维网提供超越网页文档的各种网络资源服务。当人们说起"上网"时,一般指的是采用浏览器访问万维网资源,"互联网"也包括全球互联网之上的万维网。

6.1.3　网络思维的价值

本节用几个例子说明,网络思维影响网络计算系统的服务质量和用户体验,并最终影响各种网络价值。

1. 服务质量和用户体验

在设计和理解一个网络计算系统时,人们往往需要知道该系统的使用效果,称为服务质量。服务质量可能有很多不同的度量,有些度量是网络计算系统的开发者和运营者关心的,有些度量则暴露给最终用户,后者称为用户体验。

例如,人们期望一个网页搜索引擎系统能够做到"全""准""快"。"全"是指搜索引擎应该返回全部相关结果,不要漏掉重要的网页。"准"是指搜索引擎应该返回用户想要的结果,并按照相关性将网页排序,密切相关的网页排在前面。"快"是指搜索引擎应该立即返回结果,最好能够将响应时间控制在 100ms 之内。响应时间是指从提交搜索请求到看见搜索结果的时间。这个响应时间就是用户体验的一个度量。100ms 是一个经验值,与人的心理感受相关。当响应时间在 100ms 之内时,用户体验到立即响应。

【实例 6.6】　两代搜索引擎。

今天最著名的网络大概是互联网,上面有上万亿个"网页"。这么多的信息在网上,我们怎样才能迅速获得自己最想要的信息呢? 答案之一是使用搜索引擎。

第一代搜索引擎。1996 年以前的搜索引擎没有网络思维,或者说它们的网络思维非常初级。这些搜索引擎仅仅利用了网页网络的节点的知识,通过一种称为"爬虫"的技术,将网页汇集在一起。用户发一个搜索请求时,搜索引擎用搜索请求中的关键字去匹配各个网页的内容,并返回匹配最好的网页地址。

第二代搜索引擎。1996 年左右,Larry Page、Jon Kleinberg 与李彦宏分别独立地观察到了一个现象,即网页网络不只是网页的集合;网页网络是一个图,除了作为节点的网页之外,还有连接网页的边(超链接);这些超链接也为网页搜索提供了重要的知识。他们 3 位据此现象发明了新的基于网络拓扑结构的第二代搜索引擎技术,效果明显好于传统的搜索引擎。第二代搜索引擎技术理解网络思维更加彻底,利用了网页网络的节点和边两者的知识。这些科研成果催生了两家服务十亿用户的搜索引擎公司,即谷歌公司和百度公司。今天的搜索引擎都利用了网页节点和边的知识,互联网搜索也成长为数十亿用户、千亿美元市场的产业。

【实例 6.7】　微信服务质量度量。

微信系统为了保证良好用户体验,内部设定了运营者关心的两个服务质量度量,即在微信云端系统中,写一条微信消息的延时控制在 75ms 之内,读一条微信消息的延时控制在 30ms 之内。这些内部服务质量度量会直接影响用户体验。

【实例 6.8】　科研工作者的爱尔迪西数。

国际数学界有一个爱尔迪西数(Erdös Number),用于度量合作,甚至是当代研究的跨学科程度。保罗·爱尔迪西（Paul Erdös，1913—1996）是匈牙利数学家，研究方向是图论等纯数学。他一生与500多名同行发表了1400多篇数学论文，被国际数学界誉为合作大师。

爱尔迪西数可通过如下方式计算出：

爱尔迪西本人的爱尔迪西数为0；

爱尔迪西的合著者的爱尔迪西数为1（即爱尔迪西与该合著者合作发表了论文）；

爱尔迪西的合著者的合著者的爱尔迪西数为2；

爱尔迪西的合著者的合著者的合著者的爱尔迪西数为3；

爱尔迪西的合著者的合著者的合著者的合著者的爱尔迪西数为4；

……

任何科研工作者的爱尔迪西数可从美国数学会网站查出：

```
https://mathscinet.ams.org/mathscinet/freeTools.html?version=2
```

在中国科学院大学讲授本课程的3位教师的爱尔迪西数如下：孙晓明老师的爱尔迪西数为2；徐志伟老师的爱尔迪西数为4；张家琳老师的爱尔迪西数为3。注意，孙晓明老师和张家琳老师的研究方向是理论计算机科学，与数学比较接近。徐志伟老师的研究方向是计算机系统结构，离数学较远。

2. 病毒性市场现象

病毒性市场现象要回答下面这个问题："在网络计算时代，什么样的产品和服务最能够快速、广泛地流行呢？"一个答案是，这些产品和服务需要具有病毒的特征。事实上，计算机病毒的流行是如此之快而广泛，每年都要花费大量的财力和精力去应付它。那么，我们能不能把有用的产品和服务做得像病毒那样易于流行呢？

计算机病毒为什么易于流行呢？是因为它的功能和性能吗？显然不是。没有用户会去有意地"使用"病毒的功能。病毒有4个市场特征。

（1）连通性。病毒必须要通过一个连通的网络才能流行。在一个充满孤岛的支离破碎的网络中，病毒很难流行。事实上，人类社会应对病毒疫情的重要手段就是隔离。

（2）低价格（购买成本为零）。对用户而言，"买"一个病毒的价格极低。事实上，没有人会出钱去买一个病毒来使用，病毒的"购买价格"是零。

（3）易使用（使用成本为零）。病毒的"使用"是非常方便的。用户用不着花费任何金钱和精力去获取、安装、使用和维护病毒，也用不着去接受任何培训、去阅读使用手册。一切都是病毒自己自动完成的，用户没有金钱和精力的开销。这样，不仅病毒的购买价格是零，它的总拥有成本（Total Cost of Ownership，TCO），即用户拥有并使用该项产品的全部相关成本，也是零。

（4）易传播（传播成本为零）。病毒的传播也是很容易的，用户不需要干任何事，没有任何开销。用户在自己的计算机上每"使用"一次病毒，该病毒就会自动地传播出去，使另外一个或多个用户成为该病毒的客户。由于传播成本为零，随着每次"使用"，病毒的用户群日益扩大，病毒迅速流行。

3. 网络效应

人们在网络计算系统中常常观察到一个现象,称为网络效应(network effect),即网络整体价值大于其节点价值之和。当 n 个节点连接成为一个网络计算系统时,该整体系统的价值并不只限于节点价值的线性叠加,而是可以涌现出非线性、超线性的整体价值。假设节点数为 n,则系统的整体价值 V 可以正比于 $n\log n$、n^2、2^n。

【实例 6.9】 梅特卡夫定律:$V \propto n^2$。

梅特卡夫定律(Metcalfe's Law)是以太网的发明人梅特卡夫在 20 世纪 80 年代初总结出来的一条网络定律。它说,网络的价值与网络节点数的平方成正比。这个定律在 20 世纪 90 年代开始流行开来,不仅影响信息产业界,也被经济学界关注,甚至出现在政要的讲演中。

【实例 6.10】 里德定律:$V \propto 2^n$。

里德定律(Reed's Law)是另一位互联网先驱、UDP 的设计者 David Reed 博士提出的。它有一个很简单的基本道理:n 个节点构成的网络是一个 n 元素集合,一共有 2^n 个子集,每一个子集能够提供独特价值。里德定律说,假设一个 n 节点网络是易于形成群组的网络(group-forming network),其整体价值正比于 2^n。

【实例 6.11】 梅特卡夫定律与里德定律的实证数据。

梅特卡夫本人和中科院计算所的研究人员考察了脸书(Facebook)公司与腾讯(Tencent)公司 10 余年的历史数据[①]。结果表明,假如 n 是月活跃用户数(网络节点数),网络价值以公司的年收入作为代表,那么梅特卡夫定律确实成立,但实际数据更匹配立方公式。例如,采用 2003—2020 年的数据,两个社交网络对应的梅特卡夫定律公式(即平方公式)分别如下:

脸书公司网络的价值(年收入)= $10.13 \times 10^{-9} \times n^2$ 美元,误差 = 5.65%

腾讯公司网络的价值(年收入)= $10.89 \times 10^{-9} \times n^2$ 美元,误差 = 10.91%

对应的立方公式分别如下:

脸书公司网络的价值(年收入)= $4.20 \times 10^{-18} \times n^3$ 美元,误差 = 2.55%

腾讯公司网络的价值(年收入)= $4.58 \times 10^{-18} \times n^3$ 美元,误差 = 8.48%

脸书是全球最大的社交网络公司,为全球近 28 亿人提供社交网络服务,其主要业务收入是广告。腾讯则是中国最大的社交网络公司,其月活跃用户数达 18 亿,广告收入不到其总业务收入的 20%。两个公司用户群不同、服务产品不同、商业模式不同,但都能被梅特卡夫定律和立方公式刻画,说明这些非线性价值公式有一定普适性。

梅特卡夫定律的平方公式说明网络价值正比于网络连接数。实际数据更匹配立方公式,可能暗示着这两个社交网络的价值已经不限于利用节点和边,而是开始利用子集群组,向里德定律过渡。

图 6.6 显示,从脸书公司与腾讯公司的实际数据看,网络呈现超线性的整体价值,使得

---

① Metcalfe B. Metcalfe's Law after 40 Years of Ethernet[J]. IEEE Computer,2013,46(12):26-31.

Zhang X,Liu J,Xu Z. Tencent and Facebook Data Validate Metcalfe's Law[J]. Journal of Computer Science and Technology,2015,30(2):246-251.

每个用户贡献的收入呈现指数增长趋势。

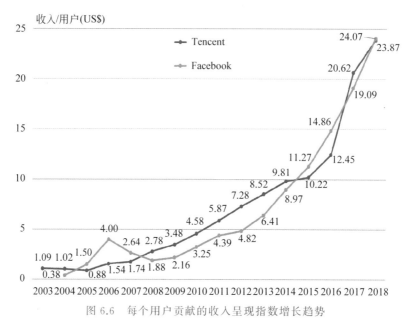

图 6.6　每个用户贡献的收入呈现指数增长趋势

6.2　连　通　性

网络的连通性（connectivity）说明网络有哪些节点，以及节点之间如何连接，体现了网络节点的互联互通程度。连通性可通过网络的名字空间和网络拓扑刻画。

6.2.1　名字空间

名字空间（namespace）是一个名字集合，它通过一个命名规则（naming scheme）给网络节点取名字，用名字指称网络节点，精确地说明一个网络有哪些节点，互连和通信的"对方"是谁。名字空间也可用于命名其他实体，如边、消息、操作等。

【实例 6.12】　3 位老师的合著关系网。

中国科学院大学的孙晓明、徐志伟和张家琳 3 位老师主讲计算机科学导论课程。他们的合著关系网如图 6.7 所示。其中，孙晓明和徐志伟合著了中文著作，徐志伟和张家琳合著了英文著作，孙晓明和张家琳合著了英文论文。

如果不用名字，而是用图像指代这 3 位老师的实体，我们得到图 6.7 左侧的实体网，这 3 位老师都有两两合著连接（红色标记，见彩插）。

假设我们采用紫色虚线所示的英文网命名规则，仅考虑英文作者名，那么将得到图 6.7 右上的网络。其中，名字空间〈Xiaoming Sun, Zhiwei Xu, Jialin Zhang〉指称 3 个作者，且仅考虑他们发表的英文文献。因此，该网络仅有两条边，Sun 老师和 Xu 老师之间没有连接。

同理，假设我们采用黑色虚线所示的中文网命名规则，仅考虑中文作者名，那么将得到

图 6.7 右下的网络,它只有一条边。

图 6.7　3 位老师的合著关系网:实体网(左)、英文网(右上)、中文网(右下)

　　一般而言,一个名字是一个合规字符串。具体什么是"合规",通常由命名规则确定,而命名规则往往由志愿者社区的标准确定。有 3 个志愿者社区对计算机网络的标准发挥了很大作用,它们也被称为"标准化组织"。

　　(1) 电气与电子工程师学会,即 Institute of Electrical and Electronics Engineers (IEEE)。

　　(2) 国际互联网工程任务组,即 Internet Engineering Task Force (IETF)。

　　(3) 万维网联盟,World Wide Web Consortium (W3C)。

　　除了计算机网络之外,还存在各种其他网络,它们都有名字空间。例如,同学们编写 Go 语言程序时,往往用变量指代实体。所使用的变量之间可能存在依赖关系,即变量 Y 的值依赖于变量 X 的值。变量依赖关系构成一个网络。

　　有以下 3 类名字值得注意。

　　(1) 名字(name)是最广的概念,指代某个实体(entity)。例如,使用 Go 语言编程时使用的变量名 studentGender,可用于指代学生的性别属性。

　　(2) 地址(address)是可用于直接访问所指代实体的名字。例如,采用地址运算符获得的地址 &studentGender,可用于直接访问学生的性别属性,不需要转换。

　　(3) 标识符(identifier,ID)是可唯一标识所指代实体的名字。"唯一"蕴含了是在某个范围内唯一。自然人的身份证号、万维网网址 URL,都是在某个范围内唯一的标识符例子。

　　表 6.1 列出了一些名字空间的实例。

表 6.1　名字空间的实例

名字空间实例	节点名字举例	取 名 原 则
个人姓名	徐志伟	一个国家中的自然人姓名
微信名字	中关村民	腾讯公司规定的合规字符串
万维网资源名 URL	cs101.ucas.edu.cn/中文	万维网规定的资源名字
网站域名	www.ict.ac.cn	互联网协议栈规定的域名
电子邮箱地址	zxu@ict.ac.cn	用户名@互联网域名

续表

名字空间实例	节点名字举例	取 名 原 则
IP 地址	159.226.97.84	互联网 IP 规定的合法地址
手机号码	189-8888-9999	通信公司规定的 11 位十进制数字串
网卡地址（MAC 地址）	00-1E-C9-43-24-42	全球统一规定的 12 位十六进制数字串

【实例 6.13】 网络名字空间的 4 个考虑。

在设计与理解一个网络的名字空间时，最基本的考虑是名字空间能够指称网络的所有节点。另外还有如下一些基本考虑。

（1）唯一性：名字是否在全网唯一？ 即一个名字对应全网络唯一的节点。例如，zxu@ict.ac.cn 这个电子邮件地址在全球互联网上是唯一的，发往该地址的邮件不会有歧义误发到另一个用户。反之，"中关村民"这个名字在全球互联网上不是唯一的，甚至在微信网络中也不是唯一的，可能有多个用户使用"中关村民"这个名字，因此发往该名字的消息有可能误发到另一个也叫"中关村民"的用户。这种不唯一的现象称为"名字冲突"。

（2）自主性：用户能够自主地确定和修改某个网络节点的名字吗，还是需要某种权威机构确定？ 自主性带来使用方便，例如"中关村民"如果想改成"海淀区民"，直接改了就是。但有时必须在某个权威机构登记在册，例如一个自然人的身份证号，必须到当地公安局注册。

（3）友好性：名字是否容易理解和使用？ 一般而言，友好性是指对人而言是否容易理解、记忆和使用。当然，我们也关心计算机是否容易理解和处理。相比"00-1E-C9-43-24-42"这样的以太网网卡地址或"159.226.97.84"这样的 IP 地址，"中关村民"这样的名字显然对人而言更加友好，而前两者则让计算机更易理解和处理。介乎之间的是 zxu@ict.ac.cn 及www.ict.ac.cn 这样的名字，我们大体上猜得出这些是位于中国（cn）科技网（ac）计算所（ict）的用户 zxu 的电子邮件地址，以及中科院计算所的万维网网站网址。

（4）名字解析：相关但不同的两个名字空间的名字如何对应并自动地翻译？ 最明显的例子是互联网的域名解析，从域名对应到 IP 地址。

【实例 6.14】 域名解析。

因特网有两个最重要的名字空间：一个是域名（domain name）空间，包含所有像 www.ict.ac.cn 或 ict.ac.cn 这样的域名；另一个是 IP 地址空间，包含所有像 159.226.97.84 这样的 IP 地址。当我们使用网页浏览器访问中科院计算所网站 www.ict.ac.cn 时，网络计算系统需要先将此域名翻译成计算机能够理解和处理的中科院计算所网站的 IP 地址 159.226.97.84。

网络中最重要的一个名字空间注册工作就是互联网域名注册绑定到一个 IP 地址。这件重要的工作在 1998 年以前的长期负责人是南加州大学的志愿者 Jon Postel，即提出波斯特尔鲁棒性原理的波斯特尔。1998 年波斯特尔去世之后，美国联邦政府机构负责了一段时间。现在这项工作则由一家国际志愿者管理的非营利组织负责，它叫"互联网名称与数字地址分配机构"（Internet Corporation for Assigned Names and Numbers，ICANN），其功能是"负责在全球范围内对互联网唯一标识符系统及其安全稳定的运营进行协调。"

一旦 ICANN 确定了域名 www.ict.ac.cn 到 IP 地址 159.226.97.84 的对应关系,浏览器每次访问域名 www.ict.ac.cn 时,一个称为 Domain Name System(DNS)的因特网域名系统会自动地将该域名解析成 159.226.97.84。

【实例 6.15】　IPv4 与 IPv6。

计算机网络中有两类 IP 地址,分别简称为 IPv4 与 IPv6。

最常用的是 IPv4,它是国际协议版本 4(Internet Protocol version 4)的简称。IPv4 的地址格式由 32 比特构成。每个 IPv4 地址通常写成点号“.”区分开的 4 个字段,每个字段取从 0 到 255 的十进制值,如 159.226.97.84。注意,159.266.97.84 不是合法的 IPv4 地址,因为 266 已经超出了 255。

由于 IPv4 地址由 32 比特构成,因此理论上可以提供 2^{32} 个地址。换言之,假设每个互联网设备都有唯一的 IP 地址,那么 IPv4 最多可以支持 2^{32} 个设备,即 40 多亿台设备。2019 年 11 月,全球 IPv4 地址已分配完。

幸好,计算机网络界未雨绸缪,IETF 早在 1995 年就提出了 IPv6,即国际协议版本 6(Internet Protocol version 6)。IPv6 的地址格式由 128 比特构成,理论上可以提供 2^{128} 个地址,是 IPv4 的 2^{32} 个地址的 $2^{128-32}=2^{96}$ 倍。每个 IPv6 地址通常写成冒号“:”区分开的 8 个字段,每个字段包含 4 位十六进制值,如 2001:0db8:85a3:0000:0000:8a2e:0370:7334。

【实例 6.16】　万维网网址 URL。

万维网网址的学名是统一资源定位符(Universal Resource Locator,URL)。它的功能是简洁地说明“采用何种协议访问全球互联网上某台宿主机上的某个资源”,因此包含 3 部分,中间用分隔符号隔开。一个 URL 的例子如下。

http	**://**	**cs101.ucas.edu.cn**	**/中文/**
协议		宿主机域名	路径
Scheme		Host	Path

第一部分 http 是协议名,表示这个链接要用万维网的 HTTP 去访问远程计算机。万维网还支持一些其他协议,例如 telnet 是用 TELNET 去登录某个远程计算机,ftp 是用 FTP 去远程计算机下载一个文件,mailto 是用电子邮件协议去发一封电子邮件,以及用 file 访问本计算机的文件,等等。

第二部分 cs101.ucas.edu.cn 是宿主机的域名,即指定因特网上的某一台特定计算机。

第三部分“/中文/”是该台计算机中的资源,采用文件路径的方式说明。

全球互联网的域名空间像一个森林,不是一棵树,而是多棵树。图 6.8 展示了由 3 棵树组成的很小的一部分域名子空间,包含了几个机构的互联网域名及其万维网首页,即

万维网联盟 https://www.w3.org/
中国科学院计算技术研究所 http://www.ict.ac.cn/
计算机科学技术学报(英文版)http://jcst.ict.ac.cn/
中国科学院深圳先进技术研究院 https://www.siat.ac.cn/
中国科学院大学 https://www.ucas.edu.cn/
北京大学 https://www.pku.edu.cn/
范望 http://wang.fan/

注意，域名的级别是从右到左递减的。图 6.8 显示了 3 个顶级域名，即 org、cn、fan。

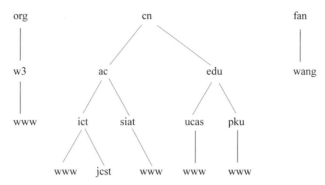

图 6.8　3 棵树组成的域名子空间，显示了 3 个顶级域名

【实例 6.17】　公民身份证号码。

中华人民共和国第二代身份证采用了一个 18 位数字的名字空间设计（图 6.9）。每个公民都在这个名字空间中有一个对应的名字，即对应的身份证号码，例如公民"张三"对应11010819280912152X。该名字空间由国家质量技术监督局在 1999 年发布实施的《公民身份号码》国家标准（GB 11643—1999）明确规定。

前面 17 位组成真正的号码，正式名称是"本体码"。其中，前 6 位是地址码，指代属地；后面 8 位是出生日期码，指代出生日期；最后 3 位是顺序码，指代同一属地同一出生日期的公民的顺序号，奇数为男、偶数为女。因此，张三是属地为北京市海淀区的、1928 年 9 月 12 日出生的、顺序号为 152 的女性公民。

这个名字空间（即命名系统）能否保证名字唯一性呢？大体上，只要同一属地在同一天出生的儿童不超过 1000 人，唯一性能够得到保证。也就是说，北京市海淀区在一年出生的儿童不能超过 36 万人。这个要求很合理。

这个名字空间的自主性如何呢？还是不错的。因为前 6 位数字规定了属地，全国的公民用不着跑到公安部去统一登记身份证号码，只需要到属地公安分局甚至派出所登记。另外，身份证号码并没有与身份证上的其他信息全部绑定，是相对独立的。例如，公民张三将姓名改成李四，或者改变了居住地址，并不用改变身份证号码。

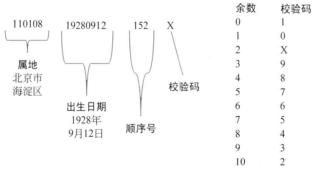

图 6.9　中华人民共和国第二代身份证 18 位数字名字空间

第二代身份证号码的友好性也不错，容易理解和使用。前 6 位是属地，由国标 GB

11643—1999 规定了具体的省-地-县三级对应的具体数字；后面 8 位是出生日期；第 17 位还显示了男、女信息。

第 18 位数字是校验码，它主要用于提醒错误出现，也进而提高了友好性。在学习、生产、生活的各种活动中，我们常常要输入身份证号码，错误是难免的。例如，想输入身份证号码 1101081928091215 2 X，实际却输入了 1101081928091215 1 X。这时，身份证号码的处理系统会报错，给用户改正错误、重新输入正确号码的机会。

国标 GB 11643—1999 规定了校验码的计算规则。给定 17 位的本体码 11010819280912152，首先将其与国标规定的十七位数字 7-9-10-5-8-4-2-1-6-3-7-9-10-5-8-4-2 逐位相乘后求和，即

$$Sum = 1 \times 7 + 1 \times 9 + 0 \times 10 + 1 \times 5 + 0 \times 8 + 8 \times 4 + 1 \times 2 + 9 \times 1 + 2 \times 6 + 8 \times 3 + 0 \times 7 +$$
$$9 \times 9 + 1 \times 10 + 2 \times 5 + 1 \times 8 + 5 \times 4 + 2 \times 2 = 233$$

再将 Sum=233 除以 11 求余数，即 233 mod 11=2。最后在图 6.9 右侧列表中查到对应的校验码 X。为什么会出现这个奇怪的 X 呢？由于是除以 11 求余数，一共有 11 种可能，即 0、1、…、9、10，十进制数字（0～9）已经不够了。因此，添加了罗马数字 X（十）。

当实际操作时输入了错误的身份证号码 1101081928091215 1 X，系统知道出错，因为错误的本体码 11010819280912151 对应的校验码是 1，不是 X。

6.2.2 网络拓扑

任何一个网络，在特定时刻都可以被看成一个由节点和边构成的图，也称为该网络的拓扑。根据拓扑随时间变化情况，网络可分为 3 类，即静态网络、动态网络、演化网络。

（1）静态网络。一个静态网络有 n 个节点（n 是有限正整数），以及直接连接这些节点的一些边。静态网络的特点是：①网络的节点完全确定，连接也完全确定；②节点之间直连。图 6.10(a) 和图 6.10(b) 显示了静态网络拓扑的两个例子：全连通图和星形网络。

（2）动态网络。一个动态网络有 n 个节点（n 是有限正整数），以及连接这些节点的一些特殊节点和边。动态网络的特点是：①网络的节点完全确定，但连接只有部分确定；②节点之间不是直连，而是通过特殊节点互连。特殊节点往往是总线（bus）或交换网络（interconnect）。图 6.10(c) 和图 6.10(d) 显示了动态网络拓扑的两个例子：节点通过总线互连，节点通过交换网络互连。图 6.10(d) 中的阴影框称为交叉开关（crossbar switch）。在动态网络中，哪两个节点在什么时候连通，取决于总线或交叉开关的连通仲裁操作。

（3）演化网络。一个演化网络有 n 个节点（n 是正整数，但不断变化），以及连接这些节点的一些边。演化网络的特点是：网络的节点只有部分确定，连接也只有部分确定，其拓扑不断变化。也就是说，网络在不断演化。互联网、万维网、微信网络都是演化网络。甚至城市交通网络、人脑神经网络、生物细胞的信号传导网络，都可被看作演化网络加以研究。这种动态演化性使得回答"一个演化网络的拓扑是什么"这个简单问题变得不简单。称为"网络科学"的新学科正在蓬勃发展中，试图回答这类问题。

静态网络、动态网络、演化网络可以相互转化。静态网络的某些节点可以用作交换机（即特殊节点），从而使一个静态网络变成动态网络。在某一时刻，当交换机的连通仲裁动作已经确定，一个动态网络就是一个静态网络。甚至演化网络在某一个时刻也可被看成静态网络加以研究。

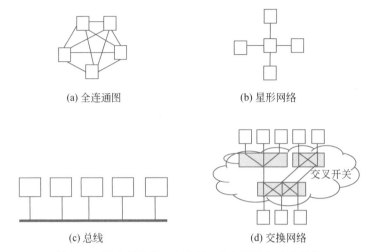

(a) 全连通图　　　　　　　　(b) 星形网络

(c) 总线　　　　　　　　(d) 交换网络

图 6.10　网络拓扑的 4 个实例：静态网络与动态网络

【实例 6.18】　交叉开关与总线的对比。

实现动态网络的两类常见技术是交叉开关（crossbar switch）与总线（bus）。它们都能实现 N 个节点的全连通网络拓扑。图 6.11 对比了如何用交叉开关或总线实现 3 节点互连。这 3 个节点是冯·诺依曼模型中的处理器（P）、存储器（M）、I/O 子系统。在交叉开关互连图中，两组节点（P、M、I/O）实际上是一组节点。例如，红色粗线（见彩插）显示有一根输出连线从处理器节点到交叉开关，也有一根输入连线从交叉开关到同一个处理器节点。

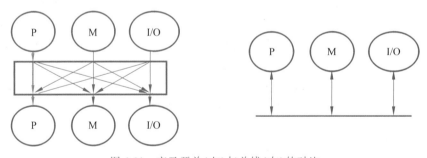

图 6.11　交叉开关（左）与总线（右）的对比

交叉开关性能较好，但成本高。在任一时刻，交叉开关最多允许 N 条线路同时工作。此例中 $N=3$。3 条线路同时工作的一个例子是 P→M 与 M→I/O 与 I/O→P。

当总线连通 N 个节点时，在任一时刻最多有一条线路工作。例如，P→M，或 M→I/O，或 I/O→P。当处理器和 I/O 同时试图访问存储器时，访问总线出现冲突。计算机硬件提供了总线仲裁电路，自动判定并裁决在下一个总线周期将总线资源用于连通处理器与存储器、连通处理器与 I/O，或者用于连通 I/O 与存储器。

【实例 6.19】　以太网的指数退避方法。

1973 年，麦特考夫发明了以太网（Ethernet），把本地（如一个房间或一栋楼里）的多台计算机互连起来。这种网络叫局域网。图 6.12 显示了用以太网互连 4 台计算机构成的局域网。

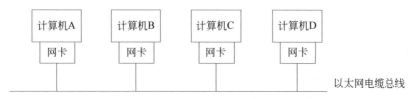

图 6.12　通过以太网连接 4 台计算机构成的局域网

最简单、最经济的方法是用一组电缆的总线方式互连多台计算机。但是,如何告诉网络哪两台计算机可以连通通信呢? 由于上述局域网中的 4 台计算机可能位于 4 个房间,采用一个集中式总线仲裁电路的方法不适用。我们需要一种分布式的方法。

麦特考夫采用了一个简单办法。假设计算机 A 想发送一条消息给计算机 C,计算机 A 在消息之外再附上计算机 C 的地址,然后把这个带有目的地地址的消息放在电缆上。每台计算机随时都在侦测有没有消息传来。如果有的话,就把消息的目的地地址与本机地址相比较。若地址匹配就接收这个消息,如果地址不匹配就不接收消息。

但是,这个方法有一个致命的缺点。如果几台计算机同时发送消息,电缆上会产生冲突,结果是混乱的垃圾信号。以太网的解决思路是:每台计算机在往电缆上发送消息之前先检查一下,看是否已经有其他计算机把消息放在电缆上了。如果有的话,就等一会儿再试。

但这还是没有解决问题。再试的时候可能其他计算机也刚好"等了一会儿"再试,结果仍然是冲突。这种情形可能会无限地延续下去,结果是所有计算机都不停地在做"等待—再试—等待—再试……"的无用功。

问题的关键在于要让计算机等待不同的时间,使得它们在不同的时刻"再试"。也就是说,"等一会儿"的"一会儿"大有文章可做。但是,这些计算机并没有一个完全同步的时钟,如何让它们等待不同的时间呢?

最后提出的思路相当简单。当第一次传输试图失败后,计算机等候从 0 到 T 的一个随机时间值(T 是一个可调节的时间常数,如 1ms);第二次重试失败后,计算机则等候从 0 到 $2T$ 的一个随机值;第三次重试失败后,计算机等候从 0 到 $4T$ 的一个随机值,以此类推。理论分析和实验都表明,采用这个方法,任何计算机都有很大的概率不会无穷地等待。这就是著名的指数退避(exponential backoff)方法。

所有上述的工作并不需要计算机本身执行,而是交给了一个专门设计的电路,叫"网卡"。网卡只干网络通信这一件事,可以做得既便宜又高效。

今天,以太网仍然是局域网的主流技术,而且性能越来越高,价格也越来越低。1973 年的以太网只有每秒几兆比特的速度,今天人们已经在研制每秒百万兆比特的以太网产品。

6.3　协　议　栈

一旦计算机网络的节点和拓扑确定,节点之间就可以通过传递消息来通信。计算机网络通信的主要创新特色是分组交换与 TCP/IP 协议栈。

6.3.1　分组交换

传统的电话通信采用"线路交换"(circuit switching)的办法。假设客户 A 想与客户 B 通话。A 首先用他的电话拨通 B 的电话。在这个过程中,电信局通过电信交换机临时建通了一条从 A 到 B 的物理线路。于是,电话"通"了。在整个通话时间,这条物理线路一直被 A 和 B 独占,直到双方挂电话。

独占线路的效率是很低的。研究表明,只有 2% 左右的通信能力被用上。但是,在 20 世纪 60 年代,人们只知道独占线路的方法。这个方法已经被用了几十年,能够满足人们的需求。渐渐地,人们把独占线路想象成理所当然的唯一通信方法。

但这种方法搬到计算机网络里来做数据通信就很不合适。除了效率低的明显缺点外,它还无法支持多个用户的交互式计算。假设节点计算机 A 上有 100 个用户,他们都需要使用节点计算机 C 的资源。如果采用独占线路的方法,他们只能一个一个地循环排队等候,让排在前面的 99 个用户做完他们的通信操作后再使用 A 和 C 之间的线路做自己的通信操作。哪怕一个用户的操作一共只有 2s,最后一个用户会感觉到接近 200s 的延时。

计算机网络采用了"分组交换"(packet switching)的思想实现通信。这 100 个用户的多条消息被分成很多小单元,称为"包"或"分组"(packet)。通信线路任何时候只传输一个包。但在 1s 的时间内,它可以传输很多包,而这些包可以来自多个用户的多个消息。这样,从用户的角度看,100 个用户的多条消息是同时在一条物理线路上传播的。这不仅提高了线路的利用率,还提升了用户体验到的实时性和交互性。

【实例 6.20】　比较线路交换与分组交换。

张三、李四、王五 3 个用户通过相同的物理线路下载 3 个文件,如图 6.13 所示。我们看看线路交换与分组交换有何异同。假设:①通信线路的带宽是每秒传输 10 兆比特(10Mb/s);②3 个下载任务都在时刻 0 开始;③忽略所有切换管理开销,仅考虑传输时间。

使用线路交换的计算过程如下。

(1) 建立张三的计算机与文件 Autumn.bmp 所在服务器之间的物理线路(0 开销)。

(2) 在 0~7.31s 时段,传输 Autumn.bmp。传输 9.14MB 需要 $9.14 \times 8/10 = 7.31s$。

(3) 断开张三的物理线路(0 开销)。

(4) 建立李四的计算机与文件 hamlet.txt 所在服务器之间的物理线路(0 开销)。

(5) 在 7.31~7.46s(不包含 7.31s)时段,传输 hamlet.txt。传输 182KB 需要 $0.182 \times 8/10 = 0.15s$。

(6) 断开李四的物理线路(0 开销)。

(7) 建立王五的计算机与文件 ucas.bmp 所在服务器之间的物理线路(0 开销)。

(8) 在 7.46~8.11s(不包含 7.46s)时段,传输 ucas.bmp。传输 810KB 需要 $0.81 \times 8/10 = 0.65s$。

张三、李四、王五分别在 7.31s、7.46s、8.11s 完成下载。线路交换取得的平均下载时间是 $(7.31s + 7.46s + 8.11s)/3 = 7.63s$,平均带宽是 $(9.14MB + 182KB + 810KB)/8.11s \approx 10Mb/s$。

使用分组交换,由于 3 个用户的数据包随机轮转传输,下载任务感觉上是同时进行的。张三、李四、王五分别在 8.11s、0.44s、1.44s 完成下载,平均下载时间是 3.33s。李四与王五受张三的干扰程度大幅度下降。但是,平均带宽依然是 10Mb/s。

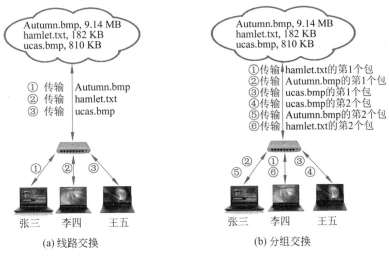

图 6.13 使用线路交换与分组交换传输 3 个文件的比较

6.3.2 互联网协议栈

互联网的两个节点通过协议栈实现通信。此处的"互联网"包括因特网和万维网,其协议栈是 Web over Internet 协议栈,或 HTTP over TCP/IP 协议栈,如表 6.2 所示。

表 6.2 Web over Internet 协议栈

层(Layer)	协议(Protocol)	功　能
应用层 Layer 5	HTTP	采用超链接访问 Web 资源,传输 HTTP 包
传输层 Layer 4	TCP	在两个宿主机进程之间可靠传输 TCP 报文 (TCP segments)
网络层 Layer 3	IP	在两个宿主机之间尽力而为地传输 IP 数据报 (IP datagrams)
数据链路层 Layer 2	Ethernet, WiFi	在直联网的设备之间传输帧(frames)
物理层 Layer 1	有线的电缆或无线电波 电子或光学	提供物理信道,传输比特信号(bits)

计算机网络通信与计算机执行计算过程有两个共同点:①计算机真正执行的是二进制符号,计算机网络真正传输的是一串 0 或 1 比特;②用户用到的可以是更加高级的抽象符号,系统负责将高级抽象比特精准地转换成二进制符号执行。互联网协议栈采用五层抽象栈实现这两个特点。

(1) 最底层(第一层)是物理层。它为消息通信提供物理信道,并传输一位一位的比特信号。物理信道可表现为有线的电缆或光纤,也可以是无线电波。注意:比特是信息的基本单位,最小量的信息是一比特。物理层负责传输最小信息单元。第二层到第五层都会传输更大的信息单元,即更大的数据包(packet),分别称为帧、IP 数据报、TCP 报文、

HTTP 包。

（2）第二层是数据链路层。它负责在直联网的设备之间传输帧（frame）。常见的数据链路层协议包括以太网（IEEE 802.3）和 WiFi（IEEE 802.11）。所谓直联网，是一个同构网，即所有节点都通过同种物理介质直接连接，采用同样的数据链路层协议通信。一个以太网局域网、一个 WiFi 局域网，都是同构网的例子。

（3）第三层是网络层。它只有一个协议，即网际协议（Internet Protocol，IP）。IP 是一个端到端（end-to-end）的协议，它的功能是在互联网的两个宿主机之间尽力而为地传输数据报（datagrams），尽管这两个宿主机（源端和目标端）可能位于全球互联网中两个不同的直联网。全球互联网就是全球被 IP 连在一起的所有直联网之网。所谓尽力而为（best effort），是说 IP 不保证数据报能够可靠地送达目标端宿主机。

（4）第四层称为传输层。它包括 TCP、UDP 等协议。本课程只关心 TCP，即传输控制协议（Transport Control Protocol）。它的功能是在两个互联网宿主机进程之间可靠地传输 TCP 报文（TCP segments）。可靠传输通过超时重传等机制实现。

（5）第五层是应用层。本课程只考虑一个应用层协议，即超文本传输协议（HyperText Transfer Protocol，HTTP）。它的功能是通过传输 HTTP 包，采用超链接访问万维网资源，支持各种万维网应用。

【实例 6.21】 以太网与 WiFi 的数据包格式。

有线的以太网协议与无线的 WiFi 协议的数据包称为帧（frame），表 6.3 和表 6.4 分别展示了它们的数据包格式。每个包由两部分组成，即包体（body）和包头（head）。包体是传输的数据本身，即表中的有效载荷（payload）。包头是关于数据的数据，即元数据（metadata）。

包头包含 3 类信息。

（1）地址信息。以太网帧包含源 MAC 地址和目的 MAC 地址。WiFi 帧一共有 4 个地址，其中 2 个是源 MAC 地址和目的 MAC 地址。

（2）查错信息。以太网与 WiFi 的帧都包含一个 4 字节的循环冗余校验（Cyclic Redundancy Check，CRC），用于检测数据传输可能出现的错误。

（3）控制信息，除了地址信息和 CRC 之外的其他包头信息。以太网帧包含 7+1+2=10 字节的控制信息，WiFi 帧包含 2+2+2=6 字节的控制信息。

表 6.3 以太网（IEEE 802.3）帧格式

7B	1B	6B	6B	2B	46～1500B	4B
Preamble	Frame Delimiter	Destination MAC Address	Source MAC Address	Type	Data (Payload)	CRC

表 6.4 WiFi（IEEE 802.11）帧格式

2B	2B	6B	6B	6B	2B	6B	0～2312B	4B
Frame Control	Duration	Address 1	Address 2	Address 3	Sequence	Address 4	Data (Payload)	CRC

【实例 6.22】 解剖一个 HTTP"请求-响应"操作。

假设我们在位于计算所中关村办公楼的一台笔记本计算机（称为客户机）的 Web 浏览

器地址栏中输入下列网址：

```
http://seafile.solid.things.ac.cn:7019/KittyBand/cat1.jpg
```

浏览器会访问位于计算所环保园园区的一台服务器，它上面运行着一个万维网服务器进程。浏览器会从万维网服务器得到响应，并收到如图 6.14 所示图片。

图 6.14　图片文件 cat1.jpg 的显示

让我们解剖这个万维网请求-响应操作，从而更具体地理解互联网协议栈。我们通过回答 5 个问题完成解剖工作，其中涉及 4 种数据包在互联网协议栈中的变迁，如图 6.15 所示。

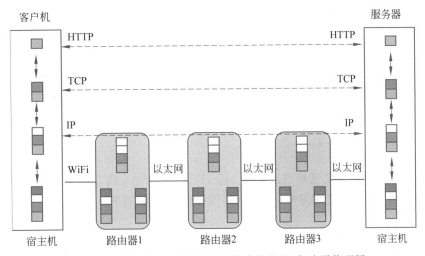

图 6.15　4 种数据包在互联网协议栈中的变迁（忽略了物理层）

问题 1：高级抽象是如何实现的？

在 6.1.1 节中，我们已经编写并使用了万维网程序（网页），对万维网典型的"请求-响应"操作有了初步的感性认识。如实例 6.22 猫猫指挥家所示，只需在浏览器界面键入一个网址（即 URL），按 Enter 键后就可以从服务器得到响应。网页开发者和使用者看见的是 HTTP 层（应用层）的高级抽象。他们需要关心 TCP、IP、以太网/WiFi 层面的细节吗？答案是不需要。

但是，计算机网络真正传输的是一串 0 或 1 比特，如何将 HTTP 层的高级抽象转换为物理层的一串 0 或 1 比特呢？

答案是：互联网协议栈提供了两类接口。一种是图 6.15 中虚线箭头表示的对等接口（peering interface），即同一层次的通信双方交互的接口，例如浏览器进程与万维网服务器进程之间通过 HTTP 交互。对等接口屏蔽了底层细节，增强了易用性。另一种接口是图 6.15

中实线箭头表示的服务接口（service interface），即协议栈下一层为上一层提供抽象实现的服务接口。因此，HTTP可在TCP/IP上实现，TCP/IP又可以在以太网上实现。

问题 2：只看到高层抽象的对等接口有什么好处？

当同学们实践万维网编程时，只需看到HTTP应用层的抽象，可以忽略一些细节，使得万维网编程更加容易。用户在笔记本计算机的浏览器上输入下列网址：

> http://seafile.solid.things.ac.cn:7019/KittyBand/cat1.jpg

按Enter键后就可以从网址所在的万维网服务器得到响应，并收到猫猫图片cat1.jpg，如图6.16所示。用户不需要知道下列细节。

（1）客户机与服务器的物理位置。客户机位于计算所的中关村办公楼，服务器位于计算所的环保园园区。

（2）客户机是一台笔记本计算机，它上面运行了Chrome浏览器软件。

（3）服务器是一台服务器计算机，它上面运行了Nginx万维网服务器软件。注意，作为服务器计算机的服务器，与作为万维网服务器软件的服务器，是两个实体，前一个"服务器"是计算机系统，后一个"服务器"是计算机应用软件。

图 6.16　HTTP端到端请求和响应操作示意，仅展示了客户机、服务器两种设备

但是，如果同学们需要理解或者实现HTTP请求和响应，则需要知道这些细节，甚至还需要知道图6.17所示的更多细节，包括宿主机和联网设备的信息。

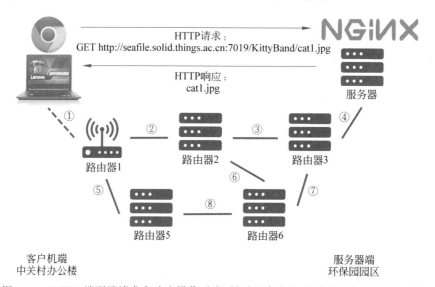

图 6.17　HTTP端到端请求和响应操作示意，展示了客户机、服务器、路由器3种设备

问题 **3**：应用层的数据包如何变成底层的数据包实现端到端分组交换通信？

让我们仔细看一看图 6.17 的端到端分组交换通信过程，即客户机端的一个 HTTP 请求数据包如何变成数据链路层的 WiFi 帧，并通过路由器 1、路由器 2、路由器 3，发送到服务器端。这个 WiFi 帧到达服务器之后，会变成一个以太网帧，并被服务器系统逐层解包，恢复成为 HTTP 请求数据包。图 6.17 中，虚线所示连接是笔记本计算机无线连接到 WiFi 路由器，其他实线所示连接是采用以太网的有线连接。

客户机上的 HTTP 请求包变成 WiFi 帧的过程如图 6.18 所示。

图 6.18　客户机上的 HTTP 请求包变成 WiFi 帧

第一，浏览器软件将用户的网址输入命令转换成一条 HTTP GET 请求数据，它只有 556 字节，包含 GET http://seafile.solid.things.ac.cn：7019/KittyBand/cat1.jpg 等信息。这个 HTTP 包在图 6.18 中标为粉色（见彩插），为节省空间简写为 GET **/cat1.jpg。在课堂讲解时，教师可展示完整的 HTTP GET 请求数据的内容和大小。

第二，客户机的系统软件将这个 HTTP 包加上 TCP 包头（蓝色），形成一个 TCP 报文，最多可包含 64KB 信息。由于给定的 HTTP 包仅有 556 字节，一个 TCP 报文就可以装下这个 HTTP 包。TCP 包头最多包含 40 字节信息，图 6.18 仅显示了两条信息：源端口号和目标端口号。源端口（source port）59589 指明了 Chrome 浏览器进程，目标端口（destination port）7019 指明了 Nginx 万维网服务器进程。

第三，客户机的系统软件将这个 TCP 报文加上 IP 包头（黄色），形成一个 IP 数据报，最多可包含 64KB 信息。IP 包头一般包含 20 字节信息，图 6.18 仅显示了 IP 包头的两条信息：源 IP 地址和目标 IP 地址。源 IP 地址（source IP address）是客户机的 IP 地址 192.168.1.101，目标 IP 地址（destination IP address）是服务器计算机的 IP 地址 10.208.104.3。它们与端口号一起，指明了 TCP/IP 通信的两端，即客户机端（192.168.1.101，59589）与服务器端（10.208.104.3，7019），准确到特定宿主机上的特定进程。

第四，客户机的系统软件将这个 IP 数据报加上 WiFi 包头（红色），形成一个 WiFi 数据帧，其包体最多可包含 2312 字节的载荷数据（表 6.4），足够装入本例的 IP 数据报。图 6.18 仅显示了 WiFi 包头的两条地址信息：源 MAC 地址和目的 MAC 地址。源 MAC 地址（source MAC address）表明客户机的源 MAC 地址 ab：bc：32：86：ee：13，目的 MAC 地址（destination MAC address）表明 WiFi 路由器的 MAC 地址 f8：8c：21：32：84：3d。

注意：数据链路层的通信不再是端到端（end-to-end）通信。端到端中的端（end），是指互联网中的宿主机（host）。IP 层是最低的端到端层。此例中，WiFi 通信的两方不再是两个互联网宿主机之间的通信，而是宿主机与联网设备的通信。

此例中，HTTP请求包较小，导出的底层包每一层只需一个包就够了。事实上，本例中HTTP包、TCP报文、IP数据报的大小分别是556B、588B、608B，WiFi帧不会超过642B。但是，从服务器传回的响应消息，一帧就装不下了。事实上，cat1.jpg图像文件需要22 422B，一个ETH帧放不下，需要15帧。

问题4：上述WiFi帧如何在多个异构网络组成的互联网中实现端到端通信？

上述WiFi帧如何从客户机通过路由器1（WiFi路由器）、路由器2、路由器3传送到服务器端？特别要注意的是，这条路径已经跨越了多个不同构的直联网，分别采用WiFi和以太网协议。教学团队使用抓包工具，实际观察到下面4个数据包的变迁（四跳），如图6.19所示。这4个帧包含真正要传输的HTTP请求包（载荷）、客户机进程地址信息（192.168.1.101,59589）与服务器进程地址信息（10.208.104.3,7019）。这3类信息在整个传输过程中一般不变，每一跳要变的只是MAC地址。

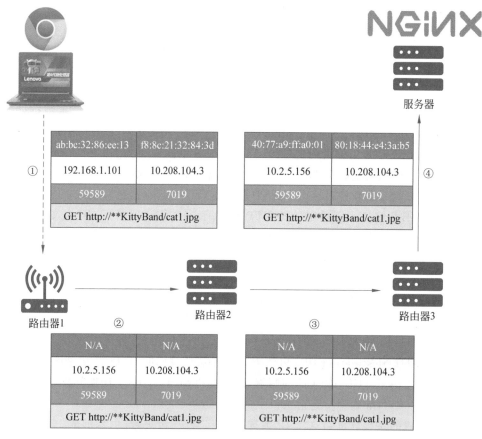

图6.19　数据链路层帧的4个变迁（四跳）

此例涉及进阶知识。图6.19中第一跳后出现了不一般的情况。源IP地址事实上从192.168.1.101变成了10.2.5.156。这是因为实例中的这个真实网络采用了内部网的NAT机制。教师可避免这个复杂性：将图6.19第一个帧①的源IP地址项换成10.2.5.156，并说明实例是真实场景的简化近似。

① 客户机发送到 WiFi 路由器的数据帧。客户机和 WiFi 路由器都是第一个直联网(即 WiFi 局域网)的设备。客户机是源设备,它的 MAC 地址是 ab:bc:32:86:ee:13;WiFi 路由器是目标设备,它的 MAC 地址是 f8:8c:21:32:84:3d。

② WiFi 路由器发送到路由器 2 的数据帧。本跳通信在第二个直联网完成,它是一个以太网局域网。要注意的是,数据帧①是一个 WiFi 帧,数据帧②转换成了一个以太网帧,WiFi 路由器完成了这个转换。数据帧②的源 MAC 地址应该是路由器 1 连接路由器 2 的 MAC 地址,目的 MAC 地址应该是路由器 2 连接路由器 1 的 MAC 地址。由于抓包软件看不见内网的细节信息,这些 MAC 地址信息缺失,标为 N/A。图 6.17 显示,路由器 1 连接路由器 2 和路由器 5。怎么知道应该发送给路由器 2 而不是路由器 5 呢?因为路由器 1 里有一个路由表,查表知道发往 IP 地址 10.208.104.3 的帧应该发往路由器 2,发往其他 IP 地址的帧可能走路由器 5。

③ 路由器 2 发送到路由器 3 的数据帧。同理,本跳数据帧的源 MAC 地址应该是路由器 2 连接路由器 3 的 MAC 地址,目的 MAC 地址应该是路由器 3 连接路由器 2 的 MAC 地址。

④ 路由器 3 发送到服务器的数据帧。同理,本跳数据帧的源 MAC 地址应该是路由器 3 连接服务器宿主机的 MAC 地址 40:77:a9:ff:a0:01,目标 MAC 地址应该是服务器宿主机连接路由器 3 的 MAC 地址 80:18:44:e4:3a:b5。

问题 5(***):为什么全球互联网的宿主机、联网设备、连接每天都在出错,但是互联网从来没有死机?

这个问题的答案是互联网(因特网)之所以成功的重要原因,包含很多因素。此例只解读一个因素:互联网的最基础的协议 IP 是一种尽力而为协议(best-effort protocol),也称为无连接协议(connectionless protocol)。IP 层通信并不要求通信的两端是有连接的(connected),即已经建立了两端之间的一条路径,甚至是固定的路径。事实上,当源宿主机向目标宿主机发送一个 IP 数据报时,源宿主机只知道目标宿主机的 IP 地址,并不知道两端之间的一条完整路径;目标宿主机甚至可能不存在,或已经死机了。一个 IP 数据报到达某个路由器时,该处的不断变化的路由表内容实时更新,确定下一跳该发往哪个下一节点。IP 只是尽力而为地将 IP 包发往目标宿主机,并不保证一定能够送达。可靠传输由更上层的协议(如 TCP)通过确认(acknowledgment)和重传(retransmission)等机制保证。

让我们再看看图 6.17,回答下列问题(后 4 个问题留作练习)。

(1) 一条消息(message)的所有包(packets)都会通过同样的路径传输吗?例如,当服务器向客户机返回图片 cat1.jpg 时,由于文件包含 22 422B,需要传递 15 个以太网帧(回忆:每个以太网帧的最大载荷是 1500B)。这 15 帧都是沿着"服务器-路由器 3-路由器 2-路由器 1-客户机"这条路径传输的吗?不是的。路由器中的路由表是动态变化的,反映网络的健康和拥堵情况。有可能第 1～4 帧走"服务器-路由器 3-路由器 2-路由器 1-客户机",第 5～10 帧走"服务器-路由器 3-路由器 6-路由器 5-路由器 1-客户机"(因为路由器 2 死机了),第 11～15 帧走"服务器-路由器 3-路由器 6-路由器 2-路由器 1-客户机"(因为线路③断了)。后发送的帧可能先到达客户机,需要目的地宿主机将全部 15 帧解包并按序组合出正确的图片。

(2) 图 6.17 所示网络中,多少条连接坏了,才能肯定客户机与服务器不能通信?

(3) 图 6.17 所示网络中,多少个节点坏了,才能肯定客户机与服务器不能通信?

(4) 图 6.17 所示网络中,多少条连接坏了,才能肯定路由器 1 与路由器 3 不能通信?

（5）图 6.17 所示网络中，多少个节点坏了，才能肯定路由器 1 与路由器 3 不能通信？

6.4　专业素养

由于人类社会正在从农业文明和工业文明走入信息文明时代，当代大学生，不论是主修什么专业，都应该具备基本的计算机科学专业素养，包括基本的性能意识、安全意识、隐私意识和专业规范。这是因为随着网络的发展，计算机已经渗透到人类社会生产生活的方方面面，产生着正面和负面的社会影响。这些影响的广度和深度，从表 6.5 可见一斑。

表 6.5　从计算机网络节点规模发展看计算机对人类社会的影响

时　　间	节　点　数	标志性技术与事件（Exemplar Techniques & Events）
1960's	数个（A few）	分组交换网（Packet Switching Network）
1970's	数千个（Thousands）	因特网、以太网（TCP/IP，Ethernet）
1980's	数十万（100 thousands）	客户-服务器计算（Client-Server Computing）
1990's	数百万（Millions）	万维网（World Wide Web）
2000's	数亿（100 Millions）	云计算（Cloud Computing） 2007 年发明智能手机，2008 年发明比特币
2010's	数十亿（Billions）	移动互联网（Mobile Internet）
2020—2050	数万亿（Trillions）	人机物融合的智能万物互联（Internet of Human-Cyber-Physical Systems） 2021 年发生美国政府封禁伊朗网站事件

6.4.1　性能意识

很多同学"玩手机很溜"，对计算机科学技术的各种功能（functionality）已经有切身体会了。大家对性能（performance）也有直观的感受，例如放视频时卡不卡。但还需要有专业性的性能意识，不仅知道表 6.6 所示的专业术语，还能回答下述问题。

（1）明明厂商的文档说我买的这台计算机的性能是每秒 20 亿次运算，为什么我跑快速排序程序只得到每秒 2 亿次运算？此类问题常常可用阿姆达尔定律回答。

（2）明明我买了一个千兆光纤套餐，为什么实际用起来只得到 1Mb/s 通信带宽？我有办法提升实际带宽吗？此类问题往往可用阿姆达尔定律和下述霍克尼公式回答。

表 6.6　计算机与网络的若干性能指标

指　　标	例　　子
执行时间	在笔记本计算机上执行一次快速排序程序耗时 0.35s
性能（速度）	在笔记本计算机上执行快速排序程序的计算速度是每秒 2 亿次比较运算
通信延时	HTTP 请求从浏览器送抵万维网服务器的时间，如 50 毫秒（50ms）
通信带宽	从服务器下载文件体验到的带宽，如每秒 90 兆比特（90Mb/s）

1. 刻画延时与带宽的霍克尼公式

6.3.1 节分析比较了线路交换与分组交换技术。就平均下载时间(延时)而言,线路交换是 7.63s,分组交换大幅度降为 3.33s。但是,两者的平均带宽都逼近 10Mb/s 的峰值带宽,看不出区别。该分析忽略了所有开销,才出现了这个有点反直觉的分析结果。

可用如下霍克尼近似公式(示意图见图 6.20),更加准确地刻画各种网络的延时与带宽。霍克尼公式来源于 Roger Hockney 教授——一位英国高性能计算专家。它既简单又让每个变量都有物理意义。霍克尼公式如下:

$$t = t_0 + m/r_\infty$$

图 6.20 霍克尼公式示意

考虑最简单的通信:网络节点 X 向网络节点 Y 发送长度为 m 比特的一条消息。要注意区分两类延时和带宽值,即用户体验值和极端值。

(1) 用户体验值(user experienced values)。

① 延时,也称为端到端延时,是从节点 X 发送消息开始到节点 Y 收到全部比特为止的消息传递时间 t。

② 带宽,即用户体验到的带宽,即 m/t。

(2) 极端值(extreme values)。

① 最小延时 t_0,又称为空消息延时,即 $m=0$ 时的端到端延时 $t=t_0$。

② 最大带宽 r_∞,即 $m \to \infty$ 时的带宽 r_∞。

【实例 6.23】 霍克尼公式的应用。

霍克尼公式引入了空消息延时 t_0,用于表示传输比特之外的其他开销,可以更准确地刻画消息通信的实际性能,即用户体验到的延时 $t=t_0+m/r_\infty$ 和带宽 m/t。

让我们回顾光纤数据传输的破纪录实验。2013 年光纤数据传输取得了 818Tb/s 的最大带宽,如表 6.7 所示。那么,传递 1GB 视频文件需要多少时间? 传递 1KB 文本文件又需要多少时间? 一种常见错误是套用错误的公式 $t=m/r_\infty$,得到错误结果:传递一条 1GB 视频文件需要的时间是 1GB/818Tb/s $\approx 9.78\mu s$,传递一条 1KB 消息需要的时间是 1KB/818Tbps $\approx 9.78ps$。回忆:$1\mu s$ 是 1000ns,是 10^6 ps。

更加接近正确的做法是考虑到通信具有开销(overhead),即除了传输比特的时间之外干其他事的时间,在霍克尼公式中用 t_0 表示。假设两种情况:开销较小的情况 $t_0=1\mu s$ 和开销较大的情况 $t_0=1ms$。可以看出,传递 1KB 文本文件时用户体验到的带宽不到 8Mb/s,仅为最大带宽 818Tb/s 的亿分之一。

表 6.7　光纤数据传输破纪录实验的用户体验值（延时 t 和带宽 m/t）

实现时间	最大带宽 r_∞	传递 1GB 的情况		传递 1KB 的情况	
		$t_0 = 1\mu s$	$t_0 = 1ms$	$t_0 = 1\mu s$	$t_0 = 1ms$
1975 年	45Mb/s				
1984 年	1Gb/s				
1993 年	153Gb/s				
2002 年	10Tb/s				
2013 年	818Tb/s	$11\mu s$, 742Tb/s	1ms, 7.92Tb/s	$1\mu s$, 741Mb/s	1ms, 7.92Mb/s

【实例 6.24】　买了千兆（1Gb/s）只得 1 兆（1Mb/s）的解释。

张三从通信公司买了一个千兆光纤通信套餐，为什么实际用起来只得到 1 兆通信带宽？是通信公司骗人吗？这个问题有 3 个解释，如图 6.21 所示。

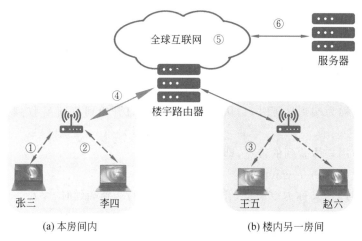

图 6.21　影响张三用户体验的因素

第一，张三并不是独享千兆通信资源，而是与其他用户共享。这样，张三实际用到的带宽只是千兆带宽的一部分。同屋的李四和隔壁的王五，都在共享通信资源。

第二，张三并不是买了端到端千兆通信资源，而是买了"千兆入户"活动中的光纤接入这一段，即图 6.21 中标为红色的连接。其他部分的带宽可能低于千兆。其他部分慢的例子就很多了。

（1）张三的计算机很慢。

（2）张三的 WiFi 路由器的无线侧①只有 100Mb/s，尽管有线侧④是 1Gb/s。

（3）全球互联网提供给张三的通路⑤的带宽不到千兆。

（4）张三下载文件的服务器的网络连接⑥不到千兆。

（5）张三下载文件的服务器很慢。

第三，即使张三独占端到端千兆通信资源，下载速度仍然可能很慢。这是因为张三从服务器下载大量短文件。应用霍克尼公式可以看出，传输 1KB 文件的实际带宽要比传输 1Gb

文件的实际带宽小得多。

张三有办法提升实际的下载带宽吗？有可能。下面是一些可能的办法。

（1）避开其他用户共享时间。

（2）保证自己的计算机速度足够快，能够利用千兆网。

（3）升级 WiFi 路由器，使得无线侧①的带宽也是 1Gb/s。

（4）寻找服务器端，看是否服务器已经将大量短文件打成一个压缩包（其文件扩展名通常是 gz、zip 或 rar），下载该文件包到本地计算机后再解包。

什么是"压缩"呢？

2. 数据压缩

节省通信时间和存储空间的一种常见技术是数据压缩技术，即减少数据结构或文件的大小（比特数）。有两种数据压缩技术。

无损压缩（lossless compression）在不丢失信息的前提下压缩数据，原文件可以从压缩后文件无损地恢复出来。

【实例 6.25】 无损压缩练习。

执行下列命令，从实践中理解无损压缩命令 gzip，它可用于压缩程序文件和数据文件，并用 gzip -d 解压缩命令恢复原文件。

```
> go build fib-10.go                                   //编译出可执行程序 fib-10
> ./fib-10                                             //执行程序 fib-10
F(10) = 55                                             //得到斐波那契数 F(10) = 55
> ls -l fib-10                                         //展示 fib-10 程序文件大小
-rwxr-xr-x 1 zxu zxu 1766573 Jul 20 12:12 fib-10       //是 1766573B
> gzip fib-10                                          //用 gzip 命令做无损压缩
> ls -l fib-10.gz                                      //展示压缩后的 fib-10.gz 文件大小
-rwxr-xr-x 1 zxu zxu 1016976 Jul 20 12:12 fib-10.gz    //是 1016976B
> gzip -d fib-10.gz                                    //用 -d 选项做解压缩操作
> ls -l fib-10                                         //展示解压缩后的原文件 fib-10 大小
-rwxr-xr-x 1 zxu zxu 1766573 Jul 20 12:12 fib-10       //是 1766573B
> ls -l Autumn.bmp                                     //展示 Autumn.bmp 图片数据文件大小
-rw-r--r-- 1 zxu zxu 9144630 Jul 22  2020 Autumn.bmp   //是 9144630B
> gzip Autumn.bmp                                      //无损压缩也可用于数据文件
> ls -l Autumn.bmp.gz                                  //展示压缩后的 Autumn.bmp.gz 文件大小
> -rw-r--r-- 1 zxu zxu 8224455 Jul 22  2020 Autumn.bmp.gz  //是 8224455B
```

有损压缩（lossy compression）在压缩过程中会丢失信息，原文件不可以从压缩后文件恢复出来。但是，通常有损压缩可取得比无损压缩更大的压缩比。例如，图 6.22（b）所示的图片，压缩后的文件大小仅为原文件的 1/10，但压缩后的图片文件肉眼看起来与原文件差别不太大，在很多情况下可以使用。

【实例 6.26】 有损压缩练习。

执行下列命令，从实践中理解有损压缩命令 pngquant，它可用于压缩图片文件，并可控制压缩比，从而得到不同清晰度的压缩图片，如图 6.22 所示。

(a) 原图片，5.97MB　　　(b) 压缩为原图片的1/10后，597KB　　(c) 压缩为原图片的1/64后，92.5KB

图 6.22　有损压缩实例

```
> ls -l Autumn.png                          //展示 Autumn.png 原文件大小
-rw-r--r-- 1 5971405 Autumn.png             //是 5971405B
> pngquant --quality=1 Autumn.png           //用 pngquant 命令压缩为原文件的 1/10
> ls -l Autumn-fs8.png                      //展示压缩的 Autumn-fs8.png 文件大小
-rw-r--r-- 1 597384 Autumn-fs8.png          //是 597384B
> rm Autumn-fs8.png
> pngquant --quality=0 Autumn.png           //用 pngquant 命令压缩为原文件的 1/64
> ls -l Autumn-fs8.png                      //展示压缩的 Autumn-fs8.png 文件大小
-rw-r--r-- 1 92506 Autumn-fs8.png           //是 92506B
>
```

6.4.2　安全意识

随着信息技术的普及，全球计算机系统和互联网也随时受到攻击，导致危害。这些安全危害事实上是很大的，而且还在快速增长。根据安全服务商 McAfee 在 2020 年发布的调查分析报告，计算机安全方面的犯罪活动每年对全球企业造成的损失已经超过 1 万亿美元，比 2016 年的损失数据翻了一番。作为对比，2016 年全球的信息产业市场也才 3.4 万亿美元，2016 年的全球数字经济规模为 11.5～24 万亿美元。

为了应对攻击、保障安全，网络空间安全（cybersecurity）已经成为一门学科和一个产业。2021 年，全球网络空间安全产业的产出规模大约是 3000 亿美元，大约是当年全球软件产业的一半。

网络空间安全是研究信息系统安全保障的学科，安全保障即保护系统免遭数字攻击影响。此处信息系统包括计算机系统、计算机网络系统、软件系统等。另外要注意数字攻击不同于物理攻击，以及在很多语境中，网络空间安全与计算机安全是一个意思。

1. 形形色色的安全威胁

网络空间安全当然涉及计算机科学技术及其应用。除此之外，它还涉及其他自然科学、社会科学和工程学科，以及人们生产生活各个方面。网络空间安全的外延和内涵都在不断变化。近年来，网络空间安全甚至涉及国际政治。

【实例 6.27】　2021 年美国政府封禁伊朗网站事件。

2021 年 6 月 22 日，全球媒体报道了一个事件：美国政府以"违反制裁"为由关闭了包括伊朗英语新闻电视台(PressTV.com)等 36 家与伊朗相关的新闻网站。伏羲智库的"域名防篡改监测服务"复盘了该事件,并在 6 月 24 日公开发布了分析结果。

这个"域名防篡改监测服务"装备有 DNS 数据采集网络,它部署在全球 300 多个服务器上,每天采集超过 2TB 的 DNS 解析数据并进行实时分析处理,实时数据流采集处理速率达到 1Gb/s。该服务可实时监控域名劫持、DNS 篡改、DNS 投毒、DNS 污染等针对企业及机构网站的威胁。

媒体报道中涉及的 PressTV.com 等伊朗网站域名,在 6 月 22 日之前指向自己的域名解析服务器,并稳定运行。但是,在 UTC 时间 2021 年 6 月 22 日同一时间段,这些域名的域名解析服务器被修改至 4 个域名解析服务器,即 ns-388.awsdns-48.com 等,它们都是美国公司亚马逊的 AWS 云提供的域名解析服务器。

例如,在 2021 年 6 月 22 日前,PressTV.com 网站一直解析到 IP 地址 77.66.40.12 所在的服务器,该服务器部署在位于丹麦首都大区霍耶-措斯楚普自治市的数据中心。自 2021 年 6 月 22 日起,PressTV.com 域名解析 A 记录开始出现频繁变化,指向 13.249.79.2、13.249.118.12、52.85.242.35、99.84.189.3 等 IP 地址,都是属于美国亚马逊机房的 IP 地址。还有一个事实是:美国公司 Verisign 是 PressTV.com 域名数据的注册管理机构。

从技术层面看,事实很清楚了:美国司法部和商务部通过顶级域名注册管理机构 Verisign,将所涉及网站的域名解析 A 记录和 NS 记录强制指向亚马逊的域名解析服务器,从而实现了对伊朗网站的关停处理。其中,A 记录用于指定域名对应的 IP 地址,如 PressTV.com 的 A 记录用于指定 PressTV.com 对应的主机 IP 地址。NS 记录用于指定提供该域名的解析服务的域名服务器名称,如 PressTV.com 的 NS 记录用于指定解析 PressTV.com 域名的服务器名称。

3 类常见攻击。 网络空间安全涉及硬件、软件、人,尽管软件似乎更明显。下面列出 3 类常见攻击。

第一类攻击是恶意软件(malware),即使得攻击者能够损坏或非法侵入计算机等信息系统的软件。注意,软件故障(bug)不是恶意软件,但可被恶意软件利用。

恶意软件有很多种。

(1) 计算机病毒(computer virus)。像生物病毒一样,侵入系统后会感染正常软件并传播开来。

(2) 计算机蠕虫(computer worm)。很像病毒,不同之处是蠕虫在侵入系统后自身可存活并传播,不用感染其他正常软件。

(3) 木马(trojan horse)。很像希腊神话中的特洛伊木马,侵入系统后可潜伏下来,待机发动造成破坏。

第二类攻击并不是恶意软件,而是利用硬件。一个例子是熔断攻击(meltdown)。它利用目标系统的处理器硬件的乱序执行特征(out-of-order execution),使得攻击者能够非法读取敏感信息。

第三类攻击是非侵入式攻击。安全攻击并不总是需要登录目标系统,在其中植入软件或数据。非侵入式攻击并不侵入目标系统,只是向目标系统传递信息就能够攻击。拒绝服务(Denial-of-Service,DoS)攻击向目标系统发出大量消息,使得目标系统忙于应付这些攻击消息,只能拒绝正常的服务请求。分布式拒绝服务(Distributed Denial-of-Service,**DDoS**)攻击首先侵入分布在互联网上的多台计算机(称为肉鸡或僵尸,zombie),再由这些肉鸡协调行动发起对目标系统的 DoS 攻击。垃圾邮件或垃圾消息(**spams**)是用户不需要、不想要的电子邮件或其他消息。钓鱼邮件(**phishing** emails)、钓鱼网站(phishing websites)引诱用户做不安全的事,常见例子是利用人们的心理骗钱。

2. 安全措施举例

图 6.23 展示了 3 种常见的安全措施,代表 3 种常见的安全策略。

(1) 物理隔离(physical **isolation**)。将目标系统与互联网从物理上隔开,系统与外界没有信息通道。某些极其核心关键的系统,可考虑采用这种措施。这种策略的弊端也很明显:它彻底抛弃了计算机网络技术带来的好处。它提醒我们,安全极其重要,但不是绝对的教条。

(2) 防火墙(**firewalls**)。目标系统还是与互联网连通,但中间隔了一道防火墙,它的作用是阻挡或过滤掉用户不想要的信息,例如垃圾邮件或 DoS 攻击消息。防火墙还可针对特定网站、特定计算机,例如阻挡或过滤掉某个网站的信息。

(3) 虚拟专用网(Virtual Private Networks,**VPN**)。通过加密技术,在开放的互联网基础上构建一个供组织内部使用的私有计算机网络。例如,图 6.23 用 VPN 连接了组织的 3 台机器,使用起来好像是用物理专线连接的一样。但是,这个私有网是虚拟的,并不是真正采用物理专线连接的。

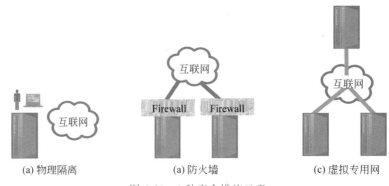

(a) 物理隔离　　　　　(a) 防火墙　　　　　(c) 虚拟专用网

图 6.23　3 种安全措施示意

即使采用了上述措施,目标系统并不是 100% 安全的。例如,即使采用了物理隔离,目标系统仍然需要通过各种输入输出手段与外界交换信息,目标系统的用户与管理员也可能出现安全问题,使得某种恶意软件侵入目标系统。我们还是需要杀毒软件(**antivirus software**),发现并去除计算机病毒等恶意软件。

3. 密码学技术举例

很多安全措施依赖于加密、解密等密码学(**cryptography**)知识,在存在恶意第三方的情况下,保证消息通信的安全。业界广泛使用两类加密解密技术:①对称加密(symmetric encryption);②公钥加密(public-key encryption),也称为非对称加密。通过两个例子学习这两种方法。

所谓加密(encryption),是将明文(plaintext)变换为密文(ciphertext)的方法和过程。解密(decryption)则是相反的过程,将密文恢复成明文。加密和解密过程中往往需要用到私钥（private key）和公钥（public key）。私钥是只有通信方才知道的、用于加密解密的特殊信息。公钥是允许其他人（包括窃听者）也知道的、用于加密解密的特殊公开信息。私钥也称为密钥（secret key）。

【实例 6.28】　对称加密实例：凯撒密码。

假设发送方想传送消息 HELLO 给接收方。对称加密方法的加密-传输-解密的过程如图 6.24 所示。此例中双方事先已经约定好：①消息由 26 个英文大写字母组成；②密钥是 3。这种方法之所以称为对称的，是因为发送方与接收方共享同一个密钥。

字母表：A B C D E F G H I J K L M N O P Q R S T U V W X Y Z

ASCII 码：65 66 67 68 69 70 71 72 73 74 75 76 77 78 79 80 81 82 83 84 85 86 87 88 89 90

图 6.24　对称加密示意：以 3 为密钥的凯撒密码加密解密过程

让我们仔细过一遍加密—传输—解密的过程。

第一步，发送方采用密钥 3 将明文消息 HELLO 加密成密文 KHOOR。这里的加密方法是简单的逐字母加密，明文字母＋3 就是密文字母，＋3 意味着在字母表中右移 3 个位置。第一个 明文字母 H 变成了 K，因为 H＋3＝72＋3＝75＝K。

第二步，发送方将密文消息 KHOOR 通过互联网传递给接收方。

第三步，接收方采用密钥 3 将密文 KHOOR 解密还原成明文消息 HELLO。这里的解密方法是简单的逐字母解密，密文字母－3 就是明文字母，－3 意味着在字母表中左移 3 个位置。第一个 密文字母 K 变成了 H，因为 K－3＝75－3＝72＝H。

请同学们回答下面问题作为练习，举一反三地掌握这个最简单的对称加密实例：假如密文是 CXRGXLOH，对应的明文是什么？为什么？

【实例 6.29】　(∗∗∗)公钥加密的 RSA 方法。

1978 年，麻省理工学院的 3 位助理教授罗纳德•李维斯特（Ronald Rivest）、阿迪•萨莫尔（Adi Shamir）、伦纳德•阿德曼（Leonard Adleman）发表了一篇 7 页的短论文[①]，其方法得到了广泛应用，在 2002 年获得了图灵奖。这就是公钥加密的 RSA 方法。我们采用这篇论文举出的实例，学习他们的公钥加密方法。

与对称加密只有一个密钥不同，公钥加密（public-key encryption）方法采用两把钥匙。发送方和公众（包括窃听者）知道公钥（public key）。只有接收方才知道私钥（private key），也称为密钥（secrete key）。

假设发送方想发送明文消息 920 给接收方。加密—传输—解密的过程如图 6.25 所示。该过程的要点如下。

(1) 初始假设。接收方做出魔数假设（magic assumption）：$n=2773, d=157, e=17$，并

---

① 　Rivest R L，Shamir A，Adleman L. A method for obtaining digital signatures and public-key cryptosystems[J]. Commun ACM，1978，21，(2)，120-126.

图 6.25　公钥加密示意

保存好公钥 $K_P=(e,n)=(17,2773)$ 与私钥 $K_S=(d,n)=(157,2773)$；发送方保存好公钥 $K_P=(e,n)=(17,2773)$。

（2）加密过程。采用公钥 $K_P=(e,n)$ 和加密算法 $C=M^e \bmod n$，从明文 M 得到密文 C：
$$C=M^e \bmod n=920^{17} \bmod 2773=948=0948$$

（3）传输过程。密文在互联网上传输，窃听者可以知道密文 0948。

（4）解密过程。采用私钥 $K_S=(d,n)$ 和解密算法 $M=C^d \bmod n$，从密文 C 还原明文 M：
$$M=C^d \bmod n=948^{157} \bmod 2773=920$$

假设发送方要传输一个包含 20 个字符的消息"ITS ALL GREEK TO ME"给接收方。注意：字符是英文大写字母或空格，上述明文消息包含了 5 个空格。加密解密过程如下。

（1）发送方。

① 将明文消息逐个字符编码，映射规则是：空格=00，A=01，B=02，…，Z=26。例如，"ITS A"这 5 个字符变成了 10 个数字 0920190001。20 个字符的明文消息"ITS ALL GREEK TO ME"变成了 40 个数字：

```
0920190001121200071805051100201500130500
```

② 按 4 个数字一组分组，每组也是一个数，共有 10 个数值：

```
0920 1900 0112 1200 0718 0505 1100 2015 0013 0500
```

③ 将这 10 个数逐个加密，形成 10 个密文数值：

```
0948 2342 1084 1444 2663 2390 0778 0774 0219 1655
```

④ 将密文传输到接收方。

（2）接收方。

① 将收到的 10 个密文数值逐个解密，得到明文数值：

```
0920 1900 0112 1200 0718 0505 1100 2015 0013 0500
```

② 利用编码映射规则得到明文字符串：

```
"ITS ALL GREEK TO ME "
```

【实例 6.30】　(∗∗∗)RSA 方法的数学奥秘。

RSA 方法依赖数学的单向函数。这个数学奥秘的要点是，单向函数使得加密容易，解密困难。根据加密算法 $C=M^e \bmod n$，从已知整数 M、e、n，通过求指数和求余操作，可以很容易地得到密文 C。也就是说，单向函数 $C=f(M)$ 很容易计算，相关的 e 和 n 是给定参数。但是，反方向的函数 $M=g(C)$ 却很难计算，因为我们不知道解密算法 $M=C^d \bmod n$ 中的参数 d。

我们通过回答 3 个问题来进一步理解这个奥秘。

(1) 接收方如何确定魔数 $n=2773$，$d=157$，$e=17$，从而设定私钥和公钥？

通过下述过程。

① 随机选择两个较大的素数 p、q，并令 $n=p\times q$。本例中，选择：
$$p=47, q=59, n=p\times q=47\times 59=2773$$

② 计算欧拉数 $(p-1)\times(q-1)=46\times 58=2668$。

③ 随机选择一个较大的整数 d 使得 $GCD(d,2668)=1$ 成立。本例中，选择 $d=157$，使得 $GCD(157,2668)=1$ 成立。

此时已设定私钥的全部信息：$K_S=(d,n)=(157,2773)$。

④ 求解方程 $(d\times e)\bmod 2668=1$，得到整数 e。本例中，$(157\times 17)\bmod 2668=1$，因此 $e=17$。此时已设定公钥的全部信息：$K_P=(e,n)=(17,2773)$。

(2) 为什么窃听者知道很多信息，却还是不能解密窃听到的密文？

窃听者确实知道很多信息，例如，加密算法 $C=M^e \bmod n$、解密算法 $M=C^d \bmod n$、公钥 $K_P=(e,n)=(17,2773)$、密文 0948，等等。

但是，窃听者不知道两个素数 p、q，只知道它们的乘积 $n=p\times q$。

因此，窃听者不知道欧拉数 $(p-1)\times(q-1)=46\times 58=2668$。更不可能选择 d 使得 $GCD(d,2668)=1$ 成立。这样，窃听者没有私钥 $K_S=(d,n)=(157,2773)$。

(3) 窃听者能够找到有效算法从 $n=p\times q$ 复原出素数 p、q 吗？

例如，给定 $n=2773$，找出素数 $p=47$，$q=59$，使得 $p\times q=47\times 59=2773$。

答案是：对较大的 n，不太可能。这是著名的素数分解问题（the prime factorization problem），尚未找到有效解。迄今为止，使用计算机技术分解出的最大整数是 RSA-250，它是一个 250 位的十进制整数。一个国际团队采用了分布式计算系统，花了大约 2700 个处理器核年的资源才完成分解计算。同学们用一台笔记本计算机可能要花上千年。

【实例 6.31】　RSA 方法的应用：HTTPS。

HTTPS 是 HTTP 的安全版本。它将 HTTP 的消息加密后传输，并采用了数字证书，使得万维网浏览器与服务器之间的通信更加安全。HTTPS 采用了对称加密和公钥加密技术，如图 6.26 所示。

图 6.26　HTTPS 中采用的数字证书

浏览器访问一个网站时，往往会有多次会话（sessions），每次会话就是一次消息传输。例如，浏览器访问中国计算机学会网站（www.ccf.org.cn）时，会传输网站的多个文本消息或图片消息，每次是一次会话。浏览器在第一次会话获取到网站的数字证书，然后从证书授权中心（Certificate Authority，CA）处得到证书认证，即网站确实是中国计算机学会网站。然后，浏览器和服务器从公钥计算出一系列私钥，后续每次会话采用这些私钥通过对称加密传输消息。

6.4.3 专业规范

就像医学专业必须有医德教育内容一样，计算机科学的教育也应该有专业规范内容。本节以国际计算机协会行为规范的七原则作为素材。

（1）为社会和人类的幸福做出贡献，承认所有人都是计算的利益相关者。

（2）避免伤害。

（3）诚实可靠。

（4）做事公平，采取行动无歧视。

（5）尊重产生新思想、发明、创意和计算作品的他人工作。

（6）尊重隐私。

（7）尊重保密协议。

同学们应该知道这些原则，加上自己的判断，形成自己的理解。我们重点讨论"避免伤害"和"尊重隐私"两项内容。

1. 避免伤害

有时，貌似正确的非专业态度会产生误导结果，对科学技术和社会产生危害。下面两个例子告诉我们，追求表面词语有时是有害的，需要科学态度和深入的独立思考。

【实例6.32】 科学数据应该自由流动还是专业性分享？

表面上看，答案是显然的，科学数据当然应该自由流动，很多科学社区一直努力实现科学数据的自由流动，任何人不用登录就可以匿名从网站下载数据。但是，匿名下载并不是唯一的科学数据分享方式。全球共享流感数据倡议组织（GISAID）认为，匿名下载会造成伤害，它们制定了另一种科学数据分享的规范，我们称其为专业性分享。

2006年前，科学数据自由流动的典型代表是匿名下载科学数据。这对用户确实很方便，但却可能从3个方面伤害贡献者：①数据拥有者的知识产权得不到保护；②数据贡献者的分享得不到任何激励或致谢；③有可能出现使用分享的数据先于数据贡献者发表论文的情况。GISAID的规范仍然允许用户下载数据，但要求用户首先实名登录并承诺遵守GISAID的数据库访问公约。

今天，全球有3个数据库为科学界和社会大众提供开放的新冠病毒基因组序列数据。它们是位于美国的GenBank、位于德国的GISAID，以及位于中国的2019nCoVR。它们采用了匿名下载和登录下载两种方式。

【实例6.33】 完全曝光还是负责任通报？

当组织内部出现可能有害社会的漏洞时，作为组织的一员，计算机工作者应该向社会完全曝光（full disclosure）还是负责任通报（responsible disclosure）？例如，当一家公司的工程师发现了一个技术漏洞时,工程师应该向社会公开这个漏洞,还是向公司内部自己的上司报告?

表面上看,向社会完全曝光似乎更加符合专业规范,因为公众压力会促使公司赶紧修复漏洞,也使得公司不可能隐瞒漏洞。但是,国际计算机协会认为,负责任通报才是更加符合专业规范的选择,因为这给了公司时间,先于黑客利用漏洞之前修复漏洞。这更加符合"避免伤害"的原则。

2. 尊重隐私

安全和隐私常常一起出现,但隐私不同于安全。网络空间安全(cybersecurity)重点关注针对计算机和网络系统的攻击防护。隐私保护重点关注对自然人的个人信息保护。

计算机和网络普及的一个后果是,对个人隐私保护形成了日益严重的威胁。同学们需要知道这些威胁存在,从而有意识地尊重隐私,即保护自身隐私、避免侵犯他人隐私。

隐私一般是指个人隐私。此处的"个人"是指自然人。个人隐私信息是指可区分、追溯到特定自然人的信息,也称为个人信息。

个人信息是很广泛的。有些信息明显是个人信息,例如:

(1) 个人姓名和身份证号码。

(2) 能够还原个人的照片、视频或声音信号。

(3) 个人财务数据、个人医疗数据。

(4) 个人每天的行为数据。

有些信息看起来并不一定明显呈现出是个人隐私信息,例如:

(1) 某个自然人的读书记录,不论是在真实图书馆的借阅记录,还是在网上书城(例如起点中文网)的阅读记录。

(2) 由浏览器厂商保存的某个自然人上网点击记录。

(3) 某个自然人的叫外卖记录。

这些记录并不一定是该自然人拥有的。但只要它能够被用于追溯到特定自然人,就应该作为个人隐私信息,得到尊重和保护。

使用元数据和人工智能等技术,人们可从貌似不相干的信息中挖掘出个人信息。例如,监控家庭用水情况,人工智能系统可较准确地推断出某个家庭中的卧床老人的行为,包括是否需要护士干预。在计算机科学技术领域,*IEEE Security and Privacy* 是一份专注于安全和隐私保护的专业杂志。万维网发明人 Tim Berners-Lee 最近提出了一个倡议(Solid Initiative),倡导发展新技术,使个人数据由个人管理,而不是由平台厂商垄断。

2021 年 11 月 1 日起施行的《中华人民共和国个人信息保护法》规定:个人信息是指以电子或者其他方式记录的与已识别或者可识别的自然人有关的各种信息,不包括匿名化处理后的信息。其中,匿名化是指个人信息经过处理无法识别特定自然人且不能复原的过程。处理个人信息应当遵循合法、正当、必要和诚信原则。国外的相关法律包括欧盟从 2018 年开始实施的通用数据保护条例(General Data Protection Regulation,GDPR)。这些中外法律有很多共同点,例如规定了个人有如下权利。

(1) 同意第三方(即信息处理者)收集并使用个人信息的权利。

(2) 补充更正信息的权利。

(3) 撤回同意的权利。

(4) 删除的权利,即被遗忘的权利(right to be forgotten)。

计算机专业人员往往会采集和使用个人信息,必须实现透明的策略和处理过程,尊重上述个人权利。处理个人信息应当具有明确合理的目的,采集最小量信息。

6.5 网络的创新故事

6.5.1 第一个计算机网络

1957年10月4日,苏联成功发射了人造卫星,这件事震动了美国。1958年1月,美国政府设立了一个专门从事高科技研究的机构:先进研究项目局(Advanced Research Projects Agency,ARPA),后改名为 DARPA。ARPA 专门成立了一个部门,叫信息处理技术办公室(Information Processing Technology Office,IPTO)。

1. 计算机网络的思想

IPTO 的第一任主任是一位名叫利克莱德(J. C. R. Licklider)的心理学家。1960年,利克莱德发表了一篇题为《人与计算机的共生》(*Man-Computer Symbiosis*)的论文,提出了在10~15年构建出计算机网络的愿景。未来世界上所有的计算机都联为一体,任何人都可以使用地理上很遥远的计算机,获取任何计算机中的数据,使用多个计算机来干一件事。这种计算机网络是"思维中心",它就像一个巨大的图书馆,但功能强得多;全世界有很多个思维中心,用通信线路互相连接。这些中心需要庞大的数据存储装置和很复杂的软件,成本会很高。但巨大的成本可以由更加巨大的用户群分担。

2. 启动阿帕网

1966年,鲍伯·泰勒(Bob Taylor)被任命为 IPTO 的主任。他着手实现利克莱德的网络思想。泰勒的最大贡献是启动了第一个计算机网络研究项目,也就是后来称为阿帕网(ARPANET)的第一个计算机网络的研究和构建工作。他还确定了计算机网络的3个主要用途,它们分别催生了计算机网络的3个协议,即远程访问协议 Telnet、文件传输协议 FTP、电子邮件协议,利用这3个协议可以进行远程访问、数据共享、简短通信。

(1) 远程访问,从一个桌面终端访问网络上的多台计算机。当时,ARPA 在全国各地支持了很多科研项目,很多项目都申请了超过50万美元(相当于今天的1000万美元)的经费购买大型计算机。要使用某台大型计算机 N1,用户 U 采用一台与 N1 配对的桌面终端 T1,通过独特连线访问 N1。假如用户 U 要在办公室访问4台大型计算机 N1、N2、N3、N4,他必须装4台桌面终端 T1、T2、T3、T4,每台终端通过独特的连线连接到配对的大型计算机。泰勒认为这很荒唐。应该发生的场景是,用户 U 只需在办公室安装一台桌面终端 T,就能使用网络上的任意多台大型计算机。

(2) 数据共享。科研工作需要经常交流信息,包括计算结果、程序、原始数据。当时的办法是把这些信息文件放在磁带里再邮寄给对方。计算机网络则允许任意两台计算机通过网络更快地直接传输数据文件,更方便地共享数据。

（3）简短通信。计算机网络应该支持用户相互之间传送一些短消息，就像在面对面科学会议中一样，讨论彼此关心的问题。这催生了电子邮件和实时交谈技术。

3. 阿帕网的设计与实现

1966 年秋天，泰勒招募了 29 岁的拉瑞·罗伯兹（Larry Roberts）负责阿帕网的总体设计与项目管理工作。罗伯兹首先界定了几个关键问题。它们与本章关注的网络的名字空间、网络拓扑和协议密切相关。

第一，网络应该有哪几个节点？也就是说，这个实验网络第一步应该互连几台计算机？它们应该分布在全国哪些地方？从行政管理的简单性出发，这些节点都应该是 ARPA 能够控制的。从技术上考虑，这些节点不宜多，因为这毕竟是一个实验性科研项目。另一方面，这些节点应该跨越美国东部和西部，这样可以检验远程使用的可行性。罗伯兹决定第一期的网络应该有 4 个节点，分布在美国大陆的西部和东部。

第二，网络节点之间如何连接？这个问题比较容易回答。从当时的技术条件和经费考虑，最简单的办法是租用现成的电话线。最终租用了电信专线，速率为 50kb/s。

第三，节点之间怎样通信？对这个问题，罗伯兹也有现成的答案。他在麻省理工学院念博士时的同学列奥纳德·克莱因洛克（Leonard Kleinrock）已经研究过一种叫“分组交换”（packet switching）的理论，其效率远远高于像打电话那样使用通信线路（称为线路交换，circuit switching）。不过，这个通信问题貌似有解，但还只是理论，从来没有被实施过。

第四，如何解决网络节点计算机的不兼容问题。这些计算机来自不同厂家，采用不同的体系结构。如何使它们能够互相通信、互相理解、互相能执行用户的作业，这后来被证明是因特网发展的最关键问题之一。对此，罗伯兹没有答案。

第五，网络应不应该支持交互式计算？罗伯兹咨询过其他技术人员，得到的回答都是肯定要。那么应该定多长的响应时间呢？由于跨节点的长途通信，不可能要求使用远程计算机像使用本地计算机一样反应这么快。罗伯兹和其他技术专家都不知道网络能够支持多短的响应时间。最后他们随意决定了半秒。不是因为确定计算机网络能够支持半秒的响应时间，而是因为如果超过半秒的话，用户会感觉网络太慢。

第六个问题也是可靠性问题。这么多计算机通过长途电话线连在一起，很容易出故障。尤其是电话线可能有很多噪声。这个问题罗伯兹也没有解答。

一旦整体设计完成，阿帕网的实施还是很快的。

1968 年 8 月，罗伯兹完成了阿帕网的技术规范，并向 140 家公司发出了招标书。

1968 年 12 月，麻省剑桥地区的 BBN 公司中标，并与 ARPA 签订了合同。

1969 年 9 月 1 日，第一个阿帕网节点安装在加州大学洛杉矶分校。

1969 年 10 月 1 日，第二个节点安装在斯坦福研究所。

1969 年 10 月 29 日，阿帕网进行了第一次试验，是在加州大学洛杉矶分校的节点和斯坦福研究所节点之间进行的。试验采用了“双轨制”。两边的操作人员除了使用计算机网络通信外，还使用了电话通信。试验的目的是让加州大学洛杉矶分校的操作员能登录到斯坦福研究所的计算机上，做一些简单操作。

试验的第一步是要让加州大学洛杉矶分校的操作人员把登录命令（英文是 5 个字母 LOGIN）传送到斯坦福研究所的机器上。洛杉矶这边在计算机上敲了一个 L，然后用电话问："你们有没有得到 L？"斯坦福研究所那边用电话回答说："我们看到了 L。"然后是："你们有没有得到 O？"。回答："我们得到了 O。""你们得到 G 没有？"这时，系统死机了。

因此，因特网上传送的第一个消息是"LO"，也就是"你好"（Hello）的简称。

第一期阿帕网共有 4 个节点。每个节点除了作为本地计算机的局部功能外，还必须支持与其他节点的通信，允许本地用户使用远程节点的资源。另外，每个节点还被指派负责整个网络的一部分全局性的工作。其中，加州大学洛杉矶分校的节点分工负责一个最关键的任务，那就是整个网络的测试和性能分析。

阿帕网的每个节点计算机不是与其他节点计算机直接相连，而是通过一台称为接口消息处理机（Interface Message Processor，IMP）的小计算机连上 50kb/s 的电信专线而连通（图 6.27）。假如计算机 A 想与计算机 B 通信。计算机 A 先把消息传给它的 IMP，转换成一种 IMP 之间能够理解的格式，传给计算机 B 的 IMP。这个 IMP 再把消息翻译成计算机 B 能够理解的格式传给它。IMP 就是第一个网络交换机（switch）。特别值得注意的是，每一个终端在物理上只连接到了一台计算机（网络节点），但却可访问网络上的 4 台计算机。

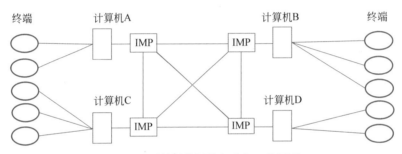

图 6.27　阿帕网的网络拓扑与工作原理

为解决可靠性问题，BBN 公司提出了"回应机理"。当节点 A 的 IMP 向节点 B 传送一条消息时，它会一直存储着完整的消息，直到节点 B 的 IMP 收到这条消息并送回一个确认信息。如果在一段预先规定好的时间里节点 A 的 IMP 没有收到确认信息，它会认为传输失败，再重新传送同样的消息。

4. 第一个计算机网络标准

阿帕网的研制还导致了另外一些新概念和新机制的产生。50 多年后的今天，这些基础的发明还广泛应用于因特网的各个领域。其中的一项就是开放的技术标准文档。它用了一个很谦虚的名字，叫作"征求意见稿"（Request For Comments，RFC）。事实上，一个 RFC 在公布前往往已经经过详细的设计和修正，已经相当成熟。大部分 RFC 就直接被大家作为技术标准使用。加州大学洛杉矶分校的一名研究生斯蒂夫·克罗克尔（Steve Crocker）在 1969 年 4 月发布了第一个 RFC，定义了阿帕网宿主机的软件。

6.5.2　因特网与万维网

1. 因特网协议

1970 年初，阿帕网的前两个节点安装到了加州大学洛杉矶分校和斯坦福研究所，并成功完成了初步的试验。罗伯特·康恩(Robert Kahn)到了洛杉矶,与克莱因洛克教授的研究小组一起对网络进行全面的测试。小组的成员之一是一位叫文森特·瑟夫(Vincent Cerf)的博士研究生。

3 年以后,康恩到了 ARPA 去做项目管理,瑟夫博士毕业后到了斯坦福大学任教。康恩这时面对了一个新问题。网络已不再只有阿帕网这一种有线网了。人们发明了无线网、卫星网、移动网技术,它们都采用分组交换技术,但各自有不同的通信协议(图 6.28)。如何让这些网络能够互连起来,互相通信呢?

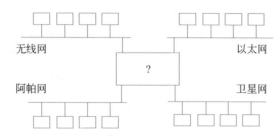

图 6.28 康恩问题:如何集成多个异构网络,形成"网络之网"

康恩找到了瑟夫。两人经过几个月的研究,发明了一种后来被称为 TCP/IP 的解决方法。1974 年,康恩和瑟夫的论文在《IEEE 通信技术汇刊》杂志上发表。于是,TCP/IP 诞生了。它可以把很多计算机网络互连起来组成一个大的网络之网。这也就是因特网(Internet)的本意。到了 1983 年,阿帕网与美国国防部的另一个网络"国防数据网"开始使用 TCP/IP。有人把这个时间认为是因特网的真正诞生年代,因为我们今天所说的因特网,是指使用 TCP/IP(或至少是 IP)的网络之网。

康恩和瑟夫的互联网创新工作有 3 个要点,是系统思维的具体体现。

第一是分析出问题的难点症结所在。为什么在多个异构网络组成的系统中,消息不能自动传递呢? 瑟夫找到了其中的症结,如图 6.29 所示。

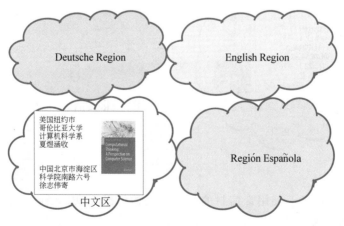

图 6.29 异构网络无法自动传递消息的症结示意

考虑一个由 4 个异构网络组成的系统,它们采用有线网(如阿帕网)、无线网、卫星网、其他网(如以太网)4 种数据链路层协议。这种异构消息传递可比喻为通过邮局发送一张需要通过多种语言区域的国际明信片,其网络在图中标为中文区、德语区、西班牙语区和英语区。这封中国北京的徐志伟寄给美国纽约的夏煜涵的明信片,上面的地址是中文写的,中文区以外其他区域的邮局看不懂,无法传递明信片。

这就是症结所在。那么,如何让讲不同语言的邮局能够投递同样一封明信片呢?

互联网创新工作的第二个要点,是选择开放系统思路。康恩和瑟夫首先考虑了封闭系统的思路。假设互联网中的子网是事先确定好了,例如图6.29中只允许4种语言区域。每个子网中的宿主机懂这4种语言,在发消息给另一个网络时,即进入另一个语言区域时,先将相关信息翻译成该语言版本,这样能够化解异构网络的症结。但是,这种封闭系统思路有两个缺点:①给宿主机增加了很大负担;②每个子网都会影响每一个宿主机,这种强依赖是系统设计的大忌。互联网这个网络之网应该是一个开放系统,应该允许任何网络接入,包括尚不存在的未来网络。这些网络可以采用自己的数据链路层协议,但都能接入互联网,与其他网络通信。这等于是说,当我们增加了阿拉伯语、日语、希伯来语、希腊语等,开放系统的思路仍然能够工作。

互联网创新工作的第三个要点,是确定创新技术的变与不变分量。康恩和瑟夫的技术思路大体上如图6.30所示。

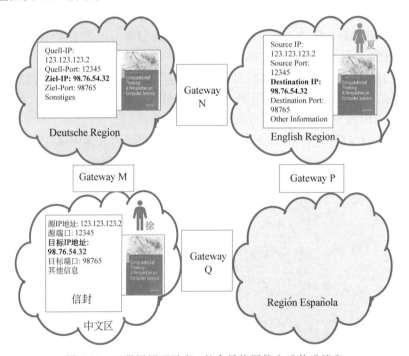

图 6.30　互联网原理示意：整合异构网络自动传递消息

（1）不用明信片,而是使用带信封的信。真正的消息数据（又称为载荷,payload）是信的内容（包体）,即英文教科书图片,它被封在信封中。信封上的信息是包头信息,图6.30主要显示了地址信息。

（2）互联网多了一种联网设备,在图6.30中称为网关（Gateway）,这是康恩和瑟夫原始论文中使用的名称。今天,这个设备被称为路由器。

（3）互联网消息通信的不变部分。

① 在从一个语言区到另一个语言区的传递过程中,载荷是不变的。每个语言区的邮递员甚至看不见载荷,它是封在信封中的。

② 整个互联网的所有宿主机都有唯一的标准地址,即 IP 地址,以及唯一的标准进程号,即端口号。图 6.30 有两个宿主机进程:发信人"徐"和收信人"夏"。他们的(IP 地址,端口)分别是(123.123.123.2,12345)和(98.76.54.32,98765)。

(4) 互联网消息通信的变化部分。

① 在每个语言区,信封上的信息由当地语言书写。图 6.30 北京的徐志伟寄给纽约的夏煜涵的信件,经过了 3 个语言区域,信封也变了 3 次,分别用中文、德文、英文书写,便于当地邮递员辨认。在计算机网络中,这相当于将英文教科书图片这个消息载荷打包成 3 种数据链路层帧,即阿帕网帧、无线网帧、以太网帧。

② 当一个消息(一封信)离开一个语言区域进入另一个区域时,连接这两个区域的路由器完成信封的翻译转换。例如,当信件从中文区传递到德文区时,Gateway M 完成信封从中文到德文的翻译。

③ 图 6.30 中北京的徐志伟寄给纽约的夏煜涵的信件,可以走"徐—M—N—夏"这条路径,也可以走"徐—Q—P—夏"。互联网中的每个子网和路由器都有一个路由表,它的内容根据互联网的拥堵情况不断变化。离开子网时走哪个路由器,由路由表的内容决定。

2. 万维网

蒂姆·伯纳斯-李(Tim Berners-Lee)出生于英国一个科技家庭。他的父母都参与了英国第一台商用电子计算机的设计工作。伯纳斯-李从牛津大学物理系毕业后,又在英国计算机公司工作过。1980 年,伯纳斯-李在日内瓦附近的欧洲粒子物理实验室(CERN)工作了 6 个月。这个实验室需要用计算机处理和分析大量的实验数据。因此,CERN 拥有很强的计算能力。伯纳斯-李写了一个叫作"内部问询"(Enquire Within)的计算机程序,试图把大量的数据资料按照内容的关联组织起来,以方便用户查找资料和相关文件。但是,他的思想并没有流传开来。

1989 年 10 月,几乎过了 10 年,伯纳斯-李再次来到 CERN,重新实现他的按内容组织和访问文件的思想。他把这种技术叫作"全球网"(World Wide Web,简称 WWW 或 Web,中文翻译为"万维网")。

欧洲粒子物理实验室的主业是研究高能物理,伯纳斯-李对万维网的研究开发实际上是副业,并没有正式的科研项目支持。但伯纳斯-李相信自己工作的重要性,他坚持不懈地干了下去。1990 年 12 月,他完成了世界上第一个万维网的服务器程序和浏览器的编码工作,万维网正式诞生了。到了 1991 年,万维网已在 CERN 内部广泛使用。同时,伯纳斯-李在因特网上公开了万维网的全部技术资料和软件源码,供国际社会免费使用。今天,万维网已成了因特网上的主要应用。人们通常说的"上网",一般都是指上万维网。

万维网的一个具体的目标:全球的计算机文件应该按内容组织为一体。

在万维网出现之前,人们熟知和使用的文件组织方式就是文件系统的目录树方式。这常常很不方便也不灵活。例如,一个物理学家可能正在研究 J 粒子。他希望所有与 J 粒子相关的理论分析和实验数据的文件都放在一个逻辑上的地方。但事实上,文件可能分布在多台计算机上,也不是按粒子类型分的子目录。很可能出现的情况是,理论文件放在一个目录里,按照理论物理的某种分类法,甚至按照研究小组分成一些子目录。实验数据则按实验时间分成一些子目录。物理学家要找到相关的文件就像大海捞针一样困难。物理学家希望有一种方法能够把与J粒子有关的信息都放在一起。

万维网要解决哪些关键问题呢?

第一个问题,万维网的信息组织应该是物理的还是虚拟的? 这个问题被伯纳斯-李很快就解决了。不应该把信息按照内容物理地存储在计算机里。因为这些信息资料是很多人创造的,各有自己的分类存储方式。另外,一个文件很可能与多种粒子有关。把它按J粒子的内容存储了,就失去了为另一种粒子提供信息的灵活性。因此,万维网的组织必须是虚拟的,它可以建筑在现有的目录树的物理存储基础上,用一些指针把内容指向相应的目录树中的文档。这又引出了一个更细的新问题,这个指针应该是什么样的形式呢?

第二个问题,如何根据内容访问某个文档? 在万维网之前,这也是非常麻烦的一件事。例如,物理学家需要知道J粒子的半衰期,他必须先到处询问,找到知道这个信息的人,然后了解到某台计算机某个目录中的某个文件里有这个信息。然后,物理学家需要使用FTP程序登录到该台计算机,再使用cd命令"走"到该目录中,再用get命令把文件下载到自己的本地计算机。能不能大大简化上述过程,只要敲一个键就能得到所需的信息呢?

为了解决上述问题,伯纳斯-李提出了4个基本概念和机理,即超文本(HyperText)、统一资源定位(Universal Resource Locator,URL)、超文本传输协议(HyperText Transfer Protocol,HTTP),以及超文本标记语言(HyperText Markup Language,HTML)。

超文本概念不是伯纳斯-李发明的。事实上,在1960年,一位叫作特德·尼尔生(Ted Nelson)的计算机专家就发明了超文本的概念。所谓超文本,是指它在一般文本文件之外有些新东西。像本书这样的文本文件都有一个特征,就是它们都是顺序的。一句话顺序接着上一句话,一段接一段,一页接一页。而在一个超文本里,这种顺序性可以用一种称为"链接"的东西打乱。例如在看到J粒子的描述时,我们读到半衰期这个词,它有一个链接指向对半衰期的描述。我们可以敲一个特殊键,然后直接跳到半衰期的描述部分。

伯纳斯-李的贡献是将超文本的概念从一台计算机扩展到了整个因特网(因此他才称自己的发明为World Wide Web)。在他之前,一个词的链接只能指向同一个文件的另一个段落,或者最多是同一台计算机中的另一个文件。而伯纳斯-李的链接则可指向因特网上任何一台计算机的任何一个文件。

这种链接显然功能要强大得多,但如何来定义这种世界范围内的链接呢? 伯纳斯-李发明了URL来解决这个问题。一个URL实际上包含3个部分,中间用分隔符号隔开。

```
http://www.ict.ac.cn/index.html
```

http是协议名,表示这个链接要用万维网的HTTP去访问远程计算机。万维网还支持一些其他协议,例如telnet是用TELNET协议去登录某台远程计算机,ftp是用FTP去远程计算机下载一个文件,mailto是用电子邮件协议去发一封电子邮件,bbs是去登录一个电子公告板,等等。字符串www.ict.ac.cn是计算机的域名,即指定因特网上的某一台计算机。字符串index.html是该台计算机中的一个超文本文件。很多时候,人们并不指定文件名。这里用的实际上是一个默认文件,人们俗称"首页"(home page)。

HTTP是一个新协议,它大大简化了远程文件的传输。人们只需说明URL,HTTP会让本地计算机和远程计算机自动完成很多中间工作。

伯纳斯-李主要发明了两个软件技术：一个是万维网服务器软件，它用在远程计算机上，负责处理 HTTP，把用户请求的文件传出来；另一个软件是客户端的 HTML 浏览器。它用在本地计算机上，负责向万维网服务器发出 HTTP 请求，将所链接到的万维网服务器传回来的文件在本地显示出来。

6.5.3　大数据计算

大数据计算的一个含义是针对 PB(peta byte)级乃至 EB(exa byte)级数据的计算。

1EB 是多大规模呢？一个 U 盘的容量大约是 1GB。一台 PC 上的硬盘容量大约是 1TB。1PB＝1024TB。1EB ＝1024PB＝2^{20} TB。因此，1EB 相当于 100 万个硬盘的容量，或 10 亿个 U 盘的容量。这么大容量的数据在一台服务器上放不下，需要一个由多个服务器节点组成的计算机网络，也称为分布式系统。

【实例 6.34】　何永强与 RCFile。

PB～EP 级的大数据计算系统带来了一个数据放置问题：如何放置数据，使得在处理大数据分析负载时，读取数据的速度最快、硬盘空间最省？

2008 年，这个数据放置问题进入了在中国科学院计算技术研究所攻读博士学位的何永强同学的视野。他发明了一种行列混合存储的新技术 RCFile，有效地整合了列存储和行存储的优点，能够提高读取速度、节省硬盘空间(图 6.31)。2009 年，他的工作成果引起了脸书公司和雅虎公司的注意，聘请他去硅谷改进它们的系统。效果很明显：使用 RCFile 可为这些公司节省 20％的硬盘空间，同时提高读取速度 10％。2010 年，何永强将 RCFile 软件开源贡献给 Apache 社区，很快得到社区接受，何永强成为了 Apache Hive 社区的 committer。今天，RCFile 技术及其优化后的技术在全球数据挖掘和数据分析系统中得到了广泛使用。

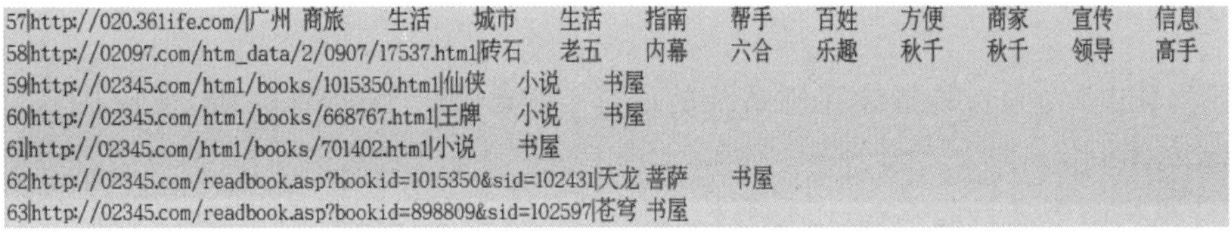

(a) 普通文本格式，10.11MB

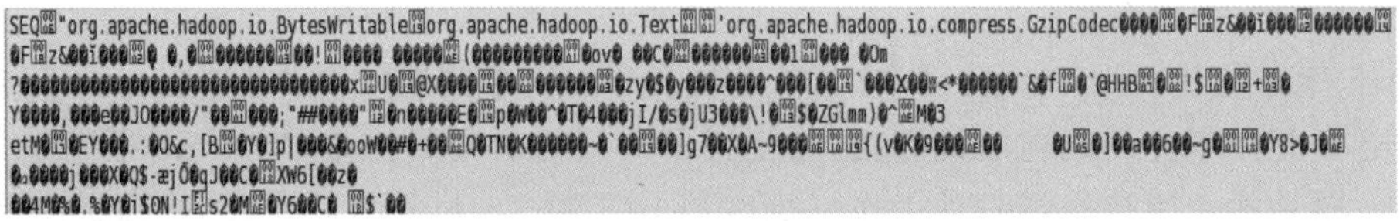

(b) 行存储压缩格式，2.13MB

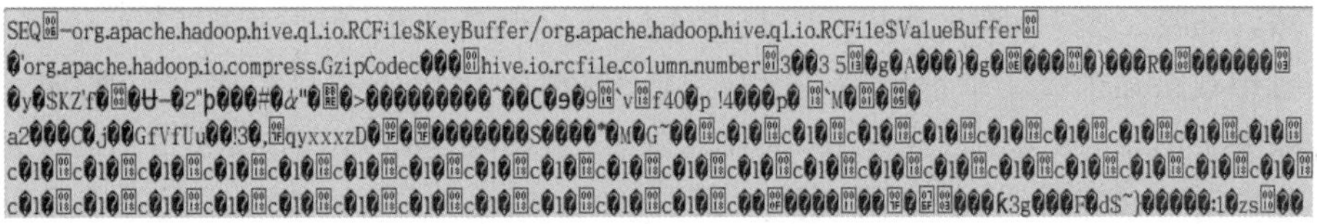

(c) 行列混合存储压缩格式，1.80MB(RCFile格式)

图 6.31　RCFile 节省存储空间示意

何永强还是一位热心助人、推动公益事业的志愿者。

他与查礼老师在 2008 年发起了 Hadoop in China 技术沙龙，将开源大数据计算技术引入中国的志愿者社区。2011 年 11 月，第一届 Hadoop in China 技术沙龙在中国科学院计算技术研究所举行，来自美国硅谷和中国北京的 60 多位科技人员参会。自 2012 年起，Hadoop in China 成为了中国计算机学会最大的大数据技术会议，每届参会人员都超过千人。2012 年，何永强也双喜临门：他的博士论文《百 PB 级数据规模的离线处理关键技术》在中国科学院计算技术研究所通过答辩，同年他成为一对双胞胎的父亲。

今天，何永强已经离开了脸书，在硅谷和北京创办了创业公司。

6.5.4　臭虫与病毒

有人曾这样比喻过摩尔定律造成的计算机技术的飞速发展：如果汽车工业像计算机工业那样高速发展的话，现在的汽车每小时可以行驶 1000 千米，售价只有 1000 元。

业界有一个反面的回应：幸好汽车工业没有像计算机那样发展。如果汽车像笔记本计算机一样的不安全、不可靠的话，地球上活着的驾驶员和乘客大概就不多了。

试想一下，如果你在高速公路上行驶，突然方向盘、油门、刹车全部失灵，仪表上显示一条信息：

"你执行了非法操作，系统关机。"

这种可怕的景象，正是日常发生在每一个微机用户身边的事。这种情形的出现是如此频繁，我们已经习以为常了。我们对"死机"这些词语已毫不陌生，并且知道要随时"存"一下自己的工作，例如正在编写的一个文件，正在计算的一个报表，正在输入的一个客户名录，正在创建的一个网页等。

其实，这些现象不是用户的错，是系统的"臭虫"发作。

1. 臭虫

所谓"臭虫"（bug），是指计算机系统的硬件、系统软件（如操作系统）或应用软件（如文字处理软件）出错。

从计算机诞生之日起，就有了计算机"臭虫"。第一个有记载的"臭虫"是美国海军的编程员格蕾斯·哈珀（Grace Hopper）发现的。哈珀后来领导了著名计算机语言 Cobol 的开发，是编译器的发明者。

1945 年 9 月 9 日下午 3 点，哈珀中尉正领着她的小组构造一个称为"马克二型"的计算机。这还不是一个完全的电子计算机，它使用了大量的继电器。此时，第二次世界大战还没有结束。哈珀的小组夜以继日地工作。机房是一间第一次世界大战时建造的老建筑。那是一个炎热的夏天，房间没有空调，所有窗户都敞开散热。

突然，"马克二型"计算机死机了。技术人员试了很多办法，最后定位到第 70 号继电器出错。哈珀观察这个出错的继电器，发现一只飞蛾躺在中间，并且已经死了。她小心地用镊子将飞蛾夹了出来，用透明胶布贴到"事件记录本"中，并注明"第一个发现虫子的实例。"

从此以后，人们将计算机错误戏称为虫子（bug）或臭虫，而把找寻错误的工作称为"找臭虫"（debug），也称为"调试"。

哈珀的事件记录本，连同那个飞蛾，现在陈列在美国历史博物馆。

计算机"臭虫"之多,是难以令人置信的。据计算机业界媒体报道,微软 Windows 98 操作系统改正了 Windows 95 里面 5000 多个"臭虫"。也就是说,当 Windows 95 操作系统推向市场时,每套里都至少含有 5000 个"臭虫"! 全世界有数千亿个"臭虫"在我们的微机中飞来爬去,这就难怪我们的微机应用老会出问题了。

到了 2015 年,软件规模更大了。微软 Windows 操作系统代码量达到数千万行,远大于 Windows 95 操作系统。谷歌公司开发并运行的软件代码量已达到 20 亿行。腾讯公司开发并运行的软件代码量已达到 14 亿行。我们甚至要惊叹:这些如此大的系统为什么还没有崩溃?

其实,人们并不是不可以更好地对付"臭虫"。斯坦福大学的 Donald Knuth(高德纳)教授就是创造高质量软件产品的典范人物。他在 20 世纪 80 年代初开发的计算机排版软件 TeX 在世界范围内广泛使用,而且非常稳定。

世界上像高德纳教授这样的人不多。他毕竟是一个超级程序员、一个图灵奖获得者、一个天才,具备优秀的科学训练和素养。而且,他的程序是开放源码的,全世界都在帮他找错。

就是高德纳教授这样的人也是会犯错误的。他是如何应对错误的呢?

1999 年 12 月,《美国科学家》杂志评选出"塑造 20 世纪科学的 100 本书",高德纳教授的著作也榜上有名。他在 1968 年出版的《计算机程序设计艺术》一书,与爱因斯坦的《相对论》、维纳的《控制论》、狄拉克的《量子力学》等被列为 20 世纪最有影响的 12 部科学专著。

高德纳教授开发的 TeX 软件有一个创举:他在发布这个开源软件时明确宣布,他将对软件负责。对每一个"臭虫",他将奖励第一个发现者 2.56 美元。

高德纳教授对这部 600 多页的专著《计算机程序设计艺术》采取了同样的奖励方法。每一个错误的第一个发现者将获得 2.56 美元的奖励。不断有人给他写信报告错误。到了 1981 年,高德纳教授忙于开发 TeX,实在没有时间回信。于是他向所有报告者发了一封标准信,称以后会给他们联系。高德纳教授说,"我可能很慢,但我信守我的承诺。"到了 1999 年,高德纳教授终于腾出时间回了所有信件,并汇出 125 张支票。

由于时过境迁,有几封信被退回来了,其中有一封是从中国上海发出的。如果你的名字是 Du Xiao Wei,在 1982 年 6 月 10 日向高德纳教授发信指正过他书中的错误,高德纳教授还有一张支票等着寄给你!

高德纳教授的网址是 www-cs-faculty.stanford.edu/~knuth。

2000 年徐志伟与高德纳教授的一次通信

高德纳教授,

我是中科院计算所的一名研究员,正在写一本有关计算机的科普书。我知道您在推出 TeX 软件时,曾悬赏 1 美元给第一个发现任何"臭虫"的人士。不知 20 年下来,人们发现了多少 TeX 的"臭虫"?

谢谢。

徐志伟

徐先生,

事实上,我的悬赏是每个错误 2.56 美元,每年翻一番,直到 327.68 美元,然后就保持在这个水平。这个悬赏今天还存在。但是,这么多人已经检查过我的程序了,它可能是同等规模软件中错误检查做得最彻底的程序。

　　我的记忆是大概有四五个人在 327.68 美元的水平找到了错误。TeX 软件的全部错误记录已经发表在《软件实践与经验》杂志中。在 20 多年的时间内，我记录了总共 1276 个"臭虫"的纠正和功能改进。我总共开出了大约 4000 美元的支票，但是很多人都没有把寄给他们的支票兑现。我实际付出的赏金大约是 2000 美元。

　　我也悬赏在我出版的任何书中发现错误的人，奖金为每个错误 2.56 美元。这样可以帮助我在每一次印刷时改进质量。

　　如果软件公司愿意奖赏为它们的软件找到"臭虫"的人，那该多好啊。尤其是如果软件是开放源码的……

　　诚挚的，

　　　　　　　　　　　　　　　　　　　　　　　　　　　　高德纳

2. 病毒

　　如果说"臭虫"是无意发生的错误的话，"计算机病毒"就往往呈现恶意攻击的特点。

　　1984 年，在美国洛杉矶市南加州大学，弗雷德·科恩（Fred Cohen）写完了一篇十来页的研究备忘录。他感到一分喜悦，更有九分焦虑。

　　科恩是南加州大学的一名研究生，正在攻读计算机工程专业的博士学位。经过一年多的沉思、实验和分析，他确信自己已经发现了计算机在安全方面的一个很大的漏洞。为了更清楚地展示自己的学术思想，科恩发明了一种短小的计算机程序，它可以通过正常渠道进入任何一台获准使用的计算机，并迅速取得最高权限，然后开始执行任意的操作。很特别的是，这种程序可以自我复制，然后通过各种媒体传播到其他计算机。

　　科恩将这种程序称为计算机病毒，因为它的机理很像生物病毒。他感到喜悦的是，病毒感染似乎是计算机的一种带有普遍性的现象，而发现这种现象具有很大的科学价值。过去一年来，科恩费尽了口舌，做了很严格的保证，最终获准使用了几个主流品牌的十余种计算机系统。无一例外地，科恩都能很容易地写一个程序，感染被测试的计算机系统。科恩认为他的工作很有科学意义，有助于计算机的安全性研究。

　　但是，令他不解和焦虑的是，计算机厂家，乃至整个计算机界，似乎很不愿意听他的研究成果，甚至反对他从事这方面的研究，好像他在干一件大逆不道、见不得人的，甚至是非法的勾当。科恩与厂商联系，在厂商严密监控下，在他们的计算机上做病毒实验的请求，都被一一拒绝了。他只好求助于用户单位的计算机系统管理员。为了不给几十名帮助他的同学和朋友带来麻烦，科恩在他的科研备忘录中略去了所有计算机的型号和厂家的名字。在致谢一节中，他只列出了朋友的名字，略去了他们的姓氏。

　　科恩搞不懂为什么计算机厂家和一些专家们看不到他的工作的科学意义。科恩是在研究计算机和一种基本现象及机理，他的成果可以用来找出系统的安全漏洞，设计更安全的计算机。但是，这些人采取了很可笑的鸵鸟心态，对这一现象采取不承认、不谈论、不研究的政策。好像只要我们不理睬病毒，它就会自动消失。问题是，病毒是不会消失的。只要有计算机系统的基本知识，任何一个人都能很容易地创造病毒。最短小的病毒只需要十几行、甚至几行程序代码就能实现。哪怕科恩不发明病毒，其他人也可以很容易地发明它。简言之，病毒的存在和流行是不可忽视的现实。我们不早做防治准备，以后会吃大亏。

今天，弗雷德·科恩博士继续从事计算机安全方面的研究工作。他可能没有想到，实际情况的发展比他当初预料的还要糟糕得多。因特网的普及，大大方便了病毒的传播。自科恩发明第一个病毒以来，世界上已有数以万计的病毒问世。

像生物病毒一样，计算机病毒也分了很多种类，具有不同的症状、潜伏期、感染方式和传播渠道。防治计算机病毒的手段也越来越像防治生物病毒的手段。人们在使用"病毒卫士"这样的软件，当一个带有病毒的程序或数据文件进入计算机时，这个软件会自动报警，并禁止这些文件的使用。所谓的"杀毒软件"则能扫描检查计算机系统，找出已感染的病毒，并将其杀死。人们也正在研究预防病毒的措施，在不久的将来，人们可能用"预防针""种牛痘"之类的方法来对付计算机病毒。

破坏力最强的病毒之一，就是 2000 年爆发的"爱虫"。

2000 年 5 月 3 日，一条奇怪的电子邮件从菲律宾发出。几个小时后，它迅速地传播到了亚洲、欧洲和美国。

芬兰的一个用户听到自己的微机发出轻微的"嘟"声，告诉他新邮件来了。他打开了这个邮件，看到这个标题为"我爱你"的电子邮件中有一句话："请看一看我送给你的爱情信。"为好奇心驱使，这个用户打开了附件。

这封邮件并不是爱情信，而是一个后来被称为"爱虫"的病毒。这个芬兰的用户觉得不太对劲，但他不知道，就在他打开邮件和附件的一瞬间，爱虫已经感染了他的计算机，修改了他的系统文件和数据文件，并且自动把同样的病毒邮件发给了他的邮件地址簿里面的所有朋友。"爱虫"还带有一个特洛伊木马软件，它自动地将被感染计算机的上网密码传给了菲律宾的一个网站。

斯德哥尔摩一家食品批发商的服务器系统管理员具有高度警惕性。他发现情况不对时就马上关闭了电子邮件系统。这时，"爱虫"进入他的服务器只有 5 分钟，但已经破坏了 800 个文件，感染了 3 个用户账户。他立即分析了爱虫病毒的程序，这个软件是用一种称为 Visual Basic 的程序语言写的脚本程序，只有 9 页，分析起来很容易。他很快地确定这是一个带有特洛伊木马的病毒，好像是菲律宾的一位名叫"织蛛"的黑客创造的。他马上通过因特网向监控机构发出警告。

一时间，因特网上充满了报警信息。

"病毒警报！爱虫肆虐！不要打开任何爱情信，哪怕是你的爱人发来的邮件！"

问题是，警报已经太晚。而且，由于很多电子邮件服务器此时已经瘫痪，连警报也送不出去，很多公司只好用电话通知。

到了 2000 年 5 月 4 日，全球数十个国家的数百万台计算机已被"爱虫"病毒感染，很多单位的邮件服务器瘫痪了几小时。这些单位包括美国国会、英国国会、美国商业部、《财富》杂志所列的世界前 100 个大公司中 80% 的企业，等等，甚至连美国国防部的保密电子邮件系统也不能幸免。据估计，"爱虫"病毒流行了短短两天，造成的损失就达 20 亿美元。

"爱虫"之所以能够迅速传播，是因为它使用了一种新的传染机理。"爱虫"的目标是装配了微软 Windows 操作系统的个人计算机和服务器。可惜的是，世界上的大部分微机和小部分服务器都是这样的系统。这些系统的邮件服务器软件都有一个电子邮件地址簿，内含用户常用的朋友和同事的电子邮件地址。"爱虫"一旦进入一台计算机，它会马上将同样的病毒邮件发送给地址簿中的每一个地址。

假如平均每个地址簿包含 100 个地址。那么，爱虫的第一轮传播会感染 100 台计算机，第二轮传播会感染 1 万台计算机，第三轮传播则可以感染 100 万台计算机。

2000 年 5 月 8 日，菲律宾国家调查局和美国联邦调查局联合行动，逮捕了马尼拉的一名 27 岁的银行职员，但稍后不久，警方由于证据不足，只好释放了他。

证据确实太单薄了。警方的证据是程序中的一些蛛丝马迹，以及因特网上有一些与"爱虫"病毒有关的讨论是从该名银行职员的家中发出的。这名银行职员的女朋友的兄弟是一名马尼拉的大学生，他的论文讨论了与爱虫病毒类似的技术。这名大学生还在网上称，有可能是他不小心释放了"爱虫"病毒，但他从不承认自己创造了"爱虫"病毒。

这位银行职员一直争辩自己被冤枉了，警方搞错了人。一些安全专家也不排除病毒来源于别的地方的可能性。在因特网时代，一位住在纽约的黑客可以很容易地伪造自己的身份，从马尼拉释放病毒。

3. 木马

最难探测的一类恶意软件是特洛伊木马。它表面上是一段合法的程序或数据，常常并不造成明显的破坏，而是做一些隐蔽的操作，让黑客控制计算机。

例如，你的朋友通过光盘、U 盘、因特网等方式传给你一个游戏，或是一段音乐、一幅图画，甚至就是一段文章。你的朋友不知道他的计算机已经感染上了一个特洛伊木马。当你打开从朋友来的文件时，你没有丝毫异常的感觉，你看到的是一个新游戏，或是一幅美丽的图画。但暗地里，特洛伊木马启动。它获取和修改你的计算机的系统信息，为黑客开了一个隐秘的后门。这样，当你用计算机上网时，黑客可以冒充你的身份控制你的计算机，例如将你的私人文件传出去，偷看你的电子邮件，为你回复电子邮件，等等。

特洛伊木马的危险在于它的高度隐秘。不用任何特殊的操作，只要接收一个文件，或是浏览一个网站，都可能感染上特洛伊木马。在几年内，被感染了的计算机的用户可能感觉不到任何异常，计算机也不展示任何有害的症状。殊不知在这几年内，某个黑客对你的计算机，对你的一举一动了如指掌。他如果想做的话，任何时候都可以彻底破坏你的计算机。

由于没有症状，要发现特洛伊木马常常是比较困难的。性能优秀的杀毒软件可以发现已知的特洛伊木马，而新的特洛伊木马则需要专家才能发现。

2010 年，美国国防部高级研究计划署（DARPA）启动了一个所谓"从头开始"的计算机系统研究计划，称为 CRASH（Clean-slate design of Resilient，Adaptive，Secure Hosts）。该计划的目的是研究全新的计算机系统，不用继承现有的计算机系统技术。这也是"从头开始"（clean-slate）的意思。这些全新的计算机系统具备现有系统所没有的安全性，它们具有环境适应性和弹性，遇到病毒可以恢复，从而提升抵抗病毒攻击的能力。而要实现这些性质，一个重要的创新思路是借鉴生物界的多样性。这些计算机一旦部署使用，在使用过程中会逐渐进化成为很多个、甚至很多种不同的计算机，而一种病毒只能影响一种计算机。

6.6 习　　题

1. 关于网络思维的下列断言,错误的是(　)。

    A. 网络中的节点一定是计算机

    B. 网络中的节点是抽象或真实的实体

    C. 网络的节点不需要和其他节点通信

    D. 网络中不能有孤立节点。每个节点至少和一个其他节点连接

2. 关于计算机网络的下列断言,错误的是(　)。

    A. 无线接入点(AP)不是宿主机,而是组网设备,它可以实现有线和无线信号的相互转换

    B. 网络交换机(network switch)连接多台运行相同协议的网络设备,形成一个同构网络

    C. 一个网络交换机可以用来连接一个运行以太网的局域网和另一个运行 WiFi 的局域网,形成一个异构网络

    D. 多个功能可以集成到一个产品中。例如,WiFi 设备可以将 AP、交换机和路由器功能组合到同一个产品中,该产品被称为 WiFi 路由器

3. 表 6.8 中对网络名字空间大小的估计存在两个错误,它们是(　)。

表 6.8　7 个名字空间例子

名 字 空 间	举　　例	网络大小(节点的数量)
全球的姓名	Joan Smith	A. Billions
全球万维网的 URL	www.ict.ac.cn/cs101	B. Trillions
全球互联网站域名	www.ict.ac.cn	C. Billions
全球电子邮箱地址	zxu@ict.ac.cn	D. Millions
全球互联网 IPv4 地址	159.226.97.84	E. 2^{32}
中国电话号码	189-6666-8888	F. 2^{11}
全球 MAC 地址	00-1E-C9-43-24-42	G. 2^{48}

4. 在浏览器中输入 https://www.ict.ac.cn/cs101 访问网站时,顶级域名是(　)。

    A. https   B. www   C. cn   D. cs101

5. 使用 IPv4 时,以下不是合法 IP 地址的是(　)。

    A. 0.0.0.0   B. 127.0.0.1   C. 159.226.97.84   D. 159.279.97.84

6. 域名服务 (DNS)的作用是(　)。

    A. 将互联网域名转换为互联网协议(IP)地址

    B. 将互联网协议地址转换为互联网域名

    C. 将 IP 地址转换为域名

    D. 将手机号码转换为互联网域名

7. IPv6 具有 128 位地址格式。相比之下，IPv4 只有 32 位地址格式。与 IPv4 相比，IPv6 可以提供更多的 IP 地址，是 IPv4 的（   ）倍。

  A. 32   B. 96   C. 128

  D. 2^{32} E. 2^{96} F. 2^{128}

8. 世界上所有的科学文献形成了一个图，我们将这个图称为科学文献图（SLG）。其中一篇论文（或一本书）是一个节点，引用是一条从引用作品指向被引作品的边。按照网络思维，SLG 是网络吗？（   ）

  A. 不是。计算机网络用于传递消息。然而 SLG 中不传递任何消息，每条引用只是一个标记而已

  B. 是的。SLG 描述了科学文献网络的连通性

  C. 不是。网络思维必须同时利用连接抽象和协议栈

  D. 不是。SLG 不是网络，因为科学文献不断增长

9. 根据网络思维，科学文献图（SLG）（   ）。

  A. 不是网络   B. 是一个静态网络 C. 是一个动态网络 D. 是一个演化网络

10. 阿尔伯特·爱因斯坦于 1905 年发表了一篇关于狭义相对论的论文，该文不包含参考文献引用。回想一下，在科学文献图（SLG）中，引用是一条从引用作品指向被引作品的边。以下说法正确的是（   ）。

  A. 在 SLG 中，爱因斯坦的论文是一个没有入边的节点

  B. 在 SLG 中，爱因斯坦的论文是一个没有出边的节点

  C. 在 SLG 中，爱因斯坦的论文是一个孤立的节点，既没有入边也没有出边

  D. 爱因斯坦写论文不引用前人工作的做法是错误的

11. 使用第二代搜索引擎得到的结果比第一代搜索引擎好得多，这是因为（   ）。

  A. 第二代搜索引擎使用了更好的计算机系统

  B. 第二代搜索引擎收集用户数据，例如用户的点击历史数据，以改善搜索结果

  C. 第二代搜索引擎采用了人工智能技术，更加智能

  D. 第一代搜索引擎仅利用网页网络的节点。第二代搜索引擎通过利用节点和边，更好地实践了网络思维

12. 我们定义一个搜索网络如下：节点是搜索引擎和所有使用搜索引擎的用户，每个用户和搜索引擎之间存在一条边。以下说法不正确的是（   ）。

  A. 在任何时间点，搜索网络都是一个星形网络

  B. 在任何时间点，搜索网络都是一个静态网络

  C. 在任何时间点，搜索网络都是一个动态网络

  D. 搜索网络是一个演化网络

13. 下列关于分组交换的说法正确的是（   ）。

  A. 将多个用户的多条消息拆分成数据包，依次随机发送

  B. 仅将一个用户的多条消息拆分成数据包，依次随机发送

  C. 将一个用户的多条消息打包成一个数据包进行传输

  D. 将多个用户的多条消息打包成一个数据包进行传输

14. 观察 6.3.1 节的电路交换和分组交换，下载任务最终都在 8.11s 的时刻完成。分组

交换好像不节省时间。那么为什么要发明分组交换呢？所有合理的解释是(　　)。

  A. 通过分组交换,3 个通信任务同时进行,每个用户无须等待其他用户完成

  B. 在线路交换中,用户李四感觉他的计算机好像"卡住了"。他需要等待 7.31s 才能看到比特传输

  C. 在线路交换中,用户王五感觉他的计算机好像"卡住了"。他需要等待 7.46s 才能看到比特传输

  D. 在许多使用线路交换的应用中,例如,两个人在一个线路上进行电话通话,线路的信道容量通常没有得到充分利用。通过让多个通信任务共享同一线路,分组交换可以更有效地利用信道容量

15. 通常数据包包含 4 种类型的信息：有效载荷数据、地址、控制信息和错误处理信息。包头和包体包含信息,以下描述正确的是(　　)。

  A. 包头包含地址、控制信息和错误处理信息；包体包含有效载荷数据

  B. 包头包含地址和控制信息；包体包含有效载荷数据及错误处理信息

  C. 包头包含地址；包体包含有效载荷数据及控制信息和错误处理信息

  D. 包头包含控制信息和错误处理信息；包体包含有效载荷数据和地址

16. 下列说法不正确的是(　　)。

  A. 由万维网和因特网组成的协议栈是万维网数据通信的技术基础

  B. HTTP 对等接口用于两个对等点之间：Web 浏览器和 Web 服务器。这个对等接口提供了一个抽象,这样两个对等点就不需要担心下层协议

  C. HTTP 和 TCP 之间的服务接口用于 TCP 层支持 HTTP 层

  D. 从浏览器到服务器的一条 HTTP 消息的所有数据包都沿着相同的物理路径传输

17. 下列说法不正确的是(　　)。

  A. 当一个 HTTP 数据包从浏览器发送到 Web 服务器时,至少一个 TCP 数据包也从浏览器计算机发送到服务器计算机

  B. 当一个 HTTP 数据包从浏览器发送到 Web 服务器时,至少一个 IP 数据包也从浏览器计算机发送到服务器计算机

  C. 当一个 HTTP 数据包从浏览器发送到 Web 服务器时,至少一个数据链路层数据包也从浏览器计算机发送到服务器计算机

  D. 当一个 HTTP 数据包从浏览器发送到 Web 服务器时,一个 0 和 1 的物理层二进制字符串也从浏览器计算机发送到服务器计算机

  E. HTTP 数据包可以从浏览器发送到 Web 服务器,而无须发送任何 TCP、IP 或数据链路层数据包

18. 假设图 6.32 只有路由器(显示为棕色框)可能出现故障。最少需要(　　)个路由器出现故障,才使得宿主机 A 与宿主机 B 无法通信。

  A. 1　　　　　　　　B. 2　　　　　　　　C. 3　　　　　　　　D. 4

19. 假设图 6.32 只有路由器间的线路可能会出现故障。最少需要(　　)条路由器间线路出现故障,才使得宿主机 A 与宿主机 B 无法通信。

  A. 1　　　　　　　　B. 2　　　　　　　　C. 3　　　　　　　　D. 4

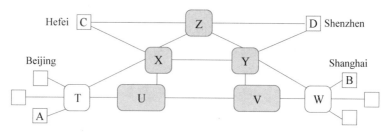

图 6.32　包含 5 个路由器 U、V、X、Y、Z 的网络示意

20. 一名学生从信誉良好的 ISP 订购了光纤套餐，该套餐使用 1Gb/s 带宽线路将其公寓连接到因特网。但是他在访问因特网时经常只体验到 5Mb/s 的带宽。为什么会有这么大的差距？以下（　　）不是合理的解释。

　　A. 1Gb/s 带宽的光纤连接只是从学生的笔记本计算机到访问网站的完整路径的一部分，路径的其余部分可能会慢得多

　　B. 学生可能与邻居共享网络交换机

　　C. 假设 Internet 的其余部分足够快并且没有共享。1Gb/s 带宽是最大带宽，即霍克尼公式中的 r_∞，用户体验带宽可能低得多

　　D. 学生有一台速度极快的笔记本计算机

21. 下列关于数据压缩的说法，正确的是（　　）。

　　A. 无损压缩通常比有损压缩生成更大的压缩文件

　　B. 有损压缩可用于压缩 Go 程序文件

　　C. 有损压缩可用于压缩二进制程序文件，即可执行程序文件

　　D. 要压缩 Autumn.bmp 等图片文件，必须使用无损压缩工具，例如 gzip 命令

22. 以下关于网络效应的说法正确的是（　　）。

　　A. 连接到 Internet 的笔记本计算机比未联网笔记本计算机对用户更有价值，因为它受益于网络效应

　　B. 网络的总值是其节点值的线性和

　　C. 里德定律是错误的，因为 Facebook 和腾讯公司的数据不支持该定律

　　D. 病毒性市场（viral marketing）绝对有害，就像生物病毒伤害人一样

23. 以下说法正确的是（　　）。

　　A. 软件错误（software bugs）是一种恶意软件（malware）

　　B. 恶意软件是一种软件错误

　　C. 计算机病毒是一种恶意软件

　　D. 垃圾邮件（spam）是一种软件错误

24. 以下说法正确的是（　　）。

　　A. 如果一个网站已安装防火墙、防病毒软件和反垃圾邮件软件，那么它应该被认为是一个值得信赖的网站

　　B. 来自受信任网站的所有信息都是可信的

　　C. 我通过 HTTPS（HTTP 的安全版本）访问一个网站。因此，我从该网站收到的信息是可信的

D. 没有完美的网络安全或绝对值得信赖的网站

25. 在讨论隐私保护时,以下( )不是个人可识别信息(personally identifiable information)的实例。

  A. 学生个人计算机的密码   B. 学生的全名

  C. 学生的大学学号   D. 学生的全脸照片

26. 张蕾是一家公司的产品设计师,该公司生产的产品被数百万用户使用。她在产品中发现了一个漏洞,黑客可以利用该漏洞造成伤害。根据 ACM 行为准则,她应该( )。

  A. 什么都不做,因为她可以在几周内与同事一起修复错误

  B. 遵循负责任披露(responsible disclosure)的做法

  C. 遵循全面披露(full disclosure)的做法。也就是说,在未经公司同意的情况下向
   公众公布该错误

  D. 向政府监管机构报告错误

27. 伏羲智库在 2021 年 6 月 24 日发布了对"美国封禁伊朗网站事件"的复盘结果。伏羲智库认定的事实如下。

(1) 在 2012 年 6 月 22 日前,presstv.com 网站一直解析到 IP 地址 77.66.40.12 所在服务器,该服务器部署在位于丹麦首都大区霍耶-措斯楚普自治市的数据中心。

(2) 6 月 22 日起,presstv.com 域名解析 A 记录开始出现频繁变化,指向 13.249.79.2、13.249.118.12、52.85.242.35、99.84.189.3 等 IP 地址,这些 IP 地址都属于美国亚马逊机房。

(3) 美国公司 Versign 是 presstv.com 域名数据的顶级域名注册管理机构。

(4) 2021 年 6 月 22 日,美国政府以"违反制裁"为由关闭了伊朗英语新闻电视台网站 PressTV.com。伏羲智库得出下列调查结论:技术上,美国政府通过顶级域名注册管理机构,将 presstv.com 网站的域名解析 A 记录和 NS 记录强制指向美国政府指定的亚马逊域名解析服务器,从而实现对 presstv.com 网站进行关停处理。请自行做必要的进一步调查,并就下列问题和断言给出独立思考。

(1) 美国政府的做法违背了互联网精神,但美国政府没有做错事,因为互联网本来就是美国政府资助发明的。

(2) 美国公司 Versign 的做法侵犯了用户的利益,但 Versign 没有做错事,因为它是依法配合政府。

(3) 伏羲智库的复盘工作毫无意义,它只是记录了事件的技术层面的事实,没有判定对错,对未来发展没有指导作用。

(4) 事件各方都没有做错事,没有侵犯用户利益,也没有违反互联网精神。

(5) 假设你是美国公司 Versign 的工程师,你该如何做才符合 ACM 行为准则?

第 7 章

chapter 7

计算机学科展望

计算机科学是抽象的自动化。

Computer science is the mechanization of abstractions.

——阿尔弗雷德·阿霍(Alfred Aho)与杰佛里·乌尔曼(Jeffrey Ullman),1992

学科(discipline)是人类知识的分支,即学术与学问的分支。一门学科是一个有自身特色的研究领域及相对独立的知识体系,包括独特的研究对象与研究方法。

中国的高等教育体系将"计算机科学与技术"设为一级学科,包含"计算机系统结构""计算机软件与理论""计算机应用技术"3个二级学科。近年来,还派生出了"网络信息安全""软件工程""人工智能"等学科,统称为计算机类学科。2009年发布的《中华人民共和国学科分类与代码国家标准》则更加保守,在计算机科学技术一级学科中规定了计算机科学技术基础学科、人工智能、计算机系统结构、计算机软件、计算机工程、计算机应用6个二级学科(表 7.1)。

表 7.1　计算机科学技术一级学科的国标内容

二 级 学 科	三 级 学 科
计算机科学技术基础学科	自动机理论;可计算性理论;计算机可靠性理论;算法理论;数据结构;数据安全与计算机安全
人工智能	人工智能理论;自然语言处理;机器翻译;模式识别;计算机感知;计算机神经网络;知识工程(包括专家系统)
计算机系统结构	计算机系统设计;并行处理;分布式处理系统;计算机网络;计算机运行测试与性能评价
计算机软件	软件理论;操作系统与操作环境;程序设计及其语言;编译系统;数据库;软件开发环境与开发技术;软件工程
计算机工程	计算机元器件;计算机处理器技术;计算机存储技术;计算机外围设备;计算机制造与检测;计算机高密度组装技术
计算机应用	中国语言文字信息处理(包括汉字信息处理);计算机仿真;计算机图形学;计算机图像处理;计算机辅助设计;计算机过程控制;计算机信息管理系统;计算机决策支持系统

官方文档的学科规定是为了方便科学研究与教育,不是教条。国际上通常将"计算机科学与技术"简称为"计算机科学",还有学者不赞成将学科分得过细。本章注重计算机学科的本质进展与演化,并不局限于官方文档的学科划分。我们首先学习计算机科学的研究对象与研究方法特色,再讨论更加丰富的学科演化,其目的是让同学们了解这门朝气蓬勃的人类

知识分支,进而能够站在巨人肩膀上创新。

7.1　学科研究对象与研究问题

7.1.1　研究对象

计算机科学是研究计算过程的学科。计算过程是运行在计算机上的、通过操纵数字符号变换信息的过程。因此,计算机科学的研究对象本质上是计算过程与计算机系统。

自然科学主要研究物质与能量的运动过程。计算机科学主要研究信息的运动过程。

在世纪之交,美国科学基金会邀请一批计算机科学家讨论计算机科学的基础性的研究对象、研究问题、研究方法。这个"计算机科学基础委员会"在 2004 年撰写了《计算机科学基础报告》[①],刻画了计算机科学的本质特征(essential character):"计算机科学是研究计算机及它们能干什么的一门学科。它研究抽象计算机的能力与局限,真实计算机的构造与特征,以及用于求解问题的无数计算机应用。"其中,抽象计算机大体上对应于二级学科中的计算机理论,真实计算机大体上对应于计算机系统结构,计算机应用大体上对应于计算机应用技术。更具体地,计算机科学还具有如下特色(characteristics),它们既是研究对象,也是研究方法与研究问题。

(1)计算机科学涉及符号及其操作。
(2)计算机科学关注多种抽象的创造和操作。
(3)计算机科学创造并研究算法。
(4)计算机科学创造各种人工制品,包括不受物理定律限制的人工制品。
(5)计算机科学利用并应对指数增长。
(6)计算机科学探索计算能力的基本极限。
(7)计算机科学关注与人类智能相关的复杂的、分析的、理性的活动。

7.1.2　研究方法

计算机科学采用计算思维解决物理世界与人类社会的各种问题,其中物理世界包括大自然与人造物。这个基本方法将物理世界与人类社会的各种目标领域的问题建模成为赛博空间(cyberspace,也称为信息空间)中的计算问题,再通过设计运行在计算机系统之上的计算过程解决这些问题。这个认识世界、定义问题、解决问题的方法如图 7.1 所示。

这个计算思维基本方法与《计算机科学基础报告》是一致的。建模环节常常用到抽象计算机的知识。计算过程往往通过算法和程序刻画,对应各种计算机应用。计算过程是在计算机系统上运行的,计算机系统对应真实计算机,它们为计算过程提供比特精准自动执行的抽象。

这个计算思维基本方法已经被 70 年的历史证明是行之有效的。它不仅被用于解决信息空间中的问题,也被用于解决自然科学、工程学科和社会科学中的问题。

[①]　National Research Council Committee on Fundamentals of Computer Science. Computer Science：Reflections on the Field[M]. Washington D.C.：The National Academies Press,2004.

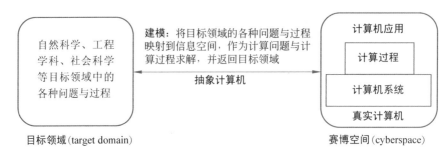

图 7.1　计算思维基本方法

【实例 7.1】　卡普计算透镜假说（computational lens）。

计算思维方法行之有效的一个原因是卡普计算透镜假说，由图灵奖获得者理查德·卡普教授（Richard Karp）提出。他说：“自然做计算。人类社会做计算”不仅信息空间中的过程是计算过程，目标领域的过程也是计算过程。自然科学、工程学科、社会科学的很多过程当然是其领域的物理过程、化学过程、生物过程、社会过程，但它们同时也是计算过程。通过计算机科学透镜研究它们会产生新理解。

在计算思维的建模阶段，计算机科学很自然地继承了数学、自然科学、工程学科、社会科学的研究方法。计算机科学也发展出了独有自动执行、比特精准、巧妙构造的研究方法特色，不断产出功能更强、性能更高、品质更好、更易使用的计算机系统与计算过程。

（1）自动执行。计算机科学强调在计算机上自动执行的计算过程，包括能够自动执行的算法、程序、抽象。自动执行也是计算机的性能在 1946 年后随时间指数增长的根本原因，使得 70 年来单台计算机的速度增长了 100 万亿倍。

（2）比特精准。任何学科领域都追求精准性。计算机科学强调比特精准（bit accuracy），并以比特精准支持各个目标领域自身的精准性要求。比特精准是指，计算过程的每一步骤都忠实地执行程序命令，每一步骤的每一个比特按照程序命令的要求都是正确的。

（3）巧妙构造。计算机科学追求巧妙构造的计算过程，即通过利用巧妙的抽象，执行比较聪明的算法，花费较短的计算时间，使用较少的硬件资源，来解决问题。构造性要求对计算过程的刻画是有限的。例如，程序是可自动执行的且行数是有限的。反之，某些数学推理过程，如存在性证明或反证法，则可能是无限的或非构造性的，需要人的智慧。

【实例 7.2】　费米等人发明计算机模拟。

恩里科·费米（Enrico Fermi）等物理学家在 1953 年发明了一种全新的科学研究方法，称为计算机模拟（simulation）。今天，计算机模拟（也称为科学计算）已经成为继理论分析和科学实验之后的第三大科学研究范式，并被广泛应用于人类生产生活的方方面面。

计算机模拟是指使用计算机科学技术，一步一步地模仿现实世界中的真实系统随时间演变的过程或结果。计算机通过执行计算过程，求解表示真实系统的数学模型和其他模型，产生逼近真实的模拟结果。数十年的计算机应用历史表明，计算机可以模拟物理世界和人类社会当中的各种事物和过程，用较低的成本重现物理现象和社会现象，甚至让我们可以“看见”原来看不见的事物，想象原来想不到的场景，做出原来做不到的事情。教师可解读“原子冲浪”计算机模拟视频，说明模拟 90 亿原子高温高速运动，可重现原来看不见的

Kelvin-Helmholtz 不稳定性的宏观现象。

计算机学科的研究方法还在提出问题与度量进步方面颇有特色。下面介绍两个例子以显示这两类特色：①格雷 12 问题，以一组简明可测的长远研究目标作为研究问题；②Linpack 等基准测试（benchmarks），通过代表应用负载的基准测试数据，量化一个或多个研究问题取得的进步。

7.1.3 格雷 12 问题

詹姆斯·格雷(James Gray)在 1999 年的图灵奖获奖演说中，提出了今后 50 年的 12 个基础性科技难题与研究目标[①]，并希望这些目标能在 2050 年前实现。这些难题研究智能计算系统及其应用，也是从系统思维出发的一组计算机学科本质性的研究问题。

格雷 12 问题很像国际数学界的希尔伯特 23 问题。1900 年，大卫·希尔伯特在世界数学家大会上提出了 23 个基础性的数学问题，对今后 100 多年的数学研究产生了深远影响。格雷 12 问题的提出仅有 20 余年，但已经对计算机学科产生了显著影响。

格雷继承了巴贝奇、图灵、布什等前辈计算机科学家的方法论。他提出的 12 个问题，每一个问题（也就是研究目标）必须满足下面 5 个条件。

(1) 简明性：目标简明，容易陈述(Understandable：simple to state)。

(2) 挑战性：尚不存在明显的解决方法(Challenging：not obvious how to do it)。

(3) 有用性：一旦问题解决，对整个社会普通老百姓有鲜明好处(Useful：clear benefit to people at large)。

(4) 可测性：进展和解答有简易方法测试(Testable：progress and solution is testable)。

(5) 增量性：最终目标可分解成为中间的里程碑小目标，以鼓励同行保持研究热情(Incremental：goal has smaller intermediate milestones，to keep researchers going)。

格雷 12 问题

① 可扩展系统(Scalability)：设计出算力可扩展 100 万倍的系统结构。

② 图灵测试(Turing Test)：设计出可通过图灵测试的计算机系统。

③ 母语听(Speech to text)：构建计算机系统，能够像说母语的人一样听懂人讲话。

④ 母语说(Text to speech)：构建计算机系统，能够像说母语的人一样讲话。

⑤ 真人看(See as well as a person)。构建计算机系统，能够像人一样识别事物行为。

⑥ 个人数字资产库系统(Personal Memex)。记录个人一生所读、所看、所听，并能快速检索，但不做任何分析。消费者个人能够负担其购买成本与使用成本。

⑦ 全球数字资产库系统(World Memex)。所有文本、声音、图像、视频上网；专家级的分析和摘要能力；快速检索能力。

⑧ 远程呈现(Telepresence)。模拟人出现在另一个地方，能与当地环境和其他人交互，好像真实出现一样。

---

① Jim G. What next？：A dozen information-technology research goals[J]. Journal of ACM，2003，50，(1)：41-57。

⑨ 无故障系统(Trouble-Free System)。构建计算机系统,能够供上百万人日常使用,但只需一个兼职人员管理维护。

⑩ 安全系统(Secure System)。保障上述无故障系统只对授权用户开放、非法用户不能阻碍合法用户使用、信息不可能被窃取。证明这3种安全性。

⑪ 系统可用性(Always Up)。保障上述无故障系统的可用性高达99.9999999%(9个9),即每100年才出错1s。证明这种可用性。

⑫ 自动程序员(Automatic Programmer)。设计出一种规约语言或用户界面,具备5个性质:通用,能够表达任意应用的设计;高效,表达效率提升一千倍;自动,计算机能够自动编译该设计表达;易用,系统较为易用;智能,可针对应用设计中存在的异常与缺失自动做推理、询问用户。

7.1.4 主要进步

格雷12问题提出20余年来,计算机学科取得了显著进展。相关研究开发成果已经取得了广泛应用,产出了功能更强、性能更高、品质更好、更易使用的产品和服务,造福数十亿用户。表7.2展示了计算机科学技术学科的一些重要进展及其实例,以及与格雷12问题的大致对应。可以看出,实际研究目标和研究问题往往跨越二级学科。

表7.2 格雷问题相关学科进展

格雷问题与学科	目标与进展	学科的科学技术进步举例
计算机系统结构 ①可扩展系统 ⑨无故障系统 ⑩安全系统 ⑪可用系统	• 性能更高,可扩展百万倍 ▪ 科学计算系统已可扩展10万倍 ▪ 大数据系统已可扩展上千倍 • 可用性提升5个9 ▪ 已提升2个9	并行计算机 分布式系统 并发程序设计 并发应用框架 容错计算 计算机与网络安全
软件与理论 ⑨无故障系统 ⑩安全系统 ⑪可用系统 ⑫自动程序员	• 可用性提升5个9 ▪ 已提升1~2个9 • 更易使用:千倍提升 ▪ 已提升数倍至数十倍	软件工程 操作系统 数据库 服务计算 高级程序设计语言 应用框架 计算机与网络安全
计算机应用技术 ②图灵测试 ③母语听 ④母语说 ⑤真人看 ⑥个人数字资产库 ⑦全球数字资产库 ⑧远程呈现	• 功能更强 ▪ 更加智能泛在 • 品质更好,提升5个9 ▪ 可用性已提升2个9 • 更易使用:千倍提升 ▪ 已提升数倍至数十倍	计算机模拟 服务计算 大数据计算 人工智能 人机交互 虚拟现实与增强现实 众多应用子学科

格雷 12 问题与"功能更强""性能更高""品质更好""更易使用"可有如下大致对应。

(1) 格雷问题①很明显对应"性能更高",要求有一个系统结构,添加资源即可提升性能 100 万倍。此处的性能可以是计算速度、吞吐率等。

(2) 格雷问题②、③、④、⑤很明显对应更加智能的功能。另外,格雷问题⑥、⑦、⑧也主要体现"功能更强",尽管与性能和品质也有关系。

(3) 格雷问题⑫,即自动程序员问题,对应于"更易使用",即更易编程。这方面的进步尚缺乏全面客观的度量结论。但有证据显示,得益于高级程序设计语言、集成开发环境、应用框架和软件库的进展,编程效率已有数倍至数十倍的提升。

(4) "品质更好"主要对应格雷问题⑨、⑩、⑪。其中,格雷对"可用系统"提出了要求很高的量化进步目标,即可用性为 99.9999999%,每 100 年才出错 1s。有时我们简称其为"9 个 9"的可用性。

上述系统可用性数据可由如下公式计算:

$$99.9999999\% = 可用性(\text{Availability}) = \frac{平均无故障时间}{平均无故障时间 + 平均修复时间} \approx \frac{100 \, 年}{100 \, 年 + 1s}$$

20 世纪 50 年代,计算机系统的可用性仅为 90%(1 个 9),大约每天有 2.6 个小时不可用。到了世纪之交,高品质计算机系统的可用性改善到了 99.99%(4 个 9),大约每天有 10s 不可用。进步速度大约是每 15 年增加一个 9。但是,世纪之交的万维网应用系统的可用性大约只有 99%(2 个 9),大约每天有 15min 不可用。

格雷提出了一个激进的研究目标,在 50 年内将系统可用性再增加 5 个 9,达到每年仅有 1s 不可用的水平。20 余年后的今天,我们已经有很多系统达到了每年仅有 5min 到 0.5min 不可用的水平,将高品质系统的可用性提升了 1～2 个 9。

下面用高性能计算、大数据计算、互联网服务、蛋白质折叠 4 个实例,讨论最近 20 余年来的格雷 12 问题与相关学科的具体研究进展,以及功能更强、性能更高、品质更好、更易使用的具体体现。它们分别对应科学计算、企业计算、消费者计算、智能计算的 4 种应用场景。

【实例 7.3】　用 Linpack 度量高性能计算进展。

全球超级计算机 500 强(Top500.org)是一个由欧美科学家维护的榜单,统计每年全球速度最快的前 500 台超级计算机。这个榜单自 1993 年以来每年发布两次。速度最快是指运行 Linpack 基准程序取得的实际计算速度最快,计算速度的单位是每秒执行的 64 比特浮点运算次数。Linpack 基准程序是一个开源软件,采用高斯消元法求解线性方程组,它的提出者 Jack Dongarra 获 2021 年图灵奖。

Linpack 基准程序测试提供了一个度量方法,可用于客观精确地展示和衡量计算机在性能方面取得的进步。表 7.3 显示了 1993 年与 2020 年的全球 500 强冠军系统的对比。

表 7.3　1993 年与 2020 年的全球 500 强冠军对比

项　　目	1993 年	2020 年	1993—2020 年增长倍数
冠军名称	Thinking Machine CM-5	Fujitsu Fugaku	N/A
问题规模	$N = 52\,224$	$N = 20\,459\,520$	392
计算速度	**59.7GFlop/s**	**415\,530TFlop/s**	**6\,960\,302**

续表

项　　目	1993 年	2020 年	1993—2020 年增长倍数
主频	32MHz	2.2GHz	69
并发度	1024 cores	7 299 072 cores	7128
内存容量	32GB	4 866 048GB	152 064
功耗	96.5kW	28 334.5kW	294
成本	US $ 30 million	US $ 1 billion	33

格雷问题①是可扩展系统问题，即设计出一种计算机系统结构，通过添加硬件资源可使算力增加 100 万倍。针对超级计算机，这个目标已经完成大半了。Fugaku 超级计算机的最小单元是一个计算节点，包含 48 个处理器核。Fugaku 采用了由多核并行计算节点连接而成的机群体系结构，整机系统结构可扩展，最多可添加 15 万个计算节点，将计算速度（算力）提升到单节点计算速度的 12 万倍。

从历史数据看，超级计算机的速度随时间呈现指数增长，平均每年增长 83％。1993 年的冠军系统 CM-5 的计算速度为 2.3TFlops（TFlops 即 Tera Floating-point operation per second，每秒万亿次浮点运算）。与之相比，2020 年的冠军系统 Fugaku 的计算速度提升了近 700 万倍。其主要原因不是更快的主频（增长 69 倍），而是并发度（增长 7000 多倍）。

这个高速发展主要得益于并行与分布式系统子学科方面的进展。业界发展出一种称为机群（cluster）的可扩展并行计算机系统结构，将多台计算机互连起来形成一台超级计算机。机群貌似机房中的一个多台计算机组成的网络，但更加高效。例如，计算机网络中两个节点之间的通信延时大约为数毫秒，而机群中两个节点之间的通信延时可低至 1μs，有数千倍的差别。机群资源调度系统可分配上千万个 CPU 核给同一个计算作业，取得千万级乃至更高的并发度。计算机学科还发展出了新型的并发程序设计、并发应用框架、容错计算和计算机系统安全等方面的技术，推动了格雷问题⑨～⑪的进展。这些技术的实例包括 OpenMP 并行编程框架、MPI 消息传递接口、Slurm 作业调度系统等。

【实例 7.4】 TeraSort 基准程序度量大数据计算进展。

注：在这个例子中，TeraSort 基准程序定义的就是 1TB 为 1000GB，1PB 为 1000TB。

机群也广泛应用于大数据计算，并展现了可扩展性。Jim Gray 在 1985 年提出排序 100 万记录的挑战，其中每个记录包含 100 字节，总共 100MB。他在 1998 年将数据拓展到 1000GB，即 1TB，称为 TeraSort 基准程序，希望人们能够设计出高效的系统结构，在 1min 内排序 1TB 数据。

开始的进展很慢，如图 7.2 虚线所示。从 1998 年到 2004 年，速度仅提高了 4 倍左右。按照这个趋势，需要到 2020 年才能实现 1min 排序 1TB 数据的目标（如图 7.2 虚线所示）。幸运的是，业界发明了以机群硬件和大数据计算框架为特征的新型系统结构，排序速度快速增长，在 2009 年实现了 1min 排序 1TB 数据的目标（如图 7.2 实线所示）。

2011 年，谷歌公司采用 8000 节点的机群，花费 33min 排序了 1PB（1000TB）数据，花费 387min 排序了 10PB 数据。这得益于运行在机群上的 MapReduce 分布式计算框架软件。2014 年，加州大学伯克利分校 Spark 团队使用 190 个云计算节点，花费 234min 排序了 1PB

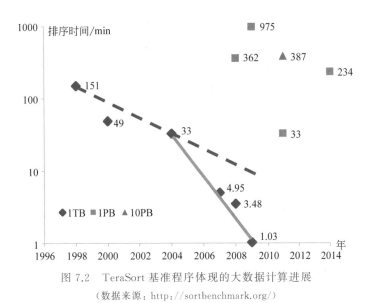

图 7.2　TeraSort 基准程序体现的大数据计算进展

(数据来源: http://sortbenchmark.org/)

数据。这里的 Spark 是一个大数据计算应用框架软件。今天的全球排序最快纪录由腾讯公司保持,它在 2016 年采用 512 个节点的机群取得了每分钟排序 60.7TB 的好成绩。

这些进展表明,大数据计算系统呈现了千倍左右的系统结构可扩展性,离格雷的百万倍可扩展性目标还有数百倍至上千倍的差距。业界也在突破其他纪录,如能效。最新的 2021 年高能效排序纪录是每焦耳排序 7MB,由瑞典皇家理工学院的 RezSort 团队获得。

【实例 7.5】　云账户体现的互联网服务进展。

云账户公司于 2016 年 8 月成立,依托互联网技术向保洁阿姨、维修师傅、视频创作者等新就业形态劳动者提供灵活就业服务,帮助平台经济中的劳动者就业增收。云账户 2021 年实现收入 500 多亿元、纳税 30 多亿元,服务 6600 多万名新就业形态劳动者,位列中国民营企业 500 强第 243 位,党中央授予云账户"全国先进基层党组织"称号,云账户董事长荣获"全国脱贫攻坚先进个人"荣誉。

云账户仅有 200 多名技术人员,却能高效地支持 6600 万用户。一个重要原因是分布式系统,或网络计算技术,在格雷 12 问题提出之后的十几年取得了巨大进步,特别是基础设施即服务(IaaS)、平台即服务(PaaS)、软件即服务(SaaS)等云计算服务技术。云账户的创新业务充分借助了这些进步。

云账户系统(图 7.3)本质上是一种分布式计算系统,它在云计算机群基础上,使用了 30 余种开源软件框架,形成 300 余个微服务,为数千万移动或桌面用户提供了秒批办照、收入结算、税款代缴、保险保障等业务服务。

针对格雷问题⑨～⑫,云账户系统体现了如下进步。

(1) 格雷问题⑨: 无故障系统,供上百万人日常使用,只需一个兼职人员管理维护。云账户系统已有 6600 多万活跃用户,超过了"供上百万人日常使用"的要求。云账户借助各类 IaaS、PaaS、SaaS 层的云计算服务,仅需管理维护必需的自建服务。但是,云账户系统目前还需要 30 余名全职的运维工程师、数据库管理员、安全工程师做运行维护,与"只需一个兼职人员管理维护"的目标还有较大差距。

(2) 格雷问题⑩：安全系统。保障上述无故障系统只对授权用户开放、非法用户不能阻碍合法用户使用、信息不可能被窃取。证明这3种安全性。

云账户系统已经在实际使用中体现了上述3种安全性，但还需要持续提升安全水平和修复安全问题，且还不能数学严密地证明其安全性。

(3) 格雷问题⑪：系统可用性。保障上述无故障系统的可用性高达99.9999999%(9个9)，即每100年才出错1s。证明这种可用性。

云账户系统借助多个混合云基础设施、分布式高可用架构、研发运维一体化(DevOps)软件工程方法保障系统可用性。云账户没有公布其可用性数据，它的业务系统已经在5年多内无中断地为用户服务，不过可用性还不能证明。

(4) 格雷问题⑫：自动程序员。设计出一种规约语言或用户界面，使得表达设计的效率提升1000倍。

云账户仍然主要依赖于产品经理和工程师的合作来设计、开发和测试系统。虽然利用基础组件库、微服务、开发工具链、敏捷开发流程等技术可减少重复工作，但云账户团队主要基于高级编程语言开发分布式应用系统。只在几个限定的应用场景中，才支持最终用户在可视化环境中拖曳完成系统设计。

图7.3　服务数千万个体经营者的云账户系统

【实例7.6】　智能计算进展。

格雷12问题提出20多年来，智能计算应用取得了较大进展，主要得益于深度学习技术的深入。尽管计算机是否已经通过了图灵测试(格雷问题②)还有很大争议，针对母语听(格雷问题③)、母语说(格雷问题④)、真人看(格雷问题⑤)这3个挑战，业界已经取得了普通消费者也能感受到的进展。

达到"真人看"效果的一个例子是使用网易的有道词典的拍照翻译功能，可即时准确地将实物上的标签从中文翻译成英文。达到"母语听、母语说"效果的一个例子，是外国游客到了中国酒店，可以使用讯飞翻译机，实时地用本国语言与酒店前台服务员流畅交流。讯飞翻译机已经支持全球61种语言，包括小语种和语言。人们通过呼叫"小度小度"启动百度智能音箱与家庭中的电器交互，已经成为流行电视剧中的场景(图7.4)。

一个令人兴奋的进展是蛋白质结构预测。1972年，在其诺贝尔化学奖获奖演说中，生物化学家克里斯蒂安·安芬森(Christian Anfinsen)提出了一个愿景：未来某一天，人们将能够从蛋白质的一维氨基酸序列预测出其三维空间结构。2020年11月，DeepMind团队提出了强大的深度学习预测方法，使得很多蛋白质的三维结构预测精度为90%以上。尽管不是100%，这样的结果已经足够实用了，以至于《科学》杂志认为，在安芬森愿景50年后，蛋

图 7.4 网易拍照翻译(左)、讯飞翻译机(中)与百度智能音箱(右)

白质结构预测问题已经解决了。2021 年 11 月,《科学》杂志将"人工智能驱动的蛋白质结构预测"(AI-powered protein prediction)命名为 2021 年的年度科学突破。

7.2 学科演变与主要研究方向

本节首先讨论计算机学科从 1936 年到 2056 年的 120 年学科演化,在此基础上讨论计算机科学技术、人工智能、软件工程、网络信息安全等学科的发展。为了系统性地展现学科演变,本节尽量采用高德纳算法定义及格雷 12 问题作为实例。

7.2.1 学科演化树

以格雷 12 问题作为透镜,我们可以整体理解计算机学科过去 80 余年的发展脉络。特别地,在格雷 12 问题提出 20 余年来,计算机学科的研究对象、研究问题、研究方法都表现了较明显的演变趋势,使得我们可以对未来 30 余年的学科发展趋势也做出若干判断。

计算机学科的 120 年发展演化大体上可分为 4 个阶段(图 7.5)。标出的各阶段起始与结束时间仅供参考。事实上,计算机科学领域不断有新思想萌芽、成长壮大、渗透到经济社会各个方面。例如,2008 年出现的区块链技术,就是快速发展的新思想例子。它通过比特币等应用,在短短十余年时间遍历了萌芽、壮大和渗透期,已经影响着数亿人。

注:人机物智能期、渗透期、壮大期、萌芽期之间的时间事实上是有交叉的。

1. 萌芽期

第一阶段是萌芽期,从 1936 年图灵机论文发表到 1968 年高德纳的《计算机程序设计艺术》教科书出版。计算机学科脱胎于数学、物理、电子等学科,但已经成长成为具有自身特色的研究领域及相对独立的知识体系。这个独立的知识体系在 1968 年已经展现出一些基本内涵和外部表征。

(1) 图灵机、冯·诺依曼体系结构等理论计算机模型已经出现;可计算性理论已经建立;图灵机的通用性、冯·诺依曼体系结构的桥接模型特性已得到验证。

(2) IBM S/360 等真实计算机的通用性已经得到验证;计算机系统结构已成为精确的学术概念;操作系统和高级程序设计语言已经得到应用。

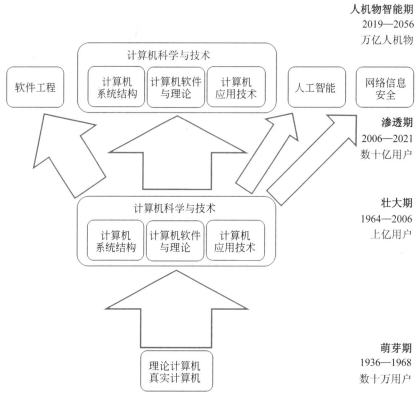

图 7.5　计算机学科发展演化树

（3）科学计算、计算机模拟仿真、计算机图形学、计算机过程控制、计算机信息管理系统等计算机应用已经出现。

（4）1962 年,普渡大学创立了全球第一个计算机专业。

（5）1962 年,国际计算机学会（ACM）、IEEE 计算机协会（IEEE-CS）、中国计算机学会这 3 个全球最大的计算机学会都成立了。计算机学术界和研究界有了自己的专业学会,包括专业期刊和专业学术会议。

（6）1968 年,高德纳的《计算机程序设计艺术》教科书出版。这部著作与爱因斯坦的《相对论》、狄拉克的《量子力学》等被列为 20 世纪最有影响的 12 部科学专著。它不是一部数学、物理学或电子学的著作,而是一部计算机科学的著作。

2. 壮大期

第二阶段是壮大期,从 1964 年 IBM 发布 S/360 通用计算机系列开始到 2006 年《计算思维》论文发表。计算机学科成长壮大成为一个包含计算机系统结构、计算机软件与理论、计算机应用技术的丰富的知识体系。下面是一些代表性例子。

（1）1964 年,IBM 发布 S/360 通用计算机系列,提出了计算机系统结构的概念,标志着真实计算机定性研究的系统性展开。1989 年,《计算机体系结构:量化研究方法》教科书出版,标志着真实计算机定量研究的系统性深入。1968—1972 年,彼得·丹宁等发现了计算局部性原理,被广泛用于显著提升计算机系统和计算机应用的性能。

（2）1971 年,史蒂芬·库克提出了 P vs. NP 问题及 NP 完备性概念,引导了计算复杂度理论的形成。20 世纪 80 年代,莱斯利·兰波特等学者发表了逻辑时钟、拜占庭将军问题、Paxos 共识算法等成果,推动了分布式计算理论的建立。2000 年,埃里克·布鲁尔提出了 CAP 定理,揭示了分布式系统的基础性局限。

（3）在此期间,基础软件技术和系统得到了大发展,例子包括 UNIX/Linux/RTOS 等操作系统,FORTRAN/C/Java/Python 等程序设计语言,MySQL 等数据库。图形图像、多媒体、人机交互、行业应用系统等计算机应用技术迅速成长。业界提出了"软件工程"概念以应对"软件危机",后来成长为软件工程学科。

（4）1969 年开始,计算机网络子学科从无到有建立,支撑了今天已有数十亿用户的全球互联网。

3. 渗透期

第三阶段是渗透期,从 2006 年周以真发表《计算思维》论文[①]开始到 2021 年抖音成为全球访问量最大的网站,计算机学科渗透到了科学、工程、经济人文各个学科与社会生产生活各个领域。下面是计算机学科在创新愿景、科技发展、应用渗透、负面效应 4 方面的一些例子。

（1）提出新愿景。2006 年,周以真发表《计算思维》论文,明确指出计算机科学正在渗透到各个学科与人类社会的方方面面。她还指出,21 世纪每位受过教育的人都需要知道计算思维,即计算机科学的核心概念,如抽象、算法、数据结构。到 21 世纪中叶,计算思维将成为每一个人的基础技能,就像读、写、算术一样。周以真教授还领导了美国科学基金会2007—2012 的 Cyber Enabled Discovery and Innovation 五年研究计划,这个耗资 10 亿美元的计划以计算思维为指导开展跨学科基础研究。

（2）科技迅猛发展。在 21 世纪的前 20 年,移动互联网、云计算、大数据、人工智能等计算机技术迅猛发展,不仅产生了众多科技创新,关键是很多技术得到了大规模应用。2000年,全球互联网用户大约 3.6 亿人,互联网普及率仅为 6%。2021 年,全球互联网用户增长到大约 46.6 亿人,互联网普及率猛增到 59.5%。

（3）应用广泛渗透。计算机学科渗透性的一个标志是在发展中国家也得到了广泛应用。根据中国互联网络信息中心发布的《中国互联网络发展状况统计报告》,2008 年,中国互联网用户数超过 1.23 亿人,互联网普及率达到了 22.6%,首次超过 21.9%的全球平均水平;2021 年,中国互联网用户数超过十亿人,互联网普及率达到了 73%。根据 Cloudflare 公司发布的统计数据,TikTok(抖音)是 2021 年全球访问量最大的互联网网站,超过了 2020年的冠军谷歌。

（4）负面效果凸显。由于渗透广泛,计算机学科的负面影响也越来越凸显出来,引起了社会的广泛重视。这方面的应用需求催生了"网络空间安全"这门学科。

4. 人机物智能期

第四阶段是人机物智能期,从 2019 年业界提出"万亿级设备新世界"的愿景开始到

---

① Wing J M. Computational thinking[J]. Communications of the ACM,2006,49(3):33-35.

2056 年(图灵机提出 120 周年)。这个阶段的最大特征是:计算将从赛博空间拓展到包括人类社会(人)、赛博空间(机)和物理世界(物)的人机物三元计算,以满足"人机物"融合的智能万物互联时代需求。计算机不只是电子计算机这种机器,它的部件还包括人和物。

历史上出现了 4 种计算模式和 3 次大变迁。

(1) 手工二元计算(数千年前至今),例子:人使用算盘求两数之和。

(2) 计算机一元计算(1946 年至今),例子:超级计算机求解方程组。

(3) 人机二元计算(2000 年至今),例子:人机合作构建 ImageNet。

(4) 人机物三元计算(正在开始),尚无鲜明完整实例。

在跨度数千年里,人类(人)使用算筹、算盘、纸和笔等原始计算工具(机)实现计算过程。由于每一微小步骤都需要人工操作,这种手工模式速度太慢,在 20 世纪中叶被数字电子计算机自动执行整个计算过程的一元计算模式替代。"手工二元计算→计算机一元计算"变迁(即(1)→(2))引发了当代计算机革命。

21 世纪初发生了"计算机一元计算→人机二元计算"的计算模式变迁(即(2)→(3))。一个例子是李飞飞和李凯团队的 ImageNet 基准测试集构建项目。他们通过云计算工具雇佣全球数千普通老百姓人工标注几百万张图片,将原来估计 19 年才能完成的"构建 ImageNet 知识本体"的计算过程缩短到不到 3 年完成。

从现在到 2056 年期间,将产生以人机物三元计算为特征的计算模式变迁(即(2)→(4)或(3)→(4)),出现各种人机物三元融合的计算系统(human-cyber-physical ternary computing systems),人、机、物将成为计算过程的执行主体和对象客体。换句话说,人类社会、赛博空间、物理世界都可能成为计算系统的模块集合。

7.2.2　计算机科学与技术

计算机科学与技术一级学科(国际上往往称为计算机科学)是计算机类学科的核心。它派生出了人工智能、软件工程、网络空间安全学科。这并不意味着计算机科学放弃了人工智能、软件和安全的研究。事实上,很多学者,包括一些国际领先的学府,并不赞成细分计算机科学,或派生外包出去。

中国高等教育体系将计算机科学与技术一级学科分为计算机系统结构、计算机软件与理论、计算机应用技术 3 个二级学科。本节通过一些实例,更加具象化地学习系统结构(真实计算机)和算法理论(抽象计算机)的发展趋势。

1. 计算机系统结构的定量研究方法

自 20 世纪 80 年代以来,计算机系统结构学科的一大进展是提炼出了一套定量研究方法,称为计算机体系结构的量化方法。它的提出者 John Hennessy 和 David Patterson 获 2017 年图灵奖。这个量化方法对系统结构的研究、教育和产业发展都产生了广泛持续的影响。

这个量化方法有一个基础性的简洁量化公式,称为 CPI 公式,其中 CPI(Clock cycle Per Instruction),即执行一条指令所需的平均时钟周期数。

CPI 公式如下:

$$\frac{ExecutionTime}{Program}=\frac{Instructions}{Program}\times\frac{ClockCycles}{Instruction}\times\frac{ClockTime}{ClockCycle}$$

CPI 公式可简写如下：

$$Time=InstructionCount\times CPI/f$$

CPI 公式是一个刻画计算机性能的公式。它考虑了计算机执行程序时的 4 个重要性能度量，并用一个简洁公式指出了它们之间的数学关系。这 4 个平均值度量的解释如下。

（1）程序执行时间：（ExecutionTime）/ Program，也简称为 Time。

（2）程序指令数：Instructions / Program，即程序执行的动态指令数 Instruction Count。

（3）**CPI**：（ClockCycles）/ Instruction，即每条指令执行的时钟周期数。

（4）时钟周期：（ClockTime）/（ClockCycle），即每个时钟周期的时长，刚好是计算机主频 f 的倒数。给定主频 $f=3GHz$，时钟周期是 $1/3GHz=0.333ns$。

量化方法对微处理器芯片产业的影响最大。CPI 公式在刻画处理器性能方面很成功，不仅可以用于评估和设计处理器体系结构，还可以对它们分类。例如，单处理器计算机的 CPI 可有 3 种情况，对应于 3 类处理器体系结构。

$$处理器体系结构=\begin{cases}CISC\ 复杂指令集体系结构 & CPI>1\\ RISC\ 精简指令集体系结构 & CPI=1\\ Superscalar\ 超标量体系结构 & CPI<1\end{cases}$$

其中，CISC 是 Complex Instruction Set Computer 的缩写，RISC 是 Simple Instruction Set Computer 的缩写。

计算机体系结构的量化方法正在向并行计算机和分布式计算系统拓展。但迄今为止，业界尚未提炼出像 CPI 公式一样普适而又简洁的性能公式。这有几个原因。最明显的原因是，一个并行分布式计算机系统往往不是由一个单一时钟信号驱动的。而且，并行分布式系统包括各种编排、并发、同步和通信开销，难以普适而又简洁地刻画。这些难点也是未来计算机系统结构的重要研究方向。

2. 计算机系统的能效展望

持续提升计算机性能是极其重要的。一个原因是巴贝扬黄金隐喻[①]：计算速度是像黄金一样的硬通货，可以换成任何其他东西。

另一方面，计算速度受限于能效水平，即每焦耳可执行的运算数。兰道尔（Rolf Landauer）在 1961 年提出了信息处理的一个物理学极限（称为兰道尔极限）。兰道尔极限说，删除一比特至少需要 3×10^{-21} 焦耳能量。换言之，每焦耳能量最多能够执行 0.33×10^{21} 比特运算，即 Zeta Operations Per Joule（ZOPJ）。这是一个物理学极限，很难突破。

图 7.6 展示了计算机的速度（每秒运算数）、能效（每千瓦时运算数，"千瓦时"也俗称"度"）和功耗（W）自 1850 年来的发展态势。可以看出达到兰道尔极限之前的 3 个里程碑节点。1946 年 ENIAC 数字电子计算机问世，终结了手工计算和机械计算机的百年缓慢发展史，揭开了现代计算机 60 年的指数发展史。这 60 年是最理想的 60 年：计算速度随时间指

[①]　黄金隐喻由俄罗斯计算机科学家波瑞斯·巴贝扬（Boris Babayan）提出。他说，计算速度像黄金一样，可以换成其他东西，包括新的功能、更高的品质、更好的易用性、更低的成本。

数增长，能效与速度同步改善，系统功耗大体不变。

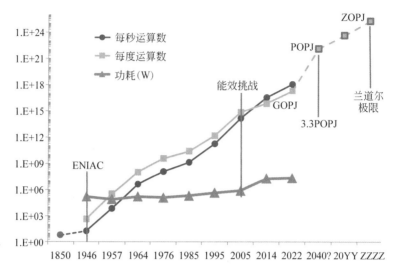

图 7.6　单套计算机系统的速度、能效、功耗展望，从第一台电子计算机到物理极限

2005 年是另一个里程碑，计算机能效停止了与计算速度同步改善的态势，提升缓慢。2022 年 6 月发布的 Frontier 超级计算机的实际速度达到了 1.1EFlops，即每秒 1.1×10^{18} 次 64 位浮点运算。它的功耗是 21.1MW，性能功耗比（即能效）为 52GFlops/W，简写为 52 GOPJ，即 52 Giga Operations Per Joule，或每焦耳 520 亿次运算。

John Hennessy 和 David Patterson 在 2018 年所做的图灵奖演讲中指出，为了应对能效挑战，计算机体系结构的研究正在进入一个新的黄金时代。一个重要特征是领域专用体系结构（domain-specific architecture）的兴起。业界提出了未来里程碑，将能效扳回到指数改善态势。例如，DARPA 提出了针对特定智能应用实现 3.3POPJ 的研究目标。

3. 高德纳算法展望

计算机学科的发展要求我们不断回顾基本概念的定义。例如，什么是计算机系统？什么是算法？让我们回顾第 4 章中的高德纳算法定义（见下框），重新审视其中的 3 个有穷性、确定性和输出特征，可以得到对算法概念的更深刻的理解，并对算法的未来发展有所展望。

高德纳的算法定义

一个算法是一组有穷的规则，给出求解特定类型问题的操作序列，并具备下列 5 个特征。

（1）有穷性。算法在有限的步骤之后必然要终止。

（2）确定性。算法的每个步骤都必须精确地（严格地和无歧义地）定义。

（3）输入。一个算法有零个或多个输入，在算法开始或中途给定。

（4）输出。一个算法有一个或多个输出，输出是与输入有特定关系的数值。

（5）可行性。一个算法的所有操作必须是充分基本的，原则上一个人能够用笔和纸在有限时间内精确地完成它们。

【实例 7.7】　回顾高德纳算法定义中的 3 个有穷性。

高德纳的算法定义中出现了 3 个有穷性(上框标红)。它们有什么区别?

第一个有穷性(有穷的规则),是指一个算法必须由有限条规则(如有限行代码或伪代码)静态描述,代码行数与问题规模 N 无关,即代码行数是 $O(1)$。

第二个有穷性(有限的步骤),是指一个算法必然在执行有限的动态步骤之后终止,即算法的时间复杂度是 $O(f(N))$,可以与问题规模 N 有关,但不是无穷步。

这里的难点是理解两类有穷性:与问题规模无关的有穷性 $O(1)$,以及与问题规模 N 有关的有穷性 $O(f(N))$。

假设我们用图灵机模型描述一个算法,一条规则就是图灵机状态转移表的一行。有穷规则规定:状态转移表的行数是 $O(1)$,与问题规模 N 无关。有限步骤则规定:该图灵机的时间复杂度是 $O(f(N))$,但必然停机。

我们在用冯·诺依曼模型上用一个具体的算法实例,更加深入地理解这两个有穷性。

霍尔快速排序算法　　　　　　　　　　　　　　　　　　*//从此行开始一共 16 行*

- 输入:N 元素数组 A
- 输出:调整过的 N 元素数组 A;对任意索引 i,0 < i < N,有 A[i]<=A[i+1]
- 步骤:

```
1    调用 QuickSort(A, 1, N),其中递归函数 QuickSort 对数组 A[p,…,r]排序,
2    即对数组 A 中第 p 个元素到第 r 个元素进行排序。
3    func QuickSort(A, p, r) {
4        if p < r {
5            q := Partition(A, p, r)
6            QuickSort(A, p, q-1)
7            QuickSort(A, q+1, r)
8        }
9    }
10   子程序 Partition(A, p, r)的含义是:从数组 A[p,…,r]中随机地抽取出标杆元素 x,
11   然后对数组 A[p,…,r]进行调整,使得比 x 大的数都排在 x 的右边,而比 x 小的数
12   都排在 x 的左边。Partition(A, p, r)最终返回 x 在数组中的位置 q。
```

此例中,第一个有穷性(规则有穷性)是指上述 $4+12=16$ 行伪代码描述了快速排序算法。第二个有穷性(步骤有穷性)是指快速排序算法的最坏时间复杂度为 $O(N^2)$。因此,快速排序算法的规则有穷性 $=16=O(1)$,步骤有穷性为 $O(N^2)$。

第三个有穷性最好理解,是指操作可行性,即算法的任一操作是充分基本的,一个人能够用笔和纸在有限时间(几秒、几分钟乃至几小时)内精确地完成。每一个操作的执行时间是 $O(1)$,与问题规模无关。快速排序算法例子中,这些基本操作包括比较操作、位置交换操作、加减操作、跳转操作等。可以看出,快速排序算法的操作可行性为 $O(1)$。

【实例 7.8】　回顾高德纳算法定义中的确定性。

算法的每个步骤都必须精确地定义。那么,什么是"精确"?

这里的精确实质上是指"比特精准":每一步骤的每一个比特按照程序命令的要求都是正确的。计算机科学用比特精准支持各个目标领域多样性的精准性要求。

假如算法是正确的,比特精准意味着图灵机上的自动执行的算法计算过程没有误差。

展望未来,赛博空间中的一元计算将过渡到人机物三元计算,除了赛博空间中的"机","人"和"物"也会成为计算系统的部件。此时,算法的确定性要求会有新的变化。

例如,ImageNet 项目构建了包含正确标注的数百万张图片的 ImageNet 基准测试集。这个"构建 ImageNet 知识本体"的计算过程雇用了全球数千普通老百姓人工标注图片。这数千老百姓(人)也是计算部件。一个人工标注操作步骤由人识别一张模糊图片,并将其正确地标记为"三角洲"。它的确定性已经不是现在的"比特精准"可以刻画的了。

【实例 7.9】 回顾高德纳算法定义中的输出结果。

高德纳算法定义规定,算法有一个或多个输出,输出是与输入有特定关系的数值。

一个函数 F 是图灵可计算的,如果存在图灵机,给定函数的输入 x,图灵机会停机,且停机时对应的正确输出结果 $F(x)$ 已经放在纸带上了。输出与输入的特定关系就是函数 F。

这个经典定义意味着,给定函数的任意输入 x,人们可以判断输出结果是否正确。但是,当不能判断输出结果是否正确时,图灵可计算性还有意义吗? 很多图像识别算法都存在不能判断输出结果是否正确的情况。

那么,图像识别问题是图灵可计算的吗? 它是图灵不可计算的吗? 它是非图灵可计算的吗? 天气预报是图灵可计算的吗? 气候变化预测是图灵可计算的吗? 蛋白质结构预测是图灵可计算的吗? 这些问题尚没有令人满意的答案。

7.2.3　新型计算机

1. 存算一体计算机

传统的电子数字计算机存在"冯·诺依曼瓶颈":处理器和存储器之间的数据搬运往往成为瓶颈,严重制约着计算机的实际性能。为缓解冯·诺依曼瓶颈,业界提出了"存算一体"计算机体系结构,将处理器和存储器融为一体,降低甚至消除处理器与存储器之间的数据搬运开销。这方面的研究尚缺乏像冯·诺依曼体系结构这样的通用计算机模型,但针对特定应用,已经出现许多原型系统,并有初创企业的少量产品上市。

图计算是一类新兴计算模式,在搜索引擎、社交网络、推荐系统和机器学习等领域有着成功应用。设计高效图计算系统的一个难点是图计算程序的访存局部性往往较差。

中国科学院计算技术研究所韩银河团队设计了一个称为 GraphRing 的"存算一体"图计算机原型系统[①]。当采用 64GB 存储容量时,可在近 400 万节点的图上运行广度优先遍历、单源最短路径、PageRank 等常见的图算法。评估结果显示,GraphRing 系统取得了比传统冯·诺依曼体系结构近两个数量级的性能提升。

2. 生物计算机

生物计算机是指利用生物学原理或生物原料实现计算过程的自动或半自动系统。计算过程涉及运算、存储或 I/O 的一部分或全部。生物计算(biocomputing)的研究工作很多,涵

---

① Li Z, Chen X, Han Y. GraphRing: an HMC-Ring based Graph Processing Framework with Optimized Data Movement[C]. 2022 Design Automation Conference (DAC'22).

盖从 DNA 分子计算装置到各种生命科学应用。

相比传统的计算机科学,生物计算领域中的"计算"更加广义。研究的范围不只是通用生物计算机之上的信息变换,也包括物质变换。研究的产物也不一定是通用生物计算机,也可以是专用生物计算设备,用于感知、诊断、治疗及合成生物学应用。

【实例 7.10】 DNA 计算。

1994 年,南加州大学的伦纳德·阿德曼(Leonard Adleman)教授发表论文,报告了一个令人脑洞大开的结果:使用 DNA 在 7 个节点的有向图上成功找到汉密顿路径,而汉密顿路径是一个 NP 完全问题。这个计算过程实际上是一个化学实验,由若干更小的化学实验步骤组成,一共花了 7 天。但阿德曼认为这项技术能够拓展到更大的图,且总共需要的化学实验步骤与图的节点数呈线性关系。而且,对标在数字电子计算机上执行汉密顿路径的计算,阿德曼做出了惊人的估计:使用 DNA 的分子计算机,原理上的能效可高达每焦耳 2×10^{19} 次运算,离兰道尔极限的每焦耳 33×10^{19} 次运算已经很近了。阿德曼在论文中还展望未来,期望基于 DNA 计算的通用分子计算机能够问世。

29 年过去了,阿德曼的展望尚未成为现实。对标电子计算机,迄今尚未出现类似于 ENIAC 这样的通用生物计算机。但是,通用数字电子计算机面临的严峻的能效挑战,有可能反过来推动 DNA 计算装置这样的生物计算机的发展。

3. 类脑计算机

类脑计算是借鉴脑科学和神经形态工程的新型计算技术。近年来,业界提出了各种类脑计算技术,如海德堡大学的 BrainScaleS、曼彻斯特大学的 SpiNNaker、斯坦福大学的 Neurogrid、IBM 的 TrueNorth、英特尔的 Loihi。类脑计算研究工作大多是碎片化的特殊仿脑计算,尚未形成类脑通用计算的公认的技术路线,缺乏类脑计算的完备性理论支撑。最近,清华大学团队的工作提出了类脑通用计算的新思路,在《自然》杂志作为封面文章发表,被称为对解决这些问题的一个突破。

2019 年,清华大学施路平团队提出了一种以"天机芯片"(Tianjic)为载体的类脑通用计算技术[①]。他们观察到,计算机和人脑的信息处理机制存在差异:计算机将多维世界中的信息转化成一维信息流,利用时间复杂性解决问题;而人脑中神经元与上千神经元相连,把多维世界中的信息扩维到更复杂的空间中,利用空间复杂性解决问题。人脑还采用脉冲编码,同时利用了时空复杂性。施路平团队由此提出双脑驱动的异构融合天机计算架构,将大脑的近似计算、存算一体以及时空复杂度,与传统计算机的精确计算、存算分离和时间复杂度进行融合,既保持计算机的时间复杂性处理结构化信息,又通过类脑芯片引入空间和时空复杂性处理非结构化信息,使得类脑计算中异构信息的表达、存储、计算和传输更加高效。

2020 年,清华大学张悠慧-施路平团队提出了"类脑计算完备性"的学术概念及一个实现该概念的类脑计算机抽象栈[②]。类脑计算完备性(neuromorphic completeness)简要定义如下:针对任意误差 $\varepsilon \geqslant 0$ 和任意图灵可计算的函数 $f(x)$,假如计算系统 S 可以实现函数

① Pei J, Deng L, Song S, et al. Towards artificial general intelligence with hybrid Tianji chip architecture[J]. Nature, 2019, 572: 106-111.
② Zhang Y, Qu P, Ji Y, et al. A system hierarchy for brain-inspired computing[J]. Nature, 2020, 586: 378-384.

$F(x)$，使得 $\|F(x)-f(x)\|\leqslant\varepsilon$ 对所有合法的输入 x 均成立，那么 S 是类脑计算完备的。

类脑计算机抽象栈与经典计算机抽象栈，经简化后呈现图 7.7 所示的异同。在经典计算机中应用软件通过编译器精确地（比特精准地）转换到硬件执行，四层抽象都是图灵完备的。类脑计算机运行与经典计算机同样的应用软件，由编译器和应用框架精确转换成中间表示，即编程算子图。但是，类脑计算机的编译器将这个图灵完备的中间表示近似转换成类脑计算完备的执行原语图，在类脑计算完备的硬件上执行。

图 7.7　类脑计算机抽象栈（左）与经典计算机抽象栈（右）

清华大学团队已经通过无人自行车、飞鸟群体行为模拟、矩阵 QR 分解等不同种类的应用试验，初步展示了类脑计算机抽象栈的通用性。双脑驱动的异构融合的架构思路已被国内外著名类脑计算团队所采用。

4. 量子计算机

量子计算机是基于量子力学的计算装置。量子计算机不是通过布尔运算来操作经典的 0/1 比特，而是通过酉变换来操作量子比特。给定若干量子比特作为输入，量子计算机执行量子算法产生若干量子比特作为输出。量子算法具备量子并行性：给定函数 $f(x)$，量子计算机可以执行一次酉变换量子操作，同时计算出 $f(0)$、$f(1)$、$f(0.3)$ 等多个函数值。量子并行性使得量子计算机有潜力提供比经典计算机更快的计算速度。

【实例 7.11】　Deutsch-Jozsa 算法游戏。

张三和李四玩一个查询猜谜游戏。他们的每一轮查询有两个步骤。

（1）查询请求：张三给李四写信，内容是 $[0,2^n-1]$ 区间的一个整数 x。

（2）结果返回：李四收到查询 x 后，计算出查询结果 $f(x)$ 并传回张三，其中 $f:\{0,1,2,\cdots,2^n-1\}\rightarrow\{0,1\}$。函数 $f(x)$ 只能是两个特定函数之一：①$f(x)=$ 常量 C，$C=0$ 或 $C=1$；或②$f(x)=$ 平衡函数，即一半 x 取 0，另一半 x 取 1。

游戏的目的是张三经过最少轮查询，得知李四采用的函数 f 到底是常量函数还是平衡函数。在经典计算情况下，张三需要 $2^n/2+1$ 轮查询。但在量子计算情况下，即允许使用量子比特和酉变换量子操作时,张三仅需要一轮查询。这是指数复杂度 $O(2^n)$ 与常数复杂度 $O(1)$ 的差别。

【实例 7.12】 CNOT 门量子电路的深度。

量子计算可由量子电路实现。量子电路和经典逻辑电路类似,也是由各种量子门构成的。一种特殊的量子门称为受控非门(CNOT 门)。由 CNOT 门搭建的电路是一大类重要的量子电路。最近,中国科学院计算技术研究所孙晓明-张家琳团队,与南加州大学的滕尚华教授合作,给出了关于 CNOT 门搭建的量子电路深度的一个综合紧界[1]。

量子电路的深度则代表了量子电路的运行时间,深度越浅的量子电路运行时间越短。人们往往会借助辅助量子比特优化量子电路深度。2001 年的一篇论文显示,使用 $O(n^2)$ 个辅助比特,可以把任何 n 比特的量子 CNOT 门电路的深度降到 $O(\log n)$。2008 年的另一篇论文则证明了,不借助辅助比特的帮助,任何 n 比特的量子 CNOT 门电路的深度都可以优化到 $O\left(\dfrac{n^2}{\log n}\right)$。孙晓明-张家琳团队在 2020 年发表的论文改进了这两个极端:①在没有辅助比特的情况下,可以把任何 n 比特的量子 CNOT 门电路的深度优化到 $O\left(\dfrac{n}{\log n}\right)$;②使用 $O\left(\dfrac{n^2}{\log^2 n}\right)$ 个辅助比特,可以把任何 n 比特的量子 CNOT 门电路的深度降到 $O(\log n)$;③这两个结果都是在量阶上最优的。更一般地,孙晓明-张家琳团队的工作说明:在有 m 个辅助比特的情况下,量子 CNOT 门电路的深度可以压缩到 $\Theta\left(\max\left(\log n, \dfrac{n^2}{(n+m)\log(n+m)}\right)\right)$,其中 m 是任意自然数。

致　谢

感谢学术界同行与作者的交流和对本章内容的各种形式的贡献。特别感谢中国科学院大学陈晓明、韩银河、张家琳教授,康奈尔大学 John Hopcroft 教授,加州大学 Richard Karp 教授,北京大学李晓明教授,清华大学施路平、张悠慧教授,哥伦比亚大学周以真教授。

---

[1]　Jiang J, Sun X, Teng S-H, et al. Optimal Space-Depth Trade-Off of CNOT Circuits in Quantum Logic Synthesis[C]. The 30th ACM-SIAM Symposium on Discrete Algorithms (SODA 2020): 213-229.

第 8 章

课 程 实 验

动手动脑实验是课程的有机组成部分。本书建议了 4 个基础实验(编程基础、加法图灵机、信息隐藏、个人作品)和 3 个进阶实验(第 10 亿个斐波那契数、班级人体排序、哈希查找)。教学团队要注意主课与实验相互配合。有兴趣的同学可考虑进阶实验。

实验成绩评定建议使用下述原则。

(1) 采用粗粒度 5 挡分制,如表 8.1 所示。

(2) 鼓励主动学习,惩罚抄袭。鼓励提问与交流。少量使用了他人的素材(如数据、代码等)必须显式地标注致谢。可随意使用教学团队提供的材料,包括助教提供的帮助和回答,不需要显式地标注致谢。

表 8.1 实验成绩评定原则

分数	评判标准建议
4	独立完成且正确,少量使用他人的素材(有标注致谢),有创意
3	独立完成且大部分正确,少量使用他人的素材(有标注致谢)
2	基本完成且正确(如代码运行但结果有错),并标注致谢了使用他人的素材
1	截止时间前提交,但有明显错误(如代码不能运行)或缺失 50% 标注致谢
0	未在截止时间前提交,或抄袭

8.1 编程基础实验

8.1.1 实验目的

本实验使用 Linux 命令行环境中的 shell 命令、VS Code 编辑器、Go 语言编译器,开发运行几个数行到数十行大小的 Go 语言程序,目的是使得未有编程经验的同学能够在 3 周内理解以下编程基础知识。

(1) 在命令行界面中,编辑、编译、执行简单的 Go 语言程序。

(2) 理解下列数据类型:整数(int)、字节(byte)、数组(array)、字符串(string)、切片(slice)。

(3) 理解下列语句:主包语句(package main)、导入语句(import)、主函数声明语句

(func main)、变量声明语句(var)、赋值语句(＝)、循环语句(for loop)、函数声明语句、函数调用语句、递归调用。

　　本书第 2 章提供了必要的原理性知识。8.1.2 节补充说明了这些知识。实验的重点是理解①数与字符的表示；②数组与循环；③递归与切片；④用斐波那契计算机的简单汇编语言程序支持 Go 语言程序的数组与循环，从而理解计算机如何执行程序。

8.1.2　实验内容与步骤

1. 姓名编码

　　开发姓名编码程序 Name2Number.go，将自己的姓名字符串转化为若干个数字字符。

　　每个同学将自己姓名的汉语拼音的字符 ASCII 码相加，并依次打印出结果数值的十进制数字。该练习涉及 3 类数字符号，即汉语拼音字符串(如 Xu Zhi Wei)、整数数值符号(如861)、3 个十进制数字的 ASCII 字符(如'8'、'6'、'1')。

　　例如，"徐志伟"同学的姓名编码是"861"，因为"徐志伟"同学的汉语拼音共包含 10 个字符，即 Xu Zhi Wei(注意不要忽略两个空格)。采用 ASCII 编码，其相加之和是 88＋117＋32＋90＋104＋105＋32＋87＋101＋105＝861，即八百六十一这个十进制值。该程序最后打印出'8'、'6'、'1'三个十进制数字字符。

```
1    package main              //name_to_number.go
2    import "fmt"
3    func main() {
4        var name string = "Xu Zhi Wei"
5        sum := 0
6        for i := 0; i < 10; i++ {
7            sum = sum + int(name[i])
8        }
9        var sum_bytes [4]byte
10       var j int
11       for j = 3; sum != 0; j-- {
12           sum_bytes[j] = byte(sum%10) + '0'
13           sum = sum / 10
14       }
15       fmt.Printf("%c", sum_bytes[0])
16       fmt.Printf("%c", sum_bytes[1])
17       fmt.Printf("%c", sum_bytes[2])
18       fmt.Printf("%c", sum_bytes[3])
19       fmt.Printf("\n")
20   }
```

图 8.1　Go 语言程序 name_to_number.go 的源码

建议的实验步骤如下。

(1) 理解上框所示的 Go 语言代码样例 name_to_number.go。

（2）将程序 name_to_number.go 改造成为一个新程序 Name2Number.go，它有两个变化：

① "Xu Zhi Wei"替换成了同学自己的姓名字符串。

② 改正了 name_to_number.go 的 4 个编程风格缺点，即：非描述性名称；魔数；重复性代码；无注释。这些缺点应在编程实验中讲解。

（3）编译运行 Name2Number.go，验证其结果是正确的。

（4）提交 Name2Number.go 程序。

程序 name_to_number.go 共有 20 行代码。由于这是同学们的第一个编程练习，我们从数字符号操作角度，逐行讲解代码语句，仔细过一遍该程序。

代码第 1～3，20 行。本课程的编程练习都要用到下列 3 行代码，使用了 10 个数字符号，即 package、main、import、"、func、main、(、)、{、}。其中第 21 行的}与第 3 行的{配对。

```
1   package main
2   import "fmt"
3   func main() { … }
```

Go 语言程序都放在软件包里面。软件包也简称包，即 pakage。每个程序都以声明一个该程序所在的主包 main package 开始。下一条语句 import "fmt"导入了 Go 语言系统自带的软件包 fmt，它包含了程序需要使用的打印函数 fmt.Printf、fmt.Println 等。第三条语句声明了程序的主函数 func main(){…}。可以看出，数字符号不仅可以用于表示各种数据，也可以用于表示程序操作。

代码第 4～8 行。在 func main(){…}中，用省略号表示的主函数的函数体中共有 16 行代码。注意第 6 行的{与第 8 行的}配对；第 11 行的{与第 14 行的}配对。第 4 行代码：

```
4   var name string = "Xu Zhi Wei"
```

声明了一个名字为 name 的数字符号，它是一个变量，类型为字符串（string），初始值是"Xu Zhi Wei"10 个 ASCII 字符编码。本行代码执行之后，计算机的内存中就有了一个字符串变量 name，它的长度 len(name)为 10，即有 10 个位置，每个位置 name[i]对应一字节，$i=0,1,2,\cdots,9$。这 10 个位置依次放置了"Xu Zhi Wei"10 个字符的 ASCII 码，即 name[0]='X'=88，name[1]='u'=117，name[2]=' '=32，name[4]='Z'=90，name[5]='h'=104，name[6]='i'=105，name[7]=' '=32，name[5]='W'=87，name[5]='e'=101，name[9]='i'=105。

第 5～8 行代码通过一个循环语句将这 10 个 ASCII 码求和，使用了两个 64 比特整数变量 i 与 sum，它们的初始值都是 0。

```
5   sum := 0
6   for i := 0; i < 10; i++ {
7       sum = sum + int(name[i])
8   }
```

循环语句"for i：=0；i<10；i++{sum＝sum＋int(name[i])}"第一次迭代时，我们有 i=0<10，执行循环体 sum＝sum＋int(name[i])，即 sum＝0＋int(name[0])＝ 0＋int(88)＝

88;然后再执行增量操作 i++,即 i=i+1=0+1=1。第二次迭代判断 i=1<10,执行循环体,增量 i++。……一直循环到 i=10 时,此时 i<10 不再成立,循环语句完成,不再执行循环体。我们得到了正确的求和 sum=861,即八百六十一。

为什么循环体是赋值语句 sum=sum+int(name[i]),而不是 sum=sum+name[i]?

让我们在比特精准层次再仔细看一看 sum=0+int(name[0])。采用十六进制表示,我们有

sum=0+int(name[0])=0x0000000000000000+0x0000000000000058=0x0000000000000058

但是,如果采用 sum=0+name[0],我们会得到

sum=0+name[0]=0x0000000000000000+0x58

整数 0 的类型是 64 比特,其十六进制表示是 0x0000000000000000。字符'X'的类型是单字节 ASCII 码,即 8 比特自然数,其十六进制表示是 0x58。整数 0 与字符'X'是两种数据类型的数字符号,不能直接相加,会出现类型错误。

代码第 9~14 行。得到了正确的求和 sum=861 之后,我们需要将 861 这个整数结果值变换成'8'、'6'、'1' 3 个 ASCII 字符,并逐个字符打印出来。

第 9~14 行代码通过一个循环语句从 sum 抽出'8'、'6'、'1' 3 个 ASCII 字符,放在一个新的变量 sum_bytes 中。我们需要先声明这个新变量。第 9 行代码

```
9  var sum_bytes [4]byte
```

声明了一个名字为 sum_bytes 的数字符号,它是一个变量,类型为 4 个元素的字节数组,初始值是 ASCII 码 0(0x00,即空字符)。本行代码执行之后,计算机的内存中就有了一字节数组变量 sum_bytes,它的长度 len(sum_bytes)为 4,即有 4 个位置,每个位置 sum_bytes[j]对应一个字,i=0,1,2,3。这 4 个位置都放置了 0x00,即 sum_bytes[0]=0x00,sum_bytes[1]=0x00,sum_bytes[2]=0x00,sum_bytes[3]=0x00。

第 10~14 行代码采用求余法从低位往高位抽出'8'、'6'、'1' 3 个 ASCII 字符,即先抽出'1'放在 sum_bytes[3]中,再抽出'6'放在 sum_bytes[2]中,再抽出'8'放在 sum_bytes1]中。变量 sum 的值依次为 861、86、8、0。

```
10  var j int
11  for j = 3; sum != 0; j-- {
12      sum_bytes[j] = byte(sum%10) + '0'
13      sum = sum / 10
14  }
```

第 11~14 行的循环语句第一次迭代时,我们有 sum=861!=0,执行循环体,即

sum_bytes[3]=byte(sum%10) + '0'=byte(861%10) + '0'=byte(1) + '0'=0x01+0x30=0x31='1'
sum=sum/10=86

然后再执行减量操作 j－－,即 j＝j-1=3-1＝2。

循环语句第二次迭代时,我们有 sum＝86!＝0(即 86 不等于 0),执行循环体,即

```
sum_bytes[2]=byte(sum%10)+'0'=byte(86%10)+'0'=byte(6)+'0'=0x06+0x30=0x36='6'
sum=sum/10=8
```

然后再执行减量操作 j－－,即 j＝j－1=2－1=1。

循环语句第三次执行时,我们有 sum＝8!＝0,执行循环体,即

```
sum_bytes[1]=byte(sum%10)+'0'=byte(8%10)+'0'=byte(8)+'0'=0x08+0x30=0x38='8'
sum=sum/10=0
```

然后再执行减量操作 j－－,即 j＝j－1=1－1=0。

循环语句第四次执行时,我们有 sum＝0,判断条件(sum != 0)不再成立,循环语句完成,不再执行循环体,继续执行下一条语句,即第 15 行代码。此时,sum_bytes 数组中放置了正确的 ASCII 码,即 sum_bytes ＝ [0, '8', '6', '1'] ＝ [0x00, 0x38, 0x36, 0x31]。

我们再仔细看看第 12 行代码。为什么是 sum_bytes[j] ＝ byte(sum ％ 10) ＋ '0',而不是直接使用 sum_bytes[j] ＝ sum ％ 10?

第一次循环时,sum＝861,sum ％ 10 的结果是 64 位整数 1,并不是符号'1'的 ASCII 码 0x31。从 ASCII 编码表可以看出,要从 0,1,2,…,9 得到对应的正确的 ASCII 码,需要将 sum ％ 10 的结果加上符号'0'的 ASCII 码 0x30,即 sum_bytes[j] ＝ (sum ％ 10) ＋ '0'。再考虑到数据类型的匹配('0'是 byte 类型),正确的语句是 sum_bytes[j] ＝ byte(sum ％ 10) ＋ '0'。

代码 **15～19** 行。这几行代码将存放在 sum_bytes 中的'8'、'6'、'1' 3 个 ASCII 字符依次逐个打印出来。语句 fmt.Printf("％c", sum_bytes[k])调用了系统提供的 fmt 包中的 Printf 函数。第一个参数"％c"说明打印格式是打印一个字符,第二个参数说明打印字符的值。

第 19 行语句 fmt.Printf("\n")打印出一个换行符,使结果更好看。

2. 简版快速排序

开发简版快速排序程序 fastsort.go,将给定数组元素从小到大排序。

通过动手动脑实验,理解切片与递归。简版快速排序程序也提供了排序的第一个程序,有利于对比后面第 4 章的快速排序算法,理解算法思维中的随机化策略。

建议的实验步骤如下(实验课件提供更详细帮助)。

(1)理解 2.2.4 节的简版快速排序算法。

请逐步排序[8 5 6 1 4 3]。

(2)理解 2.2.4 节,如何从简版快速排序算法导出程序 fastsort.go。

(3)改造 fastsort.go,补全粗体部分代码,即"//插入你的代码：如果 A[i]＜标杆,A[i] 与 A[lower]交换并更新 lower"。

(4)编译运行 fastsort.go,验证其结果是正确的。

(5)提交 fastsort.go 程序。

3. 斐波那契计算机

在 2.3 节的斐波那契计算机(FC)基础上,做一个假设和两个改进,设计改进型斐波那契计算机(IFC),如表 8.2 所示,并通过逐步执行验证其正确性。

一个假设是:只需执行下列 Go 语言代码,也就是对应的汇编语言程序,算出 F(3)。这个假设可很快揭示斐波那契计算机(FC)的缺点:程序执行越界进入数据区,即 PC 指向一条数据,而不是一条指令。

```
fib[0] = 0                                MOV 0, R1
                                          MOV R1, M[R0]      //R0=12 initially

fib[1] = 1                                MOV 1, R1
                                          MOV R1, M[R0+8]

for i := 2; i < 4; i++ {                  MOV 2, R2    //i:=2
    fib[i] = fib[i-1] + fib[i-2]   Label: MOV 0, R1    //label Loop
                                          ADD M[R0+R2 * 8-16], R1
                                          ADD M[R0+R2 * 8-8], R1
                                          MOV R1, M[R0+R2 * 8-0]
                                          INC R2       //i++
                                          CMP 4, R2    //i < 51?
}                                         JL Loop      //Jump to Loop if Less than
                                          HALT         //停机
```

相对于 FC,IFC 的两个改进如下。

(1) 添加一条停机指令 HALT,避免程序执行越界进入数据区。

(2) 设定 64 比特指令,让每一条指令或数据同为 64 比特字长。

建议的实验步骤如下(实验课件提供更详细帮助)。

(1) 理解上述 Go 语言代码及其汇编语言程序实现。

(2) 现场写下下列问题的答案(不用提交)。

① IFC 执行多少步停机?

② 最终结果是什么? 放在哪里? (可能回答:最终结果是 F(3)=7,放在地址 132)

③ 汇编语言程序用了多少条指令实现循环体 fib[i] = fib[i-1] + fib[i-2]? 哪几条?

④ 汇编语言程序如何实现 Go 循环的变与不变?

在每次 Go 循环的迭代中,Go 循环代码的结构不变,索引值变。

⑤ 计算机执行汇编程序,引起什么状态变换?

标签(label)起什么作用? Loop 的值是什么?

执行完 JL Loop 指令后,PC 的值是什么?

(3) 使用教学平台,现场完善 IFC 设计。

① IFC 的初始状态是什么? 补全教学平台提供的初始状态表的问号部分。

② IFC 的第 1 步做什么? 补全第 1 步状态表的问号部分。

③ IFC 的第 2 步做什么? 补全第 2 步状态表的问号部分。

⋮

IFC 的最后一步做什么？

（4）确定 IFC 的设计正确后，提交 IFC 设计文档。

表 8.2　改进型斐波那契计算机（IFC）的初始状态表

寄存器内容		存储器内容		
寄存器	值	地址	指　　令	注　　释
FLAGS		0	MOV 0，R1	0→R1
PC	**0**	?	MOV R1，M[R0]	R1→M[R0]
R0	?	?	MOV 1，R1	1→R1
R1		?	MOV R1，M[R0+8]	R1→M[R0+8]
R2		?	MOV 2，R2	2→R2
R0：基址寄存器 初始值 = ? R1：累加器 R2：索引寄存器		Loop	MOV 0，R1	0→R1；标签 Loop＝?
		?	ADD M[R0+R2*8-16]，R1	R1+ M[R0+R2*8-16]→ R1
		?	ADD M[R0+R2*8-8]，R1	R1+ M[R0+R2*8-8]→ R1
地址 = 基址 + 索引*8 + 偏移量 (Address = base +index*8 + offset)		?	MOV R1，M[R0+R2*8-0]	R1→ M[R0+R2*8-0]
		?	INC R2	R2+1→R2
		?	CMP 4，R2	如果 R2<4,'<'→FLAGS
fib[i-2]所在地址 =R0+R2*8 -16		?	JL Loop	如果 FLAGS='<', Loop→PC
		?	HALT	停机
fib[i-1]所在地址 =R0+R2*8 -8		?		fib[0]
		?		fib[1]
fib[i]所在地址 =R0+R2*8 -0		?		fib[2]
		?		fib[3]

每条指令占 8 字节地址，每个数据占 8 字节地址。

8.2　加法图灵机实验

8.2.1　实验目的和原理

利用教学平台实现 3 个图灵机，分别实现任意位一进制加法、4 位二进制加法、任意位二进制加法的功能。

通过由浅入深的 3 个实验，同学们应能掌握图灵机的基本原理。

（1）采用 0、1、B 三个字符表示信息，B 是空白字符（Blank）的记号。

（2）图灵机包含读写纸带（tape）、读写头、有限行的状态转移表。

（3）图灵机的每一步是一次状态变换（状态转移）。

查图灵机状态转移表（表 8.3），根据当前状态和读写头指向的当前字符值，设置当前字符、读写头移动、下一状态。

表 8.3　图灵机状态转移表

状态转移表的一行实例	实例的含义
$<q_0,0,B,\rightarrow,q_1>$	如果当前状态为 q_0 且当前字符为 0,设置当前字符为 B,读写头右移,下一状态为 q_1

（4）图灵机的计算过程如下：从起始状态 q_0 出发,经过有限次状态转移步骤,到达终止状态并停机。有两个终止状态：接受状态或拒接状态。

（5）计算的输入在计算过程开始前已经放在纸带上了,输出结果在停机时也在纸带上。

同学们应能将上述理解映射到图灵机的形式化定义。注意：转移函数 δ 是一个数学函数,其定义域中的每个元素,必然存在对应的函数值。因此,图灵机执行过程中,每一个当前状态,如果不是终止状态,必然有下一状态。

图灵机定义：图灵机是一个七元组：$\{Q,\Sigma,\Gamma,\delta,q_0,q_{accept},q_{reject}\}$,其中 Q、Σ、Γ 都是有限集合,B 是空白字符(Blank)的记号。

（1）状态集合：Q。

（2）输入字母表：Σ。

（3）带字母表：Γ,其中 $B\in\Gamma$。

（4）转移函数：δ：$(Q-\{q_{accept},q_{reject}\})\times\Sigma\rightarrow Q\times\Gamma\times\{\rightarrow,\leftarrow\}$。

（5）起始状态：$q_0\in Q$。

（6）接受状态：q_{accept}。

（7）拒绝状态：q_{reject}。

8.2.2　实验内容和步骤

本实验应该先示范,然后让同学们由浅入深地完成任意位一进制加法、4 位二进制加法、任意位二进制加法。实验期间,鼓励同学们交流,但每个同学应该独立完成实验。"任意位"的具体数值由教师根据教学的具体情况决定,可以是 16 位、24 位或 32 位。重点是让同学们领会到,状态转移表的行数应与问题规模(位数)无关。

示范可用两个例子,即 3.2.2 节的奇偶判断与回文判断。示范可通过实验助教讲解或同学们自学完成。

任意位一进制加法：数据只用一个数码 1 表示,如 111＋1111＝1111111(代表十进制表示中的 3＋4＝7),是 3 位一进制数加上 4 位一进制数。

4 位二进制加法：数据用两个数码 0 和 1 表示,如 0011＋0101＝1000(代表十进制中的 3＋5＝8)。在实验中,可以规定是 4 位二进制数加上 4 位二进制数。

任意位二进制加法：数据用两个数码 0 和 1 表示,如 11＋101＝1000(代表十进制中的 3＋5＝8),是 2 位二进制数加上 3 位二进制数。另一个例子是 2 位二进制数加上 16 位二进制数,即 11＋1000000000000001 ＝ 1000000000000100。

建议实验步骤如下(实验课件提供更详细帮助)。

（1）奇偶判断图灵机示范。熟悉教学平台相关内容。

（2）回文判断图灵机示范。

（3）每个同学独立完成任意位一进制加法图灵机设计。

（4）每个同学独立完成 4 位二进制加法图灵机设计。

（5）每个同学独立完成任意位二进制加法图灵机设计。

（6）撰写并提交实验报告。

实验期间可安排同学们的问答和小组报告交流。

教学平台提供了帮助，有利于同学们检查自己独立完成的加法图灵机设计是否正确，有错误的话错在哪一步。实验课件和助教可提供更详细帮助。图 8.2 展示了教学平台的图灵机模拟器，它提供了自动画出状态转移图、运行检查和逐步调试等功能。

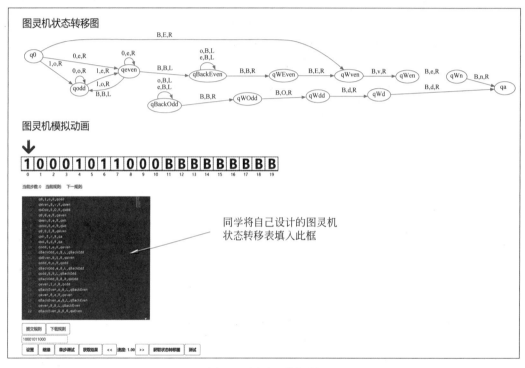

图 8.2　图灵机模拟器

8.3　信息隐藏实验

8.3.1　实验目的和原理

每个同学开发 Go 程序 hide.go 与 show.go。其中，程序 hide.go 实现信息隐藏算法，将一个文本文件（例如 hamlet.txt）完整隐藏在一个图像文件（如 Autumn.bmp）中，产生修改后的新图像文件（如 doctoredAutumn.bmp）。既不造成图片的显著视觉差异，又能逆向恢复出原来的文本数据。程序 show.go 则实现对应的信息复原算法，将原来的文本文件（如 hamlet.txt）从修改后的新图像文件（如 doctoredAutumn.bmp）中复原出来。

本实验有 3 个目的。

（1）掌握文件与文件系统的入门知识。

（2）理解数据与元数据的区别。

（3）理解定位到特定内存地址，便于程序能够操作指定的字节。

信息隐藏程序 hide.go 实现了下述信息隐藏算法（参见 5.2.3 节）。它实践了两条基本原理：①通过循环，定位到图像文件的像素阵列的相关色深字节；②每个文本字符隐藏到 4 个色深字节，字符的每 2 比特覆盖一个色深字节的 2 个最低有效位。

信息隐藏算法

（1）输入：文本文件 hamlet.txt 与图像文件 Autumn.bmp。

（2）输出：新图像文件 doctoredAutumn.bmp，它隐藏了 hamlet.txt 的全部内容，且与原图像文件 Autumn.bmp 无视觉可见差别。

（3）步骤：

① 将文本文件 hamlet.txt 读进变量 t，t 代表文本（text）。

② 将图像文件 Autumn.bmp 读进变量 p，p 代表图像（picture）。

③ 将 hamlet.txt 的文件长度隐藏到变量 p 中 Pixel Array 的头 32 字节。

④ 将 hamlet.txt 的文件内容隐藏到变量 p 中 Pixel Array 的剩余字节。

⑤ 将 p 写到新文件 doctoredAutumn.bmp。

信息隐藏算法本质上是执行一个循环，将文本文件的内容一个字符又一个字符地隐藏到图像文件的像素阵列中，每次迭代隐藏一个字符到图像文件的 4 字节中。那么，如何定位到具体相关字节呢？这又可细化为回答 3 个具体问题.

（1）如何读文件，使得程序便于定位到图像文件的像素阵列的任何一字节？答案是将图像文件读入内存，成为一个字节切片（即切片变量 p）。这样，程序可通过字节切片索引（如 i），简易地访问并操作任何一字节（如 p[i]）。

（2）如何定位到循环的起始字节？起始字节就是像素阵列的第一字节。它的地址取决于图像文件的格式，包括数据和元数据的格式。对于 bmp 文件，像素阵列的第一字节位于 p[54]。参见 5.2.3 节。

（3）如何定位到每个字符对应的像素阵列的 4 字节？例如，第一个字符'H'被隐藏到 p[86：90]的4 字节 p[86]、p[87]、p[88]、p[89]。参见 5.2.3 节。

一个像素点是由 R(红)、G(绿)、B(蓝)3 个色深字节组成的。信息隐藏的另一个基本原理可从下面 3 种隐藏思路理解。

（1）如果直接用文本文件的一字节替换像素阵列中对应的一个色深字节，可能会导致对应色深值差异多达 255，使得该像素点颜色差异明显。

（2）如果将文本文件的一字节（8 比特）分为 4 部分，每部分（2 比特）覆盖一个色深字节的 2 个最高有效位，同样会导致颜色差异非常大。

（3）如果将文本文件的一字节（8 比特）分为 4 部分，每部分（2 比特）覆盖一个色深字节的 2 个最低有效位。那么，对应色深值差异最多只有 3，图像视觉上无显著差异。这是我们应该选择的思路。

因此，第一个字符'H'被隐藏到 p[86:90]的 4 字节 p[86]、p[87]、p[88]、p[89]。字符'H'的 8 比特分为 4 部分，每部分（2 比特）覆盖一个色深字节的 2 个最低有效位。

8.3.2　实验内容和步骤

建议同学们复习 5.2.3 节，首先开发出信息隐藏程序 hide.go，然后再开发对应的信息复原程序 show.go。

本实验会提供一个不完整的程序 hide-0.go，要求同学们自行补全，形成正确的程序 hide.go。教学平台并未提供信息复原程序 show.go 的很多线索。需要从原理上理解信息隐藏算法和程序，才能写出正确的信息复原程序 show.go。

开发程序 hide.go 的难点是补全 hide-0.go 的下列代码，实现 2 个最低有效位替换。

```
func modify(txt int, pix []byte, size int) {
    for i := 0; i < size; i++ {
        此处插入你的代码，用 txt 的最后两比特替代 pix[i]的最后两比特
        txt = txt >> 2                          //repeat with the next 2 bits
    }
}
```

建议实验步骤如下。

（1）复习 5.2.3 节的文件和文件系统入门知识。

（2）理解 5.2.3 节提供的 hide-0.go 程序和信息隐藏实例。

（3）开发自己的 hide.go 程序，并验证其正确性。

① 下载文本文件 hamlet.txt 与图像文件 Autumn.bmp 到自己的工作目录。

② 开发 hide.go 程序，验证产生的新图像文件 doctoredAutumn.bmp 隐藏了 hamlet.txt 的全部内容，且与原图像文件 Autumn.bmp 无视觉可见差别。

助教可根据教学实际情况提供验证帮助。

（4）开发自己的 show.go 程序，并验证其正确性。

（5）思考题：假如将 hamlet.txt 换成另一个输入，show.go 程序会产生什么结果？

① 另一个更大的 ASCII 文本文件——HungLouMeng.txt。

② 一个中文文本文件——红楼梦.txt。

③ 一个音频文件——将进酒.mp3。

（6）提交实验报告。

8.4　个人作品实验

8.4.1　实验目的和原理

本实验鼓励每个同学构思一个互联网作品，并用一个动态网页实现出来，分享给全班，让同学们能够使用它、读懂它。本实验有 3 个目的。

（1）实现自己的个人作品，体现创造性表达。进而体会到计算机科学不只是用于解决问题，也像艺术一样，可用于创造作品。

（2）锻炼自学能力，尤其是将前面学到的程序设计知识转移到网页编程，特别是利用

HTML/CSS/JavaScript 新抽象的网页编程能力。

(3) 锻炼遵守职业规范的能力,包括少用并标注他人工作成果。

万维网有机融合了超链接、多媒体和全球分布式系统的资源,表达力很强。本实验应鼓励每个同学充分发挥自己的想象力,设想出作品,并使用万维网作为技术支撑,实现作品的创造性表达。

8.4.2   实验内容和步骤

作为个人作品的开端,建议同学们复习 6.1 节,并借鉴课程网站中的实例,即由教学团队和往届同学创作的个人作品网页库。

根据课程需求具体情况,教学团队还可讲授更多的网页编程知识。实验课件提供了一些例子。某些同学可能更愿意从互联网学习。例如,万维网联盟(W3C)的网站提供了较为全面的网页编程知识,见 https://www.w3schools.com/。

建议实验步骤如下。

(1) 复习 6.1 节的网页编程入门知识。

(2) 浏览学习课程网站中的个人作品网页库。

(3) 创作个人作品。根据需要自学动态网页编程知识。

① 构思并设计个人作品。

② 实现个人作品动态网页。

③ 调试优化个人作品,包括功能调试和性能调试。

(4) 自己满意后提交个人作品。

注意事项如下。

(1) 不少同学会花较多时间构思作品。因此,建议同学们较早启动个人作品项目,以便有足够时间充分发挥自己的想象力并实现自己的创造力。

(2) 每个同学应独立创作并完成自己的个人作品。

(3) 控制动态网页的代码量,一般不要超过 300 行 HTML/CSS/JavaScript 代码。事实上,200 行 HTML/CSS/JavaScript 代码已经足以构建优秀的动态网页了。

(4) 每个同学编写的动态网页要分享给全班同学,应该具备较好的可读性。动态网页只能包含 HTML/CSS/JavaScript 代码,包括文本、图像、音频、视频文件。不准使用网页编程框架,也不准使用 JSON 等文件格式。

8.5   进 阶 实 验

喜欢挑战的同学可选择 3 个进阶实验。班级快速排序实验是一个团队实验,锻炼同学们实现递归抽象的能力和团队工作品行。斐波那契大数实验是个人实验,锻炼同学们的进阶编程能力,以显著提升计算速度。哈希查找实验也是个人实验,锻炼同学们的进阶算法能力和编程能力,包括如何使用指针实现哈希查找算法,将 $O(n)$ 复杂度降为 $O(1)$。

进阶实验往往需要助教帮助。实验课件提供更详细的帮助线索。

8.5.1 班级快速排序实验

1. 实验目的和原理

本次实验在室外空地(如操场)上实践人体班级计算机执行快速排序算法,加深对算法思维和系统思维的理解。重点是如何实现递归。

本次实验也让同学们初步了解计算过程并不一定需要通过电子计算机执行,也可以通过人体计算机执行,从而接触到人体计算(human computation)等三元计算概念。希望同学们充分发挥想象力,设计出超越电子计算机的、巧妙支持递归的人体快排计算机。

本实验需要至少 10 名同学组成一个班级计算机,在室外空地上执行快速排序计算过程,将按姓名排序的一行同学变换成按身高排序的一行同学。需要保证如下 3 个正确性。

(1) 结果正确(排序结果确实是正确的)。

(2) 算法正确(正确执行了 quicksort 快速排序算法)。

(3) 系统正确。由于班级快排使用的是人体计算机,不是数字电子计算机,不用满足冯·诺依曼体系结构的全部 5 条原则。但是,班级快排计算机必须满足“指令驱动”和“串行执行”两条原则。

2. 实验内容与步骤

每个班级快排计算机(共 n 名同学)包含一个 3 人控制组。其他 $n-3$ 名同学组成数据组。数据组同时也承担存储器和运算器功能。当 $n=10$ 时,数据组由 7 名同学组成。

控制组分工如下。

(1) 一名同学担任监控器,确保班级计算机正确执行快速排序程序,出现偏差时立即叫停。一个常见错误是数据组同学违背“指令驱动”原则,计算机还没有执行指令时,某些数据组同学就行动起来了。

(2) 一名同学担任计数器,主要任务是为每一步计数,同时拍照或录像,留下每一步的执行记录。

(3) 一名同学担任控制器,主要任务是控制快速排序程序的执行,并确保数据组同学正确执行了操作。

每个班级计算机按照如下方式设计并执行快速排序程序。

(1) 准备阶段:设计好班级计算机的指令集,并采用此指令集编写一个实现快速排序算法的“汇编语言程序”。用自己的道具调试程序,确认是正确的。

(2) 执行阶段:在室外空地(如操场)上执行该程序。给定数据输入,即数据组同学按照姓名从低到高排列好。班级计算机串行执行快速排序程序,其结果是数据组同学按照身高从低到高排列好。至少执行两次。

(3) 总结阶段:每个班汇总材料,撰写报告,突出评价与思考(我们学到了什么)。

8.5.2 斐波那契大数实验

1. 实验目的和原理

本实验由个人独立完成,开发一个 Go 语言程序,能够在 10 小时内计算出第 10 亿个斐波那契数 F(1000000000),并将结果输出到一个十进制数文件。

实验目的如下。

(1) 理解系统思维强调的实用性。实际计算速度是实用性的一个具体表现。

(2) 学会如何表示和处理任意长的大整数。

(3) 锻炼显著提升性能的进阶编程能力。

2. 实验内容和步骤

助教提供两个 Go 语言程序的源码,即 fib.matrix.go 和 fib.BigInt.go。它们都能计算出 F(1000000000),并将结果输出到一个十进制数文件。它们的区别是,fib.matrix.go 使用了 Go 语言自带的 BigInt 程序包,已经做了很多优化,速度较快,但不易修改。程序 fib.BigInt.go 则自行设计了大整数的表示和操作,更加灵活,容易修改,但速度较慢。

建议实验步骤如下。

(1) 学习 fib.matrix.go 和 fib.BigInt.go,选择一个作为基础版本,进而改善。

可先用较小的例子,如 F(1000000),调试实际计算速度。

(2) 优化。

① 利用阿姆达尔定律,找出程序的性能瓶颈,分析性能改进空间。

一般而言,大量时间花在二进制到十进制转换阶段。可以请助教帮助,使用 Go 语言函数,测试代码执行时间。

② 想出更聪明的方法,修改程序,减小瓶颈。

(3) 多次迭代,直到性能满足要求。

(4) 提交实验报告。

8.5.3　哈希查找实验

1. 实验目的和原理

给定 N 个用户名(如 100 万个微信用户的微信名),尽快地查找账户系统。如果暴力查找,时间复杂度是 $O(N)$。假如用户名已经排好序了,二分查找可将时间复杂度降为 $O(\log N)$。哈希查找则进一步将时间复杂度降为常数级,即 $O(1)$。

本实验的目的是锻炼同学们的独立工作能力和进阶编程能力,包括如何使用指针和结构体实现哈希表、链表和哈希算法。

2. 实验内容和步骤

助教提供适合于小规模哈希查找的 Go 语言程序 hash.search.go 源码与运行样例。

建议实验步骤如下。

(1) 学习 hash.search.go 程序源码与运行样例,理解哈希查找方法。

(2) 找出 hash.search.go 程序的缺点。

(3) 提出更好的哈希方法,并实现适应于大规模情况的哈希查找程序。

(4) 产生 100、10000、100 万用户账号的测试数据,运行改进后的哈希查找程序,验证时间复杂度确实降到了 $O(1)$。

(5) 提交实验报告。

附录 A 计算机科学技术中常用的倍数和分数

计算机科学技术中常用的倍数和分数如表 A.1 所示。

表 A.1 计算机科学技术中常用的倍数和分数

倍数和分数		汉语词头	符号	英语词头	例 子
底数为 10	底数为 2				
10E24	2E80	尧	Y	Yotta	
10E21	2E70	泽	Z	Zetta	ZB,泽字节,全球数据总量
10E18	2E60	艾	E	Exa	Exa FLOPS, 超级计算机运算速度
10E15	2E50	拍	P	Peta	1~100PB,1~100 拍字节, 单套大数据系统容量
10E12	2E40	太	T	Tera	TB,太字节,硬盘容量
10E9	2E30	吉	G	Giga	Gb/s,局域网带宽
10E6	2E20	兆	M	Mega	Mega Watt,兆瓦, 单台超级计算机功耗
10E3	2E10	千	K	Kilo	kilogram,千克, 笔记本计算机的质量
10E2		百	H	Hecta	
10E1		十	da	deca	
10E−1		分	d	deci	100 millisecond,100 毫秒, 良好交互的响应时间
10E−2		厘	c	centi	
10E−3		毫	m	milli	millimeter,毫米, 半导体电路尺寸
10E−6		微	μ	micro	microsecond,微秒, 高性能计算机节点间通信延时
10E−9		纳	n	nano	nanometer,纳米, 半导体电路工艺水平
10E−12		皮	p	pico	picoJoule,皮焦耳, 算术运算能耗
10E−15		飞	f	femto	femtsecond,飞秒,激光波长
10E−18		阿	a	atto	
10E−21		仄	z	zepto	zeptoJoule,仄焦耳,朗道尔原理:删除一比特信息所需能量为仄焦耳
10E−24		幺	y	yocto	

同一倍数和分数,底数为 2 与底数为 10 时,会有不同的实际数值。例如,底数为 2 时:

$$T \quad = \quad 1.00 \times 2E40 \quad = \quad 1\,099\,511\,627\,776 \quad \approx \quad 1.10 \times 10E12 \quad \neq \quad 1.00 \times 10E12$$

$$G \quad = \quad 1.00 \times 2E30 \quad = \quad 1\,073\,741\,824 \quad \approx \quad 1.07 \times 10E9 \quad \neq \quad 1.00 \times 10E9$$

$$M \quad = \quad 1.00 \times 2E20 \quad = \quad 1\,048\,576 \quad \approx \quad 1.05 \times 10E6 \quad \neq \quad 1.00 \times 10E6$$

$$K \quad = \quad 1.00 \times 2E10 \quad = \quad 1\,024 \quad \approx \quad 1.02 \times 10E3 \quad \neq \quad 1.00 \times 10E3$$

这个区别造成用户觉得有些厂商降低了产品指标。例如,某些厂商提供 1TB 硬盘,实际只有 10E12=1 000 000 000 000B 容量,而不是 1 099 511 627 776B,少了近 100GB。

参 考 文 献

［1］ Dasgupta S，Papadimitriou C，Vazirani U. 算法导论(注释版)［M］. 钱枫，邹恒明，译. 北京：机械工业出版社，2012.

［2］ Kaplan D A. The Silicon Boys［M］. HarperCollins Publishers，1999.

［3］ Knuth D E. 计算机程序设计艺术，第 1 卷 基本算法［M］. 李伯民，范明，蒋爱军，译. 3 版. 北京：人民邮电出版社，2015.

［4］ Page D，Smart N. What Is Computer Science?：An Information Security Perspective［M］. Switzerland：Springer International Publishing，2014.

［5］ Waldrop M M. The Dream Machine［M］. Viking Adult，2001.

［6］ 王志强，毛睿，张艳，等. 计算思维导论［M］. 北京：高等教育出版社，2012.

［7］ Xu Z，Zhang J. Computational Thinking：A Perspective on Computer Science［M］. Singapore：Springer，2021.